江苏省“十四五”时期重点出版物出版专项规划项目

数字景观与风景园林学前沿丛书 | 成玉宁　主编

参数化风景园林规划设计

PARAMETRIC LANDSCAPE ARCHITECTURE PLANNING AND DESIGN

袁旸洋　著

东南大学出版社
SOUTHEAST UNIVERSITY PRESS
·南京·

图书在版编目（CIP）数据

参数化风景园林规划设计 / 袁旸洋著 .-- 南京：
东南大学出版社，2023.12
ISBN 978-7-5641-8717-0

Ⅰ . ①参… Ⅱ . ①袁… Ⅲ . ①园林设计 Ⅳ .
① TU986.2

中国版本图书馆 CIP 数据核字（2019）第 296521 号

参数化风景园林规划设计
CANSHUHUA FENGJING YUANLIN GUIHUA SHEJI

著　　者：袁旸洋
责任编辑：朱震霞
责任校对：杨　光
封面设计：王　玥
责任印制：周荣虎

出版发行：东南大学出版社
社　　址：南京市四牌楼2号　　邮编：210096
网　　址：http://www.seupress.com

排　　版：南京布克文化发展有限公司
印　　刷：广东虎彩云印刷有限公司
开　　本：889mm×1194mm　1/16　印张：18.25　字数：380千字
版　　次：2023年12月第1版
印　　次：2023年12月第1次印刷
书　　号：ISBN 978-7-5641-8717-0
定　　价：120.00元

经　　销：全国各地新华书店

《数字景观与风景园林学前沿丛书》

总序

风景园林学是人居环境类学科的重要组成部分，兼具人文艺术与科学技术的双重属性。它以科学认知为前提，以艺术为呈现形式，是人类智慧的结晶，更是人类重塑和处理人与自然关系的一种理想范式。风景园林的科学属性使之具有定量和逻辑的特征，因此数字景观是由风景园林学科基本属性决定的；另一方面，风景园林的艺术属性也与“数字”有不解之缘，多维度的呈现、虚拟现实、数字孪生与仿生、数字化建造技术……，数字景观技术极大地丰富了风景园林艺术的魅力。

现代景观设计的核心在于妥善地处理生态与形态问题。数字时代，我们可以通过科学的分析评价，精准地认知生态环境，甚至可以通过算法来预测景观环境变化与演替，即所谓“数字模拟”；数字景观技术更是极大地拓展设计师对形态的认知和塑造能力，从而使景观形态较之于历史上任何时期更具丰富性。景观的形态与生态这一对范畴本身具有“共时性”特征，数字景观方法可以实现“生态与形态”在同一时空维度中的协同优化，即在重组生态秩序的同时实现形态优化。概言之，数字景观方法与技术能够引导和实现人居环境生态与形态的协同与耦合。

传统的规划设计类学科均以现场踏勘、问卷法等获取数据，再经过分析、归纳形成对客观事物的二次认知，据此作为规划设计的依据。在这个过程中，对应于不同的认知阶段，由于信息不断地被转译以及主体经验的差异等因素，不可避免存在着信息缺失、带有随机性与产生误判等状况，从而影响规划设计方案的质量。数字景观方法采取的全数据流不仅高效而且精准，以 RS、GIS、EI/RSEI 等为代表的环境与场地数据获取、评价和分析技术，辅助并引导规划与设计的逻辑生成；由此不仅使得规划设计更加高效，且极大地避免了遗漏、错误和主观误判，提升了精准性。数字景观业已引发风景园林规划设计方法和实施管控途径的变革。

包含景观环境在内的人居环境规划设计的根本目标，在于构建可持续的宜居环境。如何判断设计方案的优劣？如何评价规划设计的成效？显然单纯基于经验的判断已经力不从心。运用数字景观方法与技术，可以实现对于景观环境全生命周期内绩效的精准测度，从而使得规划设计全过程可被定量描述与动态反馈，由此进一步助力和提升了人类认知、规划、设计人居景观环境的能力。

丛书作者以我的研究团队为主，结合各自的博士学位论文而撰写，采用开放式架构，以不同领域的方向或专题为特色，紧紧围绕景观规划与设计展开，以这个主线索为基础形成系列研究，涵盖了参数化设计、景观色彩、植物景观、景观水文、海绵城市、人性化景观环境、景园空间组构、遗址公园等专题，展现团队在数字景观理论、方法与技术在景园规划设计中的研究与应用成果，具有显著的学科前沿性和实践应用价值。过去的 20 多年，数字景观经历了两个发展阶段，目前已进入以数字孪生为代表的 3.0 时期。在“数字中国”国家战略引领下，数字景观理论、方法与技术的创新发展，必将引领风景园林事业新的方向和人居环境全面提升。

2023.10

前言

随着数字时代的到来，设计的形式与内涵发生了重大的改变，设计的理论与方法也在不断变革。数字技术作为一种工具和手段，对于推动风景园林学科的进步起到了重要的作用，并逐渐影响着风景园林工作者的思维与决策。传统的风景园林规划设计方法主要建立在经验基础之上，较多地依赖于设计师的感觉、悟性与积累，缺乏科学性与可传授性，设计的结果往往具有或然性。作为一门古老而又年轻的学科，随着社会的不断进步，仅仅运用先验的方法去解决当下一切现实问题显然是不够的。

从科学的发展史中我们可以发现，19 世纪末人类求知的活动逐渐从启蒙运动之后的唯心主义转向了实证主义，在数学与逻辑发展的助力下走上了一条量化、实证的道路。数字技术的发展将风景园林的研究由定性引向了定量，为风景园林的科学化提供了有力的支撑。“参数化”原本归属数学、统计学和计算机科学范畴，将“参数化”与“设计”结合是近年来规划设计研究创新的切入点。参数化风景园林规划设计聚焦于系统架构下的调控与优化，不囿于参数化的形态生成，而是透过参数化的设计机制，形成对风景园林规划设计从景园环境构成、营建过程到呈现形式的整合研究，通过多层面、多目标的耦合实现人工干预下景园系统的整体优化。

本书主体内容为笔者攻读博士学位阶段的研究成果，在成玉宁教授指导下完成。全书围绕“参数化风景园林规划设计”展开，从方法论的层面出发，针对风景园林学科特点，解析了参数化的设计机制，探讨了耦合原理引导下的风景园林规划设计过程，构建参数化风景园林规划设计体系，建立风景园林参数化评价与规划设计模型。本书集成参数化方法在景园规划设计中综合运用的理论与实践成果，呈现了参数化技术在实际设计工作中的应用价值。借助数字技术，笔者力图打破设计的“灰箱”，清晰勾勒风景园林规划设计过程，以期构建数字时代下风景园林规划设计理论和方法、推动风景园林的科学发展。

袁旸洋

2023.10

目录

第一章　风景园林的参数化设计 ······ 001
1.1　当代风景园林规划设计发展趋势 ······ 002
1.1.1　设计理念的变革 ······ 002
1.1.2　科学化设计的演进 ······ 004
1.1.3　设计工具的革新 ······ 005
1.2　国内外风景园林参数化研究动态 ······ 007
1.2.1　场所景观的探索 ······ 007
1.2.2　数字景观的发展 ······ 008
1.2.3　参数化规划设计的兴起 ······ 012
1.3　参数化风景园林规划设计的意义 ······ 013
1.3.1　推动风景园林规划设计的科学化 ······ 014
1.3.2　建构参数化风景园林规划设计理论 ······ 014
1.3.3　探索参数化风景园林规划设计实践与应用 ······ 015
1.4　参数化与风景园林规划设计 ······ 015
1.4.1　定量化、数字化与参数化 ······ 015
1.4.2　参数化与风景园林规划设计 ······ 018
1.5　风景园林参数化软件平台 ······ 022

第二章　参数化风景园林规划设计机制 ······ 025
2.1　风景园林规划设计的系统特征 ······ 029
2.1.1　系统的复杂性 ······ 029
2.1.2　要素的动态性 ······ 030
2.1.3　设计多目标性 ······ 031
2.2　传统风景园林规划设计机制的特征 ······ 033
2.2.1　主体的单一性 ······ 033
2.2.2　表达的意象性 ······ 034
2.2.3　过程的单向性 ······ 034
2.2.4　方法的经验性 ······ 034
2.3　风景园林的参数化规划设计机制 ······ 035
2.3.1　机制的生成 ······ 036
2.3.2　机制的解读 ······ 041

第三章　参数化风景园林规划设计体系构建 ………… 048
3.1　风景园林学科背景下的“耦合”释义 ………… 049
3.2　耦合原理之于风景园林规划设计的意义 ………… 050
3.2.1　耦合的生态学意义 ………… 051
3.2.2　耦合的形态学意义 ………… 054
3.2.3　耦合的方法论意义 ………… 056
3.3　耦合原理与风景园林规划设计 ………… 061
3.3.1　耦合的目标：系统化设计 ………… 061
3.3.2　耦合的核心：场所适宜性 ………… 061
3.3.3　耦合的标准：耦合度 ………… 062
3.4　基于耦合原理的风景园林规划设计过程 ………… 063
3.4.1　场所认知过程 ………… 067
3.4.2　方案生成过程 ………… 074
3.4.3　方案优选过程 ………… 080
3.5　风景园林规划设计的参数化 ………… 081
3.5.1　参数化设计体系的特点 ………… 082
3.5.2　参数化平台的构建 ………… 083
3.5.3　基于耦合原理的参数化风景园林规划设计过程 ………… 092

第四章　土地生态敏感性评价模型 ………… 093
4.1　生态敏感性与风景园林规划设计 ………… 093
4.1.1　生态敏感性评价方法 ………… 093
4.1.2　生态敏感性评价之于风景园林规划设计 ………… 098
4.2　生态敏感性评价模型的构建 ………… 100
4.2.1　生态敏感性评价因子的筛选 ………… 101
4.2.2　生态敏感性评价层次模型的建构 ………… 103
4.2.3　生态敏感性评价因子权重的确定 ………… 104
4.2.4　生态敏感性分级 ………… 106
4.3　生态敏感性评价参数化模型的运用 ………… 106
4.3.1　生态敏感性评价层次结构模型的建构 ………… 107
4.3.2　生态敏感性评价各级因子权重的确定 ………… 109
4.3.3　生态敏感性分区的形成 ………… 110

第五章　土地利用适宜性评价模型 ………… 114
5.1　土地利用适宜性与风景园林规划设计 ………… 114
5.2　土地利用适宜性评价的意义 ………… 114
5.3　土地利用适宜性评价模型的构建 ………… 115
5.3.1　土地利用适宜性评价因子的确定 ………… 115

5.3.2 土地利用适宜性评价层次模型的构建 …… 119
5.3.3 土地利用适宜性因子权重的确定 …… 119
5.3.4 土地利用适宜性分级 …… 119
5.4 参数化土地利用适宜性评价模型的运用 …… 120
5.4.1 土地利用适宜性评价层次结构模型的建构 …… 120
5.4.2 土地利用适宜性评价各级因子权重的确定 …… 121
5.4.3 土地利用适宜性分区生成 …… 122

第六章 场地项目定位模型 …… 127
6.1 项目定位的价值和意义 …… 127
6.2 项目定位模型的构建 …… 128
6.3 子模型一：项目适宜性评价模型 …… 128
6.3.1 项目定位研究 …… 129
6.3.2 项目与场所容人量分析 …… 131
6.3.3 适宜项目的选择 …… 132
6.4 子模型二：项目选址模型 …… 134
6.4.1 项目选址模型构建 …… 134
6.4.2 项目选址模型的运用 …… 136

第七章 景园环境道路选线模型 …… 144
7.1 景园环境的道路选线 …… 144
7.1.1 道路体系之于景园环境 …… 144
7.1.2 风景园林规划设计中道路选线述要 …… 144
7.2 景园环境道路选线方法的进展 …… 145
7.2.1 传统的道路选线方法 …… 145
7.2.2 基于 ArcGIS 平台的道路选线方法 …… 146
7.3 基于 ArcGIS 的道路选线算法模型 …… 146
7.3.1 成本距离算法 …… 147
7.3.2 路径距离算法 …… 147
7.3.3 成本路径算法 …… 148
7.4 参数化风景园林规划设计道路选线模型构建 …… 149
7.4.1 影响因子的判定 …… 149
7.4.2 因子权重的确定 …… 152
7.4.3 综合成本的生成 …… 152
7.4.4 道路节点的选择 …… 152
7.4.5 成本距离分析 …… 153
7.4.6 最优路线生成 …… 153
7.4.7 路径的筛选与优化 …… 154

7.5 综合成本最短路径算法模型的优化 …… 154
7.5.1 基于成本距离算法的道路选线比较分析 …… 155
7.5.2 基于路径距离算法的道路选线比较分析 …… 164
7.5.3 成本距离算法与路径距离算法道路选线模型的比较 …… 170
7.5.4 多点道路选线模型的比较与优化 …… 171
7.6 线型优化及路网生成 …… 174

第八章 拟自然水景建构模型 …… 177
8.1 风景园林规划设计的水景建构 …… 177
8.1.1 水景之于风景园林规划设计 …… 177
8.1.2 拟自然水景的营造 …… 178
8.2 拟自然水景建构模型的构建 …… 182
8.2.1 水文分析 …… 183
8.2.2 水系的选址 …… 186
8.2.3 水量的估算 …… 187
8.2.4 坝高的预判 …… 189
8.2.5 水体形态的模拟与定量评价 …… 190
8.3 拟自然水景建构模型的运用 …… 193
8.3.1 场所水文分析 …… 193
8.3.2 水景选址的确定 …… 198
8.3.3 水量的计算 …… 201
8.3.4 水位的计算 …… 204
8.3.5 水体形态调控与水系的生成 …… 204

第九章 竖向设计模型 …… 209
9.1 景园环境的竖向设计 …… 209
9.1.1 竖向设计的价值与意义 …… 210
9.1.2 参数化竖向设计的内容 …… 213
9.1.3 竖向设计的要点 …… 217
9.2 竖向设计方法的参数化 …… 219
9.2.1 设计过程的参数化调控 …… 219
9.2.2 设计方法的数字化发展 …… 220
9.3 风景园林参数化竖向设计模型构建 …… 225
9.3.1 道路竖向 …… 227
9.3.2 水系竖向 …… 233
9.3.3 场地竖向 …… 236
9.3.4 土方平衡 …… 238

9.4 参数化竖向设计模型的运用 …… 238
9.4.1 道路竖向设计 …… 239
9.4.2 水系竖向设计 …… 243
9.4.3 场地竖向设计 …… 248
9.4.4 土方平衡优化 …… 250

结 语 …… 251

参考文献 …… 257

附录 …… 267
附图一：生态敏感性评价模型——图纸部分 …… 267
附图二：土地利用适宜性评价模型——图纸部分 …… 268
附图三：项目选址模型——图纸部分 …… 269
附图四：水景营造模型——图纸部分 …… 271
附图五：竖向优化模型——图纸部分 …… 273
附表一："静怡山房"可选用地面积统计 …… 274
附表二：径流分级统计表 …… 278
附表三：径流节点统计表（编号：1~80）…… 279

第一章　风景园林的参数化设计

18 世纪中叶的工业革命以来，尤其是近一个世纪世界范围内城市化发展逐步加快，城市问题日益加剧。伴随着系统论、控制论等理论以及交叉学科的发展，各国学者们扩大了城市的研究范畴。希腊建筑师道萨迪亚斯（C. A. Doxiadis）提出了“人类聚居学”（EKISTICS：The Science of Human Settlements），将所有人类的住区作为一个整体展开研究。近年来，中国城市化进程不断加快，针对中国的国情，吴良镛教授于 1993 年正式建立了“人居环境科学”（The Sciences of Human Settlements）的概念。他在《人居环境科学导论》一书中指出：“人居环境科学将人类聚居生活的地方作为研究的对象，是一个涉及人居环境有关的多学科交叉的学科群组。以建筑、地景、城市规划三位一体，构成人居环境科学大系统中的‘主导专业’。”[1] 作为一门系统性与复杂性科学的重要组成部分，风景园林学秉承了以上特质，同时与相关学科存在着紧密的联系。

中国的风景园林有着数千年历史，现代风景园林学在中国也有 60 余年的发展历程。以自然山水为主要审美取向，融合人文精神作为创作灵感源泉。计成在《园冶》一书中说“造园有法无式”。传统的风景园林设计与营造凭借的是经验，设计方法的生成源于对经验的总结，其中存在一定的主观性、模糊性与随意性。当代的风景园林内涵与外延均在传统的基础上有了很大的变化，需要满足多目标，因此基于经验的传统风景园林设计方法亟待发展。科技的进步催生了现代风景园林学。2011 年 3 月 8 日，“风景园林学”被正式批准为一级学科，不仅是空前机遇，也是巨大挑战。风景园林学科是一门建立在广泛的自然科学和人文艺术学科基础上的应用学科，其核心是协调人与自然的关系，涉及生态、功能、空间、文化、建造等诸多方面，有着学科自身的特点。我国的风景园林学科发展初期主要依托于建筑学与林学、园艺学，成为一级学科之后需要进一步确立自身的范畴、界面等，作为人居学科三个重要组成部分之一，风景园林学科在关注自身的同时还应当积极地汲取其他学科经验。现代风景园林离不开艺术，更离不开科学的支撑，是一门“科学的艺术”。因此，

1 吴良镛 . 人居环境科学导论 [M]. 北京：中国建筑工业出版社，2001：70

风景园林学科亟待形成具有自身特点的方法论和理论体系，成为一门严谨、成熟的学科。

1.1　当代风景园林规划设计发展趋势

1.1.1　设计理念的变革

1.1.1.1　全球化和地域主义

网络技术的发展极大地降低了信息传播的费用和时间，使得全球联系不断增强，国际间的文化交流越来越广泛和迅速，产生了更多国际间的文化影响，但同时也导致了文化多样性的减少、文明及价值观的冲突，如保罗・里柯（Paul Ricoeur）在《普世文明与民族文化》（*Universal Civilization and National Cultures*）中所述："普世化现象虽然是人类的一种进步，同时也构成一种微妙的破坏。"每当"世界文化"趋向于大同时，"地域"总被视为一剂良方，被不断地重提和演绎。怀特（Ian D. Whyte）教授在《16 世纪以来的景观与历史》（*Landscape and History since* 1500）的结语中提出："全球化本身也创造了相应的需求，即对地方主义（Localism），以及维持它们独特性、连续性的场所（Place）及景观的需求。"[2]"地域"不是一个新兴的概念,对"地域"的探索也不是现代主义时期才产生的，早在古罗马时期，维特鲁威（Marcus Vitruvius Pollio）在《建筑十书》（*The Ten Books on Architecture*）中已提出建筑要根据不同地区（Locality）的资源和气候变化有不同的呈现方式。18 世纪初，"似画（Picturesque）"的园林在英国引发了一种风潮，人们厌倦了规则式的古典主义园林，来源于英国田园风光造就了"都铎式"新景园，因其拥有独特的地域特征而被广泛接受。为了抵抗地域主义转变为商业推进器和沙文主义的宣传阵地，刘易斯・芒福德（Lewis Mumford）重新定义了地域主义的原则，亚历山大・楚尼斯（Alexander Tzonis）和利亚纳・勒费夫尔（Liane Lefaivre）将其称之为批判的地域主义。它来源和植根于某一地区的悠久文化和历史，将地理环境作为设计灵感的源泉。自 20 世纪 20 年代起，以勒・柯布西耶（Le Corbusier）为代表的设计师强调工业化设计，致力于推动建筑的模数化和标准化。当下正处在一个非标准化的时代，也就是一个讲求多元的时代，批判的地域主义诠释了一种自下而上的设计原则，重释"地方性"在地理、社会、文化上的意义，而非那种陶醉于自恋的、自上而下的设计教条，保护了设计的特色性和多样性。西蒙・沙玛（Simon Schama）曾在他的《风景与记忆》（*Landscape and Memory*）中，不惜笔墨地论述了景观在构建和保持民族独特性方面的重

---

2 [美] 伊恩・D. 怀特 . 16 世纪以来的景观与历史 [M]. 王思思，译 . 北京：中国建筑工业出版社，2011：236

要作用[3]。同时,批判的地域主义还强调了场所在设计中的重要性。当代风景园林设计早已超越了对形式美的追求，转而崇尚从场所中演化而来的、具有地域性特征的设计准则。

1.1.1.2 可持续与集约化

二战后世界经济迅速崛起及工业的高速发展带来了一系列环境问题，人们开始反思过去的所为。较之昙花一现的后现代主义、结构主义、解构主义等人文思想，科学技术对风景园林的影响更加持久，生态主义成为当代风景园林领域最具影响力、生命力的思想。“可持续”一词自 1980 年代提出，已成为世界广泛宣传和为之努力的重要理念。我国政府编制的《中国 21 世纪议程——中国 21 世纪人口、环境与发展白皮书》中首次把可持续发展战略纳入我国经济和社会发展的长远规划，并于 1995 年将可持续发展作为国家的基本战略。“集约化”是实现可持续的重要途径，讲求资源的优化配置、全局的统筹安排以及投入与产出之间的最小比。近年来,国家各部委积极推行各项“集约型”政策，实现全社会参与的“集约”。与之相应，集约化理念和“两型社会”的资源节约型、环境友好型建设目标对园林景观提出了更高的要求。在“可持续”概念的引导下，各行各业均提出了适用的技术构想与措施。以建筑学、城市规划、风景园林为主要组成部分的人居环境学科同样在学科范畴内形成并发展了适宜的可持续方法与技术。全生命周期管理（Life Cycle Management，LCM）的主要理念在于关注产品整个生命周期的环境、社会和经济影响，旨在减少产品生产和消费过程中的资源消耗与污染排放，并提高其社会经济效益[4]。不难看出，全生命周期管理作为基于可持续发展理念而衍生出的设计或管理方法，其最终目标是抑制全球环境污染的恶化以及资源的浪费。风景园林工程作为一种“产品”，从设计、施工到后期的养管同样需要全生命周期的管理，以满足可持续、集约化的发展要求。作为实现建筑参数化设计的建筑信息模型（Building Information Modeling，BIM），有助于实现全建筑生命周期管理（Building Lifecycle Management，BLM），即建筑工程项目从规划设计到施工、再到运营维护、直至拆除为止的全过程。与之相应,随着景观信息模型（Landscape Information Modeling，LIM）的建立与发展，也同样能够推动风景园林信息模型及参数化设计方法的进展，从而实现对风景园林工程项目的全生命周期管理。

---

3 亚历山大·楚尼斯，利亚纳·勒费夫尔．批判性地域主义：全球化世界中的建筑及其特性 [M]. 王丙辰，译．北京：中国建筑工业出版社，2007：23.

4 REMMEN A，JENSEN A A，FRYDENDAL J. Lifecycle management：a business guide to sustainability [R]. 2007：10-38.

1.1.2 科学化设计的演进

1.1.2.1 设计的系统化

随着数字时代的到来，设计的形式与内涵发生了重大的改变，设计的理念也在不断变革。现代设计是科学和艺术、技术与人性的有机结合，并不存在此消彼长的关联，因而不可以片面化。对理性的重视，表现了设计领域认识的飞跃。科学技术的进步和科学理论的发展为设计提供了科学化的平台和手段，从另一个方面推动了设计行业趋向于理性。对理性的强调，显示了设计领域从业人员以更加成熟的目光审视设计，探寻设计内部的本质规律和方法。以理性的态度把握事物，是一种动态发展的方式，也符合当下人居环境学科复杂性、系统性的需求。风景园林设计兼具艺术与科学双重属性，也一直游走在感性与理性之间。面对从感性到“理性与感性交织”的当代设计变化趋势，寻求新时代下理论与方法成为风景园林规划设计发展的必然。

1930年代系统论的出现使人类对于环境的认知与思维方式发生了巨大的变化，为现代科学的发展提供了理论和方法，渗透到各个研究领域。风景园林学作为一门科学，面对的是一个复杂系统，因而风景园林设计研究需要以系统论为指导。当代风景园林规划设计被认为是环境科学、技术和艺术的复合体，由此“大设计”的概念也应运而生。“大设计”即系统化设计，要求设计者将设计对象作为系统来考虑，突破传统设计由方案到建设的局限，以结构性、逻辑性思维看待风景园林规划设计的全生命周期。

1.1.2.2 设计的科学化

1960年代之前，设计被认为类似于“黑箱”操作过程，直至认为设计过程可以被客观化描述的“设计方法”（Design Method）思想出现，这一思潮直接或间接地促进了1964年亚历山大（Christopher Alexander）《形式综合论》（*Notes on the Synthesis of Form*）的诞生。赫斯特·里特尔（Horst Rittel）同亚历山大（Christopher Alexander）、布鲁斯·阿切尔（Bruce Archer）等人发起了第一代设计方法学运动；并随后于1970年代初促成了设计方法学研究由第一代向第二代的转变，使设计方法学研究的思维模式由纯理性和线性转向有限理性和对话的思维模式，研究的目的由建立“设计科学（Design Science）”转向科学的描述设计，即“有关设计的科学（Science of Design）”。赫伯特·西蒙（Herbert Simon）将设计研究定义为“设计的科学”（A Science of Design），并叙述其内涵为：“设计发展过程中艰难的智慧抉择与分析，部分仰赖形式，部分仰赖经验，但都可以教学的方法传递（a body of intellectually tough，analytic，partly formalizable，partly empirical，teachable doctrine about the design process）。”与建筑相同，传统的风景园林设计重视经验的积累，强调问题的解决方案，往往淡化了对于问题规律的研究。自 20 世纪 50 年代末起，借个人经验、带有手工艺气息的静态设计方法逐步被现代设计方法所取代。数字时代的设计理论更倾向于强调方法自身的科学性，注重理性分析和科学归纳与推演，这种方法创造的是一种并非被简单“设计”出来的环境，而是由各种系统和元素在一个多元交互网络中运动所形成的逻辑体系，设计结果是由多种要素和过程共同作用而成的最终显现。当下，“设计研究”成为世界范围内设计界热议的前沿话题，国内外风景园林学在该领域的研究尚属起步阶段。现代风景园林规划设计需要引入科学的研究方法，并对设计方法加以科学化表述，形成科学化的规划设计理论与方法体系。

实践是设计最终的成果及最直接的反映，因而设计的研究不能脱离对实践的探讨。20 世纪上半叶，由德国包豪斯学校（Staatliches Bauhaus）和乌尔姆设计学院（Ulm Institute of Design）开启了对于科学和设计、理论和实践之间关系的研究；琼斯（John Chris Jones）和亚历山大（Christopher Alexander）领导的“设计方法”运动促进了设计的科学方法论的发展。尤斯特（Gesche Joost）在《设计研究模式》一文中以尤纳斯（Wolfgang Jonas）与费德里（Alain Findeli）关于设计研究的系统描述模型的研究，探讨理论和实践之间的关系，她指出：“‘通过设计之研究（Research through Design）’并非基于科学方法论指导下的研究过程和设计实践之间的简单联系，其中的科学性和学术性探究也无法从设计实践语境中分离出来。”[5] 在科学方法基础之上结合实践的研究是现代风景园林设计方法研究的一大特征。

1.1.3 设计工具的革新

1.1.3.1 工业时代到信息时代

蒸汽机的发明把人类社会带入工业时代，而计算机的出现，突破了人类脑力的限制，将人类社会领入信息时代。21 世纪 40 年代末 50 年代初揭幕的第三次科技革命标志着工业时代的日薄西山，人类社会正式进入了信息时代，也就是数字时代。1998 年 1 月 31 日，美国前副总统戈尔（Albert Arnold Gore Jr.）在美国加利福尼亚科学中心发表了题为《数字地球：认识 21 世纪我们这颗星球》（*The Digital Earth：Understanding our Plant in the 21st Century*）的著名演讲。“数字地球”这一概念的提出在未来相当长的一段时间内将很大程度上改变人们的生产生活方式。遥感（Remote Sensing，RS）技术、地理信息系统（Geographic Information System，GIS）、全球定位系统（Global Positioning

5 [德] 歌诗儿・尤斯特 . 设计研究模式 [J]. 崔庆伟，译 . 中国园林，2014（7）：26-27

System，GPS）合称的“3S”技术作为数字地球的技术基础和核心得到迅速发展，同时得到快速发展的还有物联网技术（The Internet of Things）、可视化和虚拟现实技术（Visualization and Virtual Reality Technology，VR）以及科学计算技术等。

密斯·凡·德·罗（Ludwig Mies van der Rohe）说过：“建筑象征着我们的时代。”以建筑学、风景园林、城市规划为“主导专业（Leading Discipline）”的人居环境学科（The Sciences of Human Settlements）的建立反映了时代的需求。随着人类社会步入信息时代，作为信息科学的重要分支学科，地球空间信息科学（Geo-Spatial Information Sciences，简称 Geomatics）逐步融合于人居环境科学的学科体系，成为对其研究的一个前沿领域。以“3S”为主的技术方法在人居环境跨学科体系，尤其是风景园林学科体系中占据着重要技术支持和辅助决策的地位。2011 年住房和城乡建设部发布了《2011—2015 年建筑业信息化发展纲要》，要求加快建筑信息模型（BIM）、基于网络的协同工作等新技术在工程中的应用，推动信息化标准建设[6]，全面推进了信息技术在建筑学科中的发展。全国风景园林信息化工作交流会议也于 2013 年 6 月召开，旨在进一步推动信息技术在风景园林领域中的应用。

1.1.3.2 数字技术及建造技术

数字时代诞生的“数字技术（Digital Technology）”与电子计算机技术相伴相生，它指的是借助一定的设备将各类信息转化为计算机可识别的二进制数字，利用计算机对信息进行处理的技术。20 世纪 90 年代末期，以建筑学为代表的人居环境学科步入数字时代，从分析、建构、表达直至建造，数字技术在设计的各个环节都得到了深入而广泛的应用。数据的采集与测控技术、数据分析评价技术、数字生成与建造技术以及虚拟现实技术等数字技术在风景园林学科的运用逐步获得推进，并将成为未来风景园林学科发展的重要工具。基于逻辑运算系统的数字技术拓展了人类思考的深度和广度，使风景园林规划设计趋向科学和理性。数字平台为风景园林规划设计和实践提供了相关技术支持和平台，在数字技术的帮助下风景园林设计者得以更加全面地认识场所，客观地评价场所，把控设计和建造过程。正如 MIT 的威廉·米歇尔（William J. Mitchell）教授在“CAAD 的未来 2005”（CAAD[7] Futures 2005）大会上的发言：“……在数字式规划设计与建造过程的组织框架内我们能精确地量化每一个项目的设计与建造内容……数字时代出现的建筑以其高度的复杂性为特征，它们对场地、功能以及设计理念的表达方面的苛刻追求比在工业化的现代主义建

6 住房城乡建设部关于印发《2011-2015 年建筑业信息化发展纲要》的通知 .2011.05.10
7 CAAD：Computer-Aided Architecture Design

筑更为敏锐，反应更为迅速。”[8]

众所周知，工业革命促使机器化大生产代替了传统的手工业生产，建造的主体由“手工”向“机械”转化，为现代主义风格的出现奠定了客观技术条件。而信息革命推动了“机械”向“数控机械”的转换。计算机技术的发展，以及在设计领域中的应用，使设计中艺术与技术的隔膜彻底消失。现代的设计过程发生彻底的变化，建造的材料也产生了极大的突破，由“传统材料”发展为“多维”和“复合”材料，有力地配合了建造方式的变革。计算机技术与设计的结合已从“辅助设计”（Computer Architecture Design，CAD）转向了“智能设计”（Computer Intelligent Design，CID）。3D 打印技术、轮廓工艺、数控加工等作为设计的建造手段，其本质是计算机技术在设计领域里的深入应用。进入 21 世纪以来，从感性到理性是设计行业普遍面临的变化趋势，在设计中追求精准、科学和可控，设计与建造、施工等过程的联系更加紧密。在风景园林工程施工环节中，三维全球卫星导航系统（3D GNSS）的机械控制技术已在欧美国家得到运用，通过将设计完成的三维地形模型输入建造机械终端（挖掘机），不仅可以实现景观地形营造的自动化，节省了人力物力，而且十分精准迅速。建造技术的变革从另一个方面促进了风景园林设计方法的发展，体现在从设计思维到设计表达、输入到输出并且对接实施的全过程设计。

1.2 国内外风景园林参数化研究动态

1.2.1 场所景观的探索

国际上关于场所理论的研究始于现象学（Phenomenon）和自然地理学（Physical Geography）。20 世纪 20 年代，德国哲学家埃德蒙得·胡塞尔（Edmund Husserl）创立了现象学，开启了理性主义认识论的时代，他强调基于观察主体和客体相统一的视角来研究建筑环境与人的知觉的关系。建筑现象学大致分为了两个主要的研究体系：一种采用的是海德格尔（Martin Heidegger）的存在主义现象学，主要代表人物是克里斯蒂安·诺伯格–舒尔茨（Christian Norberg–Schultz）；另一种采用莫里斯·梅洛–庞蒂（Maurice Merleau–Ponty）的知觉现象学，主要代表人物是斯蒂文·霍尔（Steven Holl）。海德格尔关于“营建的意义”“诗意的栖居”以及“建造是以什么方式属于定居”等问题的论述阐述了最早的场所营造理念，引发了人们对于“场所”的重视。20 世纪 60 年代起，克里斯蒂安·诺伯格–舒尔茨通过一系列的论著建立起了关于场所理论的完整论述体系，构建了现代意义上建筑和城市环境营造中的场所理论。

8 陈寿恒，李书谊，乔希·洛贝尔，等. 数字营造：建筑设计·运算逻辑·认知理论 [M]. 北京：中国建筑工业出版社，2009：21

自然地理学领域的学者在人文地理学中逐渐将场所理论扩展到区域环境、建筑设计和景观规划等方面。爱德华·拉尔夫（Edward Relph）、段义孚（Yi Fu Tuan）、大卫·西蒙（David Seamon）在他们的著作中均有相关论述。拉尔夫在1976年出版的《场所与非场所》（*Place and Placelessness*）一书中论述了非场所性的理论，他认为非场所表现在不承认环境中具有的特殊意义，割裂场所的文脉和价值，以环境的共同性代替了多样性，以概念化的秩序代替了感受性的秩序。自然地理学领域的学者们虽然以现象学的视角论述了人地关系、建筑与环境的关系等问题，但是文化地理中场所有着较为宽泛的概念，且研究的尺度与范围较大，不同语境下关于场所研究对于风景园林学具有一定的借鉴意义，但也显得相对过于宽泛。

场所理论在建筑及城市规划领域有着广泛的研究。凯文·林奇（Kevin Lynch）的《城市意象》（*The Image of the City*）与乔治娅·布蒂娜·沃森（Georgia Butina Watson）和伊恩·本特利（Lan Bentley）的《设计与场所认同》（*Identity by Design*）等一系列著作均从不同角度探讨了场所与建筑、场所与城市之间的关系。场所与风景园林之间关系的研究也由来已久。早在18世纪70年代，景观规划设计领域有一个大的争议，即“景观设计是一个创造人工景观的过程还是管理自然的过程”。法国的让·马利·莫罗（Jean Marie Morel）在他的《花园理论》（*Theorie des Jardins*）中认为设计是对自然过程进行管理。而他同时将其付诸实践，在巴黎附近的阿蒙农维拉（Ermenonville）的设计中充分地利用了场地的水文、植被等自然过程。18世纪英国崇尚的“似画”园林强调了自然风景在园林营造中的重要性。劳伦斯·哈普林（Lawrence Halprin）作为美国现代景观规划设计第二代的代表人物，在设计项目之前，首要查看区域的景观，并试图理解形成这片区域的自然过程，再通过设计来反映这个自然过程，滨海农场住宅开发项目很好地体现了他的设计理念。20世纪60年代，麦克哈格（Ian L. McHarg）的《设计结合自然》（*Design with Nature*）一书中已为科学理性地分析自然、生态环境与人的关系奠定了基础理论和设计方法，在书中强调了自然过程对土地开发的引导。

1.2.2 数字景观的发展

20世纪60年代以来，混沌理论、系统论、涌现理论、分形理论等对现代建筑学理论和方法产生了巨大的影响，并于20世纪90年代末期，在计算机和信息技术大发展的背景下，共同促使了建筑学进入数字时代。从弗兰克·盖里（Frank Owen Gehry）到扎哈·哈迪德（Zaha Hadid）等一批建筑师在数字化设计与建造方面进行了积极的探索。学术界对数字时代的来临显示出前所未有的热烈响应，多所国外著名高校都展开了数字技术在建筑、规划领域研究、应用与实践的探讨，并取得了丰硕成果。风景园林是协调人和自然之间关系的一门复合型学科，兼具艺术性和科学性，既需要用科学分析和建立与之相关的一切客观要素，也需要用艺术去叙述和承载特定的场所语义。对象及目标的复杂性或多或少地导致了数字技术在风景园林行业中的运用与建筑与城市规划相比稍显缓慢。

数字景观就指的是数字技术在风景园林中的研究与应用。20世纪60年代，麦克哈格的《设计结合自然》建立起了风景园林与生态学的直接联系。他在书中多次提到的多层地图叠加分析数据技术迄今仍为当下数字化叠加分析技术的蓝本，促进了地理信息系统（GIS）的发展，是风景园林对数字时代的贡献。自2000年起，德国Anhalt大学应用科学系（Anhalt University of Applied Sciences）每年举办“数字景观大会（International Conference on Information Technology in Landscape Architecture：Digital Landscape Architecture）”，对数字技术在景观设计中的运用及趋势进行探讨（表1-1）。当下，国内外对于数字景观的研究集中于两大领域：景观数字化及模拟技术、风景园林分析评价与参数化设计。其中，景观数字化及模拟技术的研究包括了测量及影像处理技术、景观环境的可视化技术、过程模拟技术。国外对数字景观的研究多聚焦以上方向，近年来才将关注点逐渐转移到利用数字技术来解决风景园林的实际问题。

表1-1 数字景观大会（International Conference on Information Technology in Landscape Architecture：Digital Landscape Architecture）2012–2020议题

会议时间	主题
2012	景观设计中三维模型及可视技术（3D-Modeling and Visualization in Landscape Architecture）
2013	景观规划和设计中的沟通与协作（Connectivity and Collaboration in Planning and Design）
2014	地理设计中发展的数字方法（Developing Digital Methods in GeoDesign）
2015	系统思考下的景观规划设计（Systems Thinking in Landscape Planning and Design）
2016	表达、评价与设计景观：数字化途径（Representing，Evaluating and Designing Landscapes：Digital Approaches）
2017	景观的响应（Responsive Landscapes）
2018	边界的扩展：大数据世界中的景观设计（Expanding the Boundaries：Landscape Architecture in a Big Data World）
2019	景观：从科学认知，由设计塑造（Landscape：Informed by Science，Shaped by Design）
2020	控制论领域：信息、想象、影响（Cybernetic Ground：Information，Imagination，Impact）

在数字技术的框架下，国内外兴起了对景观信息模型（LIM）与地理设计（GeoDesign）的热烈讨论。20世纪70年代，美国佐治亚理工大学的查克·伊斯曼（Chuck Eastman）教授提出了建筑信息模型（BIM）的概念。麦格劳·希尔建筑信息公司（McGraw Hill Construction）在2009年发布的“建筑信息模

型：设计与施工的革新，生产与效率的提升（Building Information Modeling—Transforming Design and Construction to Achieve Greater Industry Productivity）”的报告中指出：“BIM 是利用数字信息模型对项目进行设计、施工和运营的过程。”建筑界开始了 BIM 的热潮，风景园林界也就 BIM 如何在风景园林规划设计中加以运用进行了讨论。一些学者认为 BIM 难以支撑大尺度环境的研究，并不擅长场地设计[9-10]，于是提出了 LIM 的概念。LIM 与 BIM 在概念和内涵上相似，针对风景园林项目，LIM 所关注的尺度相对较大。LIM 作为一种实践技术和工具，通过数字化信息模型的创建，实现协同设计及全生命周期管理；作为一种系统的解决方案，包含了部分参数化思想和技术。当下 LIM 包括了基于不同平台的多种方案，如 Autodesk 公司的 Revit，Vectorworks 公司的 Landmark，以及 ESRI（Environmental Systems Research Institute）公司的 ArcGIS、CityEngine。

20 世纪 60 年代中期发生了一场重要的变革，霍华德·费舍尔（Howard Fisher）发明了第一个具有实用价值的计算机图形软件 SYMAP，并在哈佛大学建立了第一个计算机图形学实验室。20 世纪 60 年代后期，卡尔·斯坦尼茨（Carl Steinitz）出版了《城市化与变迁的系统分析模型》（*A Systems Analysis Model of Urbanization and Change*），他认为系统、分析、模型、城市化和变迁是值得考虑的五项内容。1993 年斯坦尼茨在加利福尼亚州潘德尔顿营的项目中采用计算机模拟各种不同的景观过程，其中包括土壤、水文、火灾、植被、景观生态模式、野生动物栖息地和视觉质量等模型。斯坦尼茨开创了很多早期的有关景观分析和城市规划方面地理信息系统应用的设想，提出了地理设计（GeoDesign）的概念，并于 2013 年出版了《地理设计框架》（*A Framework for GeoDesign：Changing Geography by Design*）一书。所谓“地理设计”即利用高效的、强调即时评估反馈的地理信息系统，综合多方面因素来辅助广义的规划设计。2010 年 1 月 6 日至 8 日，在位于南加州的环境系统研究院（ESRI）总部红地市（Redlands），召开了世界首届地理设计（GeoDesign）峰会，会上探讨了地理设计的概念、意义、运作及前景。地理设计采用多学科的综合研究，通过信息技术为这些领域的交流提供统一的平台，用于在地区和全球尺度上通过地理位置和取向的优化来解决突出的问题。2015 年 1 月举行的地理设计峰会上，斯坦尼茨教授及瑞希·巴拉尔（Hrishi Ballal）展示了最新的成果：

---

9 Ahmad Mohammad Ahmad，Abdullahi Adamu Aliyu. The Need for Landscape Information Modelling（LIM）in Landscape Architecture[C] //Digital Landscape Architecture Conference 2013. Bernburg，2012：531-539

10 Andrew Nessel. The Place for Information Models in Landscape Architecture，or a Place for Landscape Architects in Information Models [C] //Digital Landscape Architecture Conference 2014. Bernburg，2013：65-72

一款网上应用的地理设计软件，作为对“地理设计框架”的响应，最大的亮点在于能够实现“地理设计流程变化模型”的快速迭代。世界范围内多位学者就地理设计展开了研究，国内外也多次召开了主题会议。从研究现状来看，关于地理设计的研究尚处于起步阶段，多集中在对其概念的界定、构架及可能性内容的探讨、未来发展趋势的预测等方面，具体的实证研究较少，实践运用鲜见。

国内学者们也纷纷针对数字景观及相关领域展开了研究。赵涛在《中国园林》杂志 1995 年第 1 期发表了《计算机技术在风景园林专业应用状况浅析》一文，对计算机技术在风景园林规划设计中的应用现状和问题进行了分析与探讨。并在随后继续撰文：《风景园林计算机技术之展望——风景园林综合信息系统的构想》[11-12]，提出以系统观和信息论为指导，以综合系统开发为发展策略的风景园林综合信息系统。国内与数字景观相关的论文集中发表于近年，属于当下的研究热点。我国风景园林学科权威杂志《中国园林》分别于 2015 年第 7 期推出“数字景观”主题，2014 年第 10 期推出“地理设计”主题。《风景园林》杂志也于 2014 年第 4 期的“风景园林数字技术应用”专题，以及 2013 年第 1 期的“数字技术与风景园林”专题中刊发了多篇文章，探讨了数字技术在风景园林学科的发展与当下的应用情况，并对未来进行了展望。蔡凌豪在《风景园林规划设计数字策略论》[13] 以及《风景园林数字化规划设计概念谱系与流程图解》[14] 中对风景园林数字策略的相关概念进行了阐述，并解析了主要数字化设计方法和应用软件平台，总结了风景园林数字化规划设计的流程图。他指出风景园林规划设计的数字过程可细分为环境认知—设计建构—设计评价—设计媒介四个基本环节，包含了如风景园林环境空间模拟、分析技术；植物景观的模拟与预测；风景园林生态学数字分析与评价；风景园林规划设计和管理信息系统；风景园林规划设计数字生成与参数化的理论与技术；风景园林规划设计可视化与数字模拟技术，虚拟现实技术；风景园林数字建构技术；BIM 在风景园林中的应用；风景园林数字评价方法；数控建造系统；创新数字技术，数字技术的跨学科研究，试验性的设计和建造；数字时代的风景园林理论等多个方面。包瑞清通过《计算机辅助风景园林规划设计策略探讨》[15] 一文从地理信息系统、生态辅助设计技术、模型构建三个方面探

11 赵涛．风景园林计算机技术之展望：风景园林综合信息系统的构想（上）[J]. 中国园林，1995（4）：59-60
12 赵涛．风景园林计算机技术之展望：风景园林综合信息系统的构想（下）[J]. 中国园林，1996，（1）：60-63
13 蔡凌豪．风景园林规划设计数字策略论 [J]. 中国园林，2012（1）：14-19
14 蔡凌豪．风景园林数字化规划设计概念谱系与流程图解 [J]. 风景园林，2013（1）：48-57
15 包瑞清．计算机辅助风景园林规划设计策略探讨 [J]. 北京林业大学学报（社会科学版），2013，12（1）：38-44

讨了计算机技术对于风景园林规划设计的辅助作用。2013 年起，由东南大学建筑学院主办每两年一次的数字景观国际研讨会进一步推动了我国在该领域的研究，连续两届会议展现了数字景观在国内外的研究及最新成果，系统地讨论了数字景观在当下的应用和技术发展，并展望数字景观的应用前景。东南大学基于过往十余年的研究与实践，率先于 2012 年成立了数字景观实验室，为数字景观的研究搭建了技术支撑平台，并开展了系统研究与实践探索。国内对数字景观的内涵与应用领域已开展了较多的探讨，但实质性研究与实践应用尚属起步阶段。

1.2.3　参数化规划设计的兴起

风景园林参数化设计方法的萌芽最早可以追溯到 20 世纪初。大约在 1910 年，美国开始普及用电，人们发明了最初只是用来方便描图的透射板。1912 年，沃伦·H. 曼宁（Warren H. Manning）首次利用其进行地图叠加，作为一种分析手段，并基于这样的方法，对全美国的景观进行了规划，将成果发表在了 1923 年 6 月的《景观设计》（*Landscape Architecture*）杂志。1943 年 L. B. 埃斯克里特（L. B. Escritt）的专著《区域规划》（*Regional Planning*）一书对于如何使用叠图法分析景观环境有了详尽的论述。同样，还有麦克哈格在著名的《设计结合自然》一书中多次提及多层地图叠加分析数据技术。叠图法作为一种早期对场地的量化分析方法具有一定的不足，例如将所有因素等权重的处理，以及割裂了景园诸要素的系统关联，因此并不能算作真正意义上的参数化方法。但是，它的发展促进了地理信息系统的发展，贡献了多学科的有机整合思维，并为日后更加科学化的分析方法奠定了基础。斯坦尼茨在麦克哈格所做工作的基础上继续推进，对于计算机在景观分析与模拟方面做了大量的研究与探索。史蒂芬·埃文（Stephen M. Ervin）在地理设计的框架下，侧重于技术层面的研究，注重通过数字计算、运算流程和通信技术来促进协作化、信息化。地理设计的框架、技术及方法为参数化的风景园林规划设计方法提供了很好的参考和启示。地理设计将地理分析引入设计过程中，通过借助存储于数据库中的描述项目空间范围内各类自然与社会要素的众多信息层，使得初始设计草图能及时得到适宜性评价，这与参数化的风景园林规划设计方法有共同之处，但是地理设计的研究对象和范畴相对巨大。根据斯坦尼茨的框架，地理设计包含了“四类人、六模型、三循环”，在设计过程中同时将本地居民、地理科学家、信息技术人员、规划设计人员纳入同一协助管理平台，涉及范围较参数化风景园林规划设计而言更为宽泛。

近年来，科技的进步推动了参数化软件支撑平台的发展，也进一步深化了景观环境评价方法、分析方法和设计方法。匡纬的《风景园林“参数化”规划设计发展现状概述与思考》[16]、曹凯中和朱育帆的《参数化图解对风景园林规划设计的启示》[17]，以及池志炜等的《参数化设计的应用进展及其对景观设计的启示》[18]等文章研究了参数化在风景园林规划设计的发展及应用思考，但未涉及针对设计的具体方法和手段。包瑞清聚焦基于 Python 语言的编程设计，于 2015 年相继出版了《参数化逻辑构建过程》[19]、《参数模型构建》[20]、《学习 Python——做个有编程能力的设计师》[21]、《折叠的程序》[22]、《编程景观》[23]、《ArcGIS 下的 Python 编程》[24]六本书籍，对 Python 编程在景园设计中的应用做了一定的探索。东南大学团队对风景园林参数化作了积极的研究及探索，完成了“参数化风景园林设计方法研究——以竖向设计为例（51278115）”（主持人：成玉宁）、“参数化风景园林空间密度研究——以建成环境为例（51478104）”（主持人：李哲）、“江浙优秀传统风景建筑尺度参数化研究（51578130）”（主持人：陈烨）、“风景园林水环境参数化设计研究（51608108）”（主持人：袁旸洋）等系列国家自然科学基金面上及青年项目，发表了一批研究论文。

1.3 参数化风景园林规划设计的意义

现代风景园林规划设计方法面临以下亟待解决的问题：

（1）传统的风景园林规划设计方法建立在经验积累基础之上，大多强调在认知场所的基础上发挥人的主观能动性，从而设计偏重于依赖设计师的感觉、悟性与经验积累，此类设计方法往往科学性与可传授性显著不足，与之相应规划设计的结果往往具有或然性。作为一门古老而又年轻的学科，随着社会的不断进步，仅仅运用先验的方法去解决当下一切现实问题显然是不够的。

（2）近十年尤其是近三年来，国内外数字景观的研究蓬勃发展，同时掀起了景园参数化研究的热潮。就现阶段的研究情况而言，大部分的参数化设计理论多借鉴于建筑学科，相关研究绝大部分也与参数化建筑设计类似，囿于“算法生形”，聚焦于参数控制下的形态及空间生成研究，并未能针对风景园林规划设计的特点展开系统性的参数化设计研究，不仅参数化的景园设计实践较为鲜见，且关于风景园林学科自身的参数化设计理论与方法研究更加

16 匡纬 . 风景园林“参数化”规划设计发展现状概述与思考 [J]. 风景园林，2013（1）：58-64
17 曹凯中，朱育帆 . 参数化图解对风景园林规划设计的启示 [J]. 风景园林，2013（1）：65-68
18 池志炜，谌洁，张德顺 . 参数化设计的应用进展及其对景观设计的启示 [J]. 中国园林，2012（10）：40-45
19 包瑞清 . 参数化逻辑构建过程 [M]. 南京：江苏凤凰科学技术出版社，2015
20 包瑞清 . 参数模型构建 [M]. 南京：江苏凤凰科学技术出版社，2015
21 包瑞清 . 学习 Python：做个有编程能力的设计师 [M]. 南京：江苏凤凰科学技术出版社，2015
22 包瑞清 . 折叠的程序 [M]. 南京：江苏凤凰科学技术出版社，2015
23 包瑞清 . 编程景观 [M]. 南京：江苏凤凰科学技术出版社，2015
24 包瑞清 . ArcGIS 下的 Python 编程 [M]. 南京：江苏凤凰科学技术出版社，2015

不足。

（3）国际化大趋势下，景园环境中地域的界限逐渐淡化，地域特征逐渐消亡，难免形成“千城一面”的尴尬局面。对场所的轻视导致符号化、图案化、标签化等一系列不符合场所性格和特质的设计出现，不仅在营造过程中消耗了大量的资源，而且在后续的养管过程中对人力物力造成了极大的浪费。如何真正实现“因地制宜”，形成设计特色，保障环境资源的合理化利用，达到可持续、集约化的社会发展要求，是现代风景园林规划设计面临的重要问题。

（4）风景园林环境的营建是一项系统工程，涉及生态、文化、功能与空间等多个方面，因而如何综合统筹规划设计的多目标，形成系统论指导下的现代风景园林规划设计方法势在必行。数字技术的发展从硬件和软件两个平台上为风景园林的科学化提供了有力的支撑，但针对风景园林规划设计机制的相关理论研究与技术运用却十分罕见。在系统的架构下构建“生态、功能、空间和文化”统筹的参数化风景园林设计方法框架和体系，通过参数化的方法进行科学化干预、调整、规划、设计景园环境，是现代风景园林规划设计重要的发展方向和研究难点。

基于上述问题，笔者的研究聚焦以下三个目标：

（1）将风景园林规划设计从“感觉”引向“知觉”；

（2）探讨“因境制宜”、减量设计的现代风景园林规划设计方法；

（3）生成基于耦合原理的参数化风景园林设计机制。

赫伯特·西蒙在1968年的《人工科学》（*The Science of Artificial*）中提到：“所谓设计，就是找到一个能够改善现状的途径”。卡尔·斯坦尼茨（Carl Steinitz）认为这是对风景园林学科最好的定义。基于耦合原理的参数化风景园林规划设计机制研究是对基于数字技术的设计方法的积极探索，以当下地域化、集约化和可持续的社会发展理念为指导，寻求一条能够在实践中得以有效运用的风景园林规划设计途径。

1.3.1 推动风景园林规划设计的科学化

风景园林是一门保持和营造人地和谐关系的学科，核心是社会、生态与艺术三位一体，主要特征是规划设计、景观生态与人文社会并重，涉及多个学科、多重领域。传统风景园林规划设计方法中感性的成分多于理性，停留在定性的层面而缺少定量的支撑。笔者致力于科学的设计，将基于数字平台的参数化技术引入风景园林规划设计中，是对当代风景园林设计理论的丰富，在一定意义上弥补了传统设计方法科学性的不足。

1.3.2 建构参数化风景园林规划设计理论

当代的风景园林学具有复杂性和整体性特征，需要同时满足生态、文化、功能和空间多个设计目标。理论和技术的变革总是交替进行,不断向前发展的。传统的设计方法难以实现多目标的系统化设计，当代数字技术的发展为风景园林科学化提供了良好的平台，同时推动了相关理论的进步。笔者立足于风景园林规划设计，并借鉴建筑学、城市规划学、生态学等其他学科相关理论与方法展开研究，针对风景园林学科的参数化研究从理论到实践层面的系统研究，有助于形成具有学科自律性的风景园林规划设计的理论与方法体系。

1.3.3 探索参数化风景园林规划设计实践与应用

作为一门与实践紧密结合的学科，理论的研究将指导实践的运用，实践的响应会推动理论的完善。风景园林规划设计是风景园林学科核心组成部分，不仅与理论研究联系紧密，而且具有广阔的实践范围。参数化风景园林规划设计方法的研究最终应当运用到实践中去。基于耦合原理就是基于减量设计（Minimization Design），即最小化的设计原则，符合当下可持续和集约化的社会发展要求。参数化的平台有助于实现从方案、设计到施工的全程可控，使得实践中的施工环节提高了效率和精准性，具有重要的现实意义。

“耦合”的对象是“设计”与“场所”这两个系统。应对风景园林规划设计特色缺失的局面，从场所出发的设计有助于营造风景园林环境特色，保持地域特征，实现场所认同。笔者试图通过设计机制的研究，从方法论的层面阐释参数化设计的内在运作规律，并结合实际案例对方法论指导下设计途径、策略及技术的运用进行展示，探索由理论到实践的风景园林参数化设计体系。

1.4 参数化与风景园林规划设计

1.4.1 定量化、数字化与参数化

1.4.1.1 定量化（Quantification）

“量化”即“定量化”，指在科学研究中将难以表征的对象通过具体的数值或区间加以表示。定量研究与定性研究是相对的概念，既是社会科学领域的一种基本研究范式，又是科学研究的重要步骤和方法之一。从科学的发展史中我们可以发现，19 世纪末人类求知的活动逐渐从启蒙运动之后的唯心主义转向了实证主义,在数学与逻辑发展的助力下走上了一条量化、实证的道路。定量研究成为现代科学研究的主要方法，决定了 20 世纪以来科学的发展。定量是研究通过数值与区间的分析与比较，获得意义的研究方法和过程。定量研究的主要步骤包括数据的采集、分类、整理和分析。与定性的方法相比，定量研究强调事实的客观实在性，而定性研究强调对象的主观意向性；定量研究注重经验证实，而定性研究注重解释建构；定量研究主要运用经验测量、统

计分析和建立模型等方法，而定性研究则主要运用逻辑推理、历史比较等方法；定量研究与定性研究相比最大的优势在于能够得出比较客观理性的结论。由于需要将对象以数值或区间的形式表达，所以数据的准确性将直接影响到最终分析结果与客观事实的吻合度。指标约定了预期达到的指数、规格、标准。利用指标体系进行评价是对事物进行量化的有效方式。由不同的参数组成的指标体系能够形成一套有机的评价系统，对事物的数量和性质进行描述。

20 世纪 90 年代，钱学森先生针对开放的复杂系统问题，提出了“从定性到定量的综合集成”方法论，从哲学层面阐释了定性与定量方法的关系[25]。作为复杂系统的风景园林，对其加以研究必须坚持“定性到定量的综合集成”。定量研究与科学实验研究密切相关，因而通过定量的分析有助于实现研究的科学化。当下，随着风景园林学科科学化的推进，各个方向的研究中均引入了定量化的方法，包括空间形态量化评价、景观资源可持续性量化评价、景观结构量化评价、色彩量化分析、声景观量化分析、环境容量的量化评价、适宜技术的量化评价等。风景园林学科中量化方法的运用主要是通过数据的采集或构建评价体系获得可进行比较的数值或区间。量化分析与评价方法给原本难以表述的景园要素提供了有效的路径，将风景园林的研究由定性引向了定量，极大地推动了风景园林学的科学化。

1.4.1.2　数字化（Digitization）

数字化是一个极为宽泛的概念，其基本过程可描述为将众多复杂多变的信息转变为可以度量的数字、数据，并通过数字化模型转变为一系列二进制代码，引入计算机内部，进行统一处理。数字化的核心是数字技术，作为一种基本的工具在当下得以广泛运用，涵盖了以计算机软硬件和通讯技术为基础的各种衍生技术。在建筑领域，数字化不仅以其强大的数字技术工具直接对建筑设计的表述方式产生了影响，更以信息科学为基础的协同工作对建筑行业的整个建设流程加以重塑。由此，数字化建筑设计可简要定义为利用数字技术进行建筑设计及建造的过程。由于面对的是复杂系统，数字化并不仅仅局限于对数字技术工具的运用，更融入了数理逻辑的思维。早期的建筑数字化通过绘图软件的开发而发展起来，给人们带来了设计过程的高效。当下数字技术不仅仅是高效的代名词，而且帮助人们重新认识了设计，增加了对设计全过程的把控能力。数字化之于风景园林的内涵与外延与建筑相较，则是“和而不同”。风景园林的数字化虽仍然体现为对数字技术的利用，但由于研究对象与规律的差别，风景园林领域的数字化运用包括了信息获取与管理、景

25 卢明森．“从定性到定量综合集成法”的形成与发展：献给钱学森院士 93 寿辰 [J]. 中国工程科学，2005（1）：9-16

观分析与评价、景园环境的模拟与建模、规划设计的深化、建成后绩效评估等阶段。

1.4.1.3 参数化（Parameterization）

"参数化"本是数学、统计学和计算机科学范畴的问题。将"参数化"与"设计"结合是近年来规划设计研究创新的切入点，从当前的发展来看，大致可以分为"参数化辅助设计"和"参数化设计"两个大类。前者是将参数化作为一种技术工具辅助设计成果的实现；后者则是一种思维模式，关注于将数学逻辑、几何逻辑、算法逻辑等与设计问题相关联，从自然科学的角度寻求解决问题的途径。徐卫国教授认为建筑学领域的参数化设计本质上就是要找到一种关系或规则，把影响设计的主要因素组织到一起，这里将影响建筑设计的因素看作参（变）量或参数，形成参数式或叫参数模型，并用计算机语言进行描述，通过计算机技术将参量及变量数据信息转换成图像，这个结果就是设计的雏形[26]。

参数化设计过程的关键环节可以分别为：环境评价的数据化、设计诉求的数据化、系统设计参数关系的构建、计算机软件参数模型的建立等。参数化的实现需要依靠数字化手段，涵盖了计算机高效运算、计算机辅助设计、算法编程、计算机辅助几何优化等多种数字化技术。"参数化"从本质上是一个描述过程的术语，它定义了事物之间的关系，通过在变量与输出之间建立联系形成衍生关系。参数化设计可以称之为参变量化设计，即设计是受参变量控制的，每个参变量控制或体现设计结果的某种重要特质，改变参变量的值会使设计结果随之变化。需要注意的是，参数并不等同于变量，两者的差异在于参数是设计者通过分析与预判而赋予的一种约定，描述了系统的运作特征与关系。当系统运行时，变量会不断变化而参数是保持不变的。但这并不代表参数是一个常数，它仍然可以改变。当参数发生变化时可能带来整个系统的变化。

目前的建筑及风景园林领域内出现了将参数化设计标签化的倾向。参数化表述的是一个过程，而并不代表结果；参数化不等于非线性，也并不囿于对形式的追求。参数化设计强调系统化及对过程的控制，通过信息的系统化集成为数字化建造提供了接口。参数化的复杂性体现于子系统逻辑关联，即按照复杂逻辑关系将各项子系统有序组织，而非简单地罗列。

综上，定量化、数字化与参数化是彼此关联又相互独立的三个概念，三者之间具有一定的关联，其关系可以由一个维恩图（Venn Diagram）表示

26 徐卫国，徐丰. 参数化设计在中国的建筑创作与思考：清华大学建筑学院徐卫国教授、徐丰先生访谈 [J]. 城市建筑，2010（6）：108

（图 1-1）。数字化设计（Digital Design）包含的范围非常广泛，只要在设计的任何一个环节以任何方式使用了计算机，都可以说是数字化设计。所以在范畴上，数字化设计包含了参数化设计。需注意的是定量化不等于参数化，定量化可以是参数化中运用的一种技术方法。通过定量研究能够生成对事物特定性质进行描述的数值与区间，进而转化成为可以进行评价与使用的参数。所以定量化在参数化风景园林研究中有重要的运用，融入到参数化风景园林规划设计过程之中。参数化的特征在于以系统为认知与解决问题的前提，风景园林规划设计的参数化不仅仅在于建构一个定量研究过程，而且建立包含变量及参数的景观环境评价与设计系统模型，将前期研究得出的“量”带入模型中根据规则进行运算，引导生成“规划设计成果”。

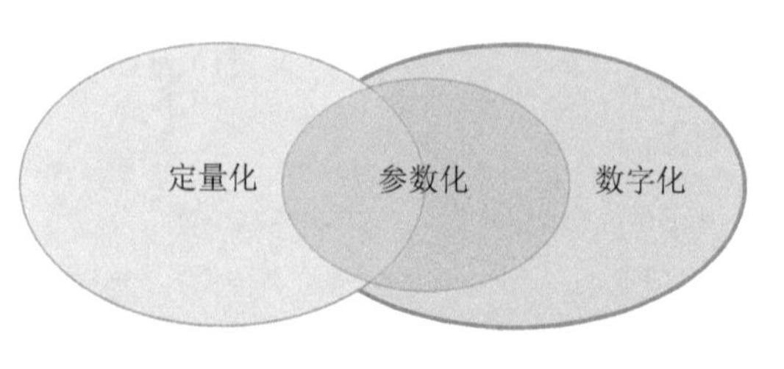

图1-1　定量化、参数化与数字化之间关系示意图

1.4.2　参数化与风景园林规划设计

进入 20 世纪以来，感性与理性的融合是设计行业普遍面临的变化趋势。设计业的发展已经走过了粗放的时代，包括建筑设计在内，都在追寻将设计变得可控、科学，设计与制造和施工的联系更加紧密。技术的崛起和革新，为人们全程把握设计的流程提供了条件和可能。参数化作为时下最“潮”的设计概念，虽然仅仅经历了短短几十年的发展历程，却为设计思维带来了重大的变革。参数化设计通过参数的控制，利用计算机的运算能力，将传统设计中凭借直觉调控的设计过程通过科学的思维逻辑展开。大数据时代，针对于风景园林学科的特点，包括参数化在内的数字化技术与方法能够有效地对景园环境海量数据进行处理和分析，大大提高了工作效率。

复杂性科学的兴起对风景园林产生了重大的影响，系统论的观点被引入风景园林学的研究之中。风景园林是由若干子系统组成的多目标系统，具有多元、复合的特点，研究的对象与尺度具有特殊性，风景园林中参数化的运用与建筑设计相比有着自身的特点。参数化风景园林规划设计指的是将整个设计流程建立在数字化软硬件平台之上，根据设计要求理性地构建逻辑模型，选择适宜的算法，依靠计算机的运算能力和图形能力，科学分析和评价空间环境，生成设计结果。参数化的方法增加了设计者应对复杂环境和设计对象的解决问题的能力和创造力，并以更具体验性和真实性的设计表达媒介，最终产生兼具科学、艺术、社会价值的风景园林规划设计成果，从而融入环境认知、综合图解和虚拟现实表达、数字建构、数控建造、评价与管理、可持续发展等风景园林的全生命周期。风景园林设计具有多目标性，生态、空间、功能、文化等子系统均有着自身的规律与特征。同时，子系统组成了一个极其复杂的“大”系统，诸多的变量互相影响、互相制约，比如生境与植物、工程量与造价等。风景园林规划设计的优劣，绝不是单纯的美观与空间建构问题，也不是绝对的科学技术问题。风景园林规划设计需要解决的问题不是单一变量对应单一设计目标，而是通过人为的参数调控以求得系统最优。因此，在当代风景园林规划设计中引入参数化的意义不仅仅在于形式与空间的生成，而是致力于将整个设计过程变得全程可控，同时在若干子系统协同工作时谋求综合效益的最大化、环境扰动的最小化及设计结果的最优化。其中，综合效益对应于风景园林的全生命周期，而不仅仅指任何一个单独的阶段。

现代科学尤其是现代技术的发展，贯通了规划、设计乃至施工的诸环节，参数化的设计有助于打通未来施工精准化的接口，这也是参数化对于风景园林规划设计的另一个重要意义。从施工到建造的环节，将数字化的施工模型导入机器便可以精准地开展建造工作。如今的瑞士等国家已普遍借助三维全球卫星导航系统［3D GNSS（Global Navigation Satellite System）］机械控制技术进行场地的施工。通过参考站（基站）及组装在铲斗上的移动接收器（漫游器）进行定位，并与内置于机械中的电子控制装置相配合，能够实现自然式场地地形的厘米级误差建造（图 1–2）[27]。同时，制作作为基础数据的数字化地形模型（Digital Terrain Model，DTM），较之传统的打桩放线工作更为迅速。基于参数化设计的未来风景园林施工可以有赖于机器的自动化加以实现，不仅大大提高了效率，而且可以提升精准性，节省了人力。在德国埃尔廷根 – 宾茨旺根（Ertingen–Binzwangen）段多瑙河河流修复工程中，基于遥感和 GIS 系统生成的数字水文地形模型（Hydraulic Digital Terrain Model，Hydraulic DTM）成为水工水力学和生态水力学的各种参数进行编辑与分析的基础，不仅实现了对于河道建成后的流域地表形态、水文要素和水系动态的仿真模拟，还将水系景观的设计到施工阶段紧密衔接。通过在挖掘机上安装三维机械控制系统，利用数字地形模型实现了精确的建造。同时，大大节约了人力：在整个施工过程中，除去板桩支架的工作外，一名挖掘机操作员和一个工作人员便可以驾驭现场工作（图 1–3）。

1963 年美国麻省理工学院（MIT）的伊凡・苏泽兰（Ivan Sutherland）发表了名为《画板：人机图形通信系统》（*Sketchpad：A Man Machine Graphical Communication System*）的博士论文，是交互式电脑绘图的开端，计算机辅助设计的发展历程自此开始。早期，计算机仅作为一种辅助工具参与设计，使之更

27［瑞士］彼得・派切克 . 智慧造景 [J]. 郭湧，译 . 风景园林，2013（2）：33–37

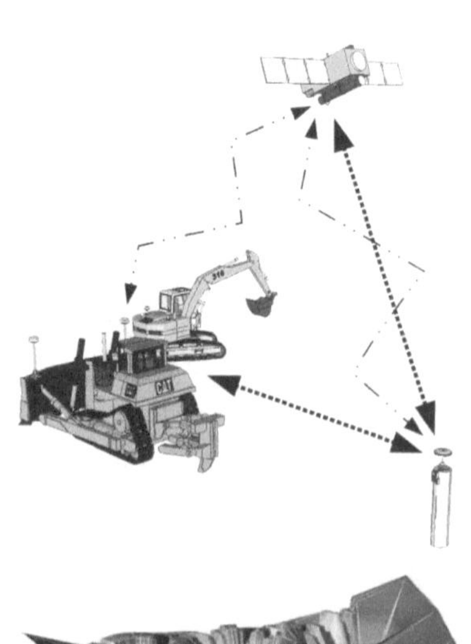

图1-2 数字地形模型加载到三维机械控制系统

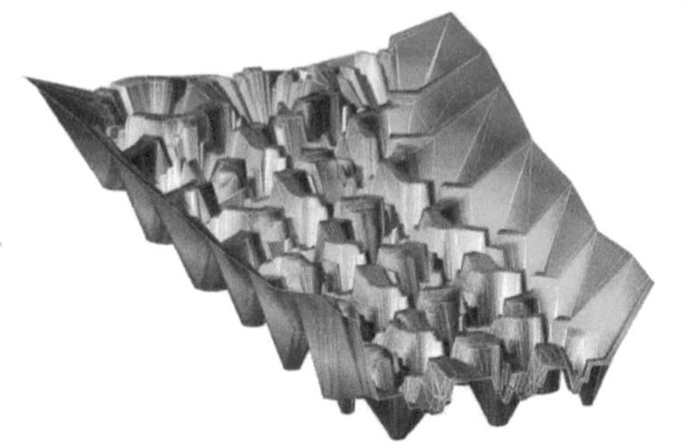

图1-3 数字水文地形模型，安装了三维机械控制系统的挖掘机在现场工作

引自：[瑞士]彼得·派切克. 基于数字水文地形模型的景观水系优化设计：德国埃尔廷根-宾茨旺根段多瑙河河流修复[J].李雰，译.中国园林，2013，29(08)：30-34.

加便捷与高效。随着计算机运算能力的进步和人工智能技术的发展，参数化设计得以出现，并将数字分析与建造无缝衔接。通过逻辑模型的构建及算法的加入，以参数进行动态控制能够快速生成多变的设计结果。参数化体现了一种系统化的设计过程，与参数化辅助设计相比，将严密的逻辑贯彻至设计全过程。

参数化设计体现了由下至上的自组织设计模式，在参数化主义风格框架内，设计作品的诞生，就像生物体的自我繁殖，各部分按比例同时发育成长，这个比例就是所谓的参数。参数不同，所以有了世间生物体的百貌千态。风景园林的设计场所由于地理位置的不同而各具特点，产生了设计所涉及参数的不同。风景园林规划设计的参数化过程犹如“蝴蝶效应（Butterfly Effect）”，任何一个参数的微小变化均能产生不同的设计结果。从不同场所中得到的参数是场所原有信息集合的忠实反映，将场所的特色带入到设计结果之中。参数化的风景园林规划设计机制有助于场所特色的保留与发展。参数化的设计过程还体现了风景园林的系统性和开放性的特征。参数关系的建立有助于发现、理解风景园林这一复杂系统背后带有的规律性深层逻辑结构和空间秩序，并以数字的方式表达出来，使其成为可讨论、评价的对象。它还具有一定的开放性，与环境有密切的联系，能与环境相互作用，不断向更好地适应环境的方向发展。由此可见，参数化风景园林规划设计方法体系具有全周期、全尺度、系统性、科学性以及可控性的特点。

参数化风景园林规划设计过程：第一步，需要选择参数和变量，影响设计的要素为变量，根据设计目的选取的设计要素为参数；第二步，寻求某种或者几种适宜算法，作为计算规则；第三步，通过算法间的组合构筑参数关系对设计系统进行描述，生成参数模型；第四步，在计算机语言环境下输入参变量信息，以算法模型为计算规则，得出最终的结果，即设计目的对应的设计方案雏形（图 1–4）。参数化模型的构建使得设计更具灵活性，能够满足风景园林规划设计多要素及系统复杂性的要求。通过参数及变量的变化，基于算法模型，能够利用计算机强大的运算能力，快速得到不同的结果，便于设计的控制与比较。同时，对算法模型的修正与调整，可以实现对设计过程的优化，使之生成更高程度上满足设计要求的设计结果。参数化的算法模型为风景园林规划设计提供了一个抽象的、逻辑的过程模型，能够快速地进行反馈，这是传统规划设计方法难以实现的。

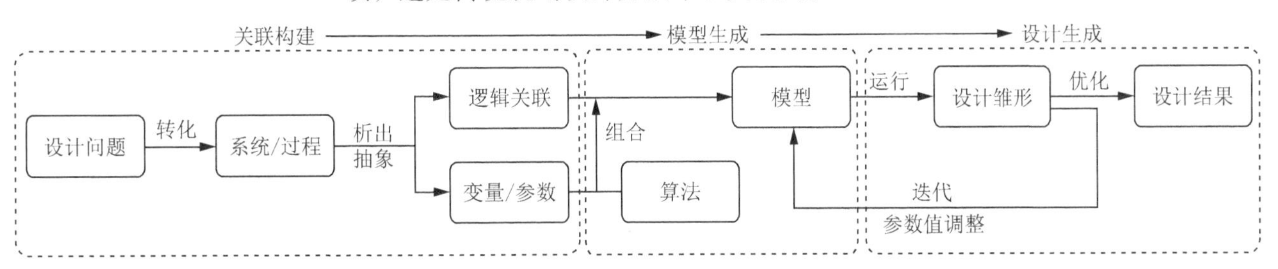

图1–4　参数化风景园林规划设计过程

目前，参数化研究在建筑学领域内聚焦于形态的生成，或者说形式逻辑的研究，主要是利用算法表达参数间的逻辑关系，目的在于通过人工智能模拟并描述建筑，以及包括村落、城市在内的人工建成环境的生成过程。此类参数化的研究重在对形体和空间形态的模拟与描述，通过对参数的修改与调整来模拟限制条件下的建筑或聚落生成过程，可以称之为“参数化生成”。形式、空间作为设计最直接的载体与外化的表达，是设计研究中不可避免触及的部分。但形式与空间绝不是设计的全部，尤其是对于风景园林规划设计而言。笔者研究的景园参数化规划设计聚焦于系统架构下的调控与优化，不囿于参数化的形体与空间生成，而是透过对参数化设计机制本身的解读，从而实现对风景园林规划设计从形式、过程到生成规律的耦合，通过多层面、多目标的耦合实现人为干预下的景园系统的整体优化。

风景园林规划与设计两者尽管拥有相似的要素，但由于解决问题及尺度的差异，在具体的环节与方法上也具有一定差异，两者的参数化设计过程也不尽相同。前者更侧重于分析与评价基础上对设计过程的参数化表述，通过合理保护与调控环境资源以求得景园系统最优化；后者则要解决景园系统的建构，在这一层面参数化的设计更着重于形态与空间的生成。故而参数化在风景园林中的运用依据研究目标、尺度、对象的不同而各异。

风景园林的参数化策略与建筑领域中所提的参数化设计并不完全相同，因此对其研究需结合风景园林学科的自律性，结合相关学科的研究成果有选择地加以借鉴。以参数化设计为代表的数字化方法和技术发展使风景园林规划设计可以超越传统的设计流程，获得了科学、客观、理性的认知和分析景园环境运行发展规律的能力。更为重要的是助力风景园林学科，使其拥有了与相关学科对话和共同进步的平台，促进风景园林学科趋向自组织与发展。

1.5　风景园林参数化软件平台

风景园林参数化平台是参数化风景园林规划设计的具体实施平台，由具有参数化设计功能的软件平台构成。风景园林参数化平台搭建的目的在于进一步厘清、解读、研究要素与系统之间、多目标之间、景园艺术与科学之间的相互关联，旨在通过变量的调控实现系统的优化与统筹共赢，同时有助于对景园全生命周期的关注。由于以参数化的方式描述要素和系统，因此参数化平台必须具有联动的、动态的、可操作的特点，通过参数来控制风景园林规划设计的过程，利用参数间的调适以取得优化的成果，以量化的技术来比较设计成果，从而实现参数化风景园林规划设计的全过程。

随着快速发展的计算机及信息技术，新的软件平台层出不穷，风景园林数字化设计使用的软件平台也不胜枚举。蔡凌豪[28]，包瑞清[29]，池志炜、谌洁、张德顺[30]等研究者撰文分别从数字化规划设计、计算机辅助设计、参数化设计的角度对软件平台在风景园林领域的运用提出了构想，并进行了初步的归纳。由于数字化、参数化之于风景园林属新兴的领域，不断有新的内涵及概念注入，笔者就当下软件平台与数字化风景园林的发展现状，对应于风景园林设计过程，对风景园林数字化设计软件平台进行归纳和总结（表1-2）。

由表1-2可看出，Vectorworks Landmark、Revit、ArcGIS、Civil 3D、Rhino等软件平台均可形成对设计过程的控制，此类软件平台的共性特点有：

（1）具有较强的数据分析及处理能力，能够进行综合分析；

（2）在数据处理的基础上能够以图形化的方式快速呈现，可以满足设计的需求；

（3）兼容性良好，能够与其他软件较好地衔接；

（4）拥有开放的接口，提供了编程解决特定问题的可能。

28 蔡凌豪．风景园林数字化规划设计概念谱系与流程图解[J]. 风景园林，2013（1）：50

29 包瑞清．计算机辅助风景园林规划设计策略探讨[J]. 北京林业大学学报（社会科学版），2013（1）：40

30 池志炜，谌洁，张德顺．参数化设计的应用进展及其对景观设计的启示[J]. 中国园林，2012（10）：41

以上列举的各个软件平台不仅综合性能强大，而且各有侧重，对各类数据格式有着较好的兼容性，有助于多软件的衔接与配合，存在成为参数化设计基础平台的潜质与可能，能够为参数化景园设计过程的实现提供优良的辅助支持。

表1-2　风景园林数字化设计相关软件平台

设计过程	作用	软件名称	功能	备注
信息收集与分析	地理分析	ENVI	遥感图像处理平台，处理图像及空间数据	可与 GIS 衔接
		ERDAS	遥感图像处理系统，处理图像及空间数据	可与 GIS 衔接
		ArcGIS	地理信息系统平台产品，处理地理及空间信息	
		Autodesk123D Catch	利用数码照片进行 3D 建模	
	空间分析	Dethmap	可进行空间结构、视域等空间分析	
		ArcGIS	拥有强大的空间数据管理、空间分析、空间信息整合等功能	
	生境分析	ArcGIS	利用相关模块可对植被、水体等进行分析	
		Amap	对植物进行模拟	
		NetLOGO	可模拟随时间发展的复杂系统	
		Phoenics	进行流体模拟	可与 CAD 衔接
		Flow 3D	可模拟液体流动	
		Vasari	模拟太阳辐射、日照轨迹，进行能耗分析	与 Revit 衔接
		Urban Wind	风环境模拟	
		Xflow	流体动力学（CFD）模拟	
		Fluent	适用于复杂流动的模拟	
		Ecotect	包括日照、阴影在内的可持续性分析	
		PKPM	可进行风环境计算模拟、环境噪声计算分析、三维日照分析等	可与 CAD 衔接
		Fragstats	景观格局分析	
	行为心理	Tobii Studio	眼动数据分析	
		BSS	生理数据分析	
方案设计	过程控制	Vectorworks Landmark	可进行二维及三维建模、场地分析、搭建景观信息模型	可与 GIS 衔接
		Revit	构建信息模型	
		ArcGIS	空间信息建模及分析，构建规划信息模型	
		Civil 3D	面向工程的信息模型构建	可与 CAD 衔接
	形体生成	SketchUp	3D 设计及建模	
		3DMAX	可进行三维建模	
		Maya	可进行三维建模	
		Rhino	可进行三维建模，NURBS 建模功能尤为强大	
	算法编程	Grasshopper	Rhino 环境下运行的采用程序算法生成模型的插件	
		Rhinoscript	Rhino 自带的参数化编辑脚本程序	
		Dynamo	基于 Revit 的可视参数化插件	
		Processing	图形设计语言	
		Matlab	具有数值分析、矩阵计算、科学数据可视化以及非线性动态系统的建模和仿真功能	
		Arcpy	进行空间数据的批处理，开发插件，建立地理处理应用模型	
	结构分析	PKPM	可进行景观构筑物的结构分析	可与 CAD 衔接
		ANSYS	可对荷载等进行计算，辅助工程设计	可与 CAD 衔接

续表

设计过程	作用	软件名称	功能	备注
成果表达	设计图解	Photoshop	图像处理与表达	
		Illustrator	图像处理与表达	
		InDesign	图像处理与表达	
		PowerPoint	图像处理与表达	
	渲染与动画	Vary	图片和动画渲染	
		Vue	3D 自然环境的动画制作和渲染	
		SketchUp	动画制作	
		3DMAX	动画制作	
		Lumion	3D 动画制作	
	虚拟现实	CityEngine	三维城市建模	
		Smart 3D	三维摄影建模	
		VNS	三维可视化	
		DVS 3D	可交互虚拟现实软件平台	兼容多种格式模型
		Quest 3D	实时 3D 可视化	
		Lumion	3D 可视化	
		Twinmotion	4D 可视化	

第二章　参数化风景园林规划设计机制

数字景观的逻辑是什么？将复杂的风景园林规划设计问题，通过二进制的数字表达方式以及数字演算和推导的逻辑方式，建构起各部分之间的关联性，即把发现问题、分析问题、解决问题的认知事物的逻辑，通过算法、算式的形式建构起来，当前所有计算机编程分析解决问题的逻辑都是如此。数字景观的逻辑就是借助数字化的技术，把原本凭借经验的判断转译为一种对规律的科学寻求和理性依赖，通过数字技术来加以完整地表达和呈现。

数字景观的逻辑旨在通过数字化过程解决景园规划设计不同环节之间的无缝衔接，统筹实现用地评价、方案生成、建造管控等环节的量化辅助决策。因此，在整个数字流运算的过程实现了对传统规划设计全流程的系统性覆盖，最大限度地减少人的主观误判，充分体现了规划设计工作的科学与严谨，从而通过全过程的数字流的运算，实现风景园林规划设计的基本目标。

在当下快速城市化的时代背景下，人口、资源、资金、信息、物质、能量等在社会空间中不断交流互动，社会系统元素的多样、空间结构的耦合及行为特征的自组织，都反映出城市环境开放复杂的基本属性。与此相对应，景观系统也具有多层次、高维性、多尺度、非线性等复杂的属性特征，景园设计则需要同时满足四个基本面——生态、空间、功能、文化的多目标需求。由此，依托于先进数字技术手段的数字景观方法应运而生。数字景观将复杂多元的景观信息通过二进制的数字流方式无缝衔接到设计过程的各个层面，将传统的有赖于经验的设计模式转变为“人机交互”、定量辅助定性的综合集成规划设计方法，数字景观是数字化时代发展的必然产物。

设计不仅是人类高级且复杂的思维活动，而且代表了人类一种重要的创造性活动，是运用已有的知识及技术解决问题或创造出新事物的过程。从 20 世纪 60 年代起，对于设计本质、设计方法等的研究逐渐引起人们的重视。当代科学技术的进步，极大地推动了包括风景园林学科在内设计学领域的知识更新、理论演进与技术革新，生成支撑当下设计的重要理论、方法与技术手段。关于“机制”的研究是对设计本质的挖掘及设计原理于方法论层面的探求。“机制（Mechanism）”一词最早源于希腊文，英文解释为“a system of parts working together in a machine；a piece of machinery，a natural or established process by which something takes place or is brought about”。可以看出，机制由两个关键的部分组成：一是多要素组成的功能性系统；二是自然的或者人工建立的过程。对应于不同的学科领域，机制的内涵各异。工程学领域中，机制是指机器的构造和工作原理，或指有机体的构造、功能及其相互关系。当代，关于机制的研究无论是在自然科学领域还是社会科学领域均已广泛开展，例如，物理学、工程科学研究所涉及的反馈机制，系统学、混沌理论等研究相关的非线性机制、自组织机制，抑或是生物学研究中的遗传机制、免疫机制、思维机制等。机制的核心在于系统是如何产生作用的，关于机制的研究就是探讨事物构成的系统内在工作或运行方式，包括事物组成部分的互相关系。机制的解读是对事物的深度认知，是从现象描述到本质阐释的过程。

机制具有四种特点：第一，机制是经过实践检验而被证明的有效、固定的方法和途径，是事物一种较为稳定的运行方式；第二，机制是基于各种有效方式和方法基础上的总结和提炼，不仅拥有对内在的解释性意义，而且具有系统化、理论化的高度；第三，机制为多种方法和方式的综合，机制作用的发挥需要依赖多种方法、方式的共同作用；第四，机制与功能相对应，机制产生于某种功能性的需求，例如评价机制、监督机制、激励机制等。

根据机制的内涵，需要从两点对其进行把握：一是系统，即某事物是由多个部分构成的系统，各个部分之间存在着关联，这也是机制存在的前提；二是运行方式，即机制协调事物各个部分关系的具体作用方式。针对以上两点，机制的研究分为两个部分：首先，事物是由哪些部分构成的，以及为什么由这些部分构成；其次，机制如何关联各个部分，推动事物的发展，其运作原理、手段及具体路径为何?

亚当·斯密（Adam Smith）在古典经济学著作《国富论》（*The Wealth of Nations*）中认为市场经济有“一只看不见的手”——机制，即隐蔽在市场经济活动表面现象背后支配着商品生产和交换的价值规律。亚当·斯密这一比喻极其形象地揭示了“机制”的基本特征。设计机制如同指挥设计的“看不见的手”，引导着设计行为，指导生成设计结果。事物的存在与变化是由于相互作用造成的，事物之间的相互作用及关系可分为两类：一类是事物内部的关系及相互作用，另外一类是事物外部施加的影响。而机制产生于事物的内部，是内在的驱动。设计机制产生于设计本身，是对设计诸要素及其关联，以及作用规律的描述。

以亚历山大（Christopher Alexander）的《建筑模式语言：城镇·建筑·构造》（*A Pattern Language*：*Towns*，*Buildings*，*Construction*）为代表，设计学界努力寻求设计的科学方法。对设计模式的研究针对于常见的设计问题，提供已被验证的有效解决方案，从而能够充分利用前人经验和成果解决设计问题，避免无意义的重复劳动。亚历山大认为每个模式都是一个规则，由三部分组成，表达了一个特定情境、一个问题和一个解决方案之间的关系。他认为建筑设计模式的价值在于："每个模式描述周围环境中一再反复发生的某个问题，接着叙述解决这一问题的关键所在，可以千百次地重复利用这种解决问题的办法而又不会有老调重弹之感。"关于设计模式的研究始于20世纪60年代，该时期是二战后现代主义建筑标准化、模数化蓬勃发展的时期，因而"设计模式"难免表现出些许的教条与僵化。同样作为对科学化设计方法的研究，与设计模式相比，设计机制更加注重对作用机理的阐释、规律的把握及设计本质的探求，更具灵活性与指导性。另外，设计机制能够根据不同的设计实际转化为相应的设计模式，而更具适宜性与实用性。

在以往的概念中，设计被视为一种业务性的实践工作。近些年来，"设计研究（Design Research）"成为世界范围内设计界热议的话题。在知识生产模式变迁、科学知识结构变化的新时代语境下，仅仅凭借设计师的经验与直觉已难以解决设计中所需要面对的复杂性、综合性问题，因此风景园林行业呼唤科学方法指导下的设计及研究工作。当代风景园林学兼具科学与艺术的特征，应当形成科学与艺术思维范式相融合的学术研究体系，在实践的基础上进行理论研究，并利用研究成果对设计实践工作加以指导与反馈。由于具有艺术与科学的双重属性，设计师的工作与思维方式与理工科学者及人文学者并不完全相同，"从问题到结论"的线性思维过程并不完全适用。

尤纳斯与费德里将设计和研究的关系分为"关于设计之研究（Research About Design）""为了设计之研究（Research for Design）"以及"通过设计之研究（Research Through Design）"。"关于设计之研究"是以"设计"为对象的研究，旨在揭示设计行为和设计思维内在的特点和规律，其研究内容主要包括三个方面：旨在探索设计师式认知方法的设计认识论研究；旨在探索设计实践和设计过程的设计行为学研究；旨在探索设计产物的形式和构成的设计现象学研究[1]。"为了设计之研究"是以设计为"目的"和"动因"的研究，例如在设计过程中进行的调研工作、材料收集等为设计服务的工作均属该范畴。"通过设计之研究"对应于设计行为的特殊性而产生，研究离不开设计行为，并将其作为研究的媒介与工具。"通过设计之研究"有两个层面的工作目标：第一个层面是从具体的设计出发，通过研究来解决设计问题；第二个层面在于对设计及其过程的研究和总结，以形成具有指导性、普适性的范式和模型，为类

1 郭湧. 当下设计研究的方法论概述 [J]. 风景园林，2011（4）：69

似的设计问题提供解决的思路、途径和方法。“通过设计之研究”从基础的设计层面出发，但不囿于解决设计问题，而是寻求方法论层面上的升华和总结。因此，“通过设计之研究”的成果虽然来自具体的设计过程，但是能够以知识的普适化形式脱离设计过程本身而存在。“通过设计之研究”为设计研究范式在真正意义上成立奠定了认识论基础，它是设计范式方法论发展的必要条件[2]，源于对设计行为和设计思维自身固有的内在特点重新发现和系统化梳理。关于设计机制（Design Mechanism）的研究即为这样一种通过设计的研究，致力于将设计原理与原理的作用过程及其内在的规律完整地传达给使用者，从而将设计过程由传统的灰箱转变为可量化、可解读、可理解、可驾驭。基于耦合原理的参数化风景园林规划设计机制也致力于解读、建立这样一种关联，以求将设计的原理、途径与方法清晰地加以表述。

方法（Method）是为达到某种目的而采取的手段与行为方式，是人们认识世界、改造世界的目的、途径、策略、步骤、工具与技术有机集成的系统。《现代汉语词典》中“方法”的释义为：“关于解决思想、说话、行动等问题的门路、程序等。”[3]由此可见，方法不是一元的、绝对的、普适的，针对不同的目的、问题，具体的方法均会发生变化。方法论指的是一种以解决问题为目标的体系或系统，通常涉及对问题阶段、任务、工具、方法技巧的论述，是范畴、原则、理论、方法和手段的总和。方法论的英文为“Methodology”，由“Method（方法）”与“Ology（逻辑）”两个词组成，可以将方法论的研究理解为：“关于‘方法的规律’的研究。”方法论不仅解释了为何要使用“工具”、何时使用“工具”、使用“工具”后的效果，更重要的在于在面对不同问题时能够指导创造新的“工具”。设计方法论是将一些以理论框架为主导的系统化程序学说使用在设计中[4]。对于风景园林参数化规划设计机制的研究属于方法论层面的研究，是对参数化设计内在规律与运作机理的探讨，对参数化设计的合理性、有效性与作用结果进行研究。基于设计机制，针对不同的问题可生成具体的设计方法。风景园林的本质决定了风景园林规划设计方法论跨越了科学方法论和艺术方法论两个领域界限，是“科技与艺术”相结合的方法论。由此，在景园参数化规划设计机制的研究中必然涵盖了定性与定量两种研究方法，包括了理性与非理性思维两种思维方式，其研究方式不同于单纯的科学研究或艺术研究。

风景园林规划设计的对象是千变万化的，不同场所的特点各不相同，设

---

2 郭湧．当下设计研究的方法论概述 [J]. 风景园林，2011（4）：69
3 中国社会科学院语言研究所词典编辑室．现代汉语词典 [M]. 北京：商务印书馆，2017：366
4 陈超萃．设计认知：设计中的认知科学 [M]. 北京：中国建筑工业出版社，2008：21

计策略、原则和方法也各异。因此，对于机制的研究具有极其重要的意义。机制针对内在的原理，是对设计本质的研究，属于方法论层面。在机制的指导下，对应于不同的设计场所可灵活生成适宜的方法与技术。笔者从设计机制的内涵解读出发，阐明设计机制的方法论意义，对参数化风景园林规划设计机制的生成与作用方式展开探讨。

2.1 风景园林规划设计的系统特征

2.1.1 系统的复杂性

复杂性是目前自然科学和技术科学领域中使用频率较高的词语，它起源于 20 世纪四五十年代，系统论、控制论、信息论等理论是复杂性思想发展的先驱，打破了机械的线性思维观点，建立了“不同的因素相互作用的影响绝不是简单相加”的观点，即整体大于部分之和。随着研究的深入，复杂性的内涵不断得到丰富，它不仅指代复杂、混乱，还意味着嵌套、自相似、突现，更意味着整体、秩序和渐次增加的层次、组织性和进化。除系统论、控制论、信息论对复杂性内涵的贡献之外，耗散结构论、协同论、突变论和超循环论探索了复杂性产生的环境条件、动力机制、途径和耦合等问题，诞生了系统自组织的思想：复杂系统通过相互作用使得每一个系统作为整体产生了自发性的自我组织，即自组织；这些复杂的、具有自组织性的系统可以进行自我调整，这种调整是一种主动的行为。

丰富性与复杂性从语义表述上看似乎具有一定的重复，但是景园场所作为一个系统，其丰富性包含了复杂性，而它的复杂性亦体现了丰富性。丰富性展示了风景环境蕴含了大量的信息，而复杂性则呈现了这一系统内部信息间的相互关系。场所记录了历史的时间轨迹，留存了人与自然的发展痕迹，积淀了丰富的信息。从信息的构成上看，场所信息的类型是丰富的，并且它们的外化表现方式不一。人类有五类感知——视觉、味觉、嗅觉、听觉、触觉，可感知具有物质化外观的信息以及部分不依托于形态存在的信息，例如：植物的形状、土壤的气味、流水声、风力等。人类可直接感知到以上信息，但是动植物生长规律、气候变化、生活方式、经济形态等非物质形态的信息却难以被直接感知。各类信息广泛存在于景园场所之中，但所占比重不同。信息的复杂性对风景园林规划设计产生了重要的影响。亚历山大（Christopher Alexander）于 1964 年在《形式综合论》（*Notes on the Synthesis of Form*）一书的导言中便指出：“如今越来越多的设计问题已达到难以解决的复杂程度……与问题的复杂性增强相对应，信息量和专业经验的复杂性也在增长。这些信息广泛、分散、无序，难以把握……信息量已超出单一设计师个人所能把握的范围。”[5] 随着社会的发展，人们对景园环境认识逐渐加深，设计时思考的内容较以往更为广泛和丰富，由此需要处理的信息也呈几何倍数增长，仅仅凭借经验难以处理如此复杂、多元的设计信息，对于经验欠丰富的设计者来说，更难驾驭庞大的信息群。

2.1.2 要素的动态性

设计中需要处理的信息不仅在数量上、复杂性上大大增加，随着研究深入，人们已认识到信息并不是一成不变的，而是在系统内处于动态变化之中。关于信息动态性的认知再一次对设计师的把握能力提出了更高的要求。草长莺飞、飞流直下、花开花落等优美的词语均是对景园环境动态景象的描述。景园环境囊括了无生命的物质及有生命的个体，而植物等具有生命的个体是景园环境的重要组成部分。面对并直接服务生命及其系统，这也是风景园林规划设计与建筑及城市规划设计最显著的区别之一。动态性的产生源于自然的力和时间的共同作用，在这一作用下，景园环境中的土地、水、风、植物等自然的要素形成了互动，并不断变化。由于有生命个体的加入，使得时间对于景园环境的作用异常显著。植物的生长和季相变化是景园环境中最显而易见的自然动态，场所的景观也因植物的变化而四季各异、年年不同。古代西方一度追求一种相对永恒、不变的景观，尤以凡尔赛宫等法国古典园林为代表，表现为通过定期对植物的修剪来保持图案的规则形状。在这些园林中，通常会出现跌水、喷泉等动态的景观，作为一种具有变化的、活跃的要素来活化景观氛围。而景园环境中要素的动态性指的是要素随时间流逝及自然力作用而产生的多样变化性，而非所具有的“运动状态”。

当代风景园林规划设计的视野不断拓展，不再局限于小尺度的庭院、公园，而是将研究的目光投向了尺度更为宏大、空间更为广阔的自然区域。不同于人工建成环境，在这些区域中自然成为场所的主宰，自然进程在区域中发挥着决定性的力量，人们无法对景园场所形成绝对性的控制。对应于现代风景园林规划设计，自然力是设计师必须重视、顺应并运用的，在时间与自然力作用下场所呈现出的动态性应纳入设计师的思考范畴。据此，应当建构一个动态的设计过程与环境的动态性积极响应。哈格里夫斯（George Hargreaves）认为景观是一个动态的发展过程，需要用动态的观点来看待。在他的设计中将自然的演变和发展进程纳入开放的景观系统中，树立了一种动态的生态观。哈格里夫斯通过设计的引导，让自然管理景观的细节，例如在瓜达鲁普河公园中，水流的侵蚀逐渐改变了草丘的形状；在烛台角文化公园里，经过多年

5 [美] 克里斯托弗·亚历山大．形式综合论 [M]. 王蔚，曾引，译；张玉坤，校．武汉：华中科技大学出版社，2010：2

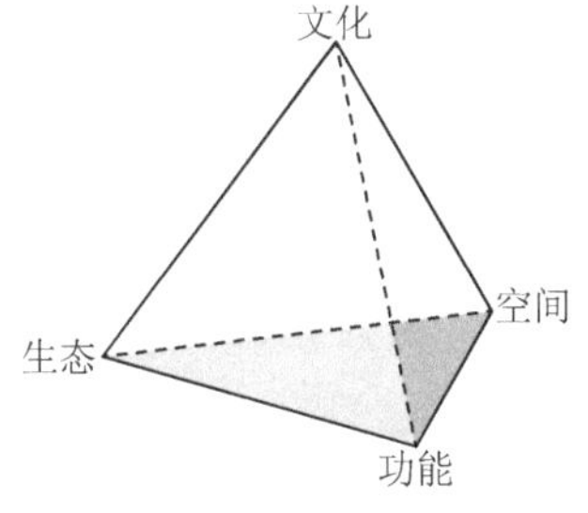

图2-1 当代风景园林规划设计的四个目标

的自然演变，浅坑中萌发的刺槐等植物逐渐使地面的面貌发生了变化。针对景园环境的特点，当代的风景园林规划设计应追求对自然过程主动、积极的响应，具有过程的意识和理念，注重过程之美。

2.1.3 设计多目标性

“空间、生态、功能与文化”是景园环境的四个组成部分，四要素之间的关系犹如三棱锥体的四个节点，不同的景园环境中四个节点的权重与相互间的关联度不尽相同，也正由于四要素之间的差异，景园环境特征表现出明显的倾向性，从而呈现出千变万化的景观（图 2-1）[6]。与之相应，当代风景园林规划设计具有多目标的特点，空间、生态、功能与文化是四个基本面。风景园林规划设计过程就是构建一个在研究场所条件基础上，寻求多目标达成的途径。风景园林规划设计不是四个基本面的简单叠加，而需根据环境与诉求的不同，权衡与调节四个基本构成因素，使之在同一环境中和谐共生。

2.1.3.1 生态目标

风景园林设计需要处理的信息不仅数量庞大、复杂性程度高，而且处于不断地变化之中：风景园林环境的信息在系统内处于动态变化之中。草长莺飞、飞流直下、花开花落、春华秋实等是风景园林环境动态景象的基本特征，也是风景园林规划设计与建筑及城市规划设计的显著区别。其根本原因从古典主义与现代景观设计的区别比较中不难看出，古典主义造园的特征在于依据人的意志将景物保持在“最佳状态”，而现代景观设计则强调将人的诉求融入自然的进程。不同于人工建成环境，风景环境中自然进程发挥着决定性作用，人们无法对风景园林场所形成绝对的控制。设计师必须审慎研究并巧妙运用自然力，在时间与自然力的共同作用下，场所呈现出的动态特征应纳入设计师的思考范畴。据此，应当建立“过程”的意识和理念，建构一个动态的设计过程，使之与环境的动态性积极响应。参数化的设计模型体现了各设计要素之间的关联，呈现为一个开放、动态的系统，即单一要素的改变会引起设计结果的变化。由此，参数化的设计方法能够与风景园林设计要素的动态特征相契合，体现自然的演进与变化过程。

二战后世界经济的迅速崛起及工业的高速发展带来了一系列环境问题，人们开始反思过去的所为。较之昙花一现的后现代主义、结构主义、解构主义等人文思想，科学技术对风景园林的影响更加持久，生态主义成为当代风景园林领域最具影响力、生命力的思想[7]。生态的保护是人类社会长久健康发展的保证，保护场所生态环境、实现可持续发展是当代风景园林规划设计的重要目

6 成玉宁 . 现代景观设计理论与方法 [M]. 南京：东南大学出版社，2010：58
7 成玉宁，袁旸洋 . 当代科学技术背景下的风景园林学 [J]. 风景园林，2015（7）：15-19

标，也是首要目标。风景园林规划设计应综合考虑两个方面，一是原生场所中的自然环境要素，包括地质、地貌、气候、水文、土壤、植被、动物等方面；二是人类活动及其影响，包括土地利用方式等。原生环境具有自身的稳定性与可持续性，对于生境质量良好、生态系统稳定的自然区域，需要在遵循自然规律和环境的内在机制的基础上，通过保护相对稳定的生态群落和空间形态来维护生态系统的演化能力。通过定性、定量、定位相结合进行分析与评价，确定场所中不同地块的生态适宜性与土地利用适宜性，划分保护、利用、优化的区域，从而采取相对应的规划设计策略。在保护生态环境的基础上有选择地利用自然资源，将人为过程有机地融入自然过程之中，使"因地制宜"落到实处。

2.1.3.2 空间目标

空间是景观的载体，功能在其中展开，文化从其中生成，生态系统由其承载。空间形态与结构生成了场所的基本形式，也是风景园林规划设计中重要的要素之一。作为"景观"的骨架，与文化、生态等方面相比，空间以"有形"的实体界定与构成，最易被人们感知，因此最能够彰显景园特征。需要注意的是，景园空间的营造既不等同于"平面设计"，也不囿于"形式设计"，因此不应片面追求空间形式带来的强烈场所风格而忽略景园空间在生态、功能方面的意义。与建筑相比，景园空间更为开放与开敞，没有固定的"外表皮"与明确的范围限定，而呈现有机、"多孔"的特征。形态、结构、界面、肌理是构建景园空间的四个基本要素，也是景园空间的生成基础。由于"多孔"与开放的特征，景园空间与周边环境有着密切的关联，因而风景园林规划设计在处理空间问题时应将场所置于整体环境之中，统筹协调，营造和谐的景园环境。

2.1.3.3 功能目标

场所是行为发生的处所，行为在场所中占有极其重要的地位，人在场所中的行为是场所和人交互作用的结果。设计归根结底是为人服务的，因而具有强烈的人本意识。场所中的行为主体——人在这里是场所的使用主体，是设计所需要服务的对象，风景园林规划设计目的之一在于创造人性化的空间环境，满足不同人群的行为需求。行为是多种因素交织在一起的综合产物，环境与人的行为之间存在着一定的对应关联，良好的公共空间可以促进人们的交往、丰富人们的户外生活；特定的空间形式也会吸引特殊的活动人群，诱发相应的行为与活动。西蒙兹（John O. Simonds）认为："在景观设计中，人首先保留着自然的本能并受其驱使。"要实现合理的设计，就必须了解并研究这些本能。人与环境之间存在着相互作用的关系，人在场所中的行为既受"场力”的影响，同时又反作用于场所。在风景园林规划设计中，设计师对环境使用者的行为解读是认知场所中重要的一环，设计者应充分研究场所中人的行为规律以及心理特征，依据不同行为的共性与规律展开“适应性”设计，规划在场所中适合展开的功能性项目。

2.1.3.4 文化目标

“文化”一词的含义十分宽泛，文化产生的两个不可或缺的要素是时间和人的活动，体现为人类活动积淀于场所之中的“印记”，也是人们对场所认同的来源。场所的生成源于自然环境因人类活动的影响被加入了人文的信息。对于景园环境而言，文化是场所中必然存在的要素。自然环境与人文环境具有纵向与横向的紧密联系，共同构成了景观的场所文脉。这种场所文脉体现的不仅仅是信息在时间上的承接关系，还囊括了在空间、功能等多个方面的继承与交流。根据场所的不同、活动的特点不同，景观环境中蕴含的文脉信息自然各不相同，具有唯一性与特殊性。因此，文脉信息成为场所特色的重要来源。场所中的这些文脉信息包含了时间、空间、文化、自然等众多方面的内容，同时呈现相互交织的复杂关系。重视场所的文化意义，其最终目的是延续环境中独具特征的人地关系，即“场所文脉”。风景园林规划设计中的文化目标就是传承与发展场所中的文化，尊重场所原有的自然过程与格局和人类活动留下的历史文化积淀，并以此为本底和背景，在保证历史脉络线索“完整性”的基础上，充分发掘景观环境的既存特性。通过甄别、筛选不同时期的人类使用模式、具有特殊意义的事件等，选择其中可发展、可利用的部分，通过引申、变形、嫁接、重组、抽象等手法，重新组织到新的景园秩序之中。

2.2 传统风景园林规划设计机制的特征

不同历史时期的造园等活动与风景园林相关的活动均与当时的社会发展状况紧密关联。前人对景园设计的研究成果源于常年的经验积累与实践的总结，是宝贵的实践经验与理论积淀。但是囿于时代所限，具有一定的局限性，体现在服务的主体、表达的追求、过程的对待、方法的形成四个方面。随着社会的发展、科学技术的进步，人们对环境的认识不断地拓展，对设计思考也愈加深入。与之相应，风景园林学也处于不断发展、变化之中，学科内涵不断拓展。

2.2.1 主体的单一性

园林自出现之日起，为人服务一直是其主要的功能。在古代，受社会生产力的限制，人们的活动范围及改造自然的能力远远不及当下，园林的营造局限于较小的尺度，人成为环境的主宰，对需求的满足忽视了自然的规律和发展需求。中国古代园林讲求“师法自然”“天人合一”等理念，古代文人眼中的山水并不是纯朴的自然山水，而是“自然的人化”：是经过人为提炼和概括的“山水”。通过山水来表达人的志趣，既体现在园林的营造之中，也反映在与之关系密切的绘画作品之中。虽然西方对水景营造更偏重于技术层面，设计师往往通过对自然水体、水系细致的观察，总结出水景观的不同特性，运用技术手段和抽象夸张的手法造景，但并不追求意境的表达。无论是规则式的水景还是几何状修建的树木，西方古代园林追求的是人对自然绝对的控制。

2.2.2 表达的意象性

人类从未停止过对“美”的向往与追求。在生产力欠发达的时代，人工痕迹是人类征服自然的表现，也是人类力量的彰显与表达。因而，人工创造的规则形式与自然有机的形式相比，更能获得人们的认同，成为人们潜意识中“美”的存在。在风景园林规划设计中，人们不仅注重意境的表达，也从不放弃艺术的创造，始终在寻求形式对于感官的刺激。这种主观性极强的追求甚至割裂了形式与内涵之间的关联。景园设计作品成为了“艺术品”，达到了一种“美”的极致。20 世纪 60 年代末出现的大地艺术（Earth Art）成为其中的代表，设计者在广袤的大地上或挖坑造型、或移山填海、或垒筑堤岸、或泼墨染色，追求形式的美感（图 2-2）。风景园林是科学的艺术、艺术的科学，对艺术性的过度强调淡化了风景园林学作为一门学科的科学内涵。

2.2.3 过程的单向性

面对越来越复杂的场所环境，信息量呈几何倍数的增加，大大提升了风景园林规划设计的难度，是对设计者个人分析、处理信息能力的巨大考验。从操作工具的使用角度来看，在图纸上进行描绘的传统设计方式依靠的是脑、眼与手的配合。由于设计过程中大脑同时处理的信息量是有限的，抑或囿于设计工具的限制，通常的风景园林规划设计过程与方法容易趋于单向性与线性，难以进行实时的反馈与调节，无法实现设计过程的适时调控。

2.2.4 方法的经验性

传统意义上的建筑、规划及景园设计，其路径、方法的归纳与总结基于大量实践，具有鲜明的经验性色彩。与之相应，传统的教学模式中，所传授的同样也是从经验中得来的路径与方法。“经验”不仅具有或然性，而且具有一定的主观性与模糊性。经验与时间成正比，它是大量时间与实践积累并不断验证的结果。特别需要注意的是，正是因为由实践与时间的积累而来，经验传递的有效性不佳。离开了时间和实践的双积累，以初学者为代表的经验接受者在学习中对于路径与方法的掌握与吸收往往一知半解。其根本原因在于

图2-2 罗伯特•史密森(Robert Smithson)于1970年创造的螺旋形防波堤(Spiral Jetty)
引自互联网

知其然而并非知其所以然。同时，基于经验的设计方法也难以进行表述，而囿于一般性的描述。如山水空间营造中的高、深、平“三远说”，阔、幽、迷“三远理论”，奥如、旷如“奥旷说”等，再如，计成的《园冶》一书将园林创造实践的总结提升至理论的高度，其中关于造园理水的阐述有：立基先究源头，疏源之去由，察水之来历；高方亩就亭台，低凹可开池沼等类似对于设计原则、途径与方法的总结与表述属于定性层面，对于学习者而言仍然十分模糊、概念，不同阅历、不同知识背景的学习者对其理解与接受程度也就因人而异。

2.3 风景园林的参数化规划设计机制

风景园林学具有科学与艺术双重属性，在传承发展景园文化的同时，应当重视科学技术的发展对于风景园林学的推动作用。在科学与艺术双模驱动下，风景园林学的内涵与外延不断地得到丰富，知识体系的更新势在必行。以系统科学为代表的科学思想与研究影响着当代风景园林学的价值观、发展理念，以数字技术为代表的科学技术与工具在一定程度上改变了风景园林规划设计的路径与方法。参数化风景园林规划设计机制的产生源于风景园林规划设计的特点和发展的要求，是设计系统演化与进化的结果。从本质和原理的层面对事物进行研究无疑具有宝贵的意义与价值。由于方法的针对性与环境的不确定性，设计机制依托于风景园林的特征，在耦合原理的指导下，通过对系统的描述与阐释来研究风景园林规划设计的系统属性及其参数化设计的内在规律。设计机制研究的重点在于解读规律，而不是具体的方法。对于参数化风景园林规划设计机制的研究是对参数化应用于风景园林规划设计的原理、作用方式在方法论层面上的研究与总结。由于景园环境的多样性，对应采取的设计方法应当是灵活多变的，因而对设计机制关注的同时必须避免将设计引向教条、趋向单一。参数化风景园林规划设计机制的研究不囿于形而上的层面，而是基于具体设计过程与操作方法的归纳与提炼。作为设计的辅助方法与工具，随着以计算机技术为代表的信息技术的发展与设计认知体系的不断丰富，参数化设计的途径与工具会日益丰富，为风景园林规划设计方法的发展提供更多可能与支撑。

2.3.1 机制的生成

2.3.1.1 生成的前提：因地制宜与顺应自然

现代风景园林实践的内容早已超越了传统的“园林范畴”，突破了传统的学科界面。区域景观环境、风景环境、乡村、高速公路、城市街道、停车场、建筑屋顶，乃至河流，甚至雨水系统、海绵系统都成为现代风景园林学关注的对象。从花园到公园，再到公园体系，包含建成环境与风景环境，风景园林学的研究尺度不断拓展，也带来了研究界面的拓展，使得风景园林师关注的范畴不断扩大，既不囿于小尺度的视角去探讨“点”的问题，也不局限于从区域的高度出发，思考“面”的问题，而是扩展到区域，甚至国土范围，在多层次的视角下，思考人居环境系统与结构性问题。

随着尺度的拓展，自然在场所中占据主导地位，风景环境中自然力成为场所的主导，人们难以继续一成不变地套用过往的设计理念和方法，形式“美”再也无法成为设计的主角。自然的力是无穷的，塑造了地球上几乎绝大部分的景观，而人类对地貌的改变仅仅是极小的一部分。从这一角度来看，人类之力无法与自然之力相抗衡。在现有条件下，不仅消除自然力的影响将耗费巨大的人力、物力，而且往往是不可持续的，高维护成本下，人类对抵抗自然的防线往往会在瞬时一溃千里，泥石流、台风、地震等每年全球发生的气候灾害便能够从某一方面对其加以证明。其实，“抵抗”不如“顺应”，设计师应当遵循自然的过程，顺应自然之力。大自然是最好的设计师，借助自然的力量不仅省“力”而且省“工”。

“因地制宜”早已成为设计界的共识，对于风景园林规划设计而言，“因地制宜”更为贴合景园环境的特点，这里的“地”是实实在在的土地，代表着设计所面对的场所及其中蕴含的自然及人文过程。较之于“形式”，自然的过程与规律是内在的动因。与建筑不同，景园环境始终处于动态发展变化之中，“形式”只是阶段性的存在。由此，对规律的把握远比形式更加重要，当代风景园林规划设计应重视场所未来变化与发展的趋势。由此“Design with Nature”的内涵难以由“设计结合自然”简单加以囊括，而是包含了设计与自然之间的种种复杂联系，如顺应、协同、耦合，最终达到设计与自然的融合。“因地制宜”的设计目标是实现景园环境的可持续。“因地制宜”不仅仅是对场所中固有形式的改造与模仿，而更重要的是在顺应自然规律的基础上解读规律、掌握规律，从场所中探寻设计生成的本质依据，耦合场所固有的发展机制，真正地“Design with Nature”。

2.3.1.2　生成的背景：风景园林的系统与设计

风景园林规划设计需要依据原生的场所，生成满足多目标的、新的景园环境，即设计的人工系统与场所的原生系统之间的融合，实现的途径为设计与场所的耦合。景园环境最终的服务对象为人，所以不可避免地需要满足人的诉求。当代风景园林规划设计所要做的工作就是在满足自然系统存在及发展规律的基础之上将人的需求嫁接、植入。对于以自然为主体的风景环境而言，形态是容易改变的，但其却不是系统的本质性特征，场所中的自然过程与规律不以人的意志为转移。因此，设计应把握本质，在研究风景园林系统自我发展过程与规律的基础上开展设计。作为一个相对开放的系统，风景园林系统中诸要素能够与外界发生交换，这使得人工系统与原生系统的融合成为可能。针对特定场所的风景园林规划设计由各个设计要素构成，要素之间互相影响、互相调适，共同作用生成最终的设计结果。

“机制”具有深刻的科学背景、思想背景，现代科学革命使人类科学从简单性走向复杂性，系统论的提出促进了机制研究的发展。机制体现了事物内在的相互关系，必然涉及事物各个组成部分及其联系，在系统中建立机制是对系统具体的局整关系、因果关系等要素构成关联的研究。由此可说，机制与系统紧密关联，系统的存在促进了机制的生成。自组织性指的是系统在内在机制的驱动下，不断地提高自身的复杂度和精细度的过程，是系统内在机制的作用。系统的自组织性与机制的自发性相对应，风景园林规划设计机制的生成源于系统自身的发展需求。

2.3.1.3　生成的基础：非线性与逻辑性

“思维”是在表象、概念的基础上进行分析、综合、判断、推理等认知活动的过程，是人所特有的高级精神活动。设计是一个复杂的思维活动，包含了直觉思维、形象思维、逻辑思维和创造性思维等多个类型与广泛领域。设计的过程是一个由意识支配的过程，设计思维影响、制约了创造活动的全过程。首先，从东西方的思维方式上看，以中国为代表的东方思维通常从整体、系统的角度去把握事物，从普遍联系中分析内在的规律性；西方思维重视个体性，善于从一个整体中把事物分离出来，严格按照概念、判断、推理的形式来反映事物本质属性和内在规律。其次，中国的思维方式大都偏向感性，更多的是靠直觉、经验与归纳；西方的思维更多趋于理性，在思考过程中讲求分析、逻辑与推理。东西方思维方式的差异带来了东西方设计思维的不同：东方在设计中注重情感的诉求，专注于前人经验的设计传统；而西方更加注重科学性与功能性。景园设计中也有着类似的体现，中国造园师们在表现山水时重视意境的传达，讲求“神似”而不求“形似”，追求“写意”而不求“写实”；而以哈普林（Lawrence Halprin）为代表的西方风景园林师们则通过形态的抽象来模仿自然的山水，如他设计的爱悦广场（Lovejoy Plaza）（图 2–3）利用不规则台地模仿自然山体的等高线，喷泉的水流轨迹则遵循了加州席尔拉山（High Sierras）的山间溪流。

思维方式植根于历史的实践及科学发展的进程之中，并随着时代的推进

图2–3　爱悦广场（Lovejoy Plaza）模型
引自互联网

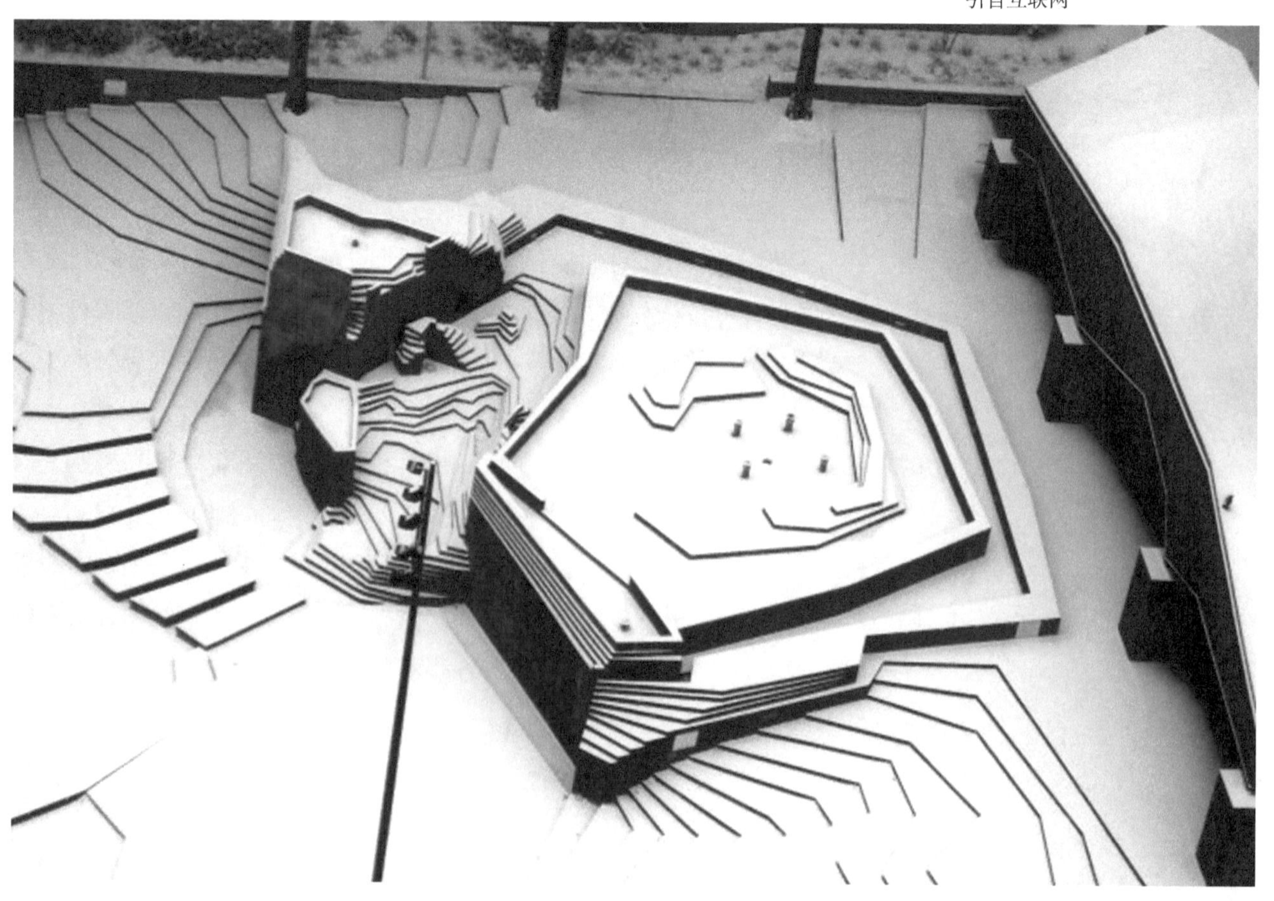

而延伸发展。时代的发展会对设计思维发展提出对应的要求，特定的时代区间存在着某种特定的思维方式。设计思维的科学化演进可以较有效地减少设计工作中的随意性和不确定性，增加设计结果的可判定性、可靠性与合理性。同时，一定程度上增强了设计工作的系统性、有序性，提高了工作效率和质量。风景园林规划设计思维的发展同样顺应了这一演进的过程。

形象思维是人类思维史上最先形成的一种思维，具有主观性；逻辑思维将概念、判断、推理融为一体来处理抽象概念信息，达到科学判断和结论的目的，具有客观性。形象思维与逻辑思维的互补是现代思维方法发展的趋势。科学思维以逻辑思维为主，艺术思维以形象思维为主。风景园林兼具科学与艺术的特征，与之相应，风景园林规划设计思维则包含了逻辑思维与形象思维两个方面，是一种综合性的思维。逻辑思维与形象思维在风景园林规划设计中有着不可分割性，两者共同组成了设计的思维系统。逻辑是一种有规律的严谨的科学方法，具有两个明显特征：一是构造形式语言，另一个是演算系统的建立。对于当代风景园林规划设计而言，需要在感性分析的基础上结合理性的分析、归纳与综合的途径。查尔斯·詹克斯（Charles Jencks）在1997年发表的《非线性建筑：新科学 = 新建筑?》(*Nonlinear Architecture*：*New Science = New Architecture*?）一文中简述了科学界新的复杂科学（即非线性科学）已经取代了发源于牛顿经典理论的现代线性科学。现代自组织理论充分揭示了普遍存在于系统内部在组织结构上表现的非线性规律。景园环境的自组织性与复杂性决定了设计的非线性思维特征。作为事物内部产生的动因，机制体现了非线性的因果关系，反映出系统的复杂性。非线性决定了思维的非逻辑性，从另一方面证明了风景园林规划设计兼具逻辑与非逻辑的思维特征。对于当代风景园林规划设计的机制而言，一是需要非线性的思维，或者说非逻辑思维来处理空间、生成形式；二是必须依赖于逻辑思维对过程、规律加以把握。线性与非线性、逻辑与非逻辑在此实现了有机的交互、耦合与统一。参数化设计机制的思维方式由以上两个层面复合而成。

2.3.1.4　生成的驱动：系统优化与最小化干预

“最优”就是在设计过程中为了满足一系列的要求而综合协调、相互妥协的最终产物。系统思维是人们在解决复杂系统问题过程中总结出来的现代科学思维方式，是一种立体化、多向化、动态化的思维方式。系统思维不是将设计对象看作独立个体，而是作为一个设计系统对待，综合考虑设计要素之间、设计要素本身以及周围环境之间的相互关系和内部规律。系统论强调将研究的对象作为一个整体，而构成整体的各个部分之间协同作用，将各个部分的协同效能最优和最大化，从而实现整体效益最优。优化功能是系统思维最显著的特点，能够进行系统优化，是设计系统的重要特征。风景园林具有复杂系统的特征，一方面保留了自然素材的原初属性，并遵循自然演替的规律；另一方面园林空间又是依据人的诉求营造的空间环境，具有文化内涵，因此风景园林有着多目标的特点。如何在风景园林环境中协调不同的目标，使系统整体最优化已成为现代风景园林规划设计的基本要求。

风景园林作为一个复杂的系统，既要服从于自然规律也要服务于人的诉求，更有形而上的境界，因此而分别应对了风景园林的“真、善、美”三大基本价值。“真”代表着科学理性，反映了人类对过去经验的“规律性”认识；“善”体现出人类的愿景与意志，具有“目的性”；而“美”则是理想的境界，具有“精神性”[8]。比较起美术学与建筑学，风景园林学更具复杂性与多元性。当代风景园林学，需要基于学科的自律性，变离散的群知识为系统体系，依据认知规律协调各部分之间的关联，以此来实现系统的最优。作为系统的风景园林通过诸要素的集成，将风景园林的自然属性和人工属性通过人为干预生成“新的系统”。系统最优化的目的在于维持风景园林环境的自我更新能力、持续发展能力，并通过设计满足高效、低能耗与多目标特征。系统最优化是最终的设计目标，最小化干预是实现这一目标的策略：最小化干预的前提下，达到系统资源利用的最大化及效能的最优化。

2.3.1.5　生成的核心：耦合与一体化

参数化风景园林规划设计机制对应的设计过程为：场所的分析，分析基础上生成的设计策略，以及策略运用于场所的动态、反馈过程，并通过动态、反馈的协调机制来实现设计目的。机制生成的核心对应于三个方面：一是通过耦合来实现要素与场所之间的协调；二是在人为干预下生成的景园系统具有最优化的基本特征，即综合最优；三是设计与原生环境相融合，具有自我完善与更新的能力，也就是成为可持续发展的一体化新系统。机制指导下生成的设计策略与场所之间是耦合的，最终转化为具体的方法与手段同样与场所相耦合。参数化的设计机制使耦合的过程变得透明且可调控，将设计成果变得可预期。描述、控制、调整与优化均在参数化的过程中得以体现，参数化的设计通过描述和控制设计过程，通过参数调控实现耦合的价值与意义。

2.3.1.6　生成的途径：量化与参数化

人们对外部世界的认知和研判往往遵循先定性后定量的过程。定性研究通过发掘问题、理解事件现象进行相关的分析与解释。在定性研究中，研究者常运用历史回顾、文献分析、访问、观察等方法获得资料，并用非量化的手

8 成玉宁，袁旸洋．当代科学技术背景下的风景园林学 [J]. 风景园林，2015（7）：16

段对其进行分析并获得研究结论，强调意义、经验与描述。“定性”的方法常用于社会学研究领域，其优点在于表述的全面，具有知觉性。定量研究的优势在于直观与理性。定量研究与定性研究相对，是科学研究的重要步骤和方法之一，通过将问题与现象用数量来表示，进而去分析、考验、解释，从而获得意义。定量研究与定性研究立足于不同的着眼点：一个着重于“质”，另一个在于“量”；两者在研究中主要的方法也不同：一个采用经验测量、统计分析和建立模型等方法，“定性”运用逻辑推理、历史比较等方法；两者的表达形式也不尽相同：“定量”主要以数据、模式、图形等来表达，另一个以文字性描述为主。在风景园林规划设计中既离不开定性的研究方式，又离不开定量作为研究的支撑。以往风景园林学的研究以定性为主，通过经验与感觉描述事物，并形成判断。当代风景园林学科研究工作的开展需要定性与定量研究方法的有机结合。定量化能够以数值对研究对象加以展示，从而与定性方法形成互补。定性的价值在于控制总体的方向，定量的价值在于控制过程，只有过程与方向的有机结合，才能以合理的“投入”实现预期的目标，达到最优并且可持续。

量化能够将难以定量描述的对象转化为可比较的数值或区间，所以风景园林规划设计的参数化离不开量化的方法。风景园林是由相互关联的、不断变化的要素组成的系统,具有动态性特征。这些要素在系统中扮演了各自的角色，在设计的不同阶段发挥不同的作用，权重也各不相同，但共同点在于任一要素的改变均会引起系统的变化，进而影响设计的结果。由此可知，风景园林规划设计天然拥有了参数化的特征。参数化体现了场所与设计之间的关联，是实现耦合的重要途径,其优势在于控制与调适。对于风景园林规划设计而言，参数化从理论至实践层面均具有重要的意义。参数化不仅限于设计的理论研究层面，探讨设计系统的内在关联及运作机制，而且能够真正地运用于实际设计过程之中，更为准确地、精确地控制设计过程与结果。

2.3.2 机制的解读

范式与模型共同构成了解读参数化风景园林规划设计机制的基础，分别从理论与技术层面对参数化风景园林规划设计进行了阐释。对应于风景园林规划设计中感性与理性的交织，定性与定量方法的交替作用于参数化风景园林规划设计的全过程。从范式到模型，层层揭示了由规律解读到形式生成的过程。从形而上的角度来看，范式与模型均为一种方法论的呈现，既不是具有典型性、针对性的方法，亦不是具体的路径和策略；就形而下的角度来说，范式与模型能够指导生成设计的途径和方法。由此可见，参数化风景园林规划设计机制的研究既有方法论的高度，又来源于设计实践，最终仍将指导设

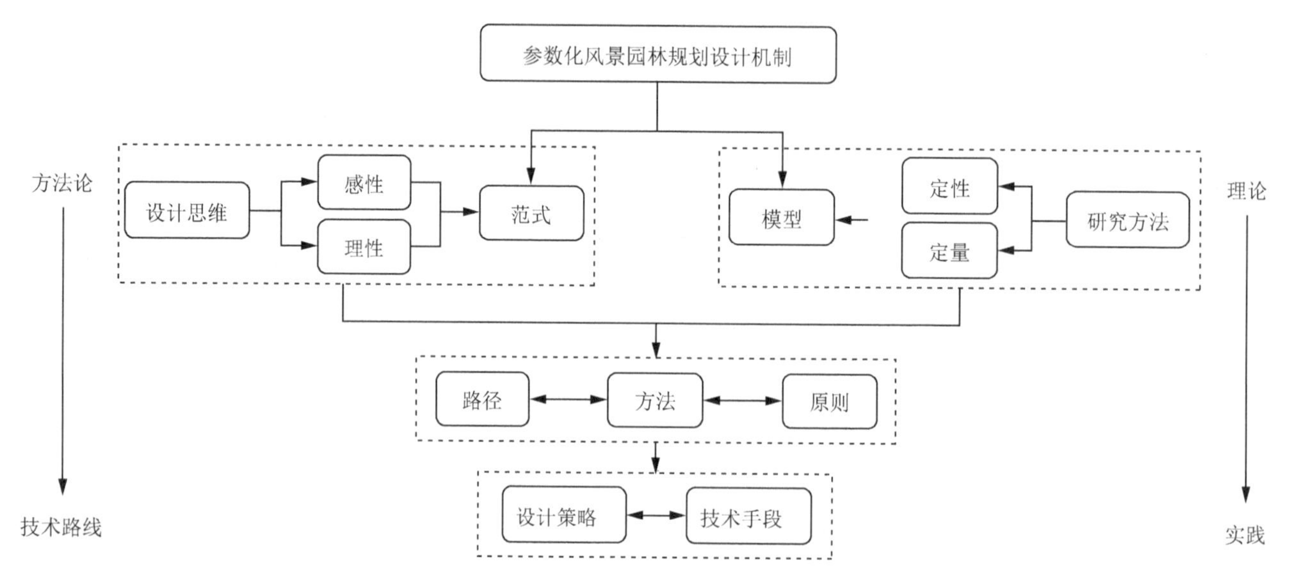

图2-4　参数化风景园林规划设计机制图解

计实践（图 2-4）。

2.3.2.1　设计思维与范式

美国科学哲学家托马斯·库恩（Thomas Kuhn）提出了范式（Paradigm）的概念和理论，并在 1970 年发表的《科学革命的结构》（*The Structure of Scientific Revolutions*）一书中对其进行了系统阐述。范式指一种哲学和理论框架，是常规科学所赖以运作的理论基础和实践规范，也是从事某一科学的研究者群体所共同遵从的世界观和行为方式。库恩认为："按既定的用法，范式就是一种公认的模型或模式，从本质上讲是一种理论体系。"范式的研究能够将存在于某一科学中的不同范例、理论、方法和工具加以归纳、定义并相互联系，因而范式的形成是学界成熟的标志。库恩指出范式具有以下特点：

（1）范式在一定程度内具有公认性；

（2）范式是一个由基本定律、理论、应用以及相关仪器设备等构成的一个整体，它的存在给科学家提供了一个研究纲领；

（3）范式还为科学研究提供了可模仿的、成功的先例。

在库恩看来，范式作为一种理论体系，它的突破导致科学革命，因而"科学革命"的实质就是"范式转换"。范式在应用模型和形而上学之间建立起一种新的相互关系，解决了从一般哲学理论转向实际科学理论的途径问题。范式与规则的不同，对应于不同类型、范畴的研究，范式映射了多种规则，延伸的具体内容均各不相同。以量子力学为例，只有极少数物理学家接触到量子力学的基本原理，大部分人则是详细研究如何将量子力学应用到化学，抑或是运用于固态物理学。

感性是以感觉为主导，理性则以逻辑推理为特征。爱因斯坦（Albert

Einstein）认为："感性与理性的交叉组合作用似乎是创造性思维的本质特征。"设计作为一种创造性的行为，设计过程中感性思维与理性思维交替产生作用，最终生成人们可感知的设计形态。设计思维过程是一种认识的深化，体现了从现象到本质、从感性到理性的一种认识过程。现代建筑理论将设计哲学分为归纳式严谨的笛卡儿哲学和浪漫发散型的歌德哲学，与之相同，风景园林设计思维是理性与感性并存的体系，它犹如一棵大树，其中理性思维如同树干，而感性思维则如同枝叶，离开理性的支撑，设计思维则是杂芜的；反之，没有感性的丰富，风景园林设计思维则会走向刻板和教条。片面地强调"理性"或"感性"都不利于风景园林设计的健康发展，因而现代风景园林设计方法兼有理性与感性的双重属性[9]。时下，各种观念、理念、概念盛行，强调以对环境认知为前提的设计，其意义显然是不言而喻的。强调"耦合"的意义即是肯定科学设计的前提，具有理性的特征，但风景园林规划设计一直以来是理性与感性交织下生成的结果，强调理性的过程并不排斥感性的意义。当然，从设计本身来看，设计者的主观能动性非常重要，但是换言之，主观能动性的存在是有条件和基础的，而并非像绘画和书法一样能够脱离环境的制约，这也就是风景园林艺术与其他相关艺术的不同所在。相反，在理性的架构下充分发挥不同设计人对同一场所的认知，最大限度发挥场所的价值，是符合风景园林艺术的基本特征的，也符合风景园林创作手法与规律。

学科的理论总是处于不断的发展与完善之中，当某种理论已难以满足当下的需求时，会导致新范式的出现，即发生"理论的革命"。数字时代的到来带来了风景园林学科的变革，传统的风景园林规划设计范式已难以适用于当下对设计的要求，因此新的变革势在必行。参数化的理论、方法与技术为风景园林规划设计新范式的生成提供了支撑。近半个世纪以来，设计研究走向了一条探索新的研究范式的道路，新的范式的研究不再僵化地依赖于注重理性的科学方法论，抑或是强调感性的人文方法论，而是寻求将科学方法、人文方法置于设计领域的思维模式之下加以综合运用，形成同时指导设计理论与实践的设计方法论。

2.3.2.2 *研究方法与模型*

模型是对现实世界中的实体或现象的抽象或简化，通过主观意识借助实体或者虚拟来表现客观事物的一个对象或概念，是对实体或现象中最重要的构成及其相互关系的表述，目的在于描述、解释、预测或者设计该实体或现象。模型的分类有多种，例如，按模拟对象的不同，可分为两类：用来描述物体

9 成玉宁．现代景观设计理论与方法 [M]. 南京：东南大学出版社，2010：59

的表征模型和用来描述过程的过程模型；按表现方式的不同，可分为实体模型与虚拟模型。科学研究中，常见的模型依据形式可分为三类：比例模型、概念模型以及数学模型。比例模型是现实世界自然物质特征的表示法，如数字地形模型（DTM）或水文模型；概念模型用自然语言或流程图来表述系统要素间的关联，将现实世界中的客观对象抽象为某一种信息结构，是基于经验与知识的抽象模型，按照一定的逻辑构建，亦是一种虚拟模型；数学模型为了解决某个实际问题，通过对实际问题的抽象、简化，确定变量和参数，并应用某些"规律"建立起变量、参数间的关联，利用数学结构表达式描述客观事物的特征及其内在联系，也是一种抽象的模型（图 2-5）。

在《形式综合论》名为"理性的必要性"的引言中，亚历山大提出了当代设计所面对的问题："设计中的问题的数量、复杂性和难度都增加了，而社会形态和文化本身的变化也比过去任何时候都要更快。"他还指出在这样的情况下，由于人的认知和创造能力有限，要解决设计中越发复杂多变的问题，仅凭直觉难以把握。亚历山大在《形式综合论》中努力地将设计问题建立在一个逻辑和科学的基础上，以克服经验的主观性和直觉的不确定性。亚历山大这种将设计构建于理性之上的思想在当下仍然闪耀着光芒。尼格尔·克洛斯（Nigle Cross）指出，在研究对象上，科学针对自然世界、人文针对人类经验、设计针对人工世界。在方法体系上，科学采用受控的实验，进行分类、分析；人文运用类比、比喻和评价的方法；设计则采用建模、图示—模式化和综合的方法[10]。风景园林范畴内，常用模型形式也具有多种，包括过程模型、概念模型、数学模型等。参数化风景园林规划设计机制描述了风景园林规划设计系统内部各组成要素之间的关联，依赖于模型对关联进行表达，以指导具体的实践操作。对于参数化风景园林规划设计而言，模型重在对关联与过程的描述，是一种逻辑的概念模型，在参数化的设计过程中包含了比例模型、数学模型的综合及组合应用。以前文的道路选线模型为例，该模型基于景园环境道路选线中各要素之间的关联，确定了参数，对选线全过程进行了描述。在模型应用中，依托 ArcGIS 软件平台构建了设计场所的比例模型——数字高程模型（DEM），并采用路径距离算法、最短路径算法等数学模型进行参数化计算。笔者所研究的模型与建筑学领域参数化建模中生成的模型略有不同。相似之处在于，两者均是利用参数和变量控制设计方案的生成；不同之处在于，由于风景园林规划设计与建筑设计在对象尺度、设计目标、成果形式等方面的差异，风景园林规划设计的参数化模型注重对系统和过程的描述，而建筑设

10 郭湧．当下设计研究的方法论概述 [J]. 风景园林，2011（4）：69

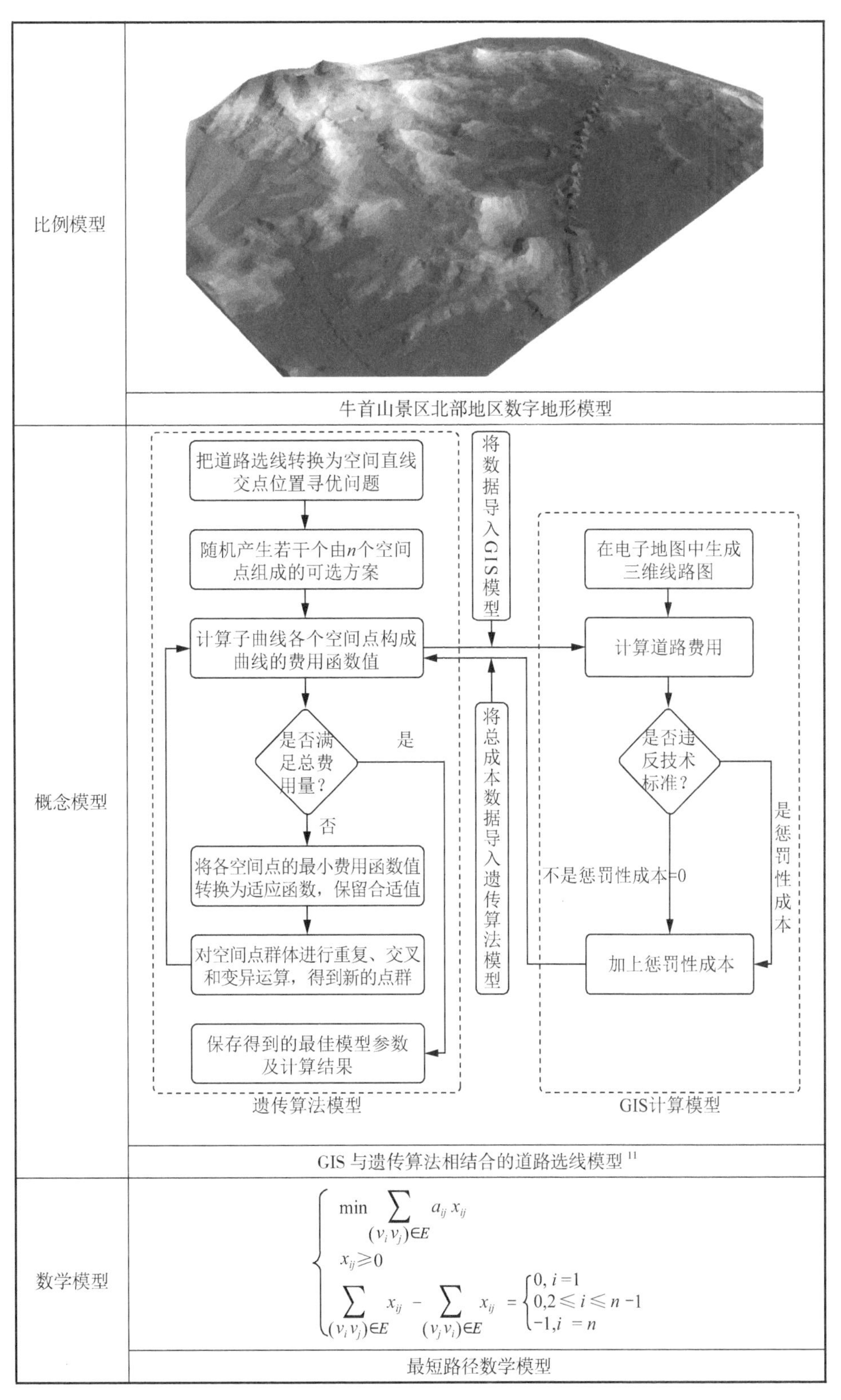

图2-5　比例模型、概念模型与数学模型

11 改绘自：黄雄．基于GIS空间分析的道路选线技术研究[D]. 长沙：长沙理工大学，2006

计的参数化建模侧重综合考虑多因素下的形体生成与优化（图 2-6）。

参数化模型的构建与运用优化了传统的设计过程，呈现了系统化设计思维与动态的特点。传统的设计过程较多地凭借设计师的经验与感觉：首先在脑海中进行方案的大致构思与设计策略，然后进行手工草图的绘制，再使用三维设计软件对初步方案建模，在这个过程中反复地推敲、调整和修改方案，在方案最终确定后绘制图纸。这一设计过程分为几个阶段，在上一阶段完成之后才能进入下一阶段的工作，过程之间有着较为清晰的界限，如要进行修改，工作较为繁琐，常会产生大量的重复性劳动。同时，由于完全凭借设计师的经验开展设计，难免会体现较强的个人意志，难以全面反映场所情况，设计过程具有模糊性，设计结果具有主观性。参数化模型的应用改变了这一状况。依托于参数化模型，设计师确定影响设计的要素作为参数，通过模型的构建将设计系统的诸要素关联起来，对设计的过程进行描述，最后运用计算机平台，通过调节参数来控制最终设计结果的生成。这种设计方式是自下而上的，以过程逻辑思维为基础，综合考虑了场所的实际以及系统诸要素在设计中所扮演的角色，更为理性与准确。设计不可能经由严格计算得到，参数化风景园林规划设计模型基于的是逻辑推理，描述的是设计过程，而不是计算的公式。

实证主义范式强调定量的研究方法，而建构主义范式则主张定性研究方法，两者发生过多次辩论与“争战”，被称之为“定性一定量之争”，定量论者（QUANs）与定性论者（QUALs）坚持两种范式“不相容”。20 世纪 90 年代初期，一些学者针对社会和行为科学领域的两大范式之争提出了相容理论，在这一时期研究者开始就研究中的特定问题采用一种哲学和方法论途径。实

图2-6　建筑设计的参数化建模
引自：徐卫国，参数化设计与算法生形[J].世界建筑，2011(6)

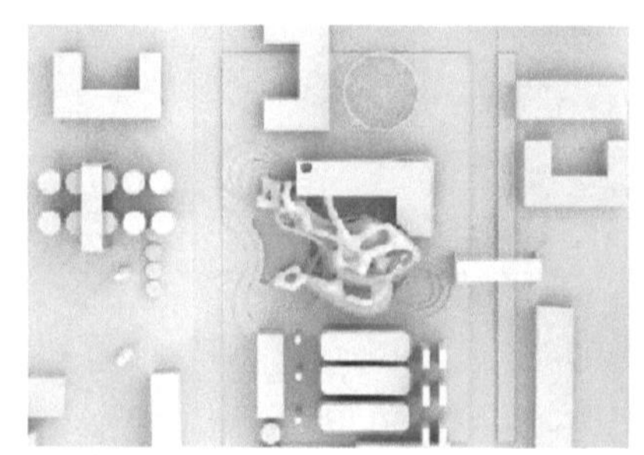

1.北京798艺术中心设计总平面图

2.三维封闭空间及景观视域图

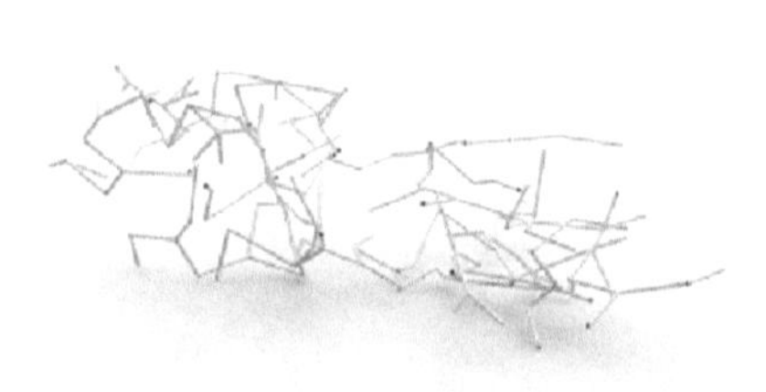

3.作为观展路径的树枝形状结构图

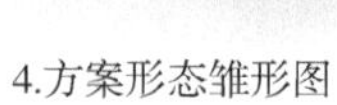

4.方案形态雏形图

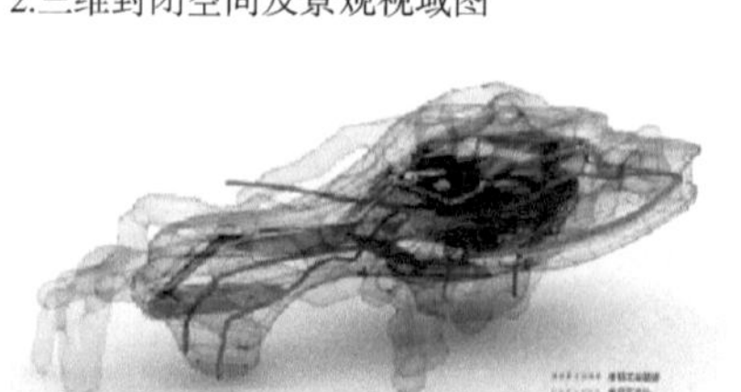

5.方案内部动线图

6.设计方案图

用取向的理论家和研究者提出了包括“定量路径”和“定性路径”的“混合方法（Mixed Methods）”。风景园林学兼具艺术与科学的特殊性使其在研究方法上集合了人文类学科与理工类学科的特点。定性与定量结合的混合方法同样适用于风景园林学的研究。模型的研究与风景园林定性与定量研究的需要紧密结合。定性与定量相结合的研究方法中定性研究与定量研究之间存在两种关系：第一种是时间关系，指研究中两者出现的先后顺序；第二种为主次关系，即研究中所使用的主要方法和次要方法。由此，混合研究方法包含三种类型：一是顺序型，定性研究与定量研究处于同等地位，包括由定性到定量、由定量到定性以及两者共时使用；二是主次型，包括以定性为主、定量为次，以及反之；三是综合型，即以上两种类型的混合、多层次的使用。参数化风景园林规划设计的模型体现了定性与定量的综合型关联，定性的方法与定量的方法在模型的运行中交替出现，互为补充。

第三章　参数化风景园林规划设计体系构建

设计不是“无本之木，无水之源”，尤其对于风景园林环境的营造而言，更加离不开场所。系统科学对当代风景园林规划设计产生了巨大的影响，作为一个具有多目标的设计系统，需要通过“因地制宜”实现可持续发展。只有基于场所解读的设计才能充分地利用场所资源，生成符合场所特质的设计。“犹如生长出来”的设计能够更好地融于场所，也更加持久。“耦合”的范畴是“设计”与“场所”，基于“耦合”的设计讲求从场所寻求设计的依据，其核心在于“场所适宜性”，是实现设计与场所相融合的有效途径，体现了一种设计的智慧。“耦合”着重从方法论的层面阐释风景园林规划设计的本质，作为一种理念贯穿于规划设计全过程。“耦合”是对“因地制宜”的当代解读，体现了“设计”与“场所”两大系统之间紧密的关联与互动，作用于风景园林的全生命周期。耦合原理不仅有助于生成景园环境的场所特色，实现风景园林规划设计的减量、集约与可持续，在环境扰动最小化与资源利用最大化的基础上开展设计活动。将“耦合”的理念引申至风景园林中，对当代风景园林规划设计有着重要的意义与价值。笔者的研究针对风景园林规划设计，在解读“耦合”内涵的基础上，从生态学、形态学与方法论三个方面对“耦合”之于风景园林规划设计的意义进行探讨，并结合风景园林规划设计的特点对“耦合”的目标、核心与标准予以阐释。

“系统”与“过程”标示着人类对于世界永恒发展和普遍联系的认知深化。“系统”揭示了要素之间、部分与整体之间的联系，而“过程”则展示了系统的发展变化。对“系统”与“过程”的研究旨在特定的时空条件下探求事物发展过程中的规律，探索互相关联的要素所组成系统的发展过程。参数化风景园林规划设计机制的研究离不开对于“系统”和“过程”的探讨。

风景园林学是研究人与自然关系的科学，自然系统与人工系统的有机融合是规划设计的最终目标。“耦合”是实现人工与自然融洽的途径，如何科学地、全面地对场所展开分析和评价，寻求提升设计与场所的耦合度，参数化的方法提供了有效的途径。耦合原理是参数化设计的思维基础，风景园林规划设计的系统性是参数化的实现基础，设计多目标的综合最优是参数化机制生成的条件。参数化设计的目标在于建立一个动态可控的设计机制，实现

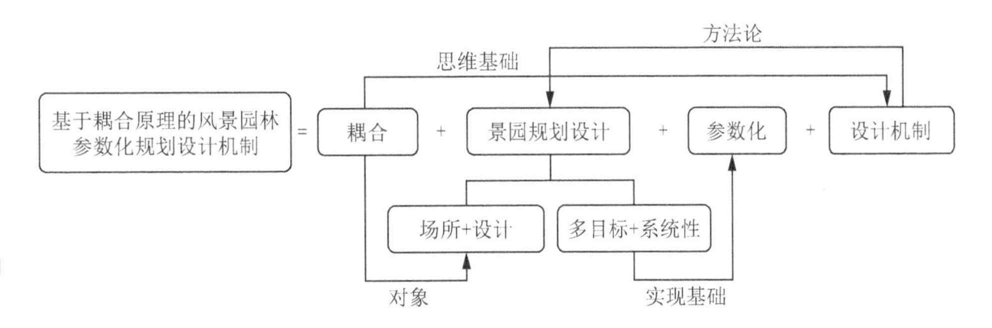

图3-1 基于耦合原理的风景园林参数化规划设计机制

系统最优（图 3-1）。该机制的建立使得风景园林规划设计不再是一个“黑箱”，从而将设计由感觉引向知觉、由感性引向理性、由模糊引向逻辑。笔者在过程研究的基础上，以耦合原理为引导，重构了风景园林规划设计过程，生成了参数化风景园林规划设计体系，并对其特点加以解读，探讨风景园林规划设计的参数化平台的形成，在此基础上初步建构并论述参数化的风景园林规划设计过程。

3.1 风景园林学科背景下的“耦合”释义

“耦合（Coulping）”一词在概率论、电子学、物理学、计算机学等学科中广泛运用。物理学中，“耦合”是一个基本概念，指的是两个或两个以上的系统或运动方式之间通过各种相互作用而彼此影响以至于联合起来的现象，是在各子系统间的良性互动下，相互依赖、相互协调、相互促进的动态关联。因而，“耦合”的概念包含了系统、关系和动态三个方面。复杂性科学认为系统各要素之间的关联属耦合关系。作为一个复杂系统，现代风景园林规划设计早已不是“修建性”的规划与美化，而是基于学科的本体特征，走向了系统化的规划设计之路，综合、协调、科学地组织环境中的各种要素，具有动态、多样及复合的效应。现代风景园林规划设计同时又具有多目标的特征，必须统筹生态、空间、文化、功能四个基本面。它们彼此游离又高度聚合，彼此独立又互相依存，体现了一种共生的相互关系，不影响各自原本的存在的同时，共同对景观产生影响。由此，风景园林规划设计不是以上四个基本面的简单叠加，而是由其组成的一个有机统一的整体，具有复合性特征。权衡和调节风景园林规划设计的四个基本面，使之在新的环境系统中和谐共生，是优秀的风景园林规划设计作品所必须具备的条件。将“耦合”的基本理念引申到风景园林规划设计中来，就是强调对场所的尊重及“自然力”的运用，将设计多目标与场所固有的秩序和要素之间相关联，其目的就在于利用环境资源的同时提升环境整体的品质。“耦合”作为一个最基本的策略，也是风景园林规划设计中最具有共性特征的方法，其基本原理是将原有场所组成元素与设计要素及目标进行重组和二次加工以形成满足多设计目标的，生成新的场所秩序。“耦合”的重点在于减少对场所属性的改变，最大限度地弥合“异源性”的设计要素与“本源性”的场所之间的矛盾，体现了生成和谐整体的设计原则，亦即耦合原理的核心所在。耦合原理的范畴覆盖了从本体到形式、功能到技术、设计到建造，直至后期管养的全过程，其作用机制涵盖了风景园林规划设计的全过程。

“耦合”强调从场所出发，与场所相对应，不同环境、不同层面、不同尺度实现“耦合”的手段和所采取相应的适宜技术均有差异。在大中尺度环境下，“耦合”作为一种方法论与“地域主义”相比更具有可操作性和系统性。小尺度下耦合原理的运用仍然提倡与环境的对话，这与“有机建筑”有类似之处。但“有机建筑”意在寻求建筑自身诸要素之间、建筑与环境之间的整体和谐，更多关注的是建筑自身的问题，具有单方向性，而耦合原理体现了动态的互适性，除此之外还强调生态、空间、功能、文化，甚至于工程技术、设备等方方面面所形成的系统。景园环境的优美只是一种外化的表现，内在的和谐是其真正的本质原因，“耦合”关注的不仅限于形式上的和谐，而是新植入的元素从形式到过程真正与环境的“无缝衔接”。

“耦合”具有动态与过程的属性，在此过程中设计目标与场所互相影响，最终达到和谐共生的设计目的。因而，设计目标与场所之间的互适性是耦合的原则。尽管风景园林规划设计项目性质多样、尺度各异、内容繁简不一，但其基本理论与原则是相通的，即本着互适性的原则，它贯穿于现代风景园林规划设计的全过程。

“耦合”是一个根本法则，“互适”原则是具体的操作途径。“互适”从字面的意思便可以理解，即互相适宜、适应。这里的“适宜性”是双向的，包括了设计目标积极主动地与场所的适应，即根据环境选择适当的设计项目、适当的设计手法等；另一个层面则是在分析的基础上对环境进行的适度改造，追求设计项目与环境的融合。如同对待建筑遗产的态度，不是一味地保护，而应当在充分评估的基础上将保护与利用相结合。“耦合”作为一个双向的过程，它讲求的是在充分利用场所资源和自然力的基础上，恰如其分地进行人为干预。

3.2 耦合原理之于风景园林规划设计的意义

“因地制宜”是中国悠久农耕文明智慧的结晶，引领着中国人辩证地解决“人地关系”，又以天人合一为最高境界。时至今日，随着中国城市化的发展，我们面临着巨量的人居环境改造活动，需要通过现代科学技术、理念、方法及手段来满足实践的需要。比较而言，传统的“因地制宜”其内涵与外延往往只能“意会”而难以“言传”。作为对待土地的智慧，“因地制宜”的理念在当代已成为设计师们的共识。需要有易理解、可操作的方式对“因地制宜”的规划设计原则加以当代的诠释。“耦合”不仅是对“因地制宜”的响应与注解，更是希望构建智慧的设计理念。对于风景园林规划设计而言，其意义主要体现在生态学、形态学与方法论三个方面。

3.2.1 耦合的生态学意义

生态学是研究生物与其环境之间的相互关系的科学。在风景园林学中，生态学研究的是人与环境之间的关系，包括对自然解读基础上的顺应、利用与优化。最直接的体现就是适地适树、依山就势等，反映了对气候条件、地形地貌、树木习性的尊重与顺应。对于风景园林规划设计而言，道路的营建、水景的营造、建设项目的选址等专项设计的内容除了因地制宜、顺应自然规律之外，还对环境条件有着不同的诉求，在此体现为设计与环境互相协调、适应的过程。

3.2.1.1 耦合与因地制宜

计成在《园冶》一书中有论：“自成天然之趣，不烦人事之功”。中国传统造园的“相地术”广泛地运用于选址和环境营造，从场所出发，强调从场所自身中寻找营造的依据。刘易斯·芒福德（Lewis Mumford）也曾说过：“最充分利用自然提供的潜力。”可见，“因地制宜”自古便是中外风景园林规划设计的共同理念，强调场所认知的重要意义，以彰显场所的特征。在风景园林规划设计中，“因”意为“依据”，“地”为“场所”，“因地”强调的是设计从场所出发，针对场地开展设计。“制宜”指的是在设计中需要进行适当的选择与优化。“因地制宜”包含两个基本层面：一方面指的是对于场所利用的最大化，即尽可能利用场所中原有的资源及其发展趋势，将场所自身优势最大化，发挥场所资源的最大效益；另一方面是场所扰动的最小化，是指在景观营造过程中，完成设计目标的同时最低限度地对场所原有要素进行干预，避免冗余设计与对资源的过度扰动及消耗。因此，“因地制宜”的设计可以实现对场所的集约化利用，也是实现集约型园林景观环境的重要途径。“因地制宜”的实现包含了两个主动过程——认知和选择。其中，认知是选择的前提和基础。“因地制宜”的风景园林规划设计方法的核心在于对场所的认知，即对场所的解读过程。风景园林规划设计致力于营造特色鲜明的景园环境。“因地制宜”的设计方法强调景观特色根源于场所，从场所本体出发，挖掘场所自身特点，最大限度利用场所资源，同时也是对当下集约化、可持续风景园林设计理念的响应。

“因地制宜”的风景园林规划设计需要以“耦合”为原则加以实现。通过设计与场所各要素之间的积极互适以达到对环境最小化干预、对资源最大化利用的设计目的，这亦是提倡耦合原理的意义所在，主要包括了三个层面：一是最大限度地体现了场所固有的特征，在生态优先的前提下，场所自身的要素在项目中得以彰显，有助于保护、提升场所的生态品质，传承包括空间和文化在内的场所特征，从而决定了设计实现个性化、特色化的基本渠道和策略；二是通过“耦合”可以实现设计的减量，以最小化地干预来实现场所要素的重组需求，真正实现减量设计；三是在科学技术手段辅助下的场所认知更为客观、准确，有助于将设计由感觉引向知觉。

3.2.1.2　耦合与尺度

尺度是一个古老而又永恒的命题，对于当代科学研究而言，尺度问题的重要性更加突出，传统概念上的尺度意义逐渐消失或淡化，尺度的内涵与外延更加深化与拓展。尺度从字面意思理解就是用尺子去度量，也可引申为看待事物的一种标准。作为一个多学科常用的概念，尺度在不同的环境和学科背景下具有不同的含义。对于人居环境学科而言，尺度拥有两方面的含义：一方面来源于建筑学领域，尺度研究的是一种比例关系，通过比较得出对物体的一种量化关系；另一方面来自生态学领域，尺度考察的是事物（或现象）特征与变化的时间和空间范围。风景园林学科中的尺度同时包含以上两方面的意义。

20 世纪 70 年代，美国导演查尔斯·埃姆斯（Charles Eames）和雷·埃姆斯（Ray Eames）拍摄的纪录片《十的次方》（*Powers of Ten*）以 10 m 的次方为边长，从微观到宏观的视角，逐级展示了世界、地球、宇宙不同尺度的空间

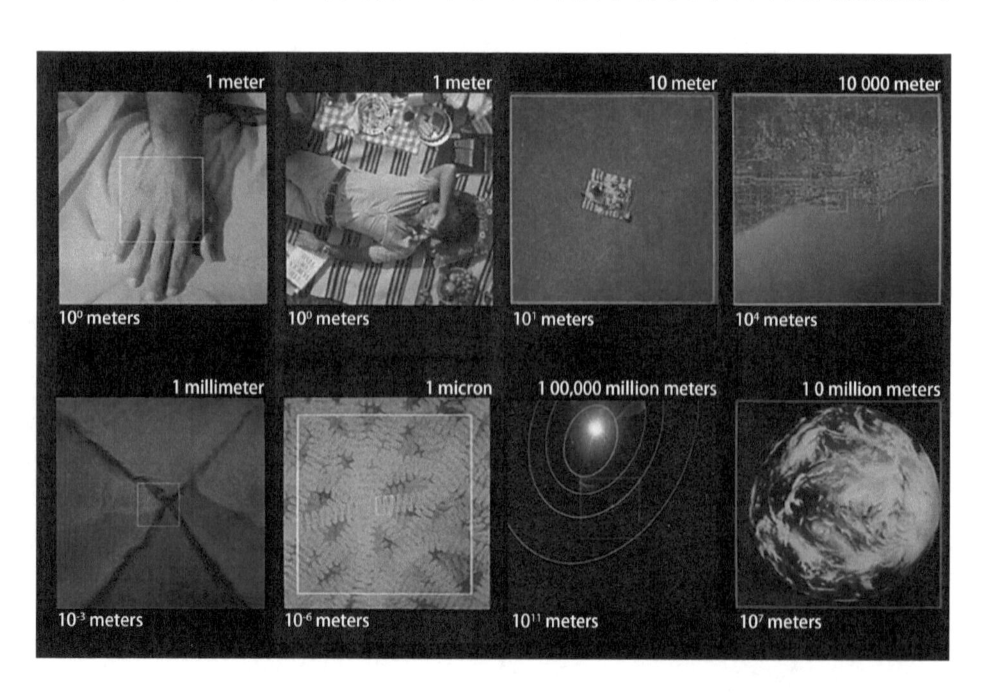

图3-2　纪录片《十的次方》（*Powers of Ten*）对不同空间尺度加以展示
引自互联网

（图 3–2）。随着社会生产力的发展，人类活动的范围越来越广阔。与之相应，现代风景园林规划设计的尺度不断扩展，不再囿于小尺度的庭院、街头绿地、公园等，而是面向了区域、国土的范围。当代风景园林学研究的范畴既包括大至城市小至乡村的建成环境研究，更包含了对纯自然系统的研究，也可称之为对“风景系统”的研究。

中国园林产生于三千多年前的殷末周初，是以自然环境为绝对主体的园林，融合于原有广袤的原生环境。随着社会的进步与发展，园林逐步脱离了原生的自然，在人工的环境中描摹山水，控制的主体由自然转变为人。当下，以生态主义为代表的景园设计思潮引导着大众的目光，设计师们的视野投向了以自然为主体的区域范围。由此可知，随着社会的进步，人们对景观关注的焦点经历了“自然—人工—自然”的过程。西方的园林发展历程同样如此：作为欧洲文明的摇篮，不论是尼罗河流域还是两河流域，在广袤的自然中发展了种植园与猎苑等实用园；从罗马帝国起直至文艺复兴时期，西方造园与自然环境逐渐分离，建造了大量附属于建筑的人工园林，在性质及形式上呈现绝对的人工化倾向，自然不再是控制园林的主体；工业革命的开始也是西方园林回归自然的开端，英国风景式造园的兴起让园林重归自然的怀抱，而后经奥姆斯特德（Frederick Law Olmsted）等人的倡导与发展，开创了现代的风景园林设计，提高了人们对于自然风景的意识，促成了保护和利用自然风景的运动。着眼于人类对自然影响的生态主义始于 20 世纪五六十年代，是当下最为活跃的思潮，标志着人们对景园环境中自然主体的关注。关于风景园林中自然与人工主体地位的交替过程，冯纪忠先生曾诙谐地说：“归根到底，都是因为看多了，希望换个花样。”[1] 究其原因，是人们对风景园林不断思考与探索、对风景园林规划设计持续优化与完善的积极结果。风景系统和建成系统的研究共同构成了当代风景园林学的研究视野[2]，并较之于历史上任何时期都更加广泛。其研究既要跳出“园”的范畴，又需要具有“地景”的概念。关注尺度的不同体现了复杂程度差异，思维、视野以及设计的策略和步骤也不尽相同，是当代风景园林学需要深度思考的问题。面对不同尺度条件下的生态问题，应当有系统的分级和掌握。风景园林面对的是广袤的自然区域，风景园林学关注人居环境和自然系统的保护及保育工作。传统意义上，生态学的关注偏向于植物及其生境共同构成的复合体；从视野上看，随着学科领域的不断拓展，传统景园生态学的认知具有一定的局限性；从范畴上看，国土、区

1 冯纪忠 . 意境与空间：论规划与设计 [M]. 上海：东方出版社，2010：52
2 关于“风景环境”和“建成环境”的论述详见：成玉宁 . 现代景观设计理论与方法 [M]. 南京：东南大学出版社，2010：139

域景观系统的构成已经难以由传统景园生态学的范畴涵盖。因此，应从“景观生态学”的概念和视野，拓展到更广阔的领域来思考，从景园生境到人居生态环境系统的关注是风景园林学发展的趋势。由此，从近地气候到植被体系，从自然区划到土地格局，包含人居环境在内的“大”生态系统，都理应成为当代风景园林研究的领域。

3.2.2 耦合的形态学意义

形态学（Morphology）一词源自希腊语 Morphe（形）和 logos（逻辑）。“形态学”就是对形式构成逻辑的研究，起源于生物学研究，20 世纪中叶之后被应用至文学、数学、社会学等各学科的研究之中，主要探讨的是实体的“形”。在城市研究中，城市形态学（Urban Morphology，Urban Form，Urban Landscape）的研究目的在于将城市视为一个有机体，通过观察和研究其生长机制，建立城市发展分析的理论。美国地理学家索尔（Carl Ortwin Sauer）认为森普尔（Ellen C. Semple）的“环境决定论”过度地强调了环境对人类的影响，于 1925 年发表了《景观形态学》[3] 一文。为了批判“环境决定论”，他指出，人的文化决定了这个地方的景观特点。吴家骅先生从美学角度对景观形态学进行了研究，认为其是一种“设计的语言”，从“形式、逻辑和情感”探讨了基本的景观形态学问题和设计语言结构[4]。由以上可以看出，无论是城市规划、地理学还是景观美学，均从机制、动因等方面就研究对象形态生成背后的逻辑进行了研究。对于风景园林规划设计而言，对“美”的追求是永恒的主题，而形态正是美的载体与体现，因此可以说，设计中从未停止过对形态的追求。“形态”背后的生成逻辑为何？“形态”是“植入”的吗？从形态学的属性看，首先，它包含了整体的、由上而下的思考方法（从哲学到实践），一种生态概念；其次，遵循“道法自然”的法则而非寻找可抄袭的模式；再次，在意识到理想形式之不可能性的前提下寻求优化环境的方法，在不同空间和不同体系中达到某种平衡[5]。“形态”生成的逻辑来源于场所，“耦合”为生成逻辑提供了途径与保障。

作为对“因地制宜”的响应与实现途径，“耦合”与“地”有着一种特殊的关联。这里的“地”便是风景园林规划设计所面对的场所。场所（Place）是指活动的处所、地方。在欧洲语言中表达“发生”（to happen）的词汇中：英语是 take place，德语是 statt finden，意大利语是 avere luogo。三者具有类似的关系，都包含着“场所”（Place，Statt，Luogo）。这表示所有的人类活动都

3 C. Sauer. The Morphology of Landscape[M]. University of California Publications in Geography，1925：19–54
4 吴家骅 . 景观形态学：景观美学比较研究 [M]. 北京：中国建筑工业出版社，1999：365
5 吴家骅 . 景观形态学：景观美学比较研究 [M]. 北京：中国建筑工业出版社，1999：366

必须找到一个合适的“场所”才能够“发生”。因此，“场所”事实上是人类活动中不可缺少的要素。对于场所的研究始于现象学和自然地理学，诺伯格·舒尔茨在1970年代先后发表了一系列的文章及著作，逐步形成了建筑现象学的理论体系，他在《场所精神——迈向建筑现象学》（*Genius Loci：Towards a Phenomenology of Architecture*）一书中指出：环境最具体的说法是场所。一般的说法是行为和事件的发生。这里的“环境”是世上一切现象的承载体。他认为的场所不只是抽象的区位（Location）而已，而是具有清晰特性的空间；不仅是由具象物体组成的一个整体，也是生活发生的地方。国土、区域、地景、聚落、建筑物（以及建筑物的次场所）逐渐缩小尺度，形成了“环境的层次”，包含了“顶端”的自然场所和“底端”的人为场所。斯蒂文·霍尔（Steven Holl）指出场所为一个构筑上的特定外在与内在知觉秩序交融后升华出的第三种存在，即自然与人文意识的产物。

场所（Place）与场地（Site）是两个不同的概念，不应当把两者混淆，或等同视之。《汉语大辞典》（1997）中“场地”的释义为：适应某种需要的空地，如体育、施工、堆物的地方。通常情况下的场地是指发生活动的承载面。“Place”较之于“Site”有着更丰富的意义，包含了“场地”和“活动”两部分。风景园林环境中的场所是活动发生的基础，它不仅限于二维平面，而是包括了整个活动可能发生的三维区域，其中自然力活动或人为活动均属于活动的范畴。从一定意义上也可以说，场所是“有人类行为”的场地，脱离了人类活动的场地不能够称之为场所。风景园林规划设计研究的场所绝大多数包含了人为的过程，与纯粹的自然环境有所区别。纯粹的自然环境可以称之为“第一自然”，是一种原始的自然景观，未被人类扰动。对于风景园林规划设计而言，这种纯粹的、原始的自然景观已较少。成玉宁教授在《现代景观设计的理论与方法》一书中提出场所是场地环境自身所蕴含的客观要素，包括生态、气候、土壤、水文、地形、地貌、动物、植物等，是景观设计思维的重要线索。除空间、文脉、生境之外，作为“人活动的场地”，场所中蕴含了人的“行为”，以上四个基本面共同构成了场所的基本含义，这也正与风景园林规划设计的四个基本面相对应。环境心理学家戴维·肯特（David Canter）认为“场所”这一概念能够应用于所有环境尺度[6]。从基本的定义出发，场所是一个全尺度的概念，涵盖了风景园林规划设计的绝大部分的场地。场所是不断动态变化的，对于风景园林规划设计而言，一方面需要保护、传承场所中既有的秩序，另一方面应根据场所的特质，植入新的秩序，在满足新的功能的同时使场所中的

6 [美]福斯特·恩杜比斯.生态规划：历史比较与分析[M].陈蔚镇，王云才，译；刘滨谊，校.北京：中国建筑工业出版社，2013：104

新老秩序和谐共生。

场所精神（Genius Loci）产生于古代罗马，根据古代罗马人的信仰，每一种“独立的”本体都有自己的灵魂（Genius），守护神灵（Guardian Spirit）这种灵魂赋予人和场所生命，自生至死伴随人和场所，同时决定了他们的特性和本质。诺伯格·舒尔茨指出：“古代人所体认的环境是具有明确特性的，也就是具有一种‘场所精神’。”场所精神属于一种总体的氛围，是环境特征的集中和概括化体现。一般而言场所是会变迁的，而这并不意味场所精神一定会改变或丧失，这是因为在一定时期内场所对于定居（Dwell）的群体会产生方向感（Orientation）和认同感（Identification）。这种方向感和认同感诞生于人们对场所信息的记忆。在变迁中对场所精神的掌握才不至于造成场所的混乱与迷失。在风景园林环境中，场所包含了场地和活动两部分，故而行为与范围是场所的两个基本特征。人们首先从感官层面对场所环境进行感知，进而从心理层面了解周围环境特征，并确定自身与环境的关系，最终确定自身在此空间中的归属，从而形成特定的认知，并建立与场所环境之间的联系，这是场所的认知基本过程。其中，场所是认知的基础，所有的行为活动都在场所中发生。由以上可知，人们通过对场所的认知形成了一种认同感，即场所感（Sense of Place），这也是场所精神产生的过程。场所的特异性对应于人们对场所独特性认知的生成。

现代科学技术的进步使信息的传达更加迅速、便捷，传统意义上的地域概念正逐渐淡化，民族意识日渐消融，导致了景观环境特色和个性的缺失。亚历山大·楚尼斯指出，设计中不应简单地关注那些美的原则，土地的形态和植物的分布状态等地域独一无二的特征应该得到重视，从而唤起对过去、对地域、对先人的感知。景观特色并非无本之木，它的生成根植于场所的独特个性。无论是索尔认为的“人在景观中的主导地位”，抑或是“环境决定论”，场所包含了“人”与“环境”双重属性，是风景园林规划设计特色的来源。对于生成于场所形态来说，所关联的情感因素与场所认同的产生又密不可分。由此，风景园林环境的营造离不开场所，营造特色的景观环境需要充分利用场所并彰显固有特征。基于耦合原理的风景园林规划设计正表达了这一过程，尝试从场所中寻求设计的依据，从而唤起植根于场所的记忆。

3.2.3 耦合的方法论意义

任何一种理论、方法均有其适用的范围、尺度。面对当代风景园林规划设计研究的范畴、尺度的扩展，“耦合”作为一种原理，对应于风景园林规划设计的内在机制，是一个全尺度的概念。“耦合”是一种设计的智慧，作为一种引导性的法则，能够根据设计对象不同的尺度、范围、设计的层面与类型，灵活地转换为操作的原则、方法与路径。从纵向上看，在宏观层面是方法论，而就中观层面而言，又是一种方法论与景园观的综合，具体到微观层面又能转化为景园观；“耦合”既是一种理念又可转变为具体的操作方法。

从方法论层面看，首先，耦合的第一个意义在于在保护的基础上充分地利用既有的场所资源；其次，耦合有助于实现减量设计，“减量设计”指的是把人对环境的干预控制在一个有限的尺度，实现设计目标的同时，最大限度彰显环境本身具有的意义与特质，可以用“四两拨千斤”加以形容；再次，耦合是可持续的保证，满足自然规律、演替规律的设计一定是可持续的，反之则需要大量人力、物力和财力来加以维系。因此，耦合就是通过满足自然的规律，将维系的“成本”降至最低，以实现可持续的发展。

3.2.3.1　耦合与减量

“耦合”是实现减量设计的有效策略和方法。减量对应的英文为“minimization”,即“最小化”。减量设计的意义在于“四两拨千斤”,使用“巧劲”达到设计目标，指的是实现从环境出发，依托于包括客观的存在状态与变化趋势等，尽可能减少扰动原有场所生态系统，维持并利用自然力开展设计。由字面意思可见,“减量设计”是针对于“过度设计”而言的。“过度设计”指的是设计脱离于原有场所条件，体现在“拿来主义”“形式主义”以及“大兴土木”等方面，直接导致了原生环境的破坏、资源的浪费、场所特色及人性化的丧失。“减量设计”包括了两层含义：人工扰动的最小化与资源利用的最大化。

风景园林规划设计追求利用自然环境基础上的适度干预和优化，计成在《园冶》一书以“巧于因借，精在体宜”表达了这一理念，体现了中国古人对于园林景观营造的基本态度，即讲求巧妙利用自然，而设计的精妙之处在于尺度适宜。随着人类物质文明的进步，可持续、生态化理念得到了当代社会的广泛认同。近代以来，生态规划的发展帮助人们正视了景园环境中的自然过程，对现代风景园林规划设计产生了巨大的影响。西蒙·范·迪·瑞恩（Sim Van der Ryn）和斯图亚特·考斯（Stuart Cows）的《生态设计》（*Ecological Design*）一书中对“生态设计”的定义为：任何与生态过程相协调，尽量使其对环境的破坏影响达到最小的设计形式（Any form of design that minimizes environmentally destructive impacts by integrating itself with living processes）。场所中主体由人到自然的转变，以及关注尺度的变化使得风景园林规划设计越来越重视场所中的自然规律与过程。在生态观念成为社会共识之前，景园师的活动更侧重于中小尺度范围，人们以自己的审美来精心地改造环境：随地形起伏的缓坡草坪、线型坚挺的硬质驳岸、几何形态的花坛和树篱，往往在不知不觉中对场所施加了过度的扰动，产生了超越必需的冗余设计。近代以来，人们逐渐意识到自然力的能量以及它所带来的效应。人们需要对自然过程进行合理的引导，从而实现设计与环境的主动契合。尊重自然的进程，并不意味着简单地顺从，而是在充分调查研究的基础上，理解并利用自然的力量，让自然“做功”。风景园林规划设计需要顺应自然及其过程，使自然的力量在营造场所的过程中得以充分发挥。在自然力的控制下，尽可能借助其优化场所，而不应凭一己之力去改变场所既有的存在。这就需要寻求一种因借于自然力、适宜的改善途径，“耦合”原理符合这样的需求。“耦合”是一种风景园林设计师在对风景园林的营造中寻求与场所和谐共生的途径与方法，并且在场所的改造中力求减少负面影响的产生，最小化对场所的扰动，以实现减量化设计。这也与“因地制宜”“天人合一”“自成天然之趣，不烦人事之功”等传统造园思想所一脉相承。实现“因地制宜”的减量化设计需要设计与场所之间的“耦合”，以最佳、最合理的方式科学地确定项目内容、建设强度等设计内容，实现设计与场所的共生。

荷兰风景园林师高伊策（Adriaan Geuze）主持的 West 8 景观事务所设计的荷兰东斯海尔德大坝（Osterschelde Weir）项目可以被视为减量设计的一个优秀案例：东斯海尔德大坝的修建使得当地的生态系统和生态平衡遭到了一定程度的破坏，鱼类等生物数量急剧减少，以这些生物为食的水鸟数量也不断下降。面对该情况，West 8 简单地将建造大坝后遗留的码头及工地平整为一片沙石高地，并运用附近养殖场废弃的贝壳对其进行了艺术化处理。乌蛤壳与蚌壳被布置为黑白相间、极富韵律的棋盘状图案，贝壳层不仅成为了一件大地艺术品，还为濒临灭绝的海鸟提供了绝佳的伪装，营造了鸟类栖息的环境。随着时间的推移，在海风、阳光和雨水的作用下，贝壳层将逐渐褪去，一片自然恢复的沙丘便会呈现出来（图 3-3）。

减量化与集约化是彼此关联的命题。风景园林学本身具有多目标的属性，

图3-3 东斯海尔德大坝（Osterschelde Weir）景观设计
引自互联网（http://www.west8.nl）

系统规则可以在很大程度上同时满足多种诉求的可能。与单纯强调节约不同，集约化在系统观念的基础上追求景园系统生命周期内投入产出综合效益的最大化，这与减量设计的思想一脉相承。集约型风景园林旨在风景园林生命周期（规划、设计、施工、运行、再利用）内，通过合理降低资源和能源的消耗，有效减少废弃物的产生，最大程度上改善景园生态环境，进而优化土地等资源的利用与生态环境，通过景园环境生态效能的整体提升，实现人与自然和谐共生。

3.2.3.2　耦合与可持续

对环境的关注最终目的是为了人类能够更好地发展，自“可持续发展”（Sustainable Development）概念于20世纪80年代提出，经历了三十余年，已成为全人类的共识和全球长期发展的指导方针。可持续技术是实现可持续发展的具体途径。在“可持续”概念的引导下，各行各业均提出了适用的技术构想与措施。以建筑学、城市规划、风景园林为主要组成部分的人居环境学科同样在学科范畴内形成并发展了适宜的可持续方法与技术。自20世纪90年代起，我国住房和城乡建设部颁发了《国家园林城市标准》，要求城市建成区的绿化覆盖率达到36%及以上，绿地率达到31%及以上。这样一部分被植物覆盖的土地对城市环境具有重要影响作用。作为可持续技术组成部分的可再生材料、清洁能源、水生态、低维护等技术已经成为当代风景园林学科发展必须关注的议题。对于中国这样一个高速城市化进程中的发展社会而言，更需要加强对可持续技术的理解与运用。无论是LEED（Leadership in Energy and Environmental Design）评价体系的引入，抑或是LID（Low Impact Development）理念的强调，均为不同方面对可持续技术的响应。

风景园林界有“三分种，七分养”之说，为了保证景观效果以及景园功能的发挥，养管工作需要投入大量的人力、物力和财力。相对于设计和建设过程，景园环境的养管又是一项持续性、长效的工作。在集约型的社会背景下，可持续原则应当贯穿于风景园林从设计、施工直至养管的全生命周期，“低维护”的概念应运而生。所谓低维护技术指的是通过在设计中采用某些技术手段和方法，使景园环境建成后养管成本较低，甚至是免维护。风景园林环境中存在大量有生命的要素，会伴随着时间的推移逐步发生变化，因此，应当以动态发展的观念来看待风景园林，将其视为一个不断变化的过程。秉承“因地制宜”理念的“耦合”是实现可持续的重要途径和方法。譬如，大量地使用地域的乡土植物，并采用拟自然的配置方式进行栽植和群落营造。乡土植物是在本地区有天然分布的植物种类的统称，适应当地的气候条件并具有鲜明的地域特征。乡土植物的使用体现了“适地适树”理念，不仅易存活，且

图3-4 占鳌塔与鱼鳞石塘
引自互联网

几乎能够实现低管养甚至是免管养。拟自然配置方式强调的是巧妙利用自然的“力”，通过对自然植物群落种类配置及形态的模拟，以营造最接近自然状态的群落生境结构，使景园环境能够自我维系，并保持较为稳定的状态。

钱塘江鱼鳞石塘始建于 1 700 多年前，为防潮汐之患而筑，历经千余年的潮水冲击依然坚固，被誉为“捍海长城”，与万里长城、京杭大运河一起，并称为我国古代三大工程。鱼鳞石塘的修建体现了古人顺应自然的智慧。从东晋到明初，江堤经历了近千年的持续坍退。相传宋元时期的江堤位于占鳌塔之外，但迅猛的江水屡次将其冲毁，无奈之下，人们只能将江堤不断后移。南宋嘉定十五年（1222 年），浙西提举刘垕说：“陆地沦毁，无力可施，以桩石退守，不与海潮为敌。”明朝成化年间，杭州知府陈让提出“去城一里，支河渠内堤，延袤十里，以宽制猛，不与海争利”的退守方略。清朝乾隆年间，江堤退至占鳌塔脚下（图 3-4），人们不再想着与天争地，而是根据钱塘江的流经规律，沿江修建石塘。古代人们在水位比较高的时候沿岸线撒米糠，水退后就留下一个岸线的痕迹，于是就顺着这一痕迹来确定海塘基础的位置。所以，鱼鳞石塘与一般海塘不同，有着侧面呈现出 S 型流线的岸线。千百年来，鱼鳞石塘依然坚固，现在每天依然要经受两次潮水的冲击，而每次冲击，每平方米需要承受约 6 吨的压力。鱼鳞石塘是人类与自然博弈的结晶，依自然潮水的涨退形态筑堤体现了“耦合”的理念，顺应自然规律的设计无疑是合理与可持续的。作为中国先秦一项伟大的“水利工程”，都江堰两千多年来一直惠泽着天府之国的人们。而兴建时代几乎相同的古埃及和古巴比伦的灌溉系统，以及陕西郑国渠和广西灵渠，都随着沧海变迁和时间的推移消失在历史长河之中。“乘势利导，因时制宜”是都江堰治水的指导思想，除顺应自然规律之外，在营造时，充分结合了古人们“砌鱼嘴、立湃阙，深淘滩、低作堰”的引水、防沙、泄洪之管理经验及治堰准则，真正实现了人、地、水三者高度的耦合与统一，都江堰的营建以不破坏自然资源为前提，充分利用自然资源与规律为人类服务，是具有可持续性的、人与自然和谐共处的优秀案例（图 3-5）。

图3-5　都江堰鸟瞰
引自互联网

3.3　耦合原理与风景园林规划设计

3.3.1　耦合的目标：系统化设计

耦合的目标在于场所与设计两大系统之间建立关联。"耦合"发生于系统内的过程，是对系统内要素之间的关联及相互作用机制的一种描述。风景园林规划设计实质上是寻求新植入的环境要素与原生场所之间建构融合关系的过程。因此，对于风景园林而言，"耦合"作用于设计过程之中，于场所与设计之间建立"耦合"关联。对"耦合"的研究也就是建构起这样一种关联，在系统的架构下开展设计，为多目标的设计寻求依据、生成场所特色，最终实现场所的可持续发展。系统化设计的关键在于将设计的场所与诸要素看做一个复杂系统，重视系统要素之间的联系，在设计中关注多变量，而不是单一因子。

3.3.2　耦合的核心：场所适宜性

福斯特·恩杜比斯（Forster Ndubisi）在生态规划设计中使用了"场所构建"这一概念来"确定人类体验、自然过程和物质环境空间三者之间是否存在持续的适应（Consistent Fit）"（图 3-6）。他于《生态规划：历史比较与分析》（*Ecological Planning：a Historical and Comparative Synthesis*）一书中提到："阿摩斯·拉普卜特（Amos Rapoport）与凯文·林奇（Kevin Lynch）认为，只有当这种适应存在，环境（景观）才对居民和使用者有意义。因此，我们规划师的任务就是寻求或维持这种适宜与匹配，确保场所维持其完整性，保持自然、文化过程和时空联系，给予使用者和居民认同感和归属感。"[7] 恩杜比斯指出了

7 [美] 福斯特·恩杜比斯．生态规划：历史比较与分析 [M]. 陈蔚镇，王云才，译；刘滨谊，校．北京：中国建筑工业出版社，2013：105

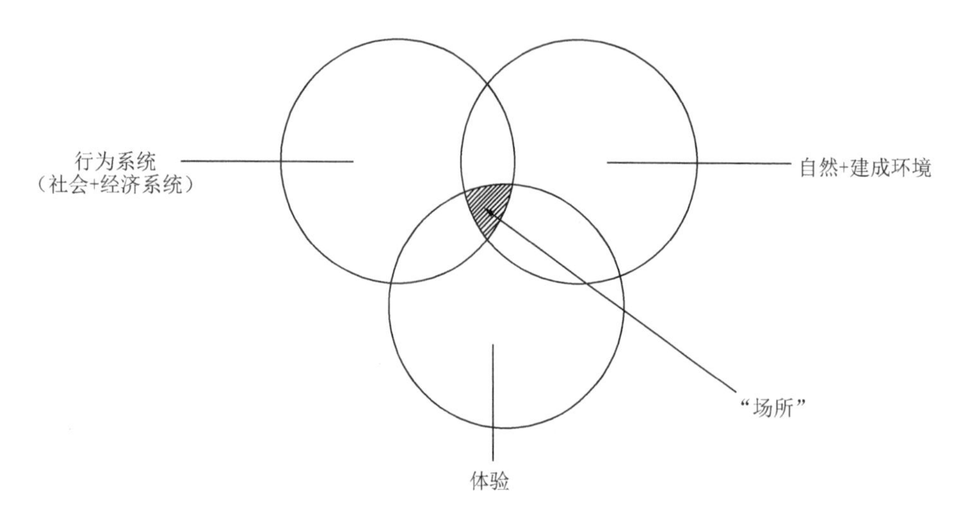

图3-6 场所是自然的过程、行为系统和体验的交集
引自：[美]福斯特·恩杜比斯.生态规划：历史比较与分析[M].陈蔚镇，王云才，译；刘滨谊，校.北京：中国建筑工业出版社，2013：105

只有通过功能需求、自然过程以及场所原有物质空间的适宜才能维持场所感的存在。基于“耦合”的风景园林规划设计正是对这种适宜的追求，注重新植入的设计与原生环境的融合。“耦合”的核心就是分析设计要素与原环境之间的“互适性”，旨在利用事物内在的关联性生成新的联系。在设计的过程中通过人为的干预实现对场所的优化，这就需要设计目标和环境条件成为一个有机的整体。耦合理论指导下的设计所创造的是一个系统，也就是一个能够自我完善、具有自律性结构的整体。

“适宜性（Suitability）”意为适当、恰当或得体，场所适宜性指的是综合考虑多种设计目的的基础上，最适合、契合场所的设计所应具有的属性。除了表明设计之于场所的意义之外，“适宜性”同时暗含了场所具有的“潜能（Capability）”，即场所具有的能够支持和维持既定土地用途的能力，该能力能够持续地对这种特定用途加以支持，而不会造成场所的自然特征与文化特征退化。对场所适宜性的追求，展示了风景园林规划设计的场所能够可持续发展的有效途径。对风景园林规划设计而言，从项目的策划开始，到规划总图的生成，直至景观节点的选址及单体的设计等，分为三个基本环节，不同的设计尺度则囊括了不同的环节。“耦合”就是根据环境条件的不同，选择适宜的项目，再将其引入到场所中去，这个针对的是当下规划设计中策划的环节。第二个环节对应于总体规划，即规划总图的形成，也就是依据不同项目选择适宜的环境来加以支撑。第三种就是对单一的项目进行控制，包括了譬如建筑的规模、覆盖率、体量、高度、建设强度等控制要素，即规划设计中的控制性详细规划的层面。因而，“耦合”的三个阶段分别对应了风景园林规划设计中“策划—总规—详规”等阶段，层层递进地覆盖了整个风景园林规划设计过程。

3.3.3 耦合的标准：耦合度

传统设计方法大多强调在认知场所的基础上发挥人的主观能动性，较多地偏重于依赖设计师的感觉，因而设计的结果往往具有主观性、或然性。当代的风景园林规划设计在肯定艺术性的同时，更富有理性的精神。作为客观存在的场所特征并不因设计者的认知差异而转移，景园设计师依据自身的判断及设计趋向，可以选择场所的不同特征加以强化，因而有多样化的设计结果。几乎所有的设计都不存在唯一的"解"，设计者对同一场所的认知、主观愿望的不同以及设计能力的差异，都会影响设计过程以及设计方案的生成与发展。长期以来，人们习惯将不同的设计方案加以比选，当下与之对应的是设计市场上流行的方案招标，而招标的工作就是在不同方案间寻求与场所特质更为契合的佳作。但是，往往由于人们对场所认知的缺乏，方案比选难逃被讹化为"选秀"与"选美"的命运。所谓最佳方案的确定多半取决于主事者，从而失去了方案比选的意义。首先需要承认的是场所存在着客观的条件，这些客观条件不以人的意志为转移，仅仅提供了设计的基本要素，并非设计的全部。正是由于不同的方案对场所的理解存在着差异，这也决定了方案的高下与优劣。"耦合度"指的是设计方案与场所的关联度，也可以用来表述设计和场所之间适应程度的数值区间。"耦合度"用以描述设计对场所的响应程度，是判断设计方案优劣、高下的重要指标。基于耦合的法则去选择方案，就是在不同的方案之间选择与场所最为契合的构思，强调设计对场所的"耦合"是评价方案优劣的前提。"耦合度"提供了判断方案高下比较的评价基础，是校验设计方案可行性程度的基本指标。

本体是一切事物的本源，生态、空间、文化、功能四个基本面体现了风景园林设计的多目标性，也是风景园林规划设计之根本。利用 GIS 软件分析、数字化叠图等量化技术手段对场所进行数据分析，通过对设计中空间、生态、功能、文化等目标系统进行量化评价，可构建风景园林规划设计方案与场所之间的耦合度的评价体系。基于多目标的风景园林规划设计方案类比与优化方法的生成，无疑为多个设计方案进行科学化比较与优选提供了一条途径。

3.4 基于耦合原理的风景园林规划设计过程

"过程"是对事物发展所经历的程序及阶段的称呼。在哲学领域，"过程"一词被定义为事物发展变化的连续性在时间和空间上的表现。从辩证唯物主义的角度看，过程是物质、运动和时间、空间的辩证统一。恩格斯在《路德维希・费尔巴哈和德国古典哲学的终结》（*Ludwig Feuerbach and The End of Classical German Philosophy*）一书中指出："世界不是一成不变的事物的集合体，而是过程的集合体。""过程哲学"的创立者阿尔弗雷德・诺斯・怀特海（Alfred North Whitehead）主张"世界即是过程"，他认为一切事物皆由自身的内在矛盾推动，不断向前发展变化着，表现为时间上的前后相继和空间上的连续不断。任何事物都有其相应的过程，即为该事物的起因、经过和结果。由于事物是不断发展的，所以结果也只是相对而言的，有的结果可能是起因，有的结果可能是经过。设计过程同样也是一种“过程”，在时间和空间中体现。在时间的维度中看，设计过程仅对应了事物发展的某一阶段，笔者研究的风景园林规划设计过程是一个连续性的发展过程，以设计方案的生成作为过程的结果。在这一过程中包含了三个互相逻辑关联的阶段：场所认知、方案生成、方案优选。风景园林规划设计过程在场所中展开，除了作为设计的对象，场所还承担了设计过程发生的空间载体。

王建国院士在《现代城市设计理论和方法》中将城市设计过程概括为两种价值取向和方法不同的类型：自下而上（Bottom-Up）和自上而下（Top-Down）。“自下而上”主要是指按“自然的力”或“客观的力”作用，遵循有机体的生长原则，若干个体的意向多年累积叠合来设计建设城市（镇）的方法。“自上而下”的设计方法主要是指按人为力作用，依照某一阶层甚至个人的意愿和理想模式来设计和建设城镇的方法。通常，它们以一种法定的规划设计准则使其实施[8]。风景园林规划设计过程无疑是一个“自上而下”的过程：以法令、政策为指导，融入群体意识来生成设计方案，最终在场所中实施。为了避免对场所中“自然”的背离，设计需要建立在对场所的深度了解与分析基础之上，故而“场所的认知过程”是一种“自下而上”在设计过程中的体现，也是整个设计过程中十分重要的一个环节。与城市设计过程不同，风景园林规划设计过程将“自下而上”嵌套进“自上而下”过程之中。

城市规划、建筑及风景园林等行业的设计活动都遵循一个基本相似的过程。以往，设计过程常常被概念化为一个线性的过程。随着系统论的提出和当代设计的发展，设计所面对的对象被逐步意识到是一个复杂的系统，而不再是单纯的要素集合体。约翰·泽塞尔（John Zeisel）在《研究与设计：环境行为研究的工具》（*Inquiry by Design：Tools for Environment-Behaviour Research*）中将设计过程形容为“设计螺旋”，是一个循环和反复的过程，设计者一再重复一连串的活动，每次都解决一些问题，而这些活动都指向同一个目标（图 3-7）。设计需要满足各种设计需求，是约束条件下进行的创造性工作，通过一系列设计活动进行具体实现。设计过程是一项复杂的系统工程，是多种知识的有效集成和耦合。由此，设计过程可以被定义为：为解决设计问题的一种创造性、系统化方法，是有计划、有步骤、渐进式不断完善的过程，

8 王建国 . 现代城市设计理论和方法 [M]. 南京：东南大学出版社，2001：25-32

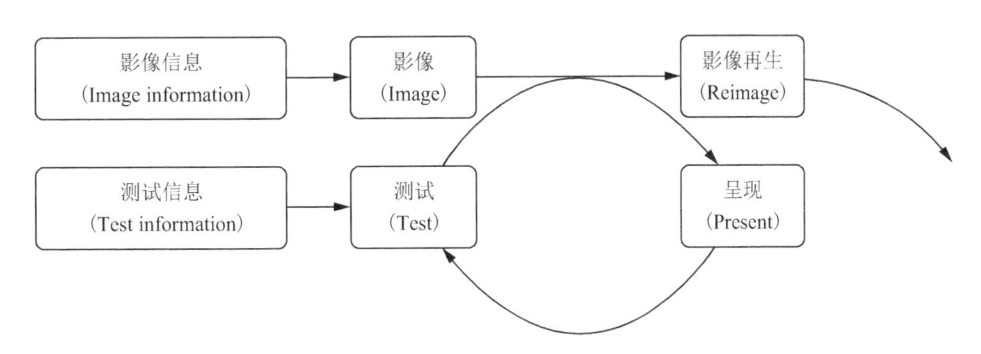

图3-7 螺旋性重复进行的设计过程
改绘自：陈超萃.设计认知：设计中的认知科学[M].北京：中国建筑工业出版社，2008：33

即需要经过多次设计迭代才能获得满意的结果。循环迭代的设计过程能够被描述为是一个“设计—分析—评价—再设计”的过程。帕特里克·盖迪斯（Patrick Geddes）提倡运用科学的方法来认识城市，并将现代城市规划过程归纳为“调查—分析—规划”。对于风景园林设计，他关注景观的特征与社会过程之间的联系与相互作用关系，将自然生态区域作为规划的基本单元，关注其反映出的自然气候条件、植被覆盖情况和动物的分布状态，并创造性地赋予“调查、分析、规划”的逻辑框架[9]。现代风景园林规划设计需要以科学的方法来认知场所，其规划设计过程与城市规划不谋而合，同样是一个由调查、分析到规划的过程。除此之外，还应当满足其系统化、迭代的特质，即每一细分的过程之间均互相关联并相互反馈。

从信息论的角度看，场所的“信息”从设计活动的开端流入，经过筛选、提取、组合，最终生成饱含“信息”的设计方案。设计过程是设计活动的集合，活动之间相互作用、相互联系，“信息”在设计活动中流动、交互。怀特海在其代表作《过程与实在》（*Process and Reality*）中指出：每一事物都是经验的机遇或由经验机遇的诸个体构成。不存在物质实体，存在的是一系列相互联系的事件，物质实体是由一定种类的相互关联的事件系统构成[10]。按照他的观点，比实体更重要的是事物之间的关联。斯蒂芬·D. 埃平格（Steven D. Eppinger）将设计过程中的两个活动之间的联系归纳为三种形式[11]（图3-8）：

（1）顺序。两个设计活动间是单项关系，即后面活动的开始需要前一活动的输出作为输入，信息流在此单项顺序流动。

（2）并行。两个活动的发生不存在先后顺序，可同时进行，信息流分别输入两个活动。

（3）耦合。两个活动互相紧密关联，信息流在两个活动之间存在交互，并多次反复流入。耦合联系常见于设计活动之中，也反映了设计过程中迭代

9［英］彼得·霍尔．城市和区域规划[M]. 邹德慈，等译．北京：中国建筑工业出版社，2008：62
10 李世雁，曲跃厚．论过程哲学[J]. 清华大学学报（哲学社会科学版），2004（2）：25
11 Steven D E. Model-based Approaches to Managing Concurrent Engineering[J]. Journal of Engineering Design，1991（3）：284

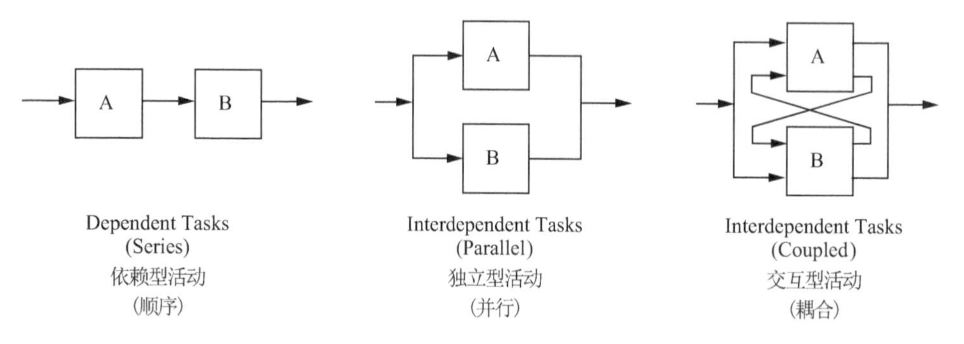

图3-8 两个设计活动之间的三种联系
引自：Steven D. Eppinger. Model-based Approaches to Managing Concurrent Engineering[J]. Journal of Engineering Design，1991，2(3)：284

发生的机制。

除了迭代的特点，系统性、非线性也是现代风景园林规划设计过程的重要特征。克里斯托弗·琼斯（J. Christopher Jones）认为，自1950年以后，在计算机、自动控制及系统化的影响下，设计应该比传统的凭直觉和经验来思考更应要倾向于靠逻辑和系统化的思考[12]。系统性要求风景园林规划设计中要重视系统分析和综合判断的作用。系统分析是将景园场所中的各要素看做为互相关联的整体，在对要素独立分析的基础上还注重分析各要素之间的关联。综合判断是根据系统分析的结果，经过整合分析之后权衡各要素作出设计的判断。系统分析和综合判断是辩证统一的，系统分析是综合判断的前提，只有通过分析才能够为设计提供解决问题的依据，加深对设计的认识；综合判断是对分析的总结、归纳、完善和改进。两种活动之间即为上文所述的交互关联。关于线性与非线性的讨论起源于自然界，相当长一段时间内，人们关于自然的研究局限于线性的方法。然而自然科学的成就说明人类面对的是一个复杂的非线性世界，而非仅仅靠线性能够加以囊括。对非线性的讨论很快延伸到各个领域，设计界当然也不例外。风景园林规划设计面对的是复杂的非线性世界，因而需要以非线性的思维来看待设计问题。非线性的思维带来的是设计过程的复杂性、非线性和设计结果的不确定性。设计结果的开放与不确定带来了多解，然而最终实施的方案却是唯一的。设计师难以单纯通过主观的评价来判定方案的好坏与优劣，故而有规律的设计过程中的选择与评价机制就显得必然和必要。

由以上的讨论和分析可以初窥景园规划的设计过程（图3-9）。风景园林规划设计过程共分为三个部分的设计活动，分别是场所认知、方案生成、方案优选。这一过程不仅体现了盖迪斯经典的城市规划设计"调查—分析—规划"的范式，而且还蕴含着符合当代设计特点的迭代反馈机制。从场所的调研开始至方案优化，整个信息流的流入和流出，在顺序的基础上融合了耦合关联，

12 陈超萃．设计认知：设计中的认知科学[M]. 北京：中国建筑工业出版社，2008：29

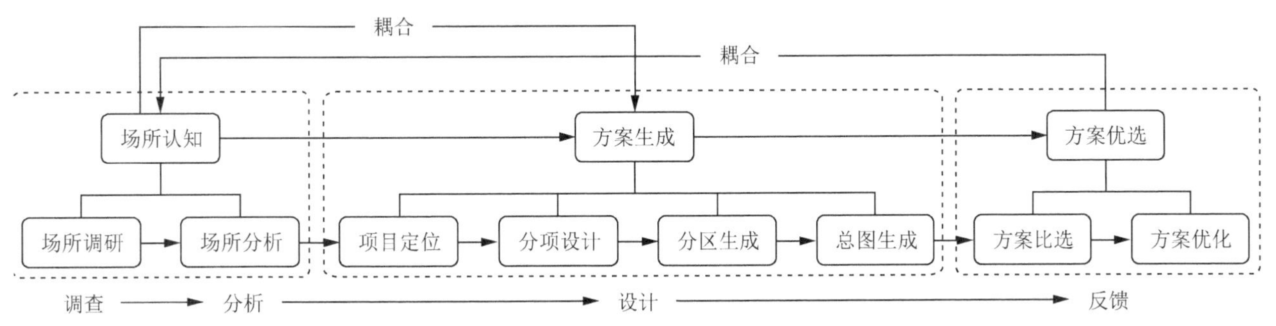

图3-9 基于耦合原理的风景园林规划设计过程

呈现了符合风景园林规划设计特征的设计过程。

3.4.1 场所认知过程

认知（Cognition）是现代认知心理学的术语，指的是人认识外界事物的过程，即人作为主体，对作用于感觉器官的外界事物进行加工的过程。关于"认知"有多种阐释，其中一种将认知定义为"对信息进行加工处理的过程"，指的是"人脑计算机式的信息加工过程，即个体接受、贮存、提取和运用信息（或知识）的整个心理历程及其内在机制。"[13] 以信息加工理论为基础的现代认知心理学的先驱——奈塞尔（Ulric Neisser）在著作《认知心理学》（*Cognitive Psychology*）一书中将认知过程定义为：信息经感觉输入的变化、简化、加工、存储、恢复以及使用的全过程。他的这种观点强调信息在人脑中的流动过程，从感知信息开始直到最终作出行为结束[14]。就过程而言，"认知"比"认识"更进一步，不仅仅包含了信息的输入和加工，还包括了个体对信息进行的转化和输出。

任何场所均为信息的集合体，蕴含了包括自然和人为属性的各类信息。场所认知是人对场所信息的认识过程。不同的场所蕴含的信息各不相同，构成了场所的特质。因此，场所的认知过程是有针对性地对场所进行了解的过程。风景园林规划设计涉及场所中诸项要素，需要全面地掌握场所信息，故场所认知是对风景园林规划设计资料的掌握和分析过程，也是十分重要的一个基础性环节。人对场所的认知是一个主动的过程，以多种形式存在。对场所中表象因素的认知是整个认知过程的第一个层面。风景园林环境中的场所信息是设计者（感知主体）的感知对象，对表象因素的解读包括两个部分，一是对自然层面因素的解读，二是对人为层面因素的解读。对本体因素的认知是场所认知的第二个层面。在场所的认知中，本体指的是一种规律、要求和法则，对本体因素的认知就是透过表象深入剖析内在规律的过程。首先，对本体因素的解读可使设计者在充分掌握场所本原规律的基础上开展创新活动，设计

13 车文博. 当代西方心理学新词典 [M]. 长春：吉林人民出版社，2001：298
14 梁宁建. 当代认知心理学 [M]. 上海：上海教育出版社，2003：4

思维得到发散。其次，透过现象对本质的科学化认知可以帮助设计者了解场所中隐性现象与规律，在把握景观环境发展的规律性、必然性的同时营造景观特色，也是实现可持续、集约化设计理念的基本途径。与景园环境场所认知的两个层面相对应，风景园林规划设计的场所认知过程包含了场所调研和场所分析两个递进的阶段。其中，场所调研是通过各种方法与手段收集场所资料的过程，即场所信息的汇聚过程。场所分析是场所认知的重点部分，这一过程在场所调研的基础上展开,主要包括对已采集到的场所信息进行分类、整理，并展开各类分析和规律的总结。场所信息在此过程中根据不同的使用目的被加工形成新的信息群组，成为下一阶段设计工作的资料和依据。

由于认知主体具有个体间的差异性，不同的认知主体的文化背景、经验程度、价值观念等作用于认知过程的“外力”均不相同，导致的就是认知的差异。对于设计而言,这种差异极为明显地体现在对场所的认知过程之中。例如，经验丰富的设计师比初出茅庐的设计专业学生在某种程度上对场所的主观认知往往更加深入。科学技术手段能够帮助设计师更加准确、全面、迅速地认知场所。随着相关支撑技术平台的进步，风景园林的相关学科（如建筑学、城市规划等）从前期分析、逻辑建构、设计表达到建造过程，数字技术都得到了较广泛而深入的应用，BIM、数控建造和数字管理等新技术层出不穷。数字技术同样也为风景园林规划设计的场所认知过程提供了新的技术手段和方法，主要体现在两个方面：一是对应于场所表象因素认知层面的前期场所调研过程，主要是借助新的设备和技术手段辅助实现信息的数据化、可视化，并通过数据的采集、分类和整理，建立场所信息的资料数据库；二是基于信息数据资料对场所展开分析与评价，将数据进行二次加工，得到量化指标，建立参数关联，构建场所信息模型库。

3.4.1.1　场所调研

场所的调研一般通过他人提供和现场踏勘两种方式获得基本资料。调研的内容为场所中所蕴含的自然属性与人文属性的信息。自然属性的信息包含了地理区位、地形地貌、气候条件、水体、土壤、植被等 一系列场所中所固有的信息；人文属性的信息由字面意思可解，即为人类活动留下的信息，在调研中需要掌握的是现状建设情况、历史文化资源、场所中人的行为心理等几个主要方面，其中现状建设情况指的是人类在当下对场所的使用情况，包括已建成的建筑及构筑物、道路和广场以及已铺设的管网等。

在常规的调研方法中，现场踏勘是重要的方法之一，依赖于设计人员亲力亲为。由于移动的轨迹呈线状，因而信息多以移动轨迹为基础拓展，具有线性的局限。调研所收集的信息绝大多数以纸质及电子文件的形式呈现。科学技术的发展为场所提供了新的技术与手段，不仅将调研由“线”拓展到“面”，也为参数化的风景园林规划设计提供了可能。以风景园林规划设计必须要使用的场地地形图为例，一般来说，地形图由甲方提供，来源为从规划局直接购买或请具备资质的单位测绘，多为三维数字地形图，通过规则格网和高程注记点来表达地形地貌。传统的测量技术包括电子经纬仪技术、数字化水准仪技术、全站仪测量技术及全自动电子全站仪测量系统，当下使用的地形图多由以上几种技术测绘生成。近些年快速发展的卫星导航定位技术及激光测量技术，极大地推进了测绘方法的更新，尤其是激光测量技术从静态的点测量发展到动态的实时跟踪测量，再到三维立体量测。在激光测量技术的支撑下，三维激光全站仪、三维激光扫描仪等数字化测绘仪器可生成精确的、高密度的3D点云，为参数化的风景园林规划设计提供更为精确数字化的三维地形图（图3-10）。遥感技术的进步，能够为设计提供高精度的地表图像，并综合地展现地表存在的自然与人文现象，以及宏观地反映地球上各种事物的形态与分布。遥感地图蕴含了大量真实的地质、地貌、土壤、植被、水文、人工构筑物等地物的数据资料，为大尺度的风景园林规划设计及分析提供了可能。就针对人群行为心理的调研而言，传统的方法有问卷调查、认知地图、行为地图等，而眼动仪、便携式皮电仪等硬件及相关软件的发展为传统的调研方法提供了新的技术手段和数字化、定量化的评价平台，不仅丰富了资料的类型，而且使之更加精确、高效，极大地推动了风景园林规划设计方法的科学化，也为参数化的实

图3-10　三维激光全站仪及扫描生成的数字化地形3D点阵云

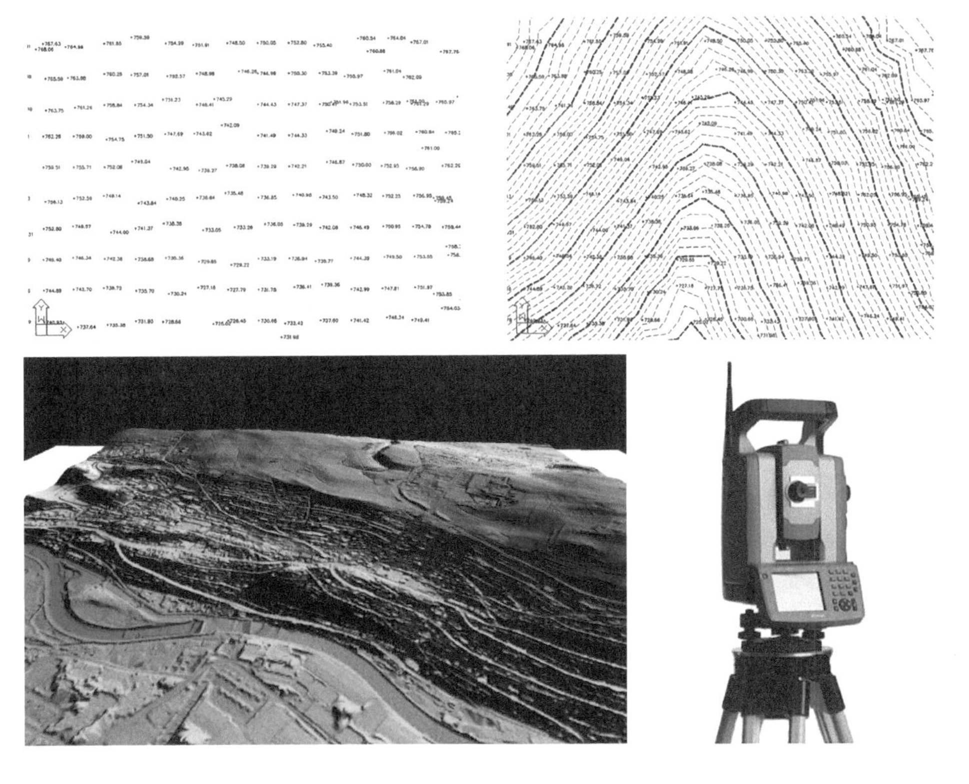

现提供了基本素材。

3.4.1.2　场所分析

场所分析是对场所信息收集活动结束后的下一个阶段工作，对应于场所认知过程中的信息分类、提取、整理与归纳。场所分析由两个部分组成：场所要素分析和场所适宜性分析。两者之间体现为层次关联，是对场所信息从表象到本体的深入研究过程。设计者对于场所的认知由通过场所分析过程对直观的感受不断地修正、增长和完善而来。

（1）场所要素分析

与风景园林规划设计的四个层面相对应，场所中的要素可以归纳为四种类型：空间、生态、功能及文化。参数化风景园林规划设计过程中，信息的数据化是第一步。场所要素的分析即是将场所中以图像化和定性方式直接呈现的信息输入，进行数值化、定量化，并通过分析与提炼，采用一系列的图示或文字直观地表达出来，供设计师便捷地获取及掌握。传统的场所调研与分析中，景园设计师以手工的方式记录场所中的信息，并通过绘制分析图的方式进一步加以研究。例如，劳伦斯·哈普林（Lawrence Halprin）采用生态谱记（Ecoscore）记述和解读自然进程演变留在环境中的踪迹，对环境中的生态复杂系统进行描述。在对锡兰奇（Sea Ranch）海岸农场别墅的环境调查和分析中，以生态谱记的方式记载了调研中收集的气候、植物、动物、场地文化以及人文历史五条相关的线索（图 3-11）。大数据时代的到来，以 ArcGIS、Ecotect 等为代表的数字化分析软件得到广泛运用，使得原本靠手工计算及绘制的分析图表变得更加直观、精确，同时能够三维虚拟并动态呈现。尤为重要的是，计算机及软件平台的发展不仅仅是表达方式的改变，也为设计师提供了新的思路及思维方式。参数化同样体现在现代技术支撑下的场所要素分析之中，设计师根据需求，通过对输入数据的调整及算法表达的选取，分析图纸能够快速得到响应与反馈。

①空间分析

空间分析包含了区域区位、地形地貌、视线等分析内容。对于区域及

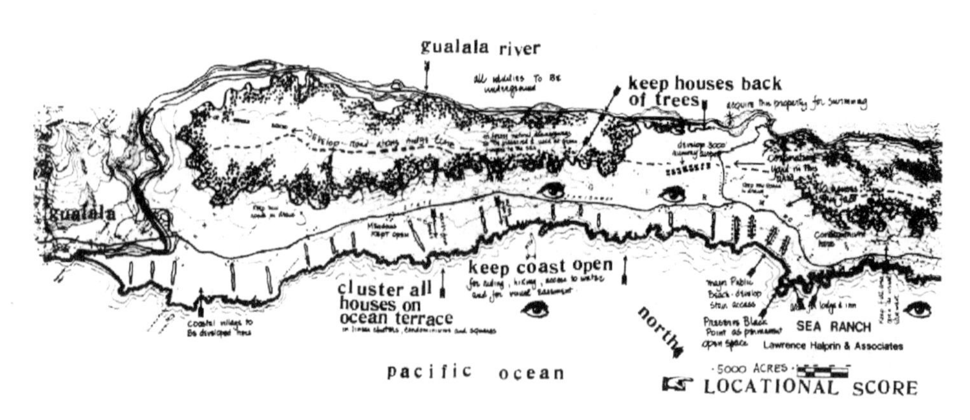

图3-11　劳伦斯·哈普林（Lawrence Halprin）对美国锡兰奇（Sea Ranch）海岸生态调研的平面图

引自：[美]彼得·沃克，梅拉妮·西莫.看不见的花园：探寻美国景观的现代主义[M].王健，王向荣，译.北京：中国建筑工业出版社，2009：162

区位的分析是每一项设计项目所必不可少的分析内容。“区位”一词英译为“Location”，即定位之意。“区位”一方面反映了场所所处的地理位置，另一方面体现了场所与其他地理空间中事物的联系。地理位置是场所存在的大环境，地理位置的变化带来气候、社会、经济、文化等一系列条件的不同，对场所发展造成的影响自然各异。可以说地理位置的独特性是场所特质性的根源。区位分析需要将上述一系列信息进行剖析与呈现。地形地貌是场所赖以存在的空间物质基础，也是每一个场所中必然存在的基础信息。风景园林规划设计的场所多位于以自然资源为主体的区域，对于地形地貌的分析有助于对场所的空间形态特征进行整体的把握。利用 ArcGIS 软件对高程、坡度、坡向等一系列地形地貌组成要素进行分析，已得到广泛的运用。除此之外，ArcGIS 软件还能够对地表起伏度、地表粗糙度、地物密度等地理学指标进行分析，将场所中的信息进一步数据化、定量化。视线的分析可反映场所中的通视情况，对重要节点进行视线的分析，能够为设计师直观地呈现调研中难以直接得到的场所空间信息，并将相关信息数据化保存，便于下一步设计工作中的调用（图3-12）。

②生态分析

生态指的是生物的生存状态及其与环境之间的关系。就风景园林规划设计而言，对于生态的分析主要集中在生境条件方面。生境是生物生存的环境条件，风景园林规划设计中的生境分析主要分为水文、土壤及微气候三个部分。水文分析指的是对场所中径流、汇水、水质、水深等水的变化、运动现象分析。土壤作为下垫面的组成部分对水的运动、动植物生长具有重要的影响，针对于风景园林规划设计，对其的分析主要集中在土壤类型、土壤理化指标（酸碱度、孔隙度、团粒结构）以及土壤有机质含量等方面。除了对风向、降水、气温及光照的分析，还应当对微气候加以研究。微气候指的是场所中异于周边的小气候条件，某些场所具有的微气候特征往往也是重要的场所特色之一。动植物资源中的植物资源是景观营造的重要组成部分，故而需要进行重点分析，包括对场所中的植被类型、林相结构、林木郁闭度、植被生长状态、林龄等方面进行深入、全面的调研。对于属于国家保护、省级保护等拥有保护等级的珍稀动植物资源及其保护范围的信息是设计中所必须考虑的前提条件，也是场

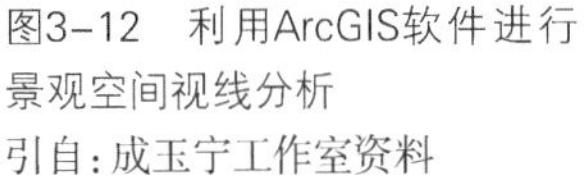

图3-12　利用ArcGIS软件进行景观空间视线分析
引自：成玉宁工作室资料

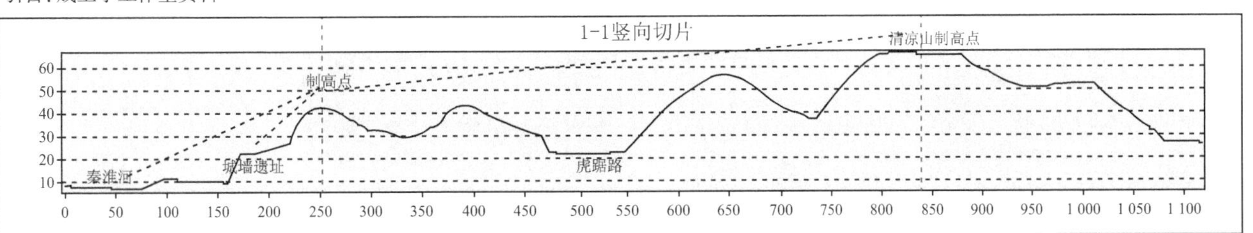

所生态分析的重要部分。

③功能分析

所谓功能分析是对场所中人的活动情况进行分析与判断。场所之所以被称之为“场所”，与“场地”相较，其中包含了人类的活动。风景园林规划设计的服务对象为人，所以对场所中人的活动特点进行分析有助于在设计中人性化及生态化的实现：一是对人类扰动过大的消极区域进行恢复，二是保留场所中特定行为的印记，三是对人的行为需求加以满足。场所中人的活动情况主要指现状的用地、交通条件、基础设施条件等。现状用地的性质反映了当下场所中土地资源的使用状况，从侧面体现了场所不同区域人的活动方式，是对土地进行承载力分析的前置信息。对于风景园林规划设计而言，土地利用规划是设计中必须考虑的部分，是对场所中土地资源分配进行调控的直接手段。场地的交通分析一般分为外部交通及内部交通两个部分，外部交通是人流、物流到达场所的渠道，对场所整体规划定位有着重要的影响；内部交通条件呈现了场所当下内部可达性的状况，由于道路网是景观场所的骨架，故而内部交通信息的提取与整理同样必不可少。基础设施条件指的是关于水电气热、环保、环卫、防灾等基础工程的现状资料。

④文化资源分析

“文化”是一个定义极其宽泛的词汇，哲学家、社会学家、人类学家、历史学家和语言学家等各学科的研究者一直试图从各自的角度对文化的概念加以界定，但始终难以对其下一个严格且精确的定义。“文化”诞生于人类的活动之中，表达了人类的一种意识形态。作为“人类活动的处所”，“场所”与“文化”紧密关联，故而“文化”对于景观也有着特殊的意义。除未有人类涉足的“第一自然”之外，只要有人类活动痕迹的地方均被打上了“文化”的烙印，即所谓的“第二自然”和“第三自然”[15]。文化作为一种意识形态，就必须有物质性的载体将其进行表现。物质性的载体作为一种外化的“符号”引起一类人共同的记忆，成为意识形态交流与传承的“工具”。文化资源信息是所有场所信息中最难以定量化的类型，对其进行收集及分析时就需要借助物质性的载体，例如，遗址遗迹、书籍画作等。文化资源信息的分析主要包括了对文化资源类的类型、等级、分布三个方面。

（2）场所适宜性分析

适宜性分析（Suitability Analysis）最早出自生态规划领域，继埃利奥特（Charles Eliot）之后，20 世纪 60 年代，曼宁（Warren Manning）、希尔（George

15 关于“第一自然”“第二自然”及“第三自然”的讨论，参见：王向荣，林箐. 自然的含义 [J]. 中国园林，2007（1）：6–17

Angus Hill）、李维斯（Philip Lewis）和麦克哈格逐步量化了场地现状调查与分析过程，出版了《土地使用规划的生态学基础》（*The Ecological Basis of Land Use Planning*，1961）、《面对人类影响的区域设计》（*Regional Design for Human Impact*，1969）、《设计结合自然》（*Design with Nature*，1969）等书籍，分别形成了各自的景观系统分析与评价方法，成为生态因子评价与土地适宜性分析的重要组成部分。当代，适宜性分析作为一种研究土地利用方式的重要方法被广泛地运用于农业、城市规划、生态等诸多领域。"适宜"指的是合适、相宜，所以其表达了两种事物之间的关系。斯坦纳（Frederick Steiner）指出："适宜性分析被看作是确定特定地块对某种特定使用方式的适宜的过程。土地适宜性可被定义为某一特定的土地对于某一特定使用方式的适宜程度。"[16]无论是"土地适宜性"还是"生态适宜性"，研究的是"土地"或"生态"与"特定使用方式"之间的合适程度。对于场所适宜性而言，是站在风景园林规划设计诉求的角度，以生态优先为原则探讨"场所"与"使用需求"之间的匹配程度，体现了场所与设计之间的适合程度。风景园林规划设计的目的是为了满足人的使用诉求，经过人工干预的场所必然会发生变化，但这种变化是以适合场所为前提的。对适宜性的判断应遵循以自然为本的价值观标准，在此基础上对人的需求加以匹配与满足。

场所适宜性分析可以分为两个递进的部分：生态敏感性分析与土地利用适宜性分析，分别以场所生态和建设的角度为导向加以研判。生态敏感性分析对场所的坡度、坡向、植被、水文、土壤、现状用地等一系列要素进行分析，得出生态敏感性分区。这一分析的意义在于将场所的生态敏感程度进行分级，明确哪些是生态极敏感的区域、生态较敏感的区域、生态弱敏感的区域。生态极敏感的区域是需要严格保护的区域，应当限制人类的活动。生态敏感性分析为风景园林规划设计中生态敏感区的划分提供了科学的依据。土地利用适宜性分析在生态敏感分级的基础上进行，对生态极敏感区域以外的范围进行二次评价，划分出适宜建设的区域、较适宜建设的区域以及不适宜建设的区域。土地利用适宜性评价从风景园林的功能性出发，"建设"一词在此的含义并不囿于建筑物的营造，而是指人类为了实现休憩、游赏等在景园环境开展的活动而进行人工改造的总和，包括了植物调整与优化、水景观构建、地形梳理等景观营建活动，亦囊括了道路及桥梁建设、建筑及构筑物的营造活动。《风景名胜区总体规划标准》（GB/T 50298-2018）中指出生态分区应主要依据生态价

---

16 Frederick Steiner. The living landscape: an ecological approach to landscape planning[M]. McGraw-Hill Inc, 1991: 186

值、生态系统敏感性、生态状况等评估结论综合确定[17]。在风景名胜区详细规划也需分析详细规划区的用地适宜性[18]。生态敏感性及土地利用适宜性的分析为保护分类的确定以及保护分级的划定提供了科学、可靠的方法。

场所内部要素的关联难以通过表象信息的收集、汇总与表达得以全部展现，所以需要对场所各类信息根据不同目的加以分析，在此基础上得到更深层次的、关于场所要素之间关联的描述与总结。生态敏感性分析与土地利用适宜性分析向设计者传达了场所中难以直接获取及直观呈现的信息，丰富了场所的调研内容，不仅为设计者提供了场所认知的材料，而且为下一步设计中的判断提供了可靠的依据。场所分析过程中，场所中的各要素在统一的分析及算法规则之下得以数值化、定量化，得到的信息化数据是从风景园林规划设计要求出发的场所信息集合，因场所而异，能够较为全面地反映场所特征。作为参数化规划设计的第一个环节,科学地调研及评价场所为“因地制宜”理念的实现奠定了基础。

3.4.2 方案生成过程

方案生成过程是风景园林规划设计过程的第二个阶段。以食物的料理为比喻：场所认知过程相当于厨师准备食材的过程，场所的调研犹如食材的收集与分类，而场所适宜性的分析恰似对食材进行清洗、切分的加工；在一切准备工作完成之后就正式进入了料理的操作阶段，即方案的生成阶段。方案生成过程是设计阶段中最为重要的环节：设计师根据设计目标，在限定条件之下提出设计问题的解决途径。风景园林规划设计的对象多为风景名胜区、风景区、景区、度假区、公园等大中尺度的景园环境，其方案生成过程包含以下两个逐步深入的环节：项目的策划与定位、方案的生成。

3.4.2.1 项目的策划与定位

项目策划的实质在于寻求项目与场所之间的耦合关联。“策划”通常被认为是为完成某一任务或为达到预期的目标，对所采取的方法、途径、程序等进行周密而逻辑的考虑而拟出具体的文字与图纸的方案计划[19]。“策划”早在中国古代就有所体现，“运筹帷幄”“田忌赛马”“凡事预则立，不预则废”等诸多成语、谚语均是这一概念的体现。“策划”的含义十分广泛,在当代,“策划学”已发展成为一个独立的学科，在政治、经济、设计、旅游、销售等各行各业有着广泛的应用，并成为不可或缺的环节。现代项目策划起源于项目投

17 国家质量技术监督局，中华人民共和国住房和城乡建设部 . 风景名胜区总体规划标准（GB/T 50298-2018）[S]. 北京：中国建筑工业出版社，2018.
18 国家质量技术监督局，中华人民共和国住房和城乡建设部 . 风景名胜区详细规划标准（GB/T 51294-2018）[S]. 北京：中国建筑工业出版社，2018：4
19 庄惟敏 . 建筑策划导论 [M]. 北京：中国水利水电出版社，2000：8

资评价，二次世界大战后在世界范围内得到了快速的发展。项目策划的目的在于分析、判断所有可能的影响因素，并加以总结得出方案，对未来的发展形成指导和控制的过程，也是一个严密的、具有建设性和逻辑性的思维过程。

当下我国国内的工程项目、产品项目等各类型项目在立项前必须由投资方向上级主管部门提交项目建议书（项目立项申请书），对拟建项目提出总体性的设想，并论述必要性和可能性。景园规划是项目立项且可行性研究之后开展的工作，笔者的"项目策划"并非指上文中提交项目建议书所对应的"项目策划阶段"。如果说项目的立项是决定了在哪里买什么样的房子，那么"项目策划"就是研究房子中应当放置什么类型、何种风格的家具。"项目策划"中的"项目"指的是为达到经济效益、社会效益、环境效益等目标，通过资源的整合，形成某种主题，以旅游者和周边居民为吸引对象的吸引力单元。景园环境的主要功能之一便是为人们提供观光、游赏、休闲等活动的场所，"项目"即为人们在场所中活动的"内容"。规划是有目的地对人为事物进行预见的活动，所谓的"项目策划"作为规划的组成部分，就是通过对信息的分析，就场所中可能发生的人的活动方式加以预评估。风景园林规划设计的项目策划过程体现了场所与项目之间互相耦合的过程：从对场所的分析中生成项目，通过对项目的分析从场所中寻求适合项目的场地。旅游学意义上的项目策划较多地注重创意，与之相比，风景园林规划设计中的项目策划更偏向于功能的组织和安排。在风景园林规划设计的实践中，对"项目"的研究更为实际、可实施，更加贴近于"落地"，而不是流于形式。项目的策划有助于为设计区域内的建设类型、建设规模、建设方式等提出引导，为后续的设计提供依据，使得规划更有目的性和针对性。项目的策划首先需要从项目的定位开始，进而确定项目的内容，即项目的主题、类型及形式，最后结合项目的功能需求对项目的规模进行预判。

（1）项目定位的分析

项目定位是项目策划的第一步，需要对包括游客、政策、场所资源等一系列信息进行分析与总结，对市场、功能及特色三个方面进行研究，得出针对场所的可能性项目。不同性质的风景区，因其特征、功能和级别的差异，而有不同的游人来源地，其中还有主要客源地、重要客源地和潜在客源地等区别。客源市场分析的目的在于更加准确地选择和确定客源市场的发展方向和目标，进而预测、选择和确定游人发展规模和结构[20]。作为服务于"人"的场所，景园环境的规划需要对潜在的游览人群进行研究，确定主要面向

20 国家质量技术监督局，中华人民共和国住房和城乡建设部．风景名胜区总体规划标准（GB/T 50298-2018）[S]. 北京：中国建筑工业出版社，2018.

的人群、人群的年龄构成及消费构成，进而确定人群对环境的要求、对游览方式的需求，有的放矢地对项目进行选择，最终生成市场定位。作为风景园林规划设计的前提条件与指导，需要视实际情况的不同，对《城市总体规划》《风景名胜区总体规划》《旅游发展规划》等一系列上位规划以及政府的相关政策法规加以研究，以分析得出合适的功能定位。例如，根据政府对整个市域的发展规划，某规划区域的定位为以佛文化为主题的旅游服务区，则该规划区域的功能定位为佛教文化旅游，所有的规划活动也应当以此为依据开展。为了避免资源的浪费，特别需要注意规划区域的特色性打造。以南京紫清湖旅游度假区的规划为例，该规划区域位于南京汤山，周边温泉资源丰富，已存在多家以温泉为主题的游览区域。在对该区域进行规划时既要发挥温泉资源优势，又需要注意与周边旅游资源的错位经营，避免"温泉主题"的重复建设，以免造成资源的浪费，产生影响整个景区未来发展的不利局面。

（2）项目内容的确定

依托于项目的定位可初步确定项目的内容，即项目的具体构成和形式。项目的内容除了需要对主题定位加以呼应之外，还应当严格执行国家相关规定与规范。例如，《风景名胜区条例》（2016）分条列出了提倡的、限制的以及禁止的建设活动（表 3-1）；《风景名胜区总体规划标准》（GB/T 50298-2018）于"4.2 风景游赏规划"一节中，列出了 8 类 59 项游赏项目（表 3-2）。根据项目内容与场所资源的关联程度可分为三类：原生项目、延伸项目、衍生项目。原生项目指的是场所中本身就存在的活动项目，这些项目具有原发性；延伸项目是依据场所中存在的物质及文化资源信息所延伸而来的项目，是对原有信息的一种演绎；衍生项目与场所资源的关联性最小，是根据现有的信息通过发散、嫁接而生成的活动内容。比方说，某景园环境中有著名的寺庙一座，进香活动、佛事活动、素斋等与佛教相关的活动就是场所中原发生成的；场所中的佛教资源亦可以推演为佛文化、禅文化等延伸性内容，由这些延伸而出的文化所生成的项目为延伸项目，如修禅、佛文化展示等；与禅修文化有关的养生、休闲文化则是从场所中衍生而出的文化类型，例如瑜伽、SPA 等依托于养生文化、休闲文化的活动为衍生项目。

（3）项目规模的预判

"项目规模的预判"是项目策划过程中非常重要的一个环节，它不仅与之前的项目内容紧密关联，还是下一步的总图生成工作的开端。项目规模的预判是风景园林规划设计的项目策划区别于旅游学范畴内"项目策划"的重要内容。项目规模的预判就是对上一环节中确定的项目，依据其功能的需求，

表3-1 《风景名胜区条例》（2016）列出的提倡、限制以及禁止的项目内容

类别	条目	内容
提倡的项目内容	第三十二条	根据风景名胜区的特点，保护民族民间传统文化，开展健康有益的游览观光和文化娱乐活动，普及历史文化和科学知识
	第三十三条	合理利用风景名胜资源，改善交通、服务设施和游览条件
限制的项目内容	第二十九条	（二）举办大型游乐等活动； （三）改变水资源、水环境自然状态的活动； （四）其他影响生态和景观的活动
禁止的项目内容	第二十六条	（一）开山、采石、开矿、开荒、修坟立碑等破坏景观、植被和地形地貌的活动； （二）修建储存爆炸性、易燃性、放射性、毒害性、腐蚀性物品的设施
	第二十七条	禁止违反风景名胜区规划，在风景名胜区内设立各类开发区和在核心景区内建设宾馆、招待所、培训中心、疗养院以及与风景名胜资源保护无关的其他建筑物

引自：《风景名胜区条例》（2016）

表3-2 游赏项目类别表

序号	游赏类别	游赏项目
1	审美欣赏	①览胜；②摄影；③写生；④寻幽；⑤访古；⑥寄情；⑦鉴赏；⑧品评；⑨写作；⑩创作
2	野外游憩	①消闲散步；②郊游；③徒步野游；④登山攀岩；⑤野营露营；⑥探胜探险；⑦自驾游；⑧空中游；⑨骑驭
3	科技教育	①考察；②观测研究；③科普；④学习教育；⑤采集；⑥寻根回归；⑦文博展览；⑧纪念；⑨宣传
4	文化体验	①民俗生活；②特色文化；③节庆活动；④宗教礼仪；⑤劳作体验；⑥社交聚会
5	娱乐休闲	①游戏娱乐；②拓展训练；③演艺；④水上水下活动；⑤垂钓；⑥冰雪活动；⑦沙地活动；⑧草地活动
6	户外运动	①健身；②体育运动；③特色赛事；④其他体智技能运动
7	康体度假	①避暑；②避寒；③休养；④疗养；⑤温泉浴；⑥海水浴；⑦泥沙浴；⑧日光浴；⑨空气浴；⑩森林浴
8	其他	①情景演绎；②歌舞互动；③购物商贸

引自：《风景名胜区总体规划标准》（GB/T 50298-2018）

对其所需要的用地面积、容积率以及可能的建筑面积、建筑高度、建筑风格等进行预先的判断。《风景名胜区条例》（2016）中第十五条明确指出：“风景名胜区详细规划应当根据核心景区和其他景区的不同要求编制，确定基础设施、旅游设施、文化设施等建设项目的选址、布局与规模，并明确建设用地范围和规划设计条件。”同样，《风景名胜区总体规划标准》（GB/T 50298-2018）分别于“风景游赏规划”及“典型景观规划”中提出对景点的容量、范围进行组织，对各类建筑的性质与功能、内容与规模、标准与档次、位置与高度、体量

与体形、色彩与风格等提出明确的分级控制措施[21]。由此可以看出，对项目规模进行预判不仅是必要的，而且是必须的。这一步的工作能够对项目的“落地”进行引导，有助于规划的实现，从而避免流于形式。

3.4.2.2　方案的生成

（1）项目的选址

所谓“选址”是选择最适宜区位的过程。选址问题存在于生活的各个方面，包括交通、物流、零售以及公共设施等诸多领域。德国经济学家韦伯（Alfred Weber）于1909年出版的《工业区位论》（*Theory of the Location of Industries*）中提出的工业布局问题被认为是现代选址问题的起源。当代的运筹学、管理学、工程学及计算机科学等对选址问题均予以了极大的关注。在我国古代有“相地”一说，在造园中专指通过勘察环境及自然条件选定营建园林的场所，可以被认为是古人造园的“选址”过程。当下，如果要以划拨方式在国有建设用地进行建设项目，则必须申报并获得《建设项目选址意见书》。项目选址不仅对于项目的发展，而且对于资源的保护有着重大的意义。为保护风景名胜区内的资源，根据《风景名胜区条例》（2016），在风景名胜区进行重大项目的建设工作，同样需要对选址方案予以核准。这一规定是对风景名胜区的总体规划要求的具体化，将其内容落到实处。风景园林规划设计的项目选址对应于规划层面，是建设项目选址的前期工作，即为策划中拟定的项目在规划范围内选择适宜的场所。类似于“相地”，项目选址需要依据项目策划中预判的规模、环境需求等条件与场所进行“比对”，寻求满足项目要求的地块，也是项目与场所“耦合”的具体呈现。

（2）道路的选线

道路选线指的是根据道路承担的任务、性质、等级、起讫点和控制点，综合考虑选线范围内地形地貌、地质条件、气候状况、水文情况、土壤条件等场地条件，通过技术、经济等方面的分析研究，充分比较后选定合理的路线。景园环境的道路网承担着输送人流、物流的功能，是重要的基础设施。大中尺度的风景园林规划设计必然涉及道路选线问题。景园环境的道路选线与公路选线具有类似之处，但也有着各自不同的特点。公路的选线讲求满足安全条件下的路径最短，强调经济性。而景园环境的道路不追求路径的最短，对经济性也不过分侧重。在景园环境中，起伏多变的道路反而能够给予游人游赏的趣味，蜿蜒的道路可以营造“步移景异”的空间效果，从而赋予游人丰富的游赏体验。景园环境的道路选线同样需要考虑安全性及一定的经济性，地质不

21 国家质量技术监督局，中华人民共和国住房和城乡建设部．风景名胜区总体规划标准（GB/T 50298-2018）[S]. 北京：中国建筑工业出版社，2018：20-22

稳定的区域以及坡度过陡的地段不仅修筑道路的成本较高，同时也存在极大的安全隐患，故而选线不宜经过类似地区。道路需要将游人方便、快捷地输送至各个景点。景园环境中的道路网应联通区域内所有的景观节点，以满足景点的可达性需求，由此，景观项目即成为道路选线的道路控制点和路线方向的限制性条件。风景园林规划设计中道路选线是紧跟项目选址的下一环节。

（3）水景的营造

“景无水而不活”，正是由于水的存在衬托出山的沉稳，呈现出山水的灵动。古今中外，人们对水景的喜爱毋庸置疑。对于大中尺度的景园环境而言，水景是重要的组成部分，也是风景园林规划设计中的重要课题。从“耦合”出发的设计，讲求从场所中生长来，即从场所寻求设计的依据，水景的设计也不例外。除去场所中存在的天然水体之外，对场所汇水情况的合理分析可得出存在水景生成潜力的区域，通过适度的人工干预将地表水蓄积起来，不仅能够满足美的需求、文化的诉求，还具有积极的生态意义。这种景园环境中拟自然水景的设计及营造方法，以分析场所内汇水情况、综合降水条件下的水景营造途径体现了减量设计的原则，同样延续了“耦合”的理念。

（4）竖向的优化

风景园林规划设计中竖向设计的内容包括了四个部分：道路的竖向、水系的竖向、场地的竖向以及土方平衡。大中尺度的景园环境中，在满足排水、栽植等条件下，应尽量避免对原有地形的扰动，道路、水系以及场地的竖向是风景园林规划设计中重要的三个部分。参数化风景园林规划设计对应于交互的设计过程，竖向的设计与道路选线、水景营造环节密切相关，在以上两个环节完成的基础上展开，并对其进行反馈与调控。在道路选线确定的基础上便可开展道路设计，通过纵断面、横断面的设计可对道路营造产生的土方量进行估算。水景的竖向设计亦是如此，在水景形态基本生成的前提下便可进行挖填方量的预估，从而判断土方是否平衡，形成对水景营造环节的反馈。如若土方不能够平衡，则需返回上一环节，对水系的形态进行调整与优化。通过综合道路、水系以及场地营建的预估土石方量，能够在设计阶段摸清土方平衡情况，从而在生成竖向设计成果的同时，于方案初期便可方便对土石方工程量进行调控。

（5）分区的生成

通过诸项目选址的确定，即可大体明确场所中项目的组织情况。类型相似的项目在对场所条件的需求方面具有类似性，因而存在集聚的可能。通过项目之间的协调与调配，可确定最终的各项目选址。在此基础上能够依据集聚项目的特点和类型便生成规划设计场所的功能分区。风景园林规划设计确定的项目之间并不是彼此孤立的，而是具有内在的逻辑联系，共同运行成为一个项目体系。除功能分区的形成之外，道路、水景、竖向的设计均在该阶段完成，至此，可以基本形成风景园林规划设计的总图。

3.4.3 方案优选过程

设计思维过程的特殊性使得设计师不可能像其他科学的研究者一样，凭借一定的规则，通过计算、推演、实验而得出唯一正确的答案。几乎所有的设计都不存在唯一的“解”，设计者对同一场所的认知、主观愿望的不同以及设计能力的差异，都会影响设计过程以及设计方案的生成与发展。现实中，最终的实施方案只有一个，因此该方案应当是一个综合最优的方案，即综合考虑多目标条件下的最为“适宜”的方案。应该指出的是，这里的“最优”是理论上与相对的，由于设计的复杂性、实际问题的复杂程度，远远难以制定完美的“最优”准则，也就不可能简单地确定绝对“最优”。最优方案的决策过程为设计过程的最后阶段，对应于基于耦合原理的风景园林规划设计过程中的“方案优选过程”，由方案比选与方案优化两个环节构成。第一代设计方法论建立在笛卡儿哲学认识论、理性分析思想的基础之上，视设计过程为一个分析和逻辑推理的过程，克里斯托弗·琼斯（J. Christopher Jones）将设计过程划分为“分析（Analysis）”“综合（Synthesis）”“评估（Evaluation）”三个阶段，他认为设计方案是在分析、综合的基础上生成的，最后对方案进行评估，以验证其是否可行；若方案未能达到标准，则会重新开始设计过程，直至最终方案的生成（图 3–13）。在第一代设计方法中，设计被描述为通过分析发现问题，进而采取相应办法解决问题，并最终形成方案的过程。第二代设计方法认为设计过程的三个阶段是循环往复、螺旋上升的，各个阶段相互融合。第一代设计方法与第二代设计方法二元统一，基本遵循了由分析至评价的过程，区别在于第二代设计方法是非线性的，强调过程中的反馈与优化。方案的优选对应于设计的评估过程，是对前阶段设计解答是否满足设计要求的评估与评价。

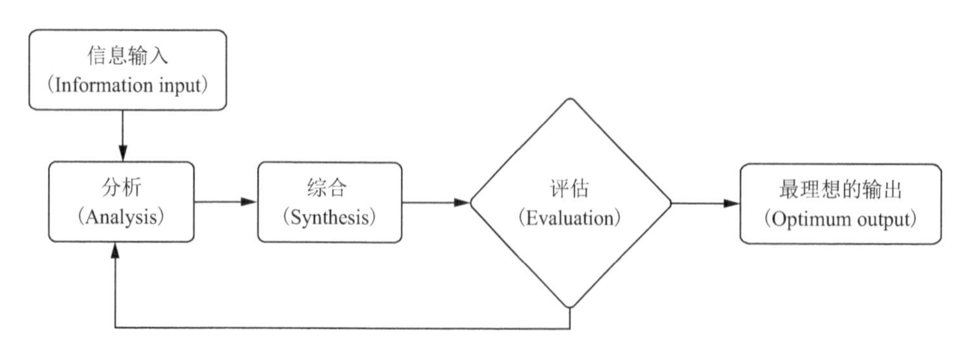

图3–13　循环的设计过程
改绘自：陈超萃.设计认知——设计中的认知科学[M].北京：中国建筑工业出版社，2008：31

方案的优选过程符合系统理论中的最优化原理，就是在给定条件下，利用各种手段与方法寻求系统的最优化方案。优选的过程是分析、整合、比较的过程，需要科学的评估与决策手段。设计方案的决策是为了实现特定的设计目标，根据客观的可能性，借助一定的工具、规则和方法对设计方案进行分析、计算和判断选优后，并予以实施的过程。由于风景园林规划设计面对的是复杂系统，所牵涉的问题绝大多数彼此紧密关联，互相之间存在着多重影响，多重目标之间的价值冲突使得优劣难分的状况时常出现。故而，设计方案的决策是在限定的范围内选取最为适宜的方案，是综合平衡与妥协的结果。结果的选择有赖于比选法则的制定，即选择的范围、评价的方法与规则。因此，方案是否真正的"适宜"，取决于这一比选的法则。比选法则的合理制定是科学地进行方案优选的前提与条件。方案的"适宜"指的是方案对于场所的契合程度，是否能满足多目标的设计需求。场所存在着客观的条件，并且不以人的意志为转移，但其仅仅提供了设计的基本面，并非设计的全部。正是由于不同的方案对场所的理解存在着差异，这也决定了方案的高下与优劣。基于耦合的原理进行方案的比选，就是在不同的方案之间选择与场所最为契合的构思。在基于耦合原理的风景园林规划设计过程中，强调设计与场所的基本"耦合度"是评价方案优劣的前提。"耦合度"指的是设计方案与场所的关联度，也就是用来表述设计和场所之间适应程度的数值区间。方案的优选需要构建基于生态、空间、文化、功能四个基本目标的风景园林规划设计方案与场所之间的耦合度评价体系。通过耦合度的评价对前期的设计方案形成反馈，进而生成方案的优化策略（图 3-14）。

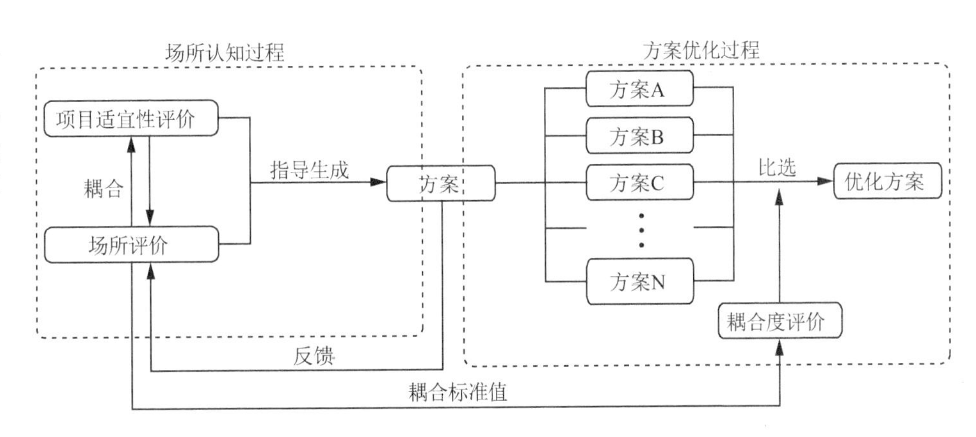

图3-14 基于场所适宜性风景园林规划设计过程
引自：成玉宁，袁旸洋.基于场所认知的风景园林设计教学[C]//2012年风景园林教育大会论文集. 南京：东南大学出版社，2012：165

3.5 风景园林规划设计的参数化

风景园林规划设计面对的是综合的复杂系统，虽然系统本身具有唯一性，但是系统的组成部分具有可变性，某一变量的改变会发生一系列的变化，从而对整个系统产生影响；另外，景园系统又是一个开放的系统，时时与外界发生信息与物质的交换，因此系统中的要素均具有动态的属性。景园参数化与建筑参数化不尽相同，其区别在于，建筑的参数化重在利用参数表达对形态或空间生成的限制性条件，最终生成建筑或建筑群的形态或空间；景园参数化的目的不仅限于参数控制下的形态和空间生成，而是将设计视为一个系统，参数化不仅可以描述系统和过程，而且通过调整系统中的参数变量实现对于规划设计的优化。

3.5.1 参数化设计体系的特点

3.5.1.1 系统性

“系统”思想源远流长，作为一门科学的系统论由理论生物学家贝塔朗菲（Ludwig Von Bertalanffy）于20世纪创立，成为现代科学研究的重要组成部分，并对众多学科的研究产生了重要影响。一般将系统定义为：若干要素以一定结构形式联结构成的、具有某种功能的有机整体。根据此定义，系统包括了要素、结构、功能、环境四个部分。系统论的核心思想是系统的整体观念，任何系统都是一个有机的整体，它不是各个部分的机械组合或简单相加，系统的整体功能是各要素在孤立状态下所没有的属性。所谓“整体大于部分之和”，与之相应系统中各要素不是孤立地存在着，每个要素在系统中都处于一定的位置上、起着特定的作用。要素之间相互关联，构成了一个不可分割的整体。

20世纪20—30年代，风景园林规划设计的方法发生了重大的变化，英国学者赫特金斯（G. E. Hutchings）和法格（C. C. Fagg）认识到景观是一个由许多复杂要素相联系而构成的系统，如果对系统某部分进行大的变动，将不可避免地影响系统中的其他要素。“系统”是“由若干相互作用和相互依赖的组成部分结合而成，具有特定功能的有机整体”，或简称为“具有特定功能的综合体”。风景园林是一个具有复杂性和综合性的信息综合体，基于数字技术的参数化平台提升了人们对环境的认知能力，以及复杂信息的理性综合、处理、归纳和管理能力。从设计机制出发构建的参数化风景园林规划设计体系，由于设计的多目标性，使之具有系统的属性，即在系统中实现参变量的整合与优化。需要注意的是，对系统模拟的结果并非规划设计本身，而是为规划设计的多种可能性提供了开放性思考的可能。

3.5.1.2 动态性

任何系统都有一个形成、演化的过程，处于不断动态变化之中，对系统动态性的研究十分必要，通过对内部要素之间、系统和环境之间互动机制的解读，把握系统运行和演化的规律。系统动态性的根源在于系统和环境、内部要素之间的信息流动与交换，而系统内部结构同样会随时间变化。系统的演化是具有方向性的动态过程。从客观上说，作为一个系统，风景园林在不断地发展与变化之中，一方面是由人为的因素所致，另一方面从属于自然本身的规律。风景园林规划设计的要素中 70% 以上涉及自然的素材，而自然本身具有发展变化的属性，并不以人的意志为转移，所以自然的改变带来了风景园林规划设计的动态变化。除此之外，时间也是风景园林规划设计所需要考量的重要因素，尤其是在空间环境的研究中，譬如，树木春生夏长的轮回，低龄树、中龄树到老龄树的演变，均是一个不断转化的过程，景园空间形态也处于不断反复、变化之中。面对景园环境的动态性，设计既要保证近期的效果，又需考虑到长远的发展，需要持有动态发展的观点。在参数化风景园林规划设计中，由于要素自身的动态性，以及要素之间的联动性，生成了整个系统的动态变化特征。

3.5.2 参数化平台的构建

风景园林规划设计参数化平台指的是具体操作平台，由两部分构成，第一部分为设计所依托的技术方法，包括评价的方法、算法以及由算法构成的模型；第二部分为软件平台，是由 ArcGIS、Civil 3D 等软件构成的协作平台。在参数化风景园林规划设计中，技术方法的大量操作过程需要依托于软件平台加以辅助实现，并通过软件平台以图像的方式呈现分析结果及设计结果。因此，参数化风景园林规划设计的实现需要技术平台与软件平台的紧密协作来达成。

3.5.2.1 技术平台

（1）评价方法

通常，定性被认为是主观的，而定量则是客观的。20 世纪 90 年代，钱学森先生在对开放的复杂系统问题求解时提出了“从定性到定量的综合集成”方法论，他认为只停留在定性描述上而缺少定量研究，对系统行为特性的认识和把握难以深入，从而难以得到准确的结论。因而，必须采取定性与定量结合，定性结论作为定量论证的基础，定量论证对定性认识进行指导与纠偏[22]。同样作为科学研究方法，定性方法与定量方法不是互相对立、互相排斥的，而是互为前提，相互依存、转化和渗透。定性方法具有模糊性、主观性，脱离于定量的定性分析其结果难免趋向于粗略的估计。风景园林学作为一门兼具科学与艺术的学科，对其的研究必然离不开客观材料的支撑，但是基于材料的分析与归纳需要人的主观判断加以完成，因此定性与定量相结合的综合集成的研究方法同样适用于风景园林的研究。

22 赵珂，于立 . 定性与定量相结合：综合集成的数字城市规划 [J]. 城市发展研究，2014，21（2）：84

马克思认为："科学只有在成功地运用数学时，才算达到了真正完善的地步。"当代科学研究离不开数学的支撑，特别是随着计算机技术的发展，极大地提高了数据的分析、综合与归纳能力，推动了相关学科研究的进展。定量分析与评价的地位和作用显得越来越重要。对于风景园林学科而言，定量分析的意义在于能够将难以数值化的事物通过定性描述并采取逻辑判断的方法进行量化处理，从而得到可以进行比较的数值和区间。不仅能够直接对数值和区间展开评价及分析，也为参数化奠定了基础。由于景园环境是一个复杂的、多因素的、综合的系统，各因素之间又相互关联、相互制约，因此，评价中不能使用单一指标，必须从多因素出发，建立综合评价指标体系来进行评价。综上，采用定量分析与定性分析相结合，运用多指标体系开展综合化、系统化评价，是风景园林学科进行科学评价的客观要求和必然趋势。

一般而言，风景园林的评价过程由以下四个环节构成：

①评价因子的构成与选择。该环节针对不同的评价目的而言，对参与评价的因子进行筛选。

②评价技术的选择。对应于评价的特点与最终目标，选择适宜的评价技术、安排评价程序、设计评价实施的细节，也是评价过程的核心环节。

③数据的采集。根据参与评价的因子，收集可靠的场所信息，是评价结论具有可靠性、真实性的基础。

④数据的分析。确定定性及定量的分析技术，该环节同样会对结论的可靠性和有效性产生影响。

从某种意义上看，科学评价过程的实质为信息管理的过程，包含了信息的收集、整理、分析和利用等活动，贯穿于科学评价工作的全过程。科学评价理论体系从评价问题的界定开始，包括了评价方案设计、评价信息收集、评价过程控制、评价方法运用、评价方法支持、方法论指导、评价理论支持八个部分（图 3-15），风景园林的评价体系构成与该体系类似。由于风景环境中众多要素具有不同的属性与特点，因此在评价中需要根据评价的目的将其分类

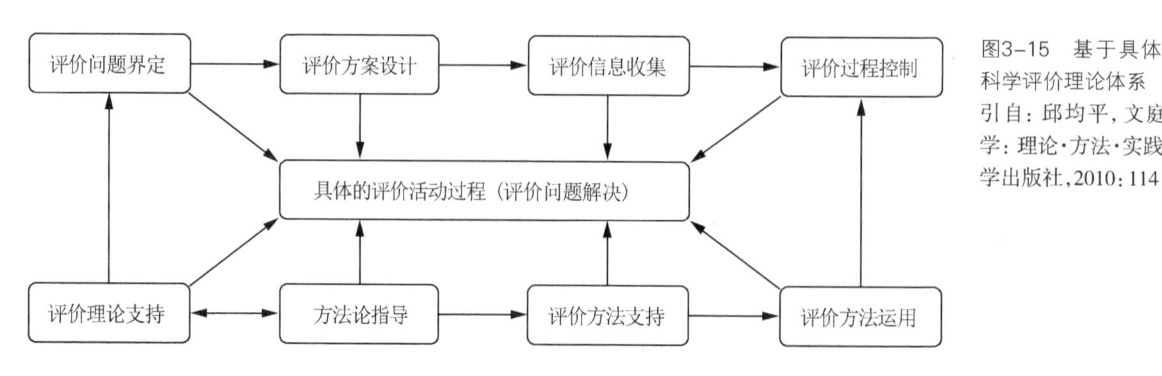

图3-15　基于具体评价活动的科学评价理论体系
引自：邱均平，文庭孝，等.评价学：理论·方法·实践[M].北京：科学出版社，2010：114

进行比较。在评价过程中，对评价对象进行科学、准确的类别划分显得尤为重要。只有保证评价要素的可比性，才能够将其纳入统一评价标准，采用相同的程序与方法进行评价，进而最大限度地保证评价结果的科学性。

风景园林评价中最为重要的部分之一就是将定性描述的指标转化为可比较的数值与区间，即定性指标的量化。一般来说，定性指标的量化根据具体对象的不同可分为“直接量化法”与“间接量化法”两种。直接量化是对需要量化的对象直接给予一个定量的数值，例如直接打分法。而间接量化法先列出定性指标的所有可能取值的集合，并将每个待评价单位在该变量上的变性取值等记下来，然后再将“定性指标取值集合”中的元素进行量化，依此将每个单位的定性取值全部转化为数量，例如等级评分法、区间评分法、模糊评价法等[23]。量化中的关键步骤之一就是对评价指标的无量纲化处理，将属性不同、特点各异的指标值进行归一化，从而纳入统一的体系之中，转化为可以直接进行比较的形式。层次分析法，又称 AHP 法，是景园评价中常用的方法，可将景园环境中定性描述的要素转化为数值与区间。利用层次分析法进行评价需要经过以下几个步骤：

①建立层次结构模型（图 3-16）；

②判断矩阵的构造；

③各层级指标权重计算；

④进行一致性检验。

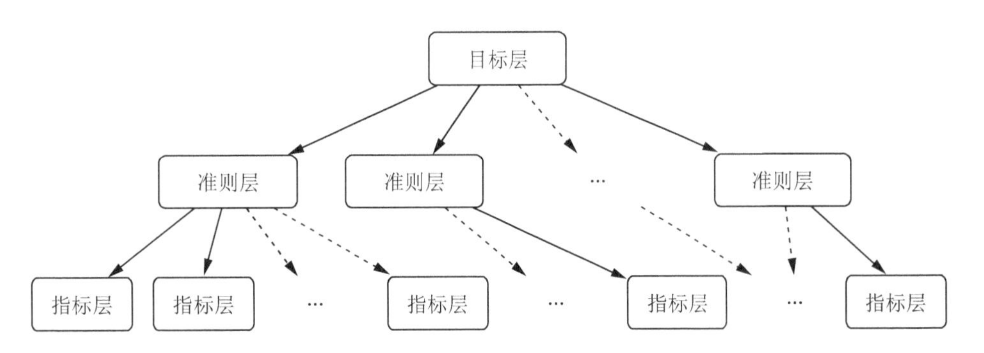

图3-16　层次结构模型

科学评价的方法分类众多，表 3-3（a）以及表 3-3（b）分别依照不同的分类方式对常用评价方法进行了展示。按照方法的性质可分为定性评价、定量评价与综合评价三类。风景园林评价基于的是综合评价方法，既涉及定性的方法，又离不开定量的方法。属于定性评价方法的德尔菲法以及综合评价方法中的层次分析法是常用的评价方法之一。在解决复杂评价问题时，通常需要综合使用多种不同类型、性质的评价方法。

23 邱均平，文庭孝，等. 评价学：理论 · 方法 · 实践 [M]. 北京：科学出版社，2010：138

表3-3(a) 科学评价的主要方法

方法分类	方法性质	主要代表性方法
基于专家知识的主观评价方法	定性评价	同行评议法、专家评议法、德尔菲法、调查研究法、案例分析法、定标比超法
基于统计数据的客观评价方法	定量评价	文献计量法、科学计量法、经济计量法
基于系统模型的综合评价方法	综合评价	层次分析法、模糊数学法、运筹学方法、统计分析法、系统工程方法和智能化评价法等

引自：邱均平，文庭孝，等. 评价学：理论·方法·实践[M]. 北京：科学出版社，2010：125

表3-3(b) 科学评价的主要方法

<table>
<tr><th>方法类别</th><th colspan="2">代表性方法</th></tr>
<tr><td>多指标综合评价方法</td><td colspan="2">综合评分方法、视图法、约束法、优序法、线性分配法、逻辑选择法、层次分析法（AHP）、目标决策的方法</td></tr>
<tr><td>指数法及经济分析方法</td><td colspan="2">指数法、费用—效益分析、投入产出分析、价值工程</td></tr>
<tr><td rowspan="4">数学方法</td><td>运筹学方法</td><td>数学规划（线性分析、动态规划）、数据包分析、排队论等</td></tr>
<tr><td>数理统计法</td><td>多元统计分析（包括聚类分析、判断分析、主成分分析、因子分析、Bayes 方法等）、回归分析、相关系数检验法、熵测法、综合关联度、Ridit 分析法等</td></tr>
<tr><td>灰色系统理论</td><td>灰色统计、灰色聚类、灰色关联度分析、灰色局势决策法、灰色层次评价、灰色评估分配法、灰色综合评价等</td></tr>
<tr><td>物元分析</td><td>物元神经网络、可拓聚类分析、模糊灰色、物元空间（FHW）决策系统</td></tr>
<tr><td>基于计算机技术方法</td><td colspan="2">人工神经网络、专家系统、计算机仿真、系统动力学、决策支持系统</td></tr>
</table>

引自：邱均平，文庭孝，等. 评价学：理论·方法·实践[M]. 北京：科学出版社，2010：125

（2）算法与模型

亚历山大在《形式综合论》一书中指出，在处理概念化的程序、模式之类的问题时，数学作为研究的工具会显示出强大的作用[24]。随着计算机技术的进步、数学方法的发展，借助计算机平台，风景园林学科中数学方法的应用越来越广泛，与传统定性分析研究相结合，定量分析的探索与实践也日益丰富。数学方法的应用不仅使风景园林的研究过程、设计过程更加理性与客观，而且为以往难以解决的复杂问题提供了新的、可靠的解决路径与方法。数学方法在风景园林学中的应用除了层次分析法、模糊数学法等评价、分析方法之外，更为重要的部分为基于数学模型的算法在计算机平台支持下的设计应用。

算法（Algorithm）是对问题解答方案准确且完整的描述，体现为一系列解决问题的清晰指令，代表着用系统的方法描述解决问题的策略机制。20 世纪的英国数学家图灵（Alan Mathison Turing）提出的图灵机模型是一种假想的计算机的抽象模型，解决了算法定义的难题，为现代计算机的逻辑工作方式奠定了基础。参数化风景园林规划设计的开展需要借助计算机平台加以实现，

24 [美] 克里斯托弗·亚历山大. 形式综合论 [M]. 王蔚，曾引，译；张玉坤，校. 武汉：华中科技大学出版社，2010：3

因此算法成为参数化设计的重要工具之一。针对具体的问题，在逻辑模型构建的基础上通过算法的组合生成算法模型，并输入参数值，利用计算机的运算生成结果。以上为风景园林规划设计参数化模型的运行过程（图 3–17）。在参数化风景园林规划设计过程中，模型主要起到了逻辑表达的作用，而逻辑来源于具体的设计问题；算法是模型基础上的实现工具，是数学模型构成的运算逻辑，需要以软件和计算机平台为支撑，通过运算生成结果。

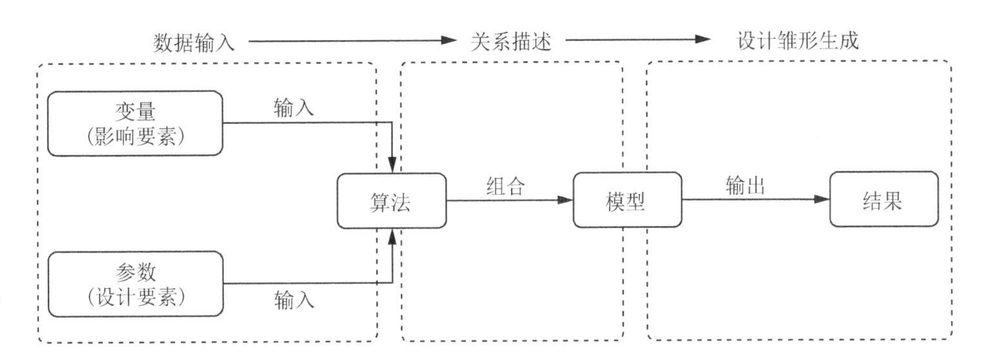

图3–17 风景园林规划设计参数化模型的运行过程

3.5.2.2 软件平台

风景园林规划设计的参数化软件平台应具有易用性与通用性，与专项软件具有较高的兼容性，并能够为编程工具提供接口。基于以上要求，笔者选择 ArcGIS 以及 Civil 3D 这两个较为成熟的软件作为参数化风景园林规划设计的基础软件平台。无论 ArcGIS 还是 Civil 3D，均与通用绘图软件 AutoCAD 衔接良好，有利于参数化风景园林规划设计的实现与推广应用。

（1）ArcGIS

GIS 出现和发展的历史并不久远，20 世纪早期，查尔斯·艾略特（Charles Eliot）在美国的多个大规模公园和林荫道设计项目中采用的地理学工作方法成为 GIS 概念最初的起源，尽管当时没有实现数字化。不得不提的是麦克哈格于 20 世纪 60 年代中期所做的工作成为现今世界范围内土地规划的自动化模块的基础。菲利普·路易斯（Philp Lewis）、安格斯·希尔斯（Angus Hills）、卡尔·斯坦尼茨（Carl Steinitz）等风景园林师均对 GIS 的发展作出了重大的贡献。斯坦尼茨的学生杰克·丹杰蒙（Jack Dangermend）也是一名风景园林师，他的 ESRI 公司产品 ArcGIS 是当下使用最为广泛的 GIS 软件之一。由于人类绝大部分的活动均发生在地球的表面，因而作为对地理信息进行处理、分析、管理的系统，GIS 在各行各业有着广泛的运用。风景园林行业的研究范畴通常位于地表，且研究对象包括了大量以自然为本底的环境，所以 GIS 在风景园林领域是重要的研究工具。20 世纪 90 年代卡伦·C. 汉娜（Karen C. Hanna）出版了《GIS 在场地设计中的应用》（*GIS in Site Design*）及《风景园林师的 GIS》(*GIS for Landscape Architects*),较为详细地阐述了 GIS 在风景园林领域的运用。随着地理设计概念的兴起,GIS 作为其核心的工具,在相关领域得到了广泛的研究与探讨。当下 GIS 在风景园林的传统领域有着较多的应用,如可达性分析、用地适宜性评价等,绝大部分聚焦于设计前的分析与评价。

笔者选取 ArcGIS 作为风景园林规划设计的参数化平台,基于以下几点:

①适用于大中尺度的风景园林规划设计。小至街边绿地,大至国家公园,风景园林学领域研究的尺度涵盖广泛,其中风景园林规划设计的研究多为风景名胜区、景区、森林公园、城市公园等,涵盖了大中尺度范畴。作为地理信息数据库,对于大中尺度的分析与规划无疑是 ArcGIS 软件最为擅长的功能。

②拥有强大的场地分析功能。基于耦合原理的风景园林规划设计强调从场所出发的集约化、减量设计,因此,需要对场所加以充分的认知。ArcGIS 不仅在场地分析方面有着巨大的优势,而且其拥有的地理信息数据库能够准确地对环境进行表达,有效地帮助设计者解读场地。这一特征正是"耦合"理念下开展设计所需要的。

③诸多的专业模块可进行专门的空间信息数据的管理及整合(图 3-18)。ArcGIS 将相关算法整合,为使用者提供了诸多应用模型,以解决专业问题;同时将操作界面以可视化的方式呈现,使用便捷、操作简便。ArcGIS 还提供了 ArcPy 算法工具,以实用高效的方式通过 Python 语言执行命令,为利用编

图3-18 ArcGIS Desktop扩展模块及插件

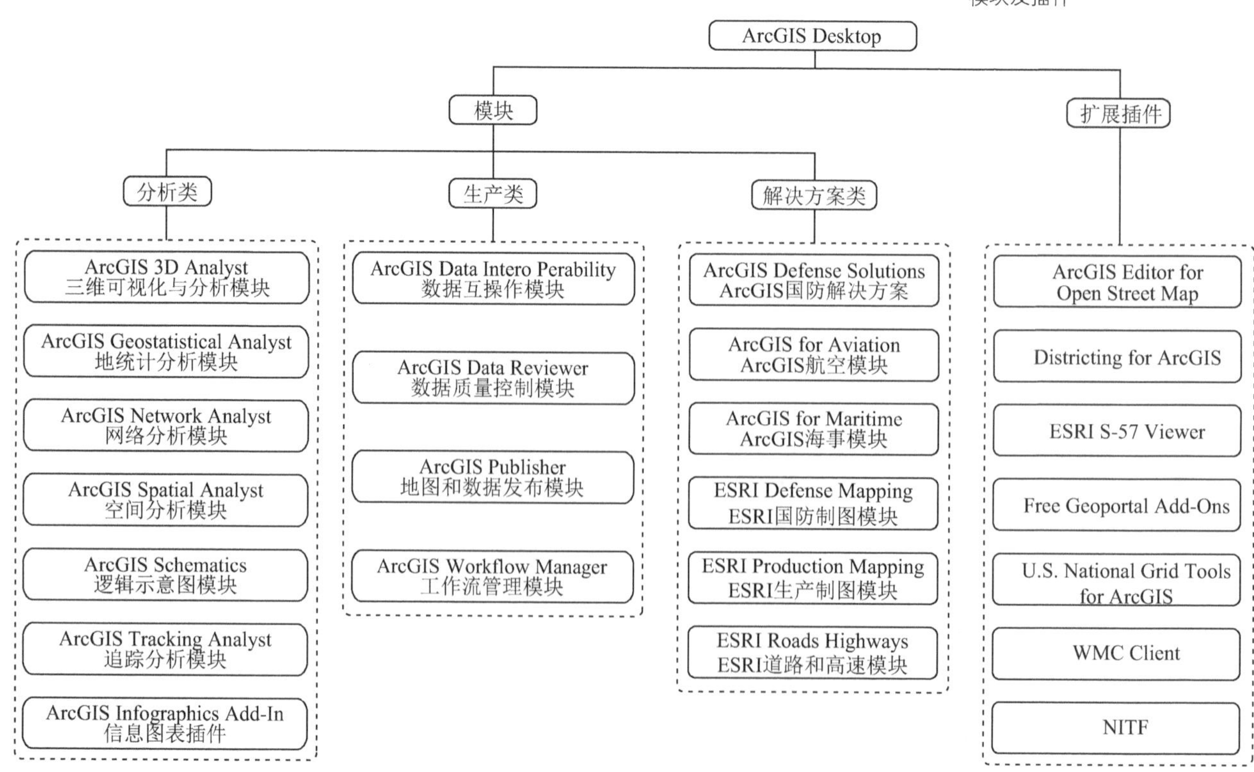

程算法解决设计问题提供了有效途径（图 3-19）。因此，设计者能够根据设计需求，利用计算机语言编写适宜算法，对设计要素之间的关联加以描述，生成针对性的算法模型，即“参数化建模”，通过输入与输出间建立逻辑关系，利用计算机实现“根据调整输入生成不同输出结果”的过程和方法。例如由 ESRI 和 CRWR（得克萨斯大学奥斯汀分校水资源研究中心）共同搭建的 Arc Hydro 模型（ArcGIS Hydro Data Model），是在 ArcGIS 环境下支持地理分析和时间序列数据分析的数据模型和工具集的集合，用以完成水文的分析与模拟。由此可见，ArcGIS 为参数化风景园林规划设计的实现提供了可能性平台。

④将数据库与图形相关联，便于设计及分析。除能够进行图形的操作之外，ArcGIS 最大的优势之一在于拥有数据空间管理功能，并将两者关联，使得算法生成的结果能够直观地呈现，有助于设计师进行判断与分析。

⑤具有相对独立的平台，能够与多种软件衔接。ArcGIS 的操作平台相对独立，ArcGIS Desktop 不仅与 CityEngine、ArcSence 等同公司的三维建模及可视化软件共享平台、无缝衔接，而且可以与 ENVI、Edars 等遥感分析软件，AutoCAD、Civil 3D 等工程软件对接，从而成为一个高效的参数化软件协作设

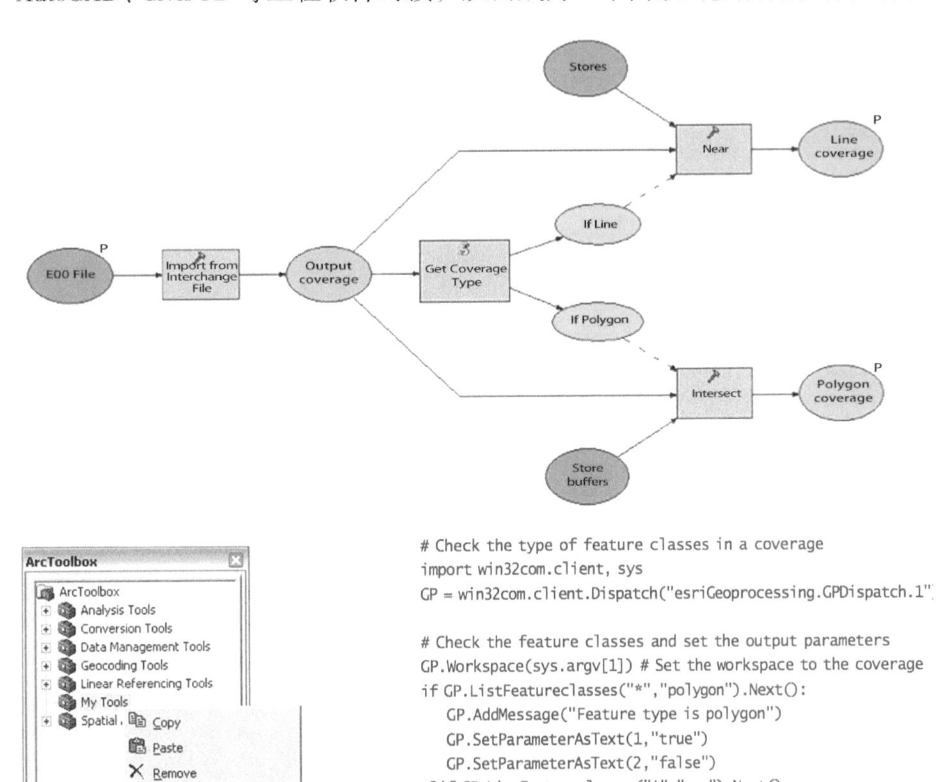

图3-19　ArcGIS提供图解模型及Python脚本工具
引自：Corey Tucker. Writing Geoprocessing Scripts With ArcGIS[M]. ESRI, 2004: 48

计平台，打通了从分析、设计到施工的数据传递环节，有助于风景园林规划设计全过程参数化的实现。

汤姆·特纳于《景观规划与环境影响设计》一书中有着这样的描述："在新技术最初出现之时，它们往往被用来完成老技术所做的事情。印刷术在早期被用来印刷《圣经》；最早的汽车被看作马拉的大车；最早的坦克被当作移动的枪支。当然，新技术也有可能被运用到新的方面，这是一种挑战。GIS 将为景观规划完成传统计算器所做的算术运算：它将使得原来复杂的操作变得容易完成。但是 GIS 不可能将规划从评判艺术变成一门推演科学。就像所有计算机程序一样，输出和输入之间有直接的关系。"[25]ArcGIS 软件为设计提供了科学化、精确化的判断依据，但并不能完全替代设计的全部工作，因此不可将参数化的设计方法机械地理解为一种"自动化"生成设计方案的方法。

（2）Civil 3D

Civil 3D 最重要的特点也是最突出的优势在于三维动态设计，其中包含了两方面的含义：首先，Civil 3D 的工作方式是基于三维模型的设计；其次，Civil 3D 通过智能对象之间的交互作用实现设计过程的自动化。例如，一个传统的道路项目设计团队需要花费很长的时间来确保地形、路线、纵断面、横断面以及其他设计数据的任何一处修改都能在互相之间正确传递。而设计的变更必然会导致重复的绘图和工程量统计等工作。这些工作不仅会花费很长时间，降低设计效率，也很难有效保障设计质量[26]。Civil 3D 提供了曲面、放坡、路线、纵断面、横断面等丰富的设计对象，并将其置于同一模型中，每一对象维持与其他对象的动态关联关系，因而设计变更能够智能地传递。如果对道路的路线进行修改，那么该路线对应的纵断面、横断面以及土方量均会自动更新。表 3-4 显示了编辑每种对象类型式可以更新的对象。图 3-20 举例说明了 AutoCAD Civil 3D 智能对象彼此之间的联系。

基于 Civil 3D 软件平台，可以快速地创建包含设计范围内各个设计要素的三维数字模型，形成设计要素间的数据关联。针对设计各个阶段，三维数字模型能够实时、动态地反映不同设计要素修改后整体的设计结果，并快速地进行土方量等数据的计算，生成相应的图表，为设计师的判断提供准确的参考。在风景园林规划设计中，Civil 3D 软件能够有效地进行地形的参数化设计，包括地形的三维动态模型的构建，坡度、坡向、地表径流的分析等，道路、水系、场地等风景园林规划设计专项的竖向设计，土石方量的计算，以及土方的调配等。

25 [英] 汤姆·特纳 . 景观规划与环境影响设计（原著第 2 版）[M]. 王珏，译；王方智，校 . 北京：中国建筑工业出版社，2006：22

26 任耀，等 .Civil 3D 2013 应用宝典 [M]. 上海：同济大学出版社，2013：2

表3-4 Civil 3D主要对象更新关系

编辑此对象类型时…	可以更新这些对象…	编辑此对象类型时…	可以更新这些对象…
点	曲面	放坡	曲面、道路
曲面	放坡、纵断面、管网、道路	部件	装配、道路
地块	放坡、道路	装配	道路
路线	放坡、地块、道路、纵断面、横断面、管网	管网	曲面、路线
		要素线	放坡
纵断面	交点	采样线	横断面、填挖方图

引自：任耀，等.Civil 3D 2013 应用宝典[M].上海：同济大学出版社，2013：3

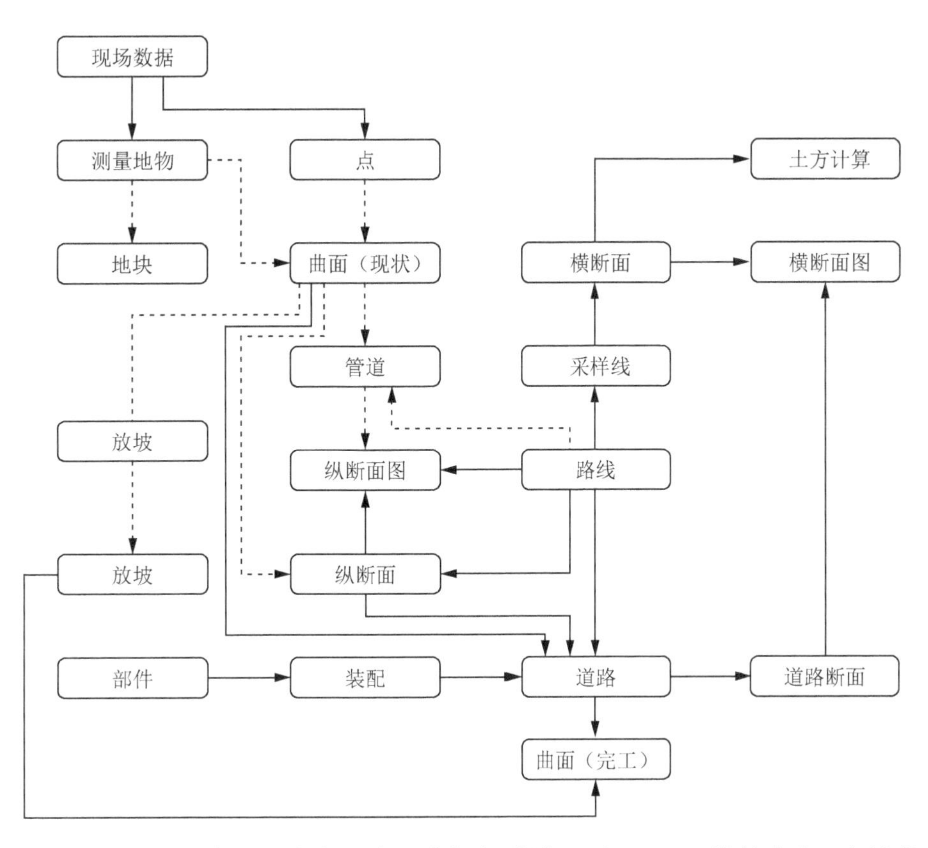

图3-20 Civil 3D对象之间的关系
改绘自：任耀，等. Civil 3D 2013应用宝典[M]. 上海：同济大学出版社，2013：3

ArcGIS 软件擅长于大中尺度的分析与设计，而 Civil 3D 软件在中、小尺度设计到施工方面有着较强的优势，可以弥补 ArcGIS 软件的不足。同时，两者的协同工作有助于生成针对于风景园林规划设计全过程的参数化体系，也是对构建 LIM 的有意义、积极的探索。以 AutoCAD 为媒介，能够实现 ArcGIS 与 Civil 3D 的无缝衔接。三者比较而言，首先，从图形表达上看，AutoCAD 具有较强的设计制图功能，ArcGIS 能够进行地图的制作，可就具体专题制作对应的分析及表达图纸，对于设计制图而言相对较弱，而 Civil 3D 与 AutoCAD 基本相同，在关联图纸动态反馈方面则更胜一筹；其次，从分析能力上看，ArcGIS 最为擅长的是数据的分析与管理，而 Civil 3D 侧重于基于工程设计的分析，数据的动态联动性较强，而 AutoCAD 在此方面能力最弱；最后，针对参数化风景园林规划设计而言，ArcGIS 与 Civil 3D 的分析、数据管理、动态反馈的优势有助于参数化的实现。鉴于三个软件各有侧重、各具优势，需要在参数化风景园林规划设计的各个阶段协同运用。

3.5.3 基于耦合原理的参数化风景园林规划设计过程

参数化设计过程建立的关键在于逻辑过程的构建。参数化的风景园林规划设计过程与基于耦合原理的风景园林规划设计过程基本一致，由场所认知、方案生成与方案优选三个部分构成，同时体现了参数化设计迭代、反馈的动态特征。“耦合”强调来源于场所的设计，笔者关于参数化风景园林规划设计过程的研究侧重于方案生成，涵盖了部分场所认知过程，从场所认知到方案生成是一个循序渐进的、连贯的逻辑过程。

分析及设计模型与设计环节相对应，各个模型之间具有紧密的联系，统合于逻辑过程之中。基于场所认知与方案生成过程构建了参数化评价与规划设计模型。其中，参数化评价模型由生态敏感性评价模型与土地利用适宜性评价模型构成。可建设区域的生成需要基于生态敏感性评价基础上土地利用适宜性的评估，故而，两个模型为一种承续关系。参数化规划设计模型由项目定位模型、道路选线模型、拟自然水景建构模型与竖向设计模型组成，涵盖了风景园林规划设计主要的专项设计内容。项目定位模型包含了项目适宜性评价模型与项目选址模型，目的在于通过项目与场所之间的互适，确定适宜建设的项目内容，在场所中确定选址范围。竖向设计模型继道路选线模型与拟自然水景构建模型之后开展，侧重于道路、水系及场地的竖向设计深化，以及场所范围内总土方平衡的调控，并对前期设计环节形成反馈（图 3-21）。

六个专项模型对应于风景园林规划设计的主要专项设计内容，同属于参数化风景园林规划设计过程，存在着紧密的逻辑联系。专项研究旨在更加清晰地分析与解读参数化设计过程，各个专项模型的构建以耦合原理为指导，“耦合”既贯彻于每个专项之中，又体现为各个专项设计与场地之间的关联及耦合效应，同时也反映于不同专项之间的统调与协调过程，是一项系统性的工作，统一于参数化风景园林规划设计体系。

图3-21 基于耦合原理的参数化风景园林规划设计过程

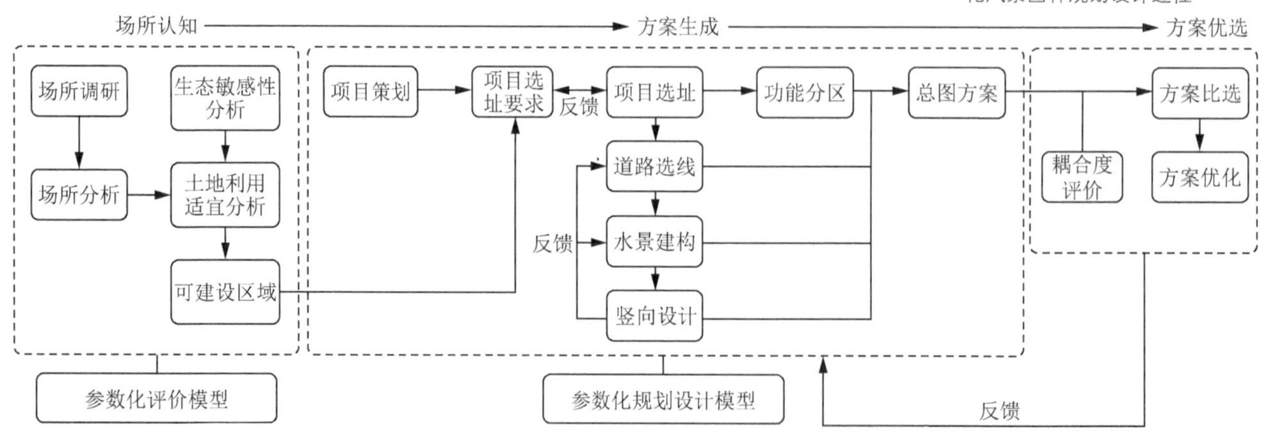

第四章　土地生态敏感性评价模型

生态敏感性评价起源于20世纪30年代，经过大半个世纪的发展，已在城市规划、风景园林、生态学等诸多领域进行了大量的研究。随着以计算机技术为代表的数字技术的发展，生态敏感性评价方法以图层叠加法为蓝图，在技术手段、工具与方法上有了长足的进步。生态敏感性评价是风景园林规划设计的首要环节，体现了生态优先的原则。参数化的生态敏感性评价模型基于ArcGIS平台，引入了系统的评价观念，通过适宜参数的选择与赋值的调整，可以应用于不同的景园环境。本章的研究从生态敏感性之于风景园林规划设计的意义与价值出发，构建了生态敏感性评价模型，并以南京牛首山景区北部地区的实际案例对模型的应用进行了阐释。

4.1　生态敏感性与风景园林规划设计

在自然状态下，生态系统的各个组成部分互相耦合、相互协调，维持着整个生态系统的相对平衡。当对生态系统施加的干扰超过一定限度时，平衡关系将被打破，导致生态环境的问题。原国家环境保护总局2002年发布的《生态功能区划技术暂行规程》中对生态敏感性（Ecological Sensitivity）的定义为：一定区域发生生态问题的可能性和程度，用来反映人类活动可能造成的生态后果。由字面意思可知，敏感性高，意味着生态系统抗干扰性低，系统的自我调控能力较弱，即便是微小的干扰也可能带来严重的生态后果；敏感性低，则生态系统具有一定的抗干扰能力，能够较好地适应外界条件的变化。对生态敏感性的研究及评价为生态功能区划分与规划提供了依据，为土地进行分级利用提供了保障，有助于保护生态较为脆弱、敏感区域，避免生态灾难。

4.1.1　生态敏感性评价方法

20世纪30年代，随着生态规划的发展和科学技术的进步，美国发展了土地利用适宜性（Land-use Suitability）分析方法体系，从土地和场地两个部分对场所进行评估，帮助判定土地开发对区域生态环境的影响。最值得一提的是麦克哈格及其同事和学生在研究和实践基础之上总结的地图叠加法，这一方法在麦克哈格的《设计结合自然》一书中有着详尽且系统的论述。地图叠加法源于沃伦·曼宁（Warren H. Manning）采用的一种以因子分析图叠加为基本操作方法的土地利用适宜性分析方法，较为直观和形象。19世纪70年代，曼宁在参加了波士顿城市公园系统（Boston Metropolitan Park System）的规划工作期间，受到了叠加分析的先驱者——查尔斯·艾略特（Charles William Eliot）关于景观分类思想和叠图方法的影响。他绘制了该地区叠加了道路布置、地形和水文特征的植物分布草图，发展了以资源为基础的规划模式[1]。1912年，曼宁在波士顿附近贝尔里卡（Billerica）镇的规划中制作了道路、人文资源、地形、土地所有权划分、土壤、森林覆盖和现有及未来保留地的系列图纸，并利用透射板进行叠图分析（图4–1）。这被卡尔·斯坦尼兹（Carl Steinitz）认为是比较完全意义上使用叠图分析技术的最早实例[2]。

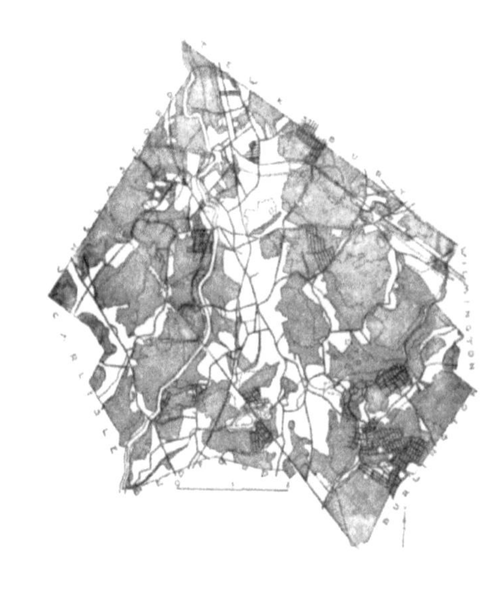

图4–1　曼宁于1912年完成的贝尔里卡镇规划分析
引自：郭巍，侯晓蕾．“土地的哲学家”——美国风景园林师曼宁[J]．中国园林，2010(3)：60

在艾略特和曼宁之后，叠加分析技术在许多研究工作中得到了运用，但是未能形成系统的规划方法，并缺乏基本原理的理论性阐释。埃斯克里特（L. B. Escritt）在1943年出版的《区域规划》（*Regional Planning*：*An Outline of the Scientific Data Related to Planning in Great Britain*）中对如何利用叠图法生成地理垂直模型，以及如何利用该模型根据特定的要求对场所进行分析作了介绍（图4–2）[3]。随后1950年出版的《城乡规划教科书》（*Town and County Planning Textbook*）中收录了杰奎琳·蒂里特（Jacqueline Tyrwhitt）的一篇文章，明确地探讨了叠加分析技术[4]。1960年代，麦克哈格将适宜性方法与理论

1 Charles A B，Robin K. Pioneers of American landscape design[M]. McGraw–Hill Inc.，2000：237
2 郭巍，侯晓蕾．“土地的哲学家”——美国风景园林师曼宁 [J]. 中国园林，2010（3）：59
3 Carl S A. Framework for geodesign：changing geography by design [M]. Environmental Systems Research Institute Inc.，2013：66–67
4 Frederick S. The living landscape：an ecological approach to landscape planning[M]. McGraw–Hill Inc.，1991：202

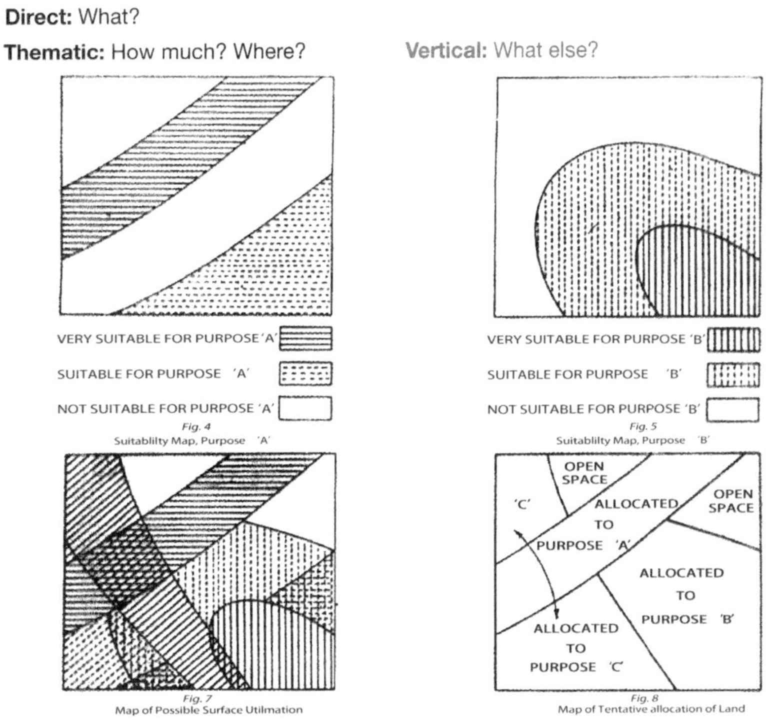

图4-2 埃斯克里特的图层叠加方法
引自：Carl Steinitz A. Framework for geodesign: changing geography by design [M]. Environmental Systems Research Institute Inc.，2013：66

相结合，有效地改进了叠加分析技术，在土地利用适宜度分析的发展中具有重要的历史意义，是叠加分析技术最早的系统性方法之一，之后发展的大部分新方法均以此为基本蓝图。地图叠加法首先利用矩阵表分析各个生态因素与人类预期利用的价值（表4–1），将评价图以颜色深浅划分为五等，绘制在透明底片上；然后将各个类别的评价图叠合起来拍照，最终得到能够反应综合评价结果的照片（图4–3）。由于技术的限制，在当时的情况下此种研究方法已达到了极限：在麦克哈格的地图叠加法中，将灰色调转绘成有同等价值的彩色图的制图技法是一个困难的问题，将各种色调结合起来也是困难的[5]；同时，绘制大量地图也是手工进行图层叠加的难点。地图叠加法可将社会、自然等不同量纲的因素进行综合分析，但其缺点是等权叠加导致对权重的忽视以及因子选取的模糊性。各个因素在规划中的作用是不相同的，等权的叠加降低了该方法的科学性。而且当需要分析的因子增加后，不同深浅颜色表示适宜等级并进行重叠的方法显得相当繁琐，并且很难辨别综合图上不同深浅颜色之间的细微差别。

与地图叠加法同样属于直接叠加的还有因子等权求和法，主要是通过因子的分级定量化，求和得出综合评价值。因子等权求和法不同于地图叠加法

5 [美]I. L. 麦克哈格. 设计结合自然 [M]. 芮经纬，译. 北京：中国建筑工业出版社，1990

表4-1 麦克哈格利用矩阵表分析各个生态因素与人类预期利用的价值

生态的因素	等级标准	现象序列					土地利用价值				
		I	II	III	IV	V	C	P	A	R	I
气候											
空气污染	发生率：最高→最低	高	中	低		最低		●	●	●	
潮汐泛滥淹没	发生率：最高→最低	最高（记录的）	最高（预测的）			洪水线以上			●	●	●
地质											
地质独特，具有科学和教学意义的地貌	稀有程度：最高→最低	1. 古湖床 2. 排水出口	1. 终（冰）碛 2. 冰川范界 3. 漂砾痕迹	蛇纹岩山丘	外露的岩壁	1. 海滩 2. 埋藏谷 3. 黏土坑 4. 砾石坑	●	●		●	
基础条件	压力强度：最大→最小	1. 蛇纹岩 2. 辉绿岩	页岩	白垩纪沉积物	淤填沼泽	草沼和木沼				●	●
地貌											
地质独特，具有科学和教学意义的地貌	稀有程度：最高→最低	终冰碛中的冰丘和锅穴	外露的岩壁	沿湾滨的冰堆石崖和冰迹湖	蛇纹岩山脊间的断裂		●	●			
有风景价值的地貌	独特性：最突出→一般	蛇纹岩山脊和海岬	海滩	1. 悬崖 2. 封闭的谷地	1. 崖径 2. 海岬 3. 圆丘	无差别和特点	●	●		●	
有风景价值的水景	独特性：最突出→一般	海湾	湖泊	1. 池塘 2. 河流	沼泽地	1. 纳罗斯河（The Narrows） 2. 基尔范克尔河（Kill Van Kull） 3. 阿瑟基尔河（Arthur Kill）	●	●			
带有水色风光的河岸土地	易受损坏的程度：最容易→一般	沼泽	1. 河流 2. 池塘	湖泊	海湾（河湾）	1. 纳罗斯河（The Narrows） 2. 基尔范克尔河（Kill Van Kull） 3. 阿瑟基尔河（Arthur Kill）	●		●	●	●
沿海湾的海滩	易受损坏的程度：最容易→一般	冰堆石崖	小海湾	沙滩			●		●	●	
地表排水	地表水和陆地面积之比：最大→一般	草沼和木沼	有限的排水面积	稠密的河流和洼地网	中等密度的河流和洼地网	稀少的河流洼地网			●	●	●
坡度	倾斜率：高→低	大于25%	25%～10%	10%～5%	5%～2.5%	2.5%～0%			●	●	●
水文											
水上活动 商用船舶	通航水道：最深→最浅	纳罗斯河（The Narrows）	基尔范克尔河	阿瑟基尔河	弗雷什基尔河（Fresh Kill）	拉里坦湾（Raritan Bay）					●
游乐用船舶	可自由活动的水域范围：最大→最小	拉里坦湾	弗雷什基尔河	纳罗斯河	阿瑟基尔河	基尔范克尔河		●	●		
新鲜水（淡水）积极的游憩活动（游泳、划船、游艇航行等）	可自由活动的水域范围：最大→最小	银湖（Silver Lake）	1. 克劳夫湖（Clove Lake） 2. 格拉斯米尔湖（Grass-mere Lake） 3. 俄贝奇湖（Ohrbach Lake） 4. 阿比特斯湖（Arbutus Lake） 5. 沃尔夫斯塘（Wolfes Pond）	其他池塘	河流			●	●		

引自：[美]I. L. 麦克哈格.设计结合自然[M].芮经纬，译.北京：中国建筑工业出版社，1990：130

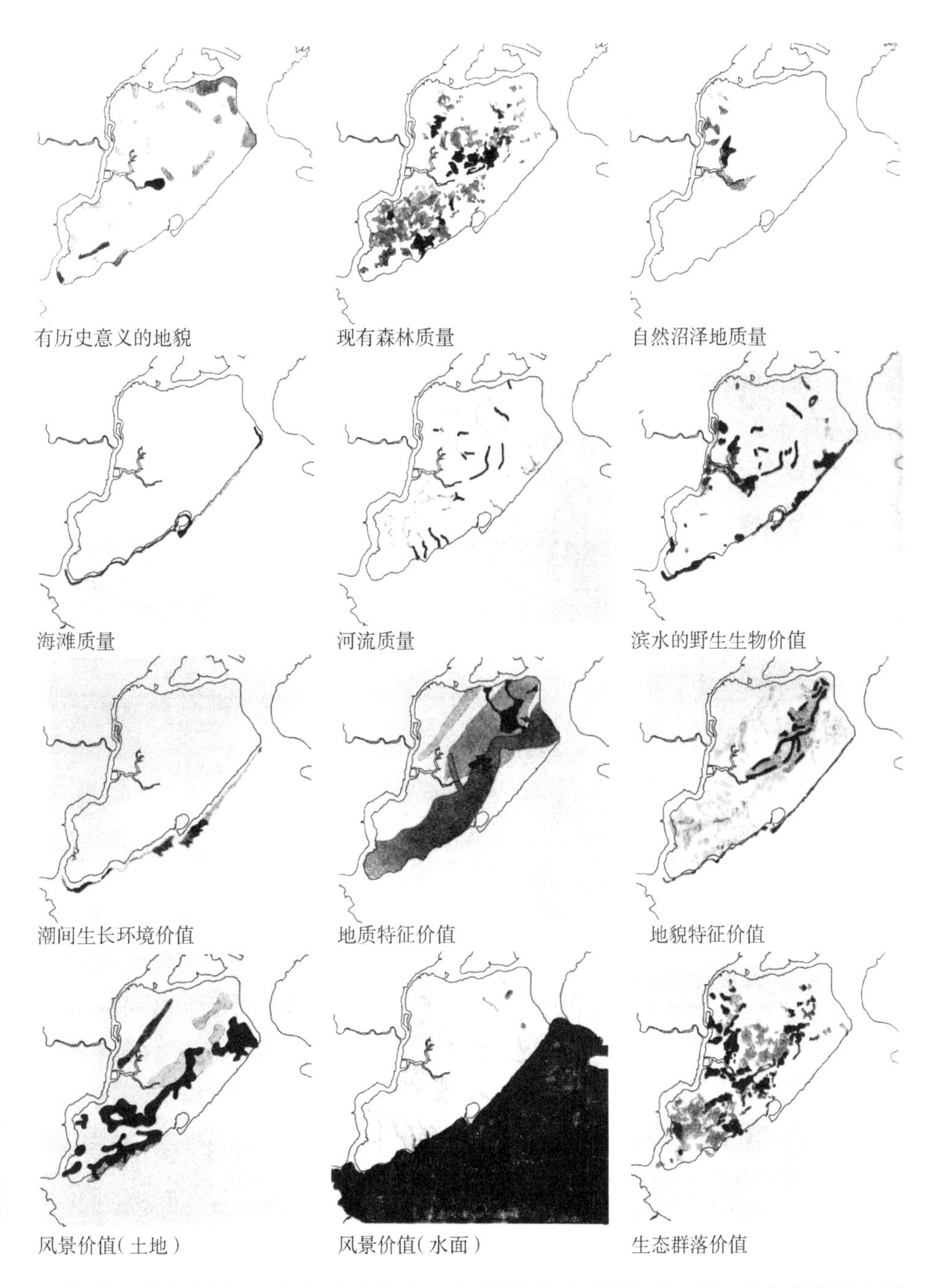

图4-3 评价图叠合得到的综合评价结果
引自：[美]I. L. 麦克哈格.设计结合自然[M].芮经纬，译.北京：中国建筑工业出版社，1990：134

的是其以数量的大小来表示适宜度，而不是颜色的深浅，从而相对清晰明了（图4-4）。计算公式如下[6]：

$$V_{ij}=\sum_{k=1}^{n} B_{k_{ij}}$$

式中：i——地块编号（或网格编号）；

j——土地利用方式编号；

6 黄广宇，陈勇. 生态城市理论与规划设计方法 [M]. 北京：科学出版社，2003：103-104

k——影响 j 种土地利用方式的生态因子编号；

n——影响 j 种土地利用方式的生态因子总数；

B_{kij}——土地利用方式为 j 的第 i 个地块的第 k 个生态因子适宜度评价值（单因子评价值）；

V_{ij}——土地利用方式为 j 的第 i 个地块的综合评价值（j 种利用方式的生态适宜度）。

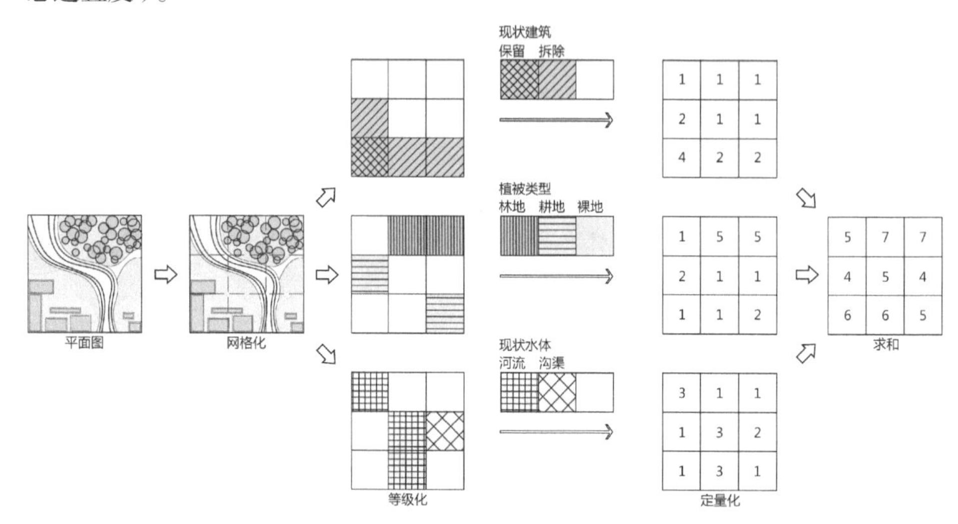

图4-4　因子等权求和法图解

随着计算机技术的发展和科技的进步，地图叠加法得到了进一步的发展，计算机技术较好地解决了地图叠加法中所遇到的困难。1967 年，卡尔・斯坦尼兹和同事们在哈佛大学首次将计算机技术用于生态规划[7]。斯坦尼兹的早期研究为计算机与土地利用适宜性分析的成功结合做出了重要的、具有不可估量价值的示范工作，并为日后研究和实践奠定了基础[8]。因子加权评分法是在地图叠加法基础上发展出的新方法之一。这一方法在评价过程中加入了权重，针对土地利用的方式，将重要性不同的因子赋予不同的权重，从而克服了直接叠加中等权相加的缺点。同时，加权求和法另一个重要优点是将图形网格化、等级化和数量化，因而适宜计算机的应用。上述方法中诸因子相对独立，未能体现各个因子之间的关联，在现实运用中评价结果难免出现偏差。现在广泛采用的方法是利用层次分析法进行场所因子评价，并确定权重，进而借助 GIS 软件平台进行因子图层的叠加和分析。这种方法能够关照系统中诸多因子之间的相互关系，建立层次关联进行评价，更具合理性和科学性。

4.1.2　生态敏感性评价之于风景园林规划设计

生态敏感性评价的因子选择根据区域、尺度、对象、功能的不同而各不相

7 [美] 福斯特・恩杜比斯 . 生态规划：历史比较与分析 [M]. 陈蔚镇，王云才，译；刘滨谊，校 . 北京：中国建筑工业出版社，2013：23

8 Frederick S. The living landscape：an ecological approach to landscape planning[M]. McGraw-Hill Inc.，1991：213

同。国家环境保护总局发布的《生态功能区划技术暂行规程》(简称《规程》)中将生态敏感性作为生态功能区划分的依据之一，其评价范围为国土领域，评价内容涵盖了诸如土壤侵蚀敏感性、沙漠化敏感性、生境敏感性、酸雨敏感性等多个方面，涉及的尺度巨大而且因子繁多。在尺度上，风景园林规划设计的研究范畴多为供人游憩的室外空间。因而，风景园林规划设计的生态敏感性评价与国土领域层面的评价相比而言较小。

国土领域层面的生态敏感性研究还涉及众多的特殊地理环境，如喀斯特地貌、黄土高原等，这些独特的、具有特质性的地形地貌与风景园林规划设计所涉及的研究对象相比有着很大的不同。风景园林规划设计的对象大多位于城市或城市近郊，以风景环境为主体，可能包含部分建成环境，属于景园环境。风景园林规划设计的生态敏感性研究在因子的类型选择与国土领域层面的评价不同。从功能上看，国家层面的生态敏感性研究涉及水源涵养、防风固沙、生物多样性等多重功能，与之相比，风景园林规划设计大多以游憩休闲为主要目的，功能相对单一，因而在生态敏感性因子的选择存在较大差异。风景园林规划设计的生态敏感性因子针对于规划设计层面，一般较为具体。生态敏感性评价在生态城市规划中也得到了广泛的运用，与《规程》中的注重系统的自然特征的方法相比，其更偏向于城市的社会经济特征（表 4–2）。大部分风景园林规划设计的场所以风景环境为主体，因而与生态城市规划的生

表4–2　生态城市生态敏感性评价因子

一级指标	权重	二级指标	权重	三级指标	分级标准			
					极敏感	敏感	较敏感	弱敏感
区域自然环境现状	0.1	洪灾	0.6	地势高程 /m	＜10	10~50	50~100	＞100
			0.4	植被类型	无植被、荒地	灌丛、草地	耕地	针、阔叶林
	0.2	酸沉降	0.2	土壤类型	赤红壤	红壤、潮土	水稻土	菜园土
			0.3	植被与土地利用	针叶林	灌丛	阔叶林	耕地、园地
			0.3	降雨量 /mm	＞1 900	1 800~1 900	1 700~1 800	＜1 700
			0.3	岩石类型	花岗岩、片麻岩、砂岩	砂岩、砾岩	泥石岩、泥灰岩	石灰岩、白云岩
	0.3	保护区		主要湿地等	√			
人类活动强度	0.3	环境污染程度	0.3	大气污染程度	＞3	2~3	1~2	＜1
			0.3	水环境质量等级	Ⅴ	Ⅳ	Ⅲ	Ⅱ、Ⅰ
			0.2	废水排放强度 /（t/（m^2·a））	＞0.30	0.20~0.30	0.10~0.20	＜0.10
			0.1	废气排放强度 /（m^3/（m^2·a））	＞0.012	0.008~0.012	0.004~0.008	＜0.004
			0.1	烟尘排放强度 /（kg/（m^2·a））	＞0.30	0.20~0.30	0.10~0.20	＜0.10
	0.1	人口		人口密度 /（人 /m^2）	＞0.0030	0.0021~0.0030	0.0012~0.0021	＜0.0012

改绘自：杨志峰，徐琳瑜 . 城市生态规划学 [M]. 北京：北京师范大学出版社，2008：179

态敏感性因子相比更多偏向于风景环境因子，而较少考虑废气、废水、人口密度等人类活动因子。

将生态敏感性的分析与评价放在风景园林规划设计工作的首要位置，就是强调场所生态保护基础上的规划设计。场所充分调研与分析基础上进行的生态敏感性评价体现了设计与场所的耦合，也是对“场所精神”的响应。通过生态敏感性评价，为场所中生态敏感区的划定提供了科学的依据。生态敏感区的梯度划分为设计者明晰了必须严格保护的区域、需要进行保护和适度恢复的区域以及可以建设的区域。不仅积极、主动地保护了生态环境，而且使设计更加有理有据。在生态敏感性评价基础上再进行土地利用适宜性的评价，最终才能将生态保护贯彻、落实到实践之中。

4.2 生态敏感性评价模型的构建

场所的不同，即评价的对象不同，参与评价的因子也不尽相同；功能要求的改变同样会引起评价因子选择的改变，最终使得评价的结果各不相同，这体现了参数化风景园林规划设计的特点。根据特定场所、具体的功能要求筛选适宜的评价因子，最终得出生态敏感性的分级区域，该过程也体现了场所与设计的“耦合”。对场所生态敏感性进行评价是基于耦合原理的参数化风景园林规划设计的第一步工作。

风景园林规划设计的生态敏感性评价以层次分析法（Analytic Hierarchy Process，AHP）为基本方法。层次分析法是美国运筹学家托马斯·塞蒂（T. L. Saaty）教授于 20 世纪 70 年代初提出的一种定性和定量相结合的多目标决策方法，它把一个复杂问题分解成若干组成因素，并按支配关系形成层次结构，然后应用两两比较的方法确定各因素（包括指标和方案的相对重要性），计算各因素的权重，并以此为基础实现对不同决策方案的排序[9]。运用层次分析法进行评价时，首先需要建立系统的递阶层次结构，在此基础上构造两两比较判断矩阵（正互反矩阵），进而针对某一标准，计算各备选元素的权重，然后计算当前一层元素关于总目标的排序权重，最后需要对矩阵进行一致性检验。生态敏感性参数化评价模型采用了层次分析法及德尔菲法等科学化评价方法，操作平台为 ArcGIS 软件平台，由五个环节构成：评价因子的筛选、评价层次模型构建、评价因子权重确定、叠加分析以及生态敏感性分级的生成（图 4-5）。

9 邱均平，文庭孝，等. 评价学：理论·方法·实践 [M]. 北京：科学出版社，2010：196

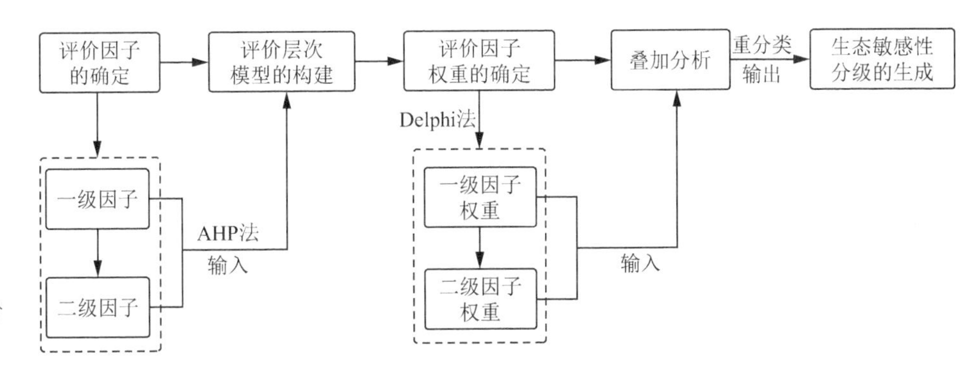

图4-5 生态敏感性参数化评价模型

4.2.1 生态敏感性评价因子的筛选

仅从单一指标对某一事物进行评价与判断是不尽合理的，因此评价是在多因素互相作用下的一种综合判断，常涉及多个方面，需要将反映评价的多项指标信息加以汇集、综合，从整体反映评价目标。评价因子应尽量涵盖事物的各个方面以便全面地反映信息。但是评价因子的选择也并非多多益善，还应遵守“适宜”的原则，宜少不宜多、宜简不宜繁。利用层次分析法进行评价时，构建的指标体系应层次分明且不互相重叠。每个层次中的各项指标应具有代表性，且对生态敏感性具有切实的影响，以减少冗余和繁复，便于评价过程的顺利进行。此外，评价指标的选取还应充分考量各因子之间的差异性和可比性，有利于权重的确定过程更为客观。

影响生态敏感性的因子很多，如海拔、坡度、植被、土壤、地质等，不同区域影响因子亦不同。从场所出发，风景园林规划设计的一级指标主要由自然环境因子构成，包含少部分的人类活动因子，自然因子所对应的一级指标共分为地形地貌、土壤、水文、植物、动物五项。“人类活动”中对于景园环境生态敏感性产生影响的主要为现状的建设情况，因而此项对应的一级指标为“现状建设”。表 4-3 中列出了通常情况下风景园林规划设计的生态敏感性评价所涉及的因子及其分类、分级标准，其中的二级因子为风景园林规划设计中最为常用的评价因子，根据规划设计的场所不同，参与评价的因子也会与表中所列略有不同。同样，表中“分级标准”一栏具体的分级数量及分级类型应当依据实际操作的情况进行调整。以水体为例，不同空间尺度的水体所需要的缓冲区不尽相同，在制定缓冲区范围时，池塘等较小规模和尺度水面的生态缓冲区必然不可照搬太湖、鄱阳湖等大型湖泊，而应当结合实际情况进行评价和考虑。

（1）地形地貌

地形地貌用来描述地势高低起伏的变化，即地表的形态，一般分为高原、山地、平原、丘陵、裂谷系、盆地六大基本的地形。景园环境的生态敏感性评

表4-3 风景园林规划设计生态敏感性评价因子

评价目标	指标类型	一级指标	权重	二级指标	权重	分级标准		
						极敏感	较敏感	弱敏感
风景园林规划设计生态敏感性评价	空间（S）	地形地貌	W_1	相对高程	W_{11}	>100 m	50~100 m	<50 m
				坡度	W_{12}	>30°	15°~30°	<15°
				坡向	W_{13}	北	西北、东北	南、西南、东南
	生态（E）	土壤	W_2	土壤类型	W_{21}	砂粉土、粉土、沙壤土、粉黏土、壤黏土	面砂土、壤土	石砾、沙、粗砂土、细砂土、黏土
				酸碱度	W_{22}	<4.5，>9.5	4.5~6.5，7.5~9.5	6.5~7.5
				有机质含量	W_{23}	>20%	10%~20%	<10%
		水文	W_3	水质	W_{31}	良好	较好	一般
				水体缓冲区	W_{32}	<10 m	10~50 m	>50 m
				汇水区缓冲区	W_{33}	<50 m	50~150 m	>150 m
		植物	W_4	植物覆盖	W_{41}	茂密	稀疏	裸地
				植被类型	W_{42}	针叶林、针阔混交林	阔叶林、灌丛、草地	农耕地
				生长状态	W_{43}	良好	较好	一般
		动物	W_5	珍稀物种栖息地	—	国家级	省级及其他地区性保护物种	无保护物种
	行为（B）	现状建设	W_6	用地类型	—	已划定的保护区域	除保护区外的未建设区域	已建设区域

价一般包括三项内容：相对高程、坡度、坡向。一般而言，大尺度的景园环境包含了高差较大的高程区间，由高至低生态敏感性逐渐降低；坡度越陡的区域的地表稳定性较差，遭受扰动后较难恢复，故而坡度越陡生态敏感性越强；北半球的南向区域拥有较好的光照条件，能够促进植物的生长，因而此类区域的生态恢复力较强，敏感性较低。

（2）土壤

土壤是生境的重要组成部分，土壤情况同样会对生境的恢复产生影响。不同区域的土壤，其类型也不尽相同，如欧亚大陆地带性土壤沿纬度水平分布由北至南依次为：冰沼土—灰化土—灰色森林土—黑钙土—栗钙土—棕钙土—荒漠土—高寒土—红壤—砖红壤；大陆西岸从北而南依次为：冰沼土—灰化土—棕壤—褐土—荒漠土；大陆东岸自北而南依次为：冰沼土—灰化土—棕壤—红、黄壤—砖红壤。多种理化性能被用来描述土壤的状况，例如团粒结构、孔隙度、酸碱度、有机质含量等。土壤类型不同，所具有的理化性质自然各异。场所的土壤特征反映了该区域生境的部分特点。景园环境的生态敏感性评价主要涉及的土壤理化指标主要为土壤类型、酸碱度、有机质含量，以上三个指标是最为基础的指标，不仅在实际工作中能够较为容易地获得，而且能够反映出土壤对植物生长的影响程度。

（3）水文

水文指标综合反映了研究场所中的水体情况，涵盖了现状水体、汇水情况两大方面。天然水体、大型人工水体等条件较好，已形成稳定生境的水体必须予以保护。人工扰动的区域离水体过近，必然会对水体的生境产生较大的影响，故而在生态敏感性评价中需要研究人类活动与自然水体之间的关系，引入“水体缓冲区”的概念。关于汇水的研究同样应借助缓冲区的划定来对汇水区域进行保护，避免人为过度地干扰自然的水文过程，造成生态的失衡。

（4）植物

植物因子指的是场所中生长的各类型植物情况，由三个具体的评价指标加以描述：植物覆盖、植被类型、生长状态。植被覆盖反映了研究区域内植物生长的情况，植被覆盖较好的范围用“茂密”进行表述，较差的为“裸地”，植被覆盖程度越好说明该区域植被密度较高，植被种群丰富、生长状况良好，应以保护为主，不宜进行过大的人工扰动，所以生态敏感程度较高。植被类型不同，其生态敏感性也不相同。原生植被比次生植被和人工植被易受干扰而变得不稳定，较为敏感。对应于植物的演替规律，高等级的植物群落较为稳定，一旦遭受破坏很难恢复，因而生态敏感性高。根据以上可得出植被类型的生态敏感性等级的划分。同样，对于植被生长状态较好的区域应当采取相应的保护措施。

（5）动物

生态敏感性评价所涉及的动物因子主要指的是已划定的动物保护范围及等级。珍稀程度越高的区域所对应的保护等级越高，因而生态敏感程度越高。例如，南京牛首山地区的部分区域为我国国家二级保护野生动物——中华虎凤蝶的繁殖及栖息地，因而，在对该地区的生态敏感性评价中将中华虎凤蝶的生活区域划定为生态极敏感区域，实行严格的保护。

（6）现状建设

现状建设因子反映的是评价场所内现存的人类活动情况，人类活动越频繁的地区所对应的生态敏感度越低。在景园环境的生态敏感性评价中对场所中用地的类型加以大致的区分，具体的分级标准可依据场所的不同情况及设计的要求灵活地设置。

4.2.2 生态敏感性评价层次模型的建构

基于上节所列风景园林规划设计的生态敏感性评价因子表，可根据层次分析法构建风景园林规划设计生态敏感性评价层次模型（图 4-6）。该层次模型由三个大的部分组成，依层级分别为：目标层、要素层及指标层。目标层指的是进行该项评价所要实现的目的。要素层反映了影响生态敏感性的因子，

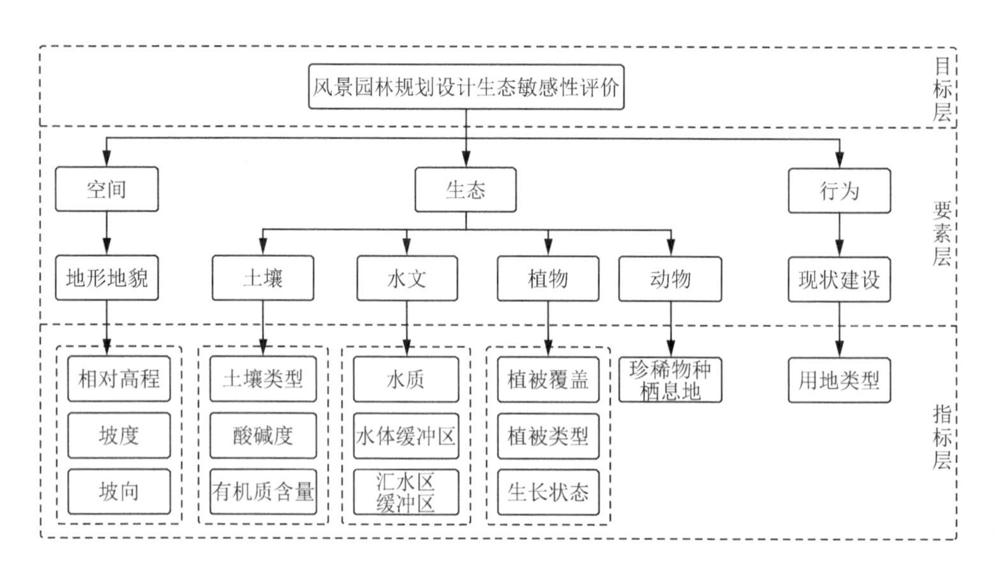

图4-6　风景园林规划设计生态敏感性评价层次模型

由三种类型、六项具体因子构成。最后一个层级为指标层，主要是对六项具体因子的指标表述，譬如，地形地貌因子的情况可通过相对高程、坡度、坡向三个指标反映。

4.2.3　生态敏感性评价因子权重的确定

在上一步构建的模型基础上构造判断矩阵，以确定要素层以及指标层各项评价因子在评价体系中的重要程度。在构建的递阶层次模型中，设要素层某一项因子为 C，所支配的下一层因子为 u_1，u_2，…，u_n，对于 C 相对重要性即为权重 W。对于风景园林规划设计而言，u_1，u_2，…，u_n 对于 C 的重要性无法直接定量给出，因而这一步需要专业人员或专家对要素层和指标层中的各项因子分层比较，分别构建判断矩阵。笔者的层次分析采用了常用的 1~9 比例标度，分别表述两个对象相比“同样重要”“稍微重要”“重要”“较为重要”和“非常重要”。如若需要细分，则可以对上述分级中用“2、4、6、8”四个数字分别内插，形成更为精确的九级定量（表 4-4）。

表4-4　分级定量赋值表

分级	赋值
两项指标同样重要	1
一项指标比另一项稍微重要	3
一项指标比另一项重要	5
一项指标比另一项较为重要	7
一项指标比另一项非常重要	9
上述相邻分级的中间值	2、4、6、8
一项指标较之于另一项相对次要	上述各数的倒数

由此，对于要素 C，n 个元素之间相对重要性的比较可以得到一个判断矩阵：

$$\boldsymbol{A}=(a_{ij})_{n\times n}$$

其中 a_{ij} 就是元素 u_i 和 u_j 相对于 C 的重要性的比例标度。判断矩阵 $\boldsymbol{A}$ 具有下列性质：$a_{ij}>0$，$a_{ji}=1/a_{ij}$，$a_{ij}=1$。若判断矩阵 $\boldsymbol{A}$ 的所有元素满足 $a_{ij}\cdot a_{jk}=a_{ik}$，则称 $\boldsymbol{A}$ 为一致性矩阵。以要素层的地形地貌因子为例，由相对高程、坡度、坡向三个因子建立判断矩阵。根据以上三个因子两两之间重要性的比较，确定其矩阵如表 4-5 所示。其中，$W_{11}+W_{12}+W_{13}=1$，X_1、X_2、X_3 为 1、3、5、7、9 中的三个数。

表4-5　生态敏感性评价——地形地貌评价判断矩阵

地形地貌	相对高程	坡度	坡向	权重
相对高程	1	X_1	X_2	W_{11}
坡度	$1/X_1$	1	X_3	W_{12}
坡向	$1/X_2$	$1/X_3$	1	W_{13}

判断矩阵建立后就需要求 u_1，u_2，…，u_n 对于要素 C 的相对权重 w_1，w_2，…，w_n，写成向量形式即为 $\boldsymbol{w}=(w_1, w_2, \cdots, w_n)^{\mathrm{T}}$，笔者采取根法计算权重，除了利用数学模型进行计算，还可以借助 Yaahp 等层次分析法软件，帮助缩短计算过程，提高计算的准确性。利用根法计算，首先将判断矩阵的各个行向量进行几何平均，然后归一化，得到权重向量。其公式为：

$$W_1=\frac{(\prod_{j=1}^{n}a_{ij})^{\frac{1}{n}}}{\sum_{k=1}^{n}(\prod_{j=1}^{n}a_{jk})^{\frac{1}{n}}}$$

计算步骤为：

① $\boldsymbol{A}$ 的元素按列相乘得一新向量；

②将新向量的每个分量开 n 次方；

③将所得向量归一化后即为权重向量。

逐一计算出指标层的权重之后，要素层相对于目标层的重要性判断也可以通过上述的方法进行，最终得出整个生态敏感性评价模型的各层级因子权重。

由于风景园林规划设计的复杂性，因而不能要求 $a_{ij}\cdot a_{jk}=a_{ik}$ 一定是严格成立的。在对因子相对重要性的判断中，可能存在不准确的情况，会导致计算得出的权重不能真实地反映各因子对于上层准则的重要性。在层次分析法中，常常会用一个衡量不一致程度的数量指标，即一致性指标 $C.I.$（Consistency Index）与平均随机一致性指标 $R.I.$（Random Index）来进行一致性检验。首要步骤是确定一致性指标 $C.I.$，其计算公式如下：

$$C.I.=\frac{\lambda_{\max}-n}{n-1}$$

矩阵最大特征根 λ_{max} 可通过以下公式计算得出：

$$\lambda_{max}=\sum_{i=1}^{n}\frac{(AW)_i}{nw_i}=\frac{1}{n}\sum_{i=1}^{n}\frac{\sum_{j=1}^{n}a_{ij}w_j}{w_i}$$

随后需查找平均随机一致性指标 *R.I.*，1~10 阶正互反矩阵计算 1 000 次得到的平均随机一致性指标可参见表 4–6。

表4–6　1~10阶正互反矩阵的平均随机一致性指标

矩阵阶数 n	1	2	3	4	5	6	7	8	9	10
R.I.	0	0	0.58	0.90	1.12	1.24	1.32	1.41	1.45	1.49

引自：邱均平，文庭孝，等 . 评价学：理论・方法・实践 [M]. 北京：科学出版社，2010：202

当两者的比值（Consistency Ratio，*C.R.*=*C.I.*/*R.I.*）小于 0.1 时，可以认为判断矩阵具有一致性，否则就需要对矩阵进行调整，使其满足一致性检验的目标。一致性检验的操作同样可以通过 Yaahp 等层次分析法软件完成。

4.2.4　生态敏感性分级

在确定各指标层中各项指标因子相对权重以及要素层各因子的权重之后，与利用 ArcGIS 软件分析得到的分析图相对应，将其进行赋权重叠加。风景园林规划设计的生态敏感区划分为弱敏感、较敏感、极敏感三类即可满足设计的要求。特殊情况下可细分为五类（表 4–7），或者更多。生态敏感区划分越丰富对场所的生态敏感性描述越细致、精确，越有利于设计时对场所的辅助判断。但是需要注意的是，分类的增加会引起工作量的成倍增长，所以根据设计的需要选择适宜的评价分级数量十分重要。

表4–7　生态敏感性的五类分级

序号	名称	等级	描述
1	Ⅰ类敏感区	极敏感区	对人工干扰极为敏感，一旦出现破坏干扰，不仅会影响该场所，而且也可能会给整个区域生态系统带来严重破坏，属自然生态重点保护地段
2	Ⅱ类敏感区	敏感区	对人类活动敏感性较高，生态恢复较为困难，开发利用时必须慎重
3	Ⅲ类敏感区	低敏感区	生态系统较为不稳定，能承受一定的人类干扰，但受到严重干扰时生态恢复慢
4	Ⅳ类敏感区	弱敏感区	生态条件一般，可承受一定强度的人类活动
5	Ⅴ类敏感区	不敏感区	对人类活动不敏感，土地可作多种用途利用

4.3　生态敏感性评价参数化模型的运用

牛首山位于江苏省南京市江宁区北部，属宁镇山脉西段中的南分支，也是沿江低山丘陵的一部分。牛首山自古便是著名的踏青赏花胜地，“牛首烟岚”

为“金陵四十八景”之一，不仅自然风光秀丽，而且牛首山蕴含着丰富的历史文化资源，还是禅宗的一支——“牛头宗”的祖庭所在。根据《牛首—祖堂风景区总体规划（2003—2020）》，牛首山景区将以“文物古迹名胜为依托，以展现春色山林秀水、田园风光为景观特色，集自然生态观光、历史人文教育、休闲度假为一体的市级风景区”（图4-7）。笔者将以牛首山景区北部地区为例，对风景园林规划设计的生态敏感性参数化评价模型的应用加以论述。

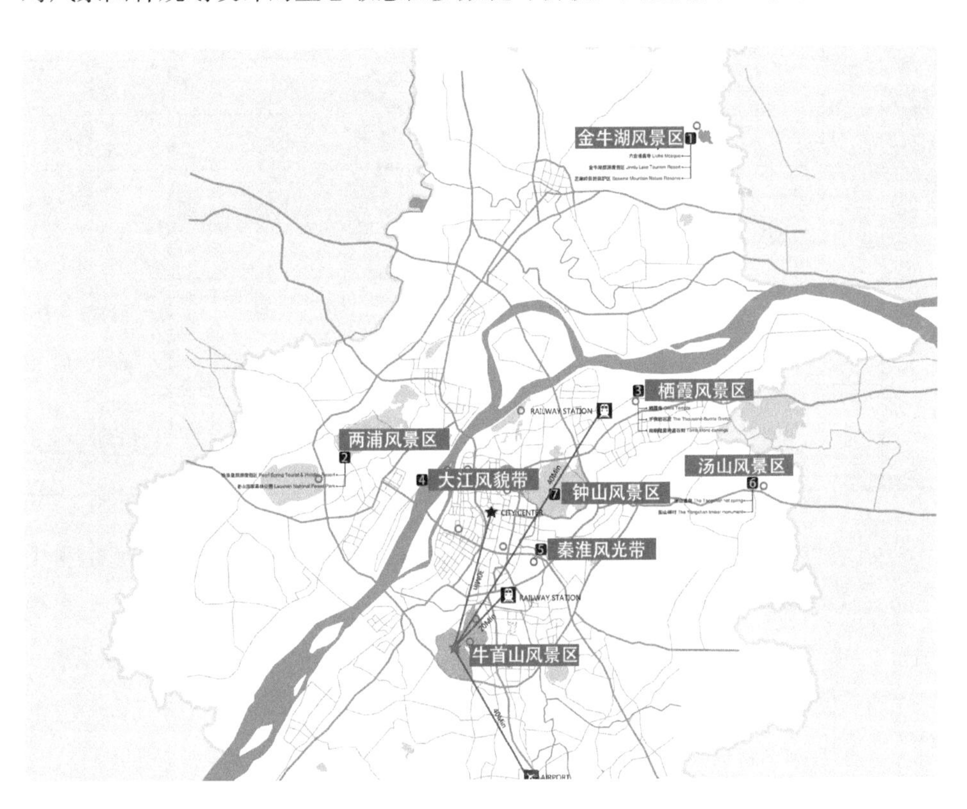

图4-7　牛首山景区的区位图

在风景园林规划设计全过程中，基于场所充分调研分析的生态敏感性评价是一切规划工作的基础和前提。规划设计首先需要对场所进行充分的调研，收集地形地貌、土壤、水文、动植物等自然因素资料，还需明晰场所中人类的活动情况，针对生态敏感性评价而言，主要是现状的建设情况。以上调研工作所收集的资料是评价层次结构模型建立的基础工作，应当紧密围绕生态敏感性评价的目标进行。根据生态敏感性参数化评价模型，具体过程为：利用德尔菲法（Delphi Method）、层次分析法构建层次结构模型并确定权重；运用图层叠加的方法进行因子图层的叠加分析；最终得出生态敏感性分区图。评价过程中主要运用的软件为Yaahp层次分析法软件和ArcGIS软件。

4.3.1　生态敏感性评价层次结构模型的建构

进行生态敏感性评价首先需要构建评价的层次结构模型。牛首山景区北部地区的生态敏感性评价所涉及的因子主要包括地形地貌、土壤、水文、动物、植物以及现状建设六个方面。以上六个方面作为评价的要素层存在，还需确定具体的评价指标层。该案例的要素层与指标层如表 4–8 所示。

表4–8　牛首山景区北部地区生态敏感性评价因子表

评价目标	指标类型	一级指标	权重	二级指标	权重	分级标准		
						极敏感	较敏感	弱敏感
风景园林规划设计生态敏感性评价	空间（S）	地形地貌	W_1	相对高程	W_{11}	>100 m	50~100 m	<50 m
				坡度	W_{12}	>30°	15°~30°	<15°
				坡向	W_{13}	北	西北、东北	南、西南、东南
	生态（E）	水文	W_3	水体缓冲区	W_{32}	<10 m	10~50 m	>50 m
				汇水区缓冲区	W_{33}	<10 m	10~50 m	>50 m
		植物	W_4	植物覆盖	W_{41}	茂密	稀疏	裸地
				植被类型	W_{42}	针叶林、针阔混交林	阔叶林、灌丛、草地	农耕地
	行为（B）	现状建设	W_6	用地类型	—	已划定的保护区域	除保护区外的未建设区域	已建设区域

需要注意的是，要素层的“现状建设”只有单一指标层，因而在利用 Yaahp 软件构建评价层次模型时需省略以上两个要素层的指标层，避免出现层次关系的混乱，导致无法在软件中正确地构建评价模型。利用 Yaahp 软件可方便、快捷地确定风景园林规划设计生态敏感性评价各个层级的权重，为下一步叠图工作准备参数，而避免了冗余的计算过程。由于 Yaahp 软件的特点，必须至少确定两个“备选方案”层，所以在操作时，暂时放置两个“备选方案”层，以满足 Yaahp 软件对模型构建的要求（图 4–8）。在下一步构建判断矩阵时，只需将两个“备选方案”的权重各设为 0.5，也就是表明两者的重要性一致，则不会对要素层以及指标层权重计算产生影响。

图4–8　牛首山景区北部地区生态敏感性评价——层次结构模型（Yaahp软件）

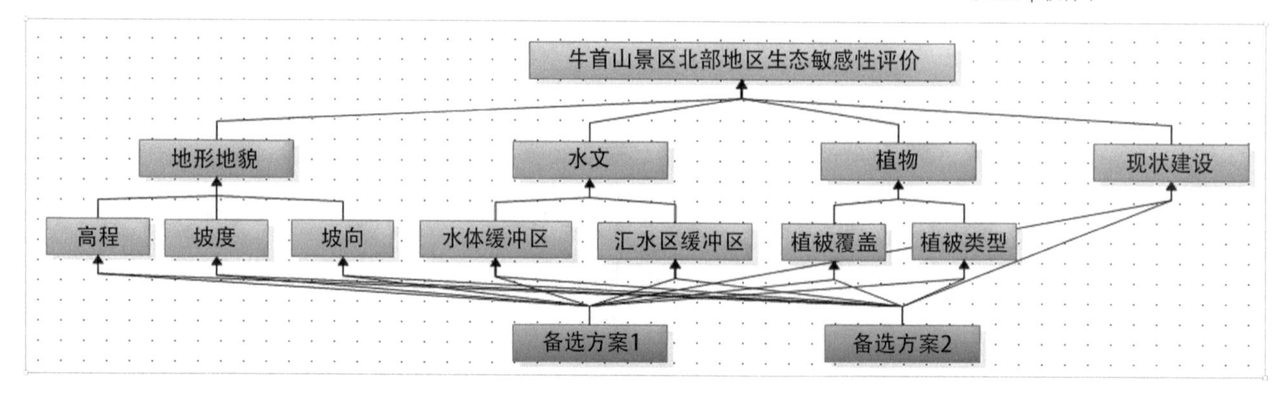

4.3.2 生态敏感性评价各级因子权重的确定

在层次结构模型的基础上，通过德尔菲法建立专家库，根据专家对要素层及指标层各项因子分层比较的结果，得出相对重要性关系。在本次评价中采用“1–9”比例标度，将专家判断的结果分别录入 Yaahp 软件“判断矩阵”选项卡，构建各层级判断矩阵，并在此基础上得出各级因子权重表（表 4–9）。由各级因子权重表可见，作为要素层的一级因子中，地形地貌及植物因子所占权重较高，两者之和达到了 0.8602，说明以上两类因子对生态敏感性有着重要的影响。而水文、现状建设因子所占比重较低，分别只有 0.086、0.0538，其中现状建设因子的权重值最低，对生态敏感性影响较弱。

对于指标层的权重分配，地形地貌因子中重要性程度由高到低依次为坡向、坡度、相对高程。由于牛首山景区北部地区最低高程与最高高程之差仅为 122 米，高程变化不明显，故而相对高程对生态敏感性的影响较弱。水文因子及植物因子中重要程度较高的分别为水体缓冲区与植被类型，占有较大的权重。

表4–9 牛首山景区北部地区生态敏感性评价——判断矩阵及因子权重表（Yaahp软件）

<table>
<tr><td colspan="6">1. 牛首山景区北部地区规划设计生态敏感性评价（一致性比例：0.0529；λ_{max}：4.1412）</td></tr>
<tr><td>牛首山景区北部地区规划设计生态敏感性评价</td><td>地形地貌</td><td>水文</td><td>植物</td><td>现状建设</td><td>W_i</td></tr>
<tr><td>地形地貌</td><td>1</td><td>5</td><td>1</td><td>8</td><td>0.4301</td></tr>
<tr><td>水文</td><td>0.2</td><td>1</td><td>0.2</td><td>1.6</td><td>0.086</td></tr>
<tr><td>植物</td><td>1</td><td>5</td><td>1</td><td>8</td><td>0.4301</td></tr>
<tr><td>现状建设</td><td>0.125</td><td>0.625</td><td>0.125</td><td>1</td><td>0.0538</td></tr>
<tr><td colspan="6">2. 地形地貌（一致性比例：0.0517；权重：0.4301；λ_{max}：3.0538）</td></tr>
<tr><td>地形地貌</td><td>相对高程</td><td>坡度</td><td>坡向</td><td colspan="2">W_i</td></tr>
<tr><td>相对高程</td><td>1</td><td>0.2</td><td>0.25</td><td colspan="2">0.1018</td></tr>
<tr><td>坡度</td><td>5</td><td>1</td><td>0.5</td><td colspan="2">0.3661</td></tr>
<tr><td>坡向</td><td>4</td><td>2</td><td>1</td><td colspan="2">0.5321</td></tr>
<tr><td colspan="6">3. 水文（一致性比例：0.0000；权重：0.086；λ_{max}：2.0000）</td></tr>
<tr><td>水文</td><td>水体缓冲区</td><td colspan="3">汇水区缓冲区</td><td>W_i</td></tr>
<tr><td>水体缓冲区</td><td>1</td><td colspan="3">3</td><td>0.75</td></tr>
<tr><td>汇水区缓冲区</td><td>0.3333</td><td colspan="3">1</td><td>0.25</td></tr>
<tr><td colspan="6">4. 植物（一致性比例：0.0000；权重：0.4301；λ_{max}：2.0000）</td></tr>
<tr><td>植物</td><td>植被覆盖</td><td colspan="3">植被类型</td><td>W_i</td></tr>
<tr><td>植被覆盖</td><td>1</td><td colspan="3">0.25</td><td>0.2</td></tr>
<tr><td>植被类型</td><td>4</td><td colspan="3">1</td><td>0.8</td></tr>
<tr><td colspan="6">5. 现状建设（一致性比例：0.0000；权重：0.0538；λ_{max}：2.0000）</td></tr>
</table>

4.3.3 生态敏感性分区的形成

4.3.3.1 生态敏感性的二级因子分析

根据调研收集的资料，在生态敏感性评价因子表的基础上利用 ArcGIS 软件制作各个指标层所对应的分析图纸。图 4–9 分别展示了高程、坡度、坡向、水体缓冲区、汇水区缓冲区、现状建设、植被覆盖及植被类型八项具体的指标因子图。由高程图可看出，研究场所呈南高北低之势，由最高处向北侧延伸出两条较为明显的山脊线。坡度图结合高程图可反映出场所内部的坡度情况，较陡的坡度大多分布于山脊两侧，高程较低处地形相对平缓。由水体缓冲区栅格图可知，场所内部主要水体分布于西侧，高程较高的东南侧现状水体较少，沿南向北两侧山脊所夹山谷有少量建筑分布，此类区域人类活动较为频繁，生态环境被干扰程度较高。对于植被因子而言，场地内植被总体状况良好，山脊两侧植被生长较为茂密。

4.3.3.2 生态敏感性的因子无量纲化

因子无量纲化的目的在于将分级类型、标准不同的因子纳入同一评价体系，便于叠合分析。本次分析中，将各指标因子依据生态敏感性评价因子表中的分级标准分为三个层级，利用 ArcGIS 软件的重分类功能进行无量纲化处理。经过以上过程，图 4–10 所展示的 8 幅图中各因子均被分为了赋值为 1、2、3 的三级。

4.3.3.3 生态敏感性的一级因子分析

一级因子即为要素层因子，其分析在二级因子分析的基础上进行。将无量纲化后的二级因子重分类图按照表 4–9 中 2~4 项进行有权重叠加，即可得到一级因子的分析情况。一级因子全面反映了场所中地形地貌、水体、植物三个方面之于生态敏感性的情况。由图 4–11 可看出，地形地貌因子中第二层级占绝对性比重，即针对地形地貌而言，次级敏感区为场所中的绝大部分区域。水体因子则不同，不敏感区域占据了大部分区域。而植物因子图中反映出，场所内部存在大面积的敏感区域。

4.3.3.4 生态敏感性分级的形成

将一级因子分析图有权重叠合便可得到整个分析区域的生态敏感性分区（图 4–12）。本次研究将生态敏感性共分为三级：弱敏感区、较敏感区以及极敏感区。极敏感区生态环境良好或脆弱，是执行严格保护的区域，严禁各类开发建设活动。此类区域在牛首山景区北部地区总面积较少且分散，多集中在高程较高处及水体密集区域。第二级为较敏感区，该区域能够承受一定程度的人为扰动，具有一定的生态恢复能力，在利用及开发中需要审慎考虑、周密计划。此部分区域在整个区域内占有大部分的面积。弱敏感区域对人类的活动敏感性较弱，可以进行一定程度的开发建设，该区域在场所中也占有一定面积。

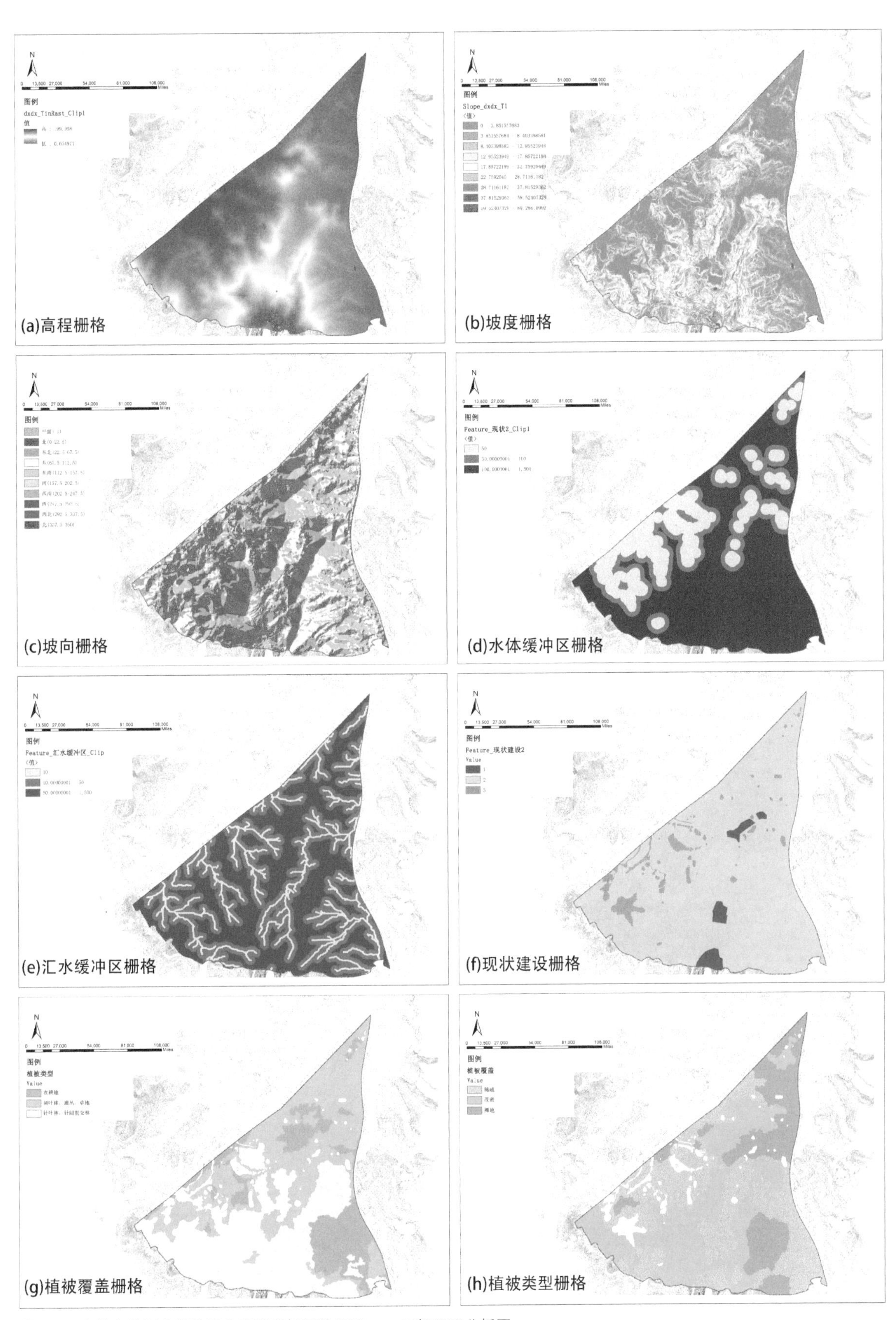

图4-9　牛首山景区北部地区生态敏感性评价因子——二级因子分析图

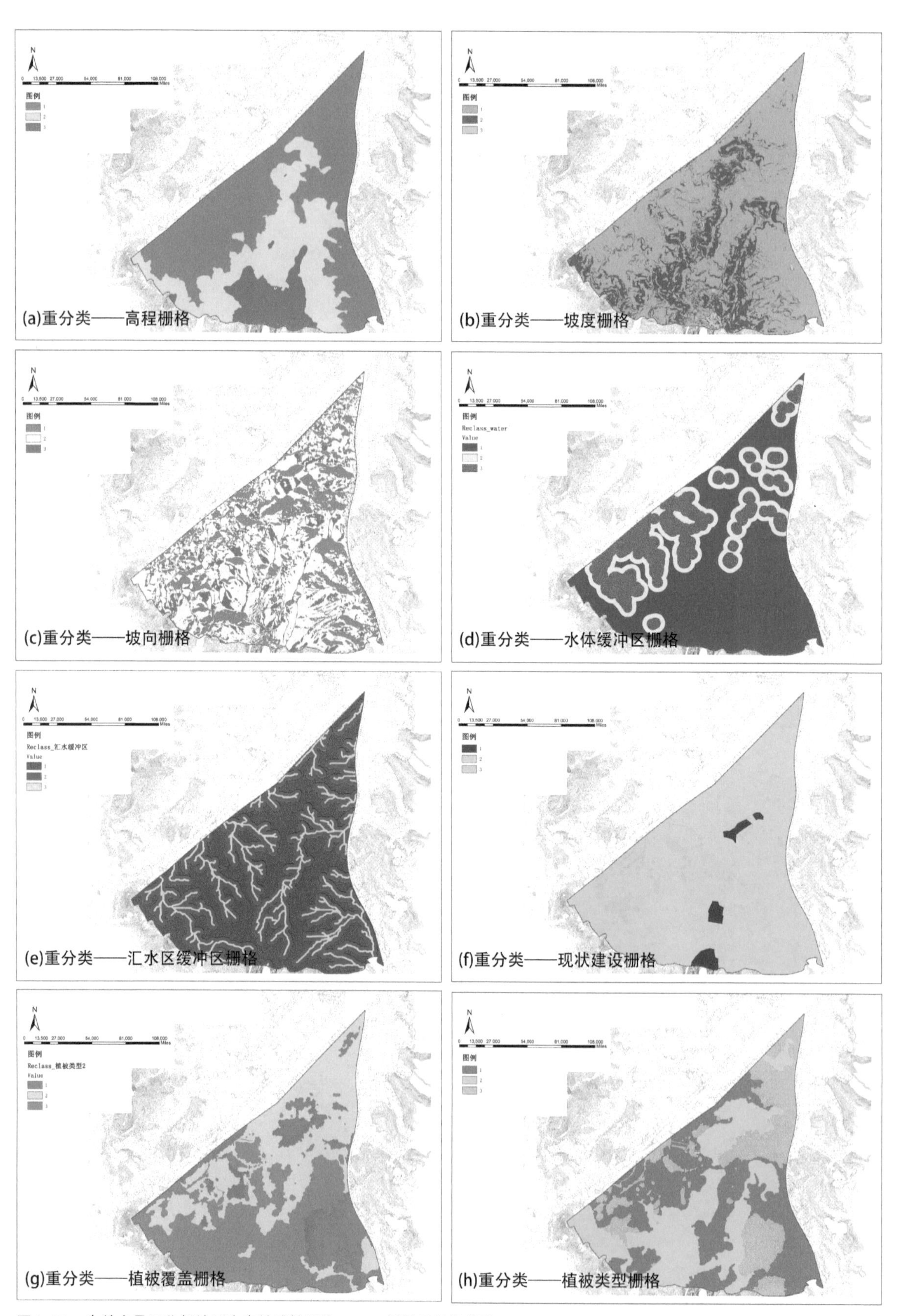

图4-10　牛首山景区北部地区生态敏感性评价——二级因子重分类图

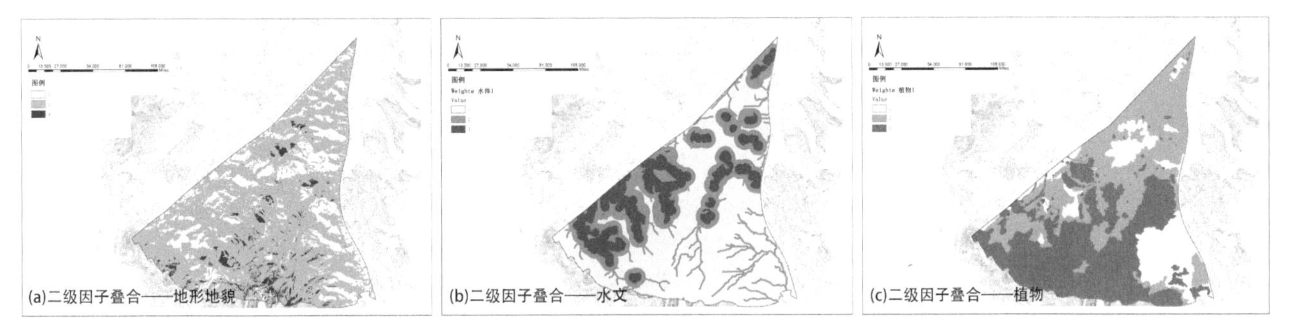

图4-11　牛首山景区北部地区生态敏感性评价因子——一级因子分析图

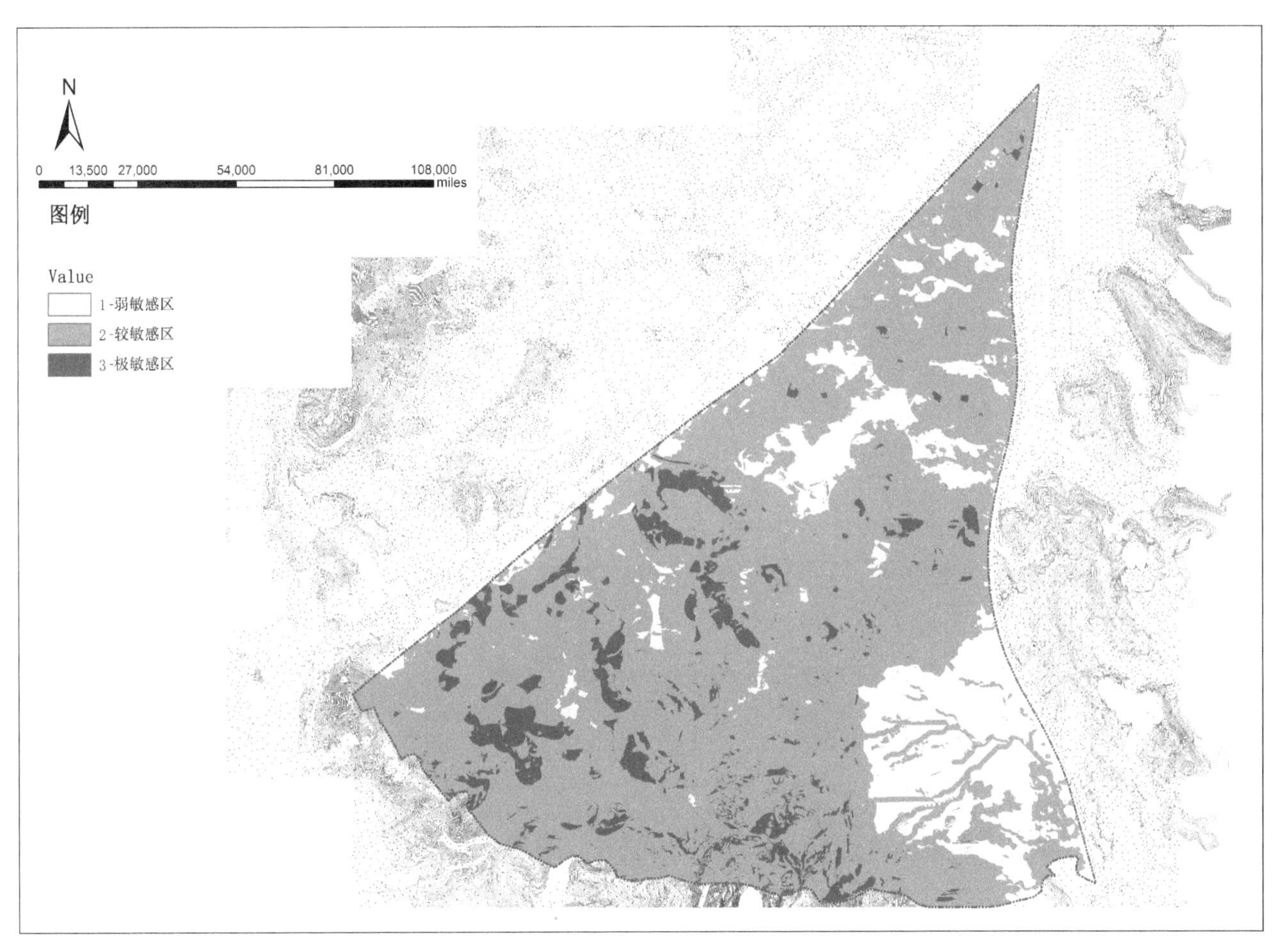

图4-12　牛首山景区北部地区生态敏感性分区

第五章　土地利用适宜性评价模型

景园环境服务于人，因此需要进行功能性的建设。土地利用适宜性评价是紧接生态敏感性评价的下一环节。与以生态为重的生态敏感性评价的出发点不同，土地利用适宜性评价从建设的角度出发对场所进行分级。土地利用适宜性评价的技术手段与方法与生态敏感性大致相同，但因子的选择因评价角度的不同而不尽相同。本章从土地利用适宜性评价的内涵，以及其之于风景园林规划设计的意义出发，对土地利用适宜性参数化评价模型进行构建，并辅以实例对模型的应用加以展示。

5.1　土地利用适宜性与风景园林规划设计

建设用地通常是指用于建造建筑物、构筑物及其使用范围的土地。风景区等景园环境的建设用地主要包括了游览设施用地、居民社会用地、交通与工程用地等几大类型。与以人工环境为主体的城市不同，景园环境的建设用地镶嵌在自然环境之中，承担着风景区的交通、服务等职能，是风景区的重要组成部分。笔者的研究对象为景园环境中用于管理、餐饮、住宿、展陈等功能性设施建设的用地，不包括大型风景区中为游人服务而又独立设置的居民社区、生产管理等用地，以及交通通信等工程用地。土地利用适宜性评价，顾名思义就是对土地是否适于用作建设用地所作的评价。风景园林规划设计中进行土地利用适宜性评价就是在以自然为主体的环境中优选出适宜进行功能性建设的区域和地块，还包括了需要进行适当景观优化的区域。风景园林的土地利用适宜性评价需要以生态敏感性评价为前提，在保护生态的主旨下进行规划建设。

5.2　土地利用适宜性评价的意义

自然环境中建设性质的用地是在人类生产、生活中产生的，服务于人类的活动。由于土地的可逆性较差，人类的建设使得原本自然属性土地的物理性质及生化性能难以避免地发生改变和丢失，因而土地在转变为建设用地后很难还原其自然属性。以农业用地为例，经过建设后不仅土壤孔隙度、结构、强度、酸碱度、有机质等理化性质会发生巨变，而且同时会导致土壤生物环境产生变化，如若想恢复其原本属性需要经过漫长的过程，且往往会消耗大量的成本。由此可见，从风景保护的角度来说，景园环境中建设用地的划定需要谨慎。

从人类使用的角度来说，基于对风景园林自然环境充分调研基础之上的土地利用适宜性的评价有助于实现建设效益的最大化和土地资源的集约化。风景园林规划设计面临的通常是复杂的建设环境，面积往往较大，并且场所内自然及人文信息交织。若仅依靠经验进行规划设计，难免顾此失彼。利用ArcGIS软件平台开展的土地利用适宜性分析在调研分析场地的基础上能够生成可比较的量化结果，较之传统的规划设计方法更加精确。在进行生态敏感性评价基础上的土地利用适宜性评价具有明确的指向性，能够有效地为设计师提供判断的依据，较为准确地划定建设边界，生成适宜建设区域，同时为进一步具体的设计提供操作基础。现代施工技术的进步使得绝大部分土地均可以用于建设，但是存在着建设效益的问题。因而，科学化评价与分析可以把各种因素综合起来，在此基础上划定的建设适宜区域能够有效地避开生态敏感、地质条件不良、地形条件复杂等建设条件不佳的区域，有助于使建设活动对环境的破坏最小，迎合人类的活动需要，实现集约化的设计。

5.3 土地利用适宜性评价模型的构建

土地利用适宜性评价过程与生态敏感性评价基本相同，同样采用了德尔菲法（Delphi法）及AHP法进行评价分析，所以两者的评价模型十分相似。评价过程共分为四个关键的环节：评价因子的确定、评价层次模型的构建、评价因子权重的确定以及叠加分析，最终得出场所的土地利用适宜性分级（图5-1）。

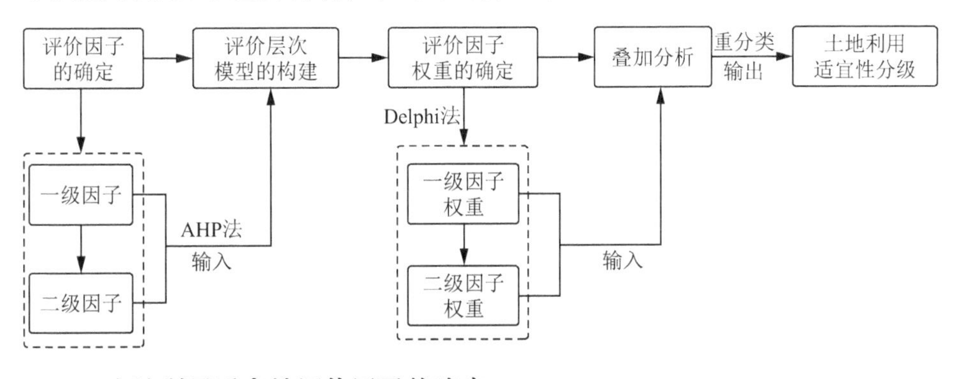

图5-1 土地利用适宜性参数化评价模型

5.3.1 土地利用适宜性评价因子的确定

风景园林土地利用适宜性评价因子选取的出发点在于是否适宜建设，主要包括空间、生态、行为三大类，与生态敏感性评价中的分类保持一致，其中，每一类又分为若干一级因子及其所对应的二级因子。如空间因子的一级因子具体为地形因子，并对应了高程、坡度、坡向三项二级因子。除风景园林土地利用适宜性评价所包含的各级因子之外，表 5-1 还展示了基于土地利用适宜性的二级指标因子的分级标准。根据不同的场所及设计要求，无论是一级、二级因子，还是因子的分级标准均需要灵活设置。

表5-1　风景园林规划设计土地利用适宜性评价因子分级表

评价目标	指标类型	一级指标	权重	二级指标	权重	分级标准		
						适宜建设	可以建设	不宜建设
风景园林规划设计土地利用适宜性评价	空间	地形	W_1	高程	W_{11}	< 50 m	50~100 m	> 100 m
				坡度	W_{12}	< 5%	5%~15%	> 15%
				坡向	W_{13}	南	东、西	北
	生态	地质	W_2	地质灾害	W_{21}	无地质灾害区	地质灾害较少发区	地质灾害多发区
				地基承载力	W_{22}	> 250 kPa	180~250 kPa	< 180 kPa
		水文	W_3	径流区域	W_{31}	无水道区	冲沟区	行洪道
	行为	交通	W_4	可达性	W_{41}	良好	一般	较差
				周边道路距离	W_{42}	距城市干道小于 100 m，或一般道路小于 200 m	距城市干道大于 100 m 小于 200 m，或一般道路小于 300 m	距城市干道大于 200 m，或一般道路大于 300 m
		土地利用现状	W_5	土地利用类型	W_{51}	建筑用地、硬质场地	道路、荒地	耕地
		城市规划退让	W_6	规划退让	W_{61}	—	—	—

5.3.1.1　空间

（1）高程

风景园林规划设计的区域通常包括了自然山体与水系，地形起伏较大。现代工程技术的发展使得在较高高程的区域进行建设几乎不存在任何技术障碍，但随着高程的增加，建设的成本也随之增长。因而规划区域内相对高程较高的区域不适合开展大规模的建设活动。在土地利用适宜性评价中，依据不同规划区域的情况将相对高程加以划分和赋值。相对高程较高的区域赋值较大，表明不利于开发建设；反之，相对高程较小的区域赋值较小，表示此区域较适合进行建设。

（2）坡度

从工程经济的角度来看，在坡度过陡的区域开展营建工作，不仅需要做大量的土石开挖与填埋，增加工程建设难度，而且日后容易遭受自然灾害。从环境保护的角度来说，在坡度过陡处进行建设，会对坡面植被、土壤、岩层等原有环境产生较大破坏和影响，加重水土流失。鉴于以上两个方面，景园环境的建设应当根据地形坡度选择适宜的区域布置建筑物。一般来说，坡度 3% 以下为平坡，3%~10% 为缓坡，10%~25% 为中坡，25%~50% 为陡坡，50%

以上是急陡坡[1]。风景园林规划设计的土地利用适宜性评价中，可以 10%、25% 及 50% 作为分级的标准，坡度越陡，其赋值越大（表 5–2）。

表5–2 国际地理联合会六级坡度分类法

坡度分级	各级差	详细分级	坡地名称	坡降	坡高与水平比
0~2°	2°	0~2°	平缓坡	0~3.5	＞ 28.6
2°~5°	3°	2°~5°	微斜坡	3.5~8.7	28.6~11.4
5°~15°	10°	5°~10°	缓斜坡	8.7~26.8	11.4~3.7
		10°~15°	斜坡		
15°~35°	20°	15°~25°	陡坡	26.8~70	3.7~1.4
		25°~35°	峻坡		
35°~55°	20°	35°~45°	极陡坡	70~140	1.4~0.7
		45°~55°	峭坡		
＞ 55	—	—	峭壁	＞ 140	0.7~0

（3）坡向

中国大部分地区位于北温带，自古以来，建筑的朝向非常重要，在建造房屋时“坐北朝南”被认为是最佳的朝向。由于我国疆域宽广，不同地区的最佳朝向又略有不同。在北方地区，希望能够尽量获得太阳辐射，因此建筑物的朝向以南偏西 5°~15° 为最优；对于南方非采暖地区，以减少太阳辐射为主，所以南偏东 5°~15° 为建筑物的最佳朝向。通常而言，我国绝大部分地区建筑以朝向正南、东南、西南为最佳。冬季由于我国的主导风向多为北风、东北风、西北风，因而在正北、东北、西北的坡向开展建设活动较不适宜。在风景园林规划设计的土地利用适宜性评价中需要根据场所的实际情况确定适宜的坡向，并将场地的坡向进行分级并赋值。

5.3.1.2 生态

（1）地质

• 地质灾害

地质灾害指的是在自然或者人为因素的作用下形成的地质作用，会对人类生命财产及环境造成破坏和损失，包括崩塌、滑坡、泥石流、地裂缝、水土流失、地震、火山、地热害等。从建设的安全性出发，景园环境中建筑的营建应避开容易发生地质灾害的区域。

• 地基承载力

地基承载力是地基承担荷载的能力。虽然景园环境中的建筑多为低层及

1 周波．建筑设计原理 [M]. 成都：四川大学出版社，2007：172

多层建筑，对地基承载力的要求不高，但是在建设中仍应当尽量避让强风化岩、淤泥、沼泽等地基条件较差的区域，以保障建筑的安全性，提高建设的经济性。

（2）水文

风景园林规划设计的土地利用适宜性评价中同样需要考虑水文因子对建设的影响。景园环境中，水是优良的景观元素，亲水的建筑往往拥有良好的景观体验。但是每当丰水季节场地内需要行洪时，瞬时产生的巨大水量能够淹没甚至冲毁建筑，造成严重的影响。因而土地利用适宜性评价需要用科学的分析与评价手段对规划场所内的水文条件进行分析，明确行洪的区域、地表径流的位置和方向，以及汇水区域。以上区域存在着安全隐患，不适宜进行建设。评价中需要对建筑与这些区域之间的安全距离进行分级并赋值。

5.3.1.3　行为

土地利用适宜性评价中的行为作为指标类型是一个抽象的概念，指的是人类活动在场所中留下的印记，包括场所中现存的交通情况、土地利用方式，以及根据要求需要进行城市规划退让的情况。

（1）交通

可达性可以简单地理解为从某一个地方移动到另一个地方的容易程度。可达性与交通的便利性有着紧密的关联。在风景园林土地利用适宜性评价中，距主要道路越近，可以认为此地的交通较为便利，拥有着较好的可达性。可达性越好的地块越适宜进行建设。同时道路的等级越高代表着通达性越好，因而更利于开展建设。

（2）土地利用现状

风景区中可能存在多种土地利用类型，主要包括两大类：一类是受人工扰动较多的土地，如建设用地、园地、耕地等；另一类是仍然以自然属性为主的土地，如林地、草地、水域等。受到人工扰动较多的土地由于其部分自然属性已经丧失，所以在建设中应尽量多利用此类型用地，以避免对自然属性良好的土地造成过多的干扰。还需要注意的是，某些用地类型具有特殊性，如基本农田、水源涵养林、防护林等，同样不适宜进行开发建设。

（3）城市规划退让

在土地利用适宜性评价中必须考虑城市退让的要求。城市规划退让线范围内禁止建设，六线包括：道路红线和建筑红线、绿地退让线、水域退让线、历史街区和文保单位退让线、公共和基础设施退让线，以及高压、微波、铁路等退让黑线。景园环境中同样需对以上六线进行退让，除六线区域内为不适宜建设之外，还需考虑六线的缓冲区，对适宜建设的区域进行分级。以高压线退让为例，高压走廊内严禁进行建设活动，景园环境中虽然没有明确的规范规定，但可以参照相关城市规划规范执行（表 5–3）。由于高压线高压带电且会产生电磁辐射等，对人体具有一定的有害性与危险性，因而除严禁建设的区域外，还需要按照距离设置缓冲区，距高压线越近越不适宜人类活动的开展。

表5–3 高压走廊宽度

线路电压等级 /kV	高压线走廊高度 /m	线路电压等级 /kV	高压线走廊宽度 /m
500	60~75	66、110	15~25
330	35~45	35	12~20
220	30~40		

5.3.2 土地利用适宜性评价层次模型的构建

与风景园林规划设计的生态敏感性评价模型类似，按照目标层、要素层、指标层三个层次构建土地利用适宜性评价模型。要素层有空间、生态、行为三大类型，由地形、地质、水文、交通、土地利用现状、城市规划退让六类因子构成，并分别细分为指标层的具体因子（图 5–2）。

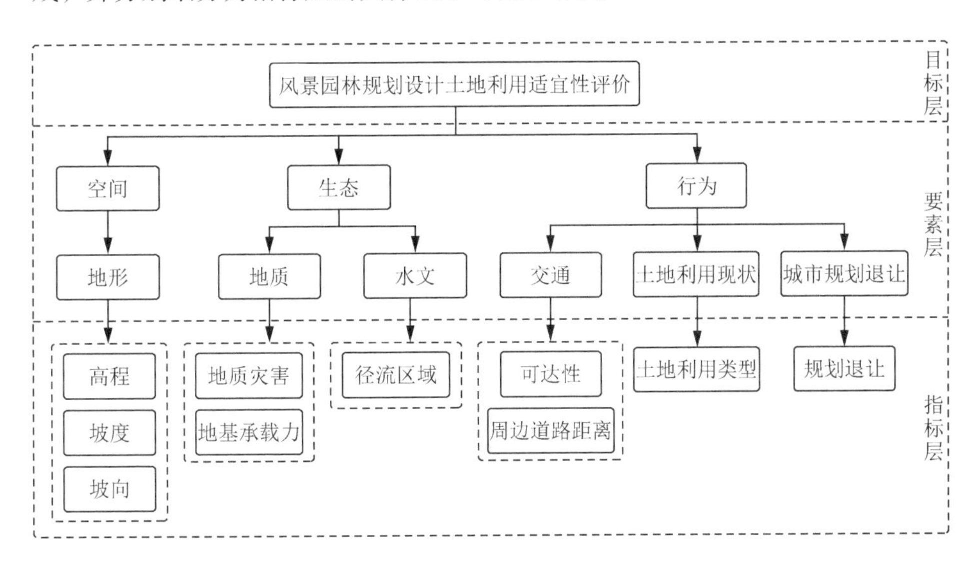

图5–2 风景园林规划设计土地利用适宜性评价层次模型

5.3.3 土地利用适宜性因子权重的确定

土地利用适宜性评价的因子权重确定过程与生态敏感性评价也基本一致。层次分析同样采用了 1–9 比例标度，分别表述两个对象相比得出的重要程度。同类的因子权重相加为 1，例如，表 5–1 中 $W_1+W_2+W_3+W_4+W_5+W_6=1$，同时 $W_{11}+W_{12}+W_{13}=1$。通过一级指标与二级指标之间的比较构建判断矩阵，便可得出各级指标的权重值，反映出该项指标对于土地利用适宜性的重要程度。为下一步利用 ArcGIS 平台的赋权重叠加做好准备。

5.3.4 土地利用适宜性分级

在各级因子权重确定后，便可将无量纲化的因子基础图纸进行赋权重叠加，得到的土地利用适宜性分级图纸的分级数量与因子无量纲化时的分级数相同。因此，倘若需要得到较为精细的划分，则应在因子无量纲化时统一划分更多的分级数，比如5级、7级，抑或更多。一般而言，将土地利用适宜性划分为三级即可区分出适宜的建设区域、可以建设的区域以及不宜建设的区域，基本能够满足设计的需要（表5-4）。

表5-4　土地利用适宜性的三类分级

序号	名称	等级	描述
1	Ⅰ类建设区	适宜建设区	地质条件较好，或为现状建设区域，在该区域进行建设不会对生态环境产生较大影响
2	Ⅱ类建设区	可以建设区	建设条件基本良好，生态环境较好，建设的功能类型受限
3	Ⅲ类建设区	不宜建设区	建设条件不佳，不宜开展人类活动

5.4　参数化土地利用适宜性评价模型的运用

作为参数化风景园林规划设计的一个重要环节，土地利用适宜性评价具有不可替代性。为了保持研究及论述的连贯性、整体性，笔者在此以上文所举的南京牛首山景区北部地区为例，对土地利用适宜性评价模型的应用过程加以论述。

5.4.1　土地利用适宜性评价层次结构模型的建构

5.4.1.1　评价因子的确定

牛首山景区北部地区的土地利用适宜性评价指标类型根据表5-5生成，并依据实际情况稍作调整。表5-5展示了牛首山北部景区规划设计土地利用适宜性评价因子及分级标准。评价因子由空间、生态、行为三类构成，其中生态因子包含的一级指标较少，仅有水文一项，所对应的二级指标为径流区域。

表5-5　牛首山景区北部地区土地利用适宜性评价因子表

评价目标	指标类型	一级指标	权重	二级指标	权重	分级标准		
						适宜建设	可以建设	不宜建设
风景园林规划设计土地利用适宜性评价	空间	地形	W_1	高程	W_{11}	< 50 m	50~100 m	> 100 m
				坡度	W_{12}	< 5%	5%~15%	> 15%
				坡向	W_{13}	南	东、西	北
	生态	水文	W_3	径流区域	W_{31}	> 50 m	10~50 m	< 10 m
	行为	交通	W_4	周边道路距离	W_{42}	距城市干道小于200 m，或一般道路小于100 m	距城市干道大于200 m而小于400 m，或一般道路小于200 m	距城市干道大于400 m，或一般道路大于200 m
		土地利用现状	W_5	土地利用类型	W_{51}	建筑用地、硬质场地	道路、荒地	林地
		城市规划退让	W_6	高压线缓冲区	W_{61}	> 90 m	60~90 m	< 60 m

5.4.1.2　*层次模型的构建*

在评价因子确定后，在 Yaahp 软件中构建层次模型如图 5-3 所示。由于除地形外的一级指标均只对应了一项二级指标，故而仅有地形因子一项分为两个指标层级。为满足 Yaahp 软件对模型构建的要求，在构建层次模型时暂放置两个“备选方案”层，并将权重均设置为 0.5，避免使计算结果出现误差。

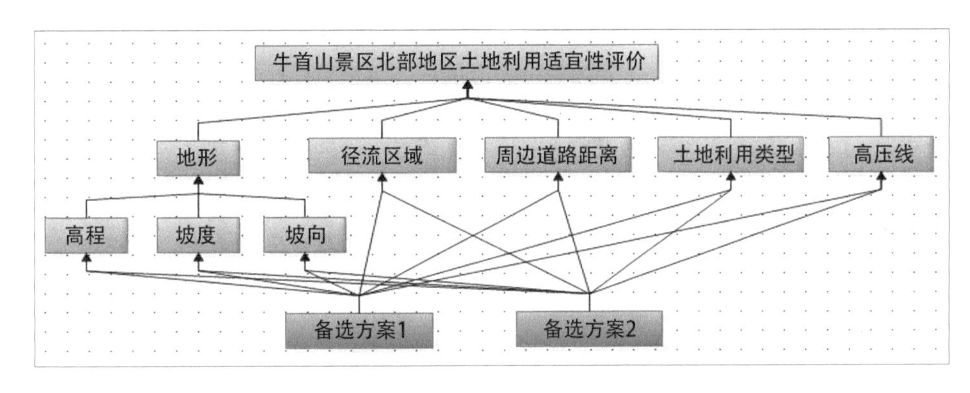

图5-3　牛首山景区北部地区土地利用适宜性评价——层次结构模型(Yaahp软件)

5.4.2　土地利用适宜性评价各级因子权重的确定

表 5-6 展示了本次土地利用适宜性评价各级因子的权重，以及相互之间重要性的比较。本次评价仍采用了 1-9 级比例标度来描述因子之间的重要性程度。由表 5-6 可看出，在所有一级因子中地形因子、土地利用类型因子对土地利用适宜性的影响较大，权重分别为 0.397、0.3565，权重之和占据了一半以上。而高压线缓冲区因子的重要程度相对较低，径流区域因子及周边道路距离因子次之。在地形因子中，作为二级因子的坡度对于土地利用适宜性的影响较大，占到了总权重的 71.25%；坡向与高程因子相差不大，分别为 0.1868 和 0.1007。

表5-6　牛首山景区北部地区土地利用适宜性评价——判断矩阵及因子权重表(Yaahp软件)

1. 土地利用适宜性评价（一致性比例：0.0318；λ_{max}：5.1426）						
土地利用适宜性评价	地形	径流区域	周边道路距离	土地利用类型	高压线缓冲区	W_i
地形	1	7	4	1	5	0.397
径流区域	0.1429	1	1	0.3333	0.5	0.0744
周边道路距离	0.25	1	1	0.2	1	0.0809
土地利用类型	1	3	5	1	5	0.3565
高压线缓冲区	0.2	2	1	0.2	1	0.0913
2. 地形（一致性比例：0.1022；权重：0.3970；λ_{max}：3.1063）						
地形	高程	坡度	坡向	W_i		
高程	1	0.1839	0.3903	0.1007		
坡度	5.438	1	5.562	0.7125		
坡向	2.562	0.1798	1	0.1868		

5.4.3 土地利用适宜性分区生成

5.4.3.1 土地利用适宜性的二级因子分析

在调研资料的基础上，根据土地利用适宜性评价因子表，于 ArcGIS 软件中生成基本的因子栅格图。图 5–4 中（a）~（h）分别为高程、坡度、坡向、径流缓冲区、外部道路距离、内部道路距离、土地利用现状、高压线缓冲区的栅格图。在制作径流缓冲区时应根据实际的评价需求对径流的阈值进行调整。土地利用适宜性评价对于径流网络的要求不高，确定主要径流的缓冲区即可，过密的径流网络反而会造成评价误差的产生。因此，经过比选本次评价选取了阈值为 8 000 时的径流网络。

5.4.3.2 土地利用适宜性的因子无量纲化

因子的无量纲化是进行因子叠合前的关键步骤和工作基础。本次土地利用适宜性评价采取三级标度，对各因子进行分级，并对应赋值，得到图 5–5 所示八项因子的重分类图。

5.4.3.3 土地利用适宜性的一级因子分析

一级因子进行叠合分析前，首先需要得到具有二级因子的一级因子的分析图。本次评价中需要叠合生成的一级因子为地形与道路距离，分别由高程、坡度和坡向，以及内部道路距离和外部道路距离叠加得到（图 5–6）。

5.4.3.4 土地利用适宜性分级的生成

在完成全部一级因子的分析之后，便可将各因子赋权重叠加，最终生成土地利用适宜性的分级，如图 5–7 所示。图中根据颜色的不同可清楚地分辨出不宜建设的区域、可以建设的区域以及适宜建设的区域。其中适宜建设区所占面积较小，不宜建设区域次之，其余均为可以建设的区域。在得到土地利用适宜性分级图之后并不能直接开展项目选址工作，作为参数化风景园林规划设计过程的一个环节，不仅与下一环节紧密关联，同时与上一环节共同作用于下一环节，体现了参数化规划设计过程的联动性、动态性。

土地利用适宜性分区图从建设的视角出发，以建设适宜的程度对场所进行分级。这种分级是单一目标的，未能加入上一环节对生态的考量成果。因此，可建设区域的生成需要扣除生态极敏感区、特殊因子、水体等不适合建设的区域。牛首山景区北部地区有两条 110 kV 高压线穿过，根据《城市电力规划规范》（GB/T 50293–2014），高压走廊宽度为 25 米。由于离高压线越近越不适宜人类的活动，在评价中还需要制定高压线的缓冲区。图 5–8 分别呈现了本次土地利用适宜性评价需要剔除的不宜建设区域，最终得到牛首山景区北部地区可建设的范围（图 5–9）。

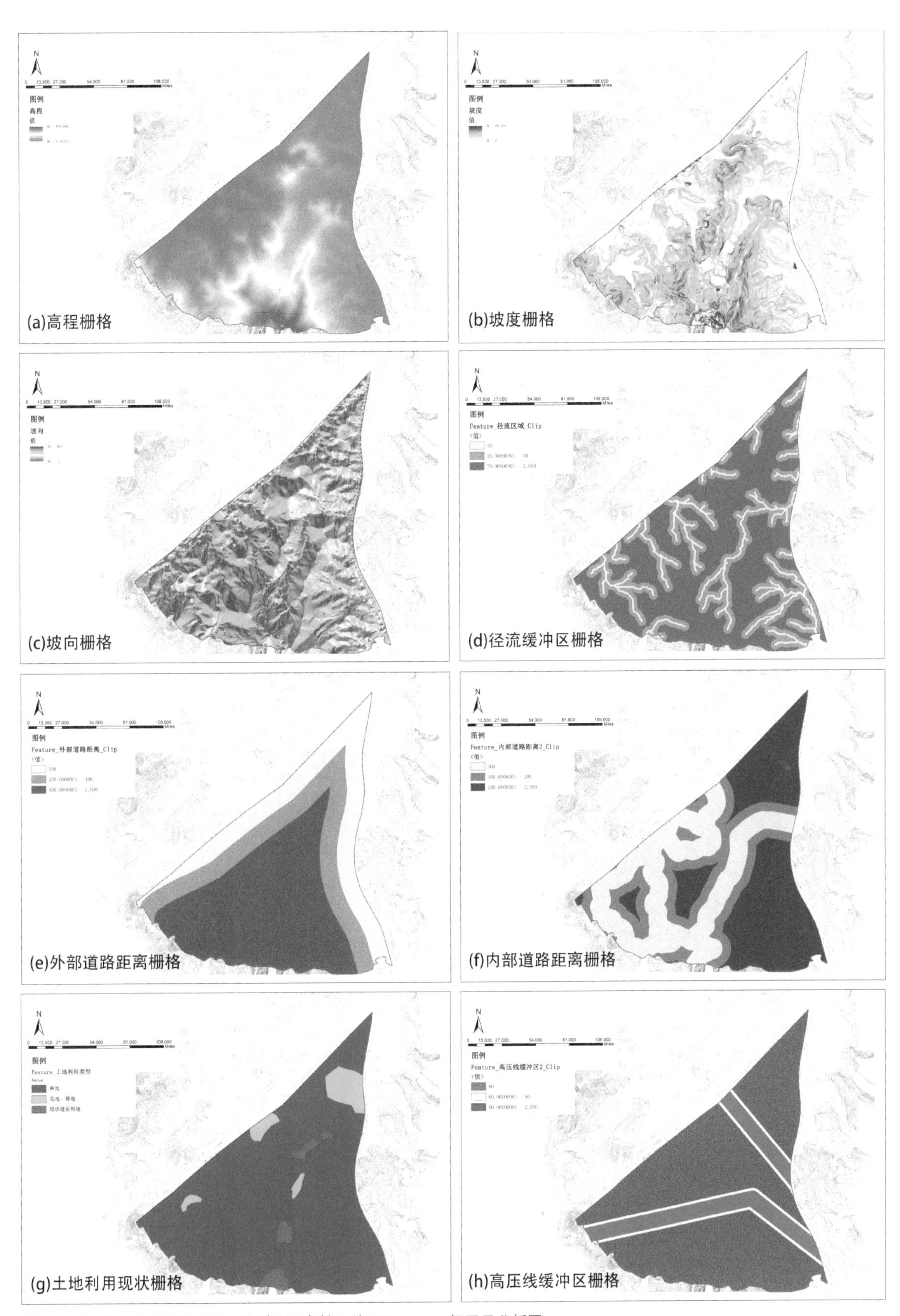

图5-4　牛首山景区北部地区土地利用适宜性评价因子——一级因子分析图

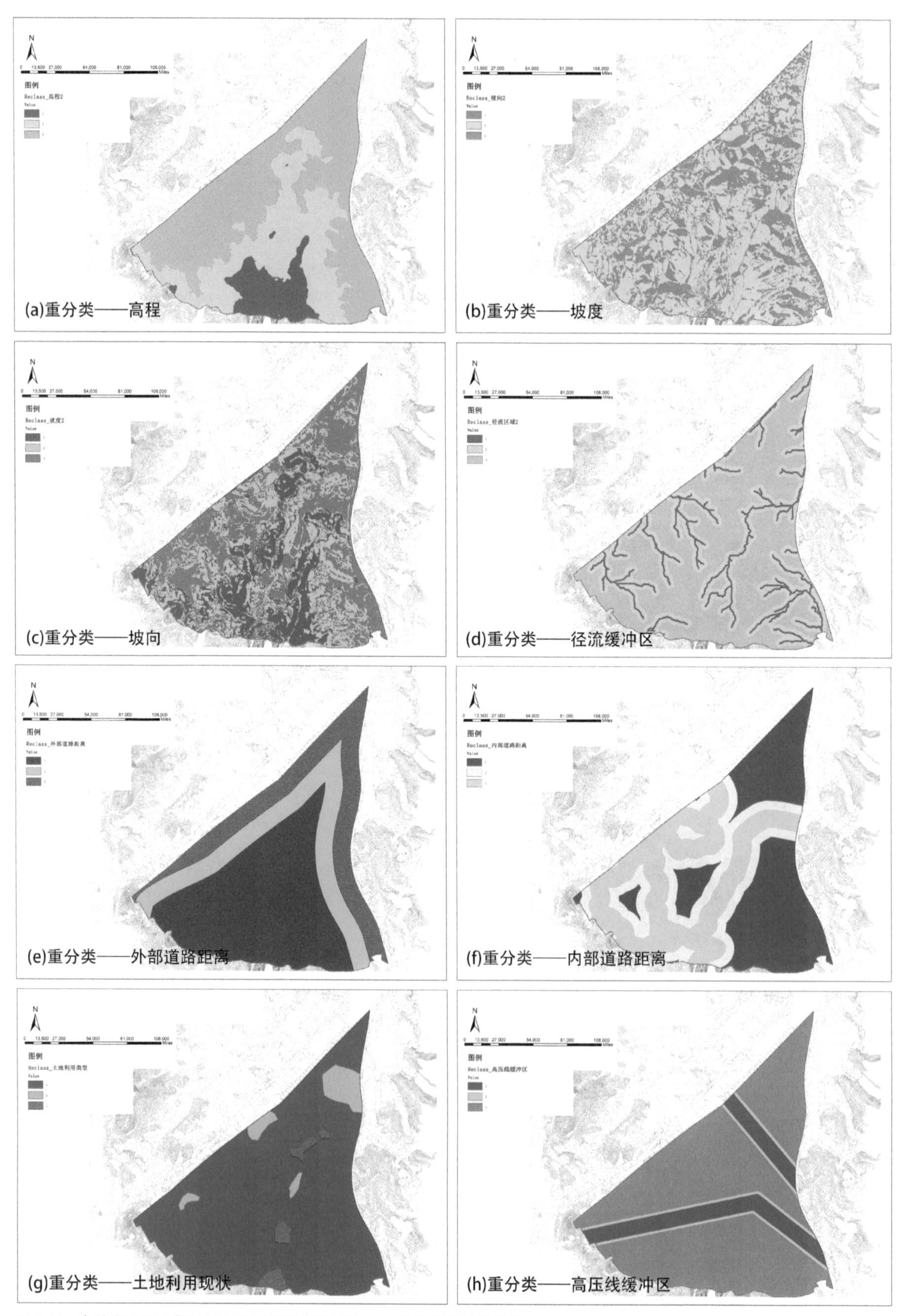

图5-5 牛首山景区北部地区土地利用适宜性评价——二级因子重分类图

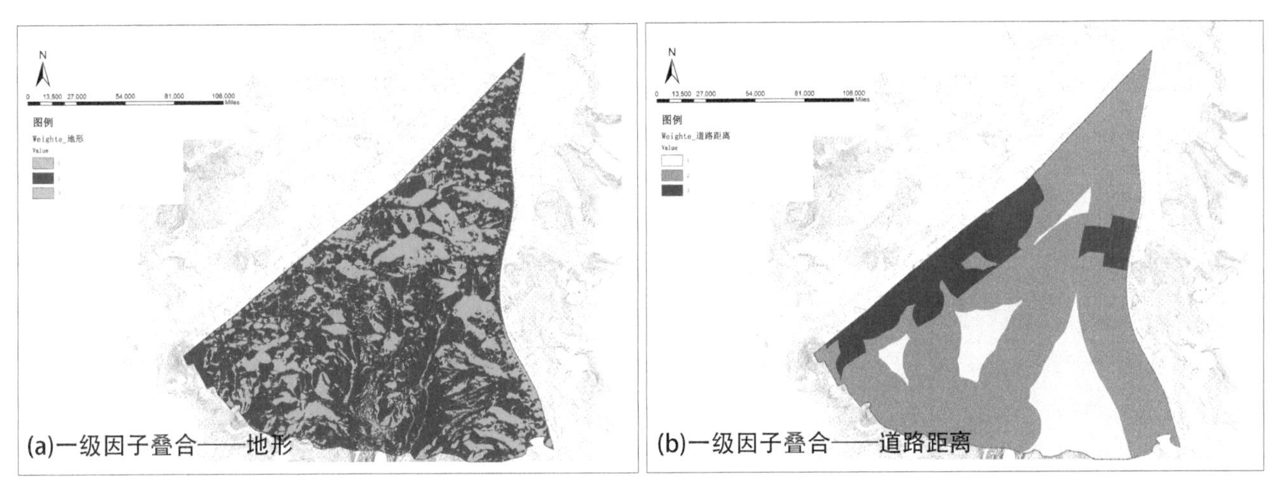

图5-6 牛首山景区北部地区土地利用适宜性评价因子——一级因子分析图

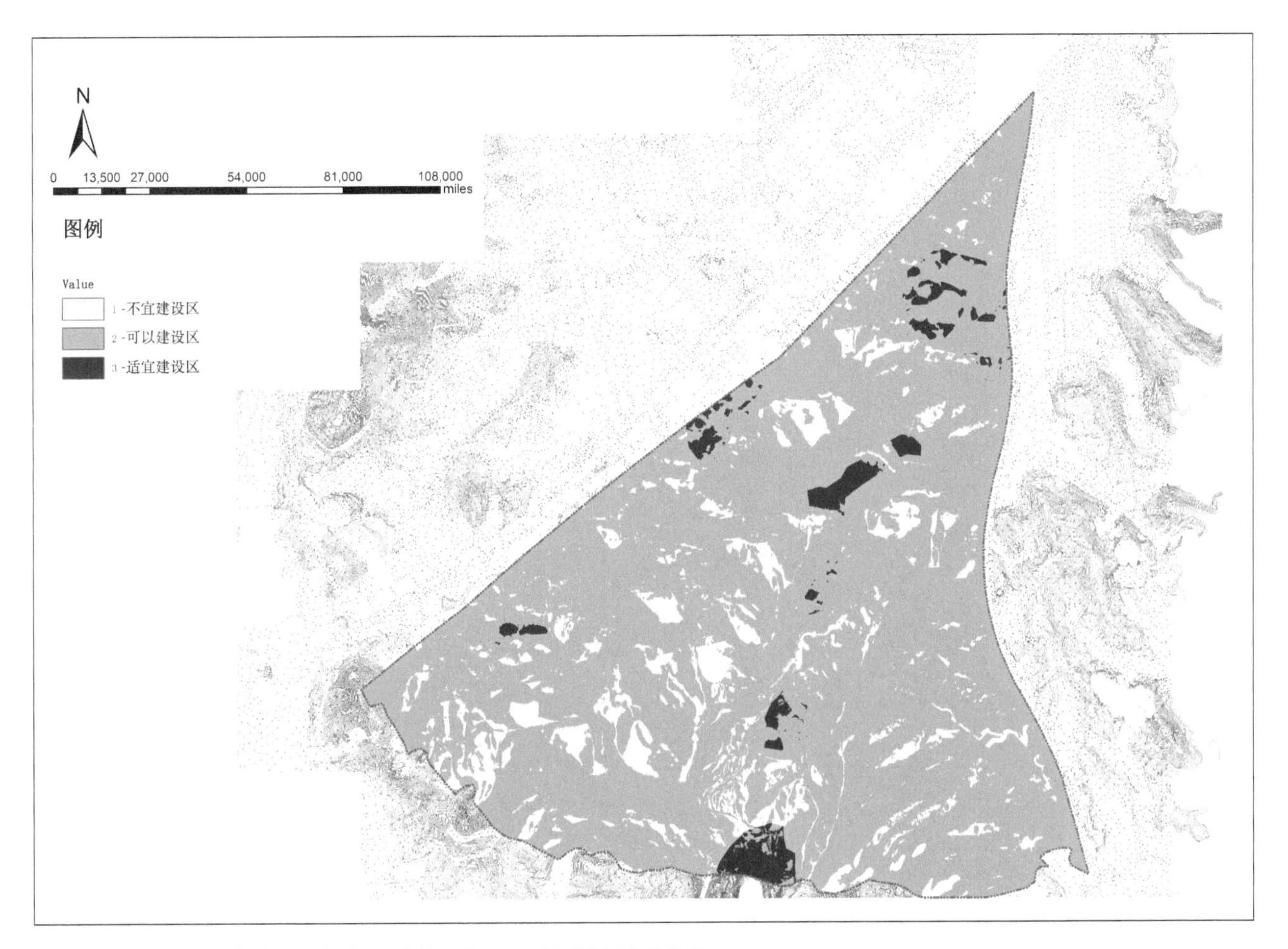

图5-7 牛首山景区北部地区土地利用适宜性评价——土地利用适宜性分区

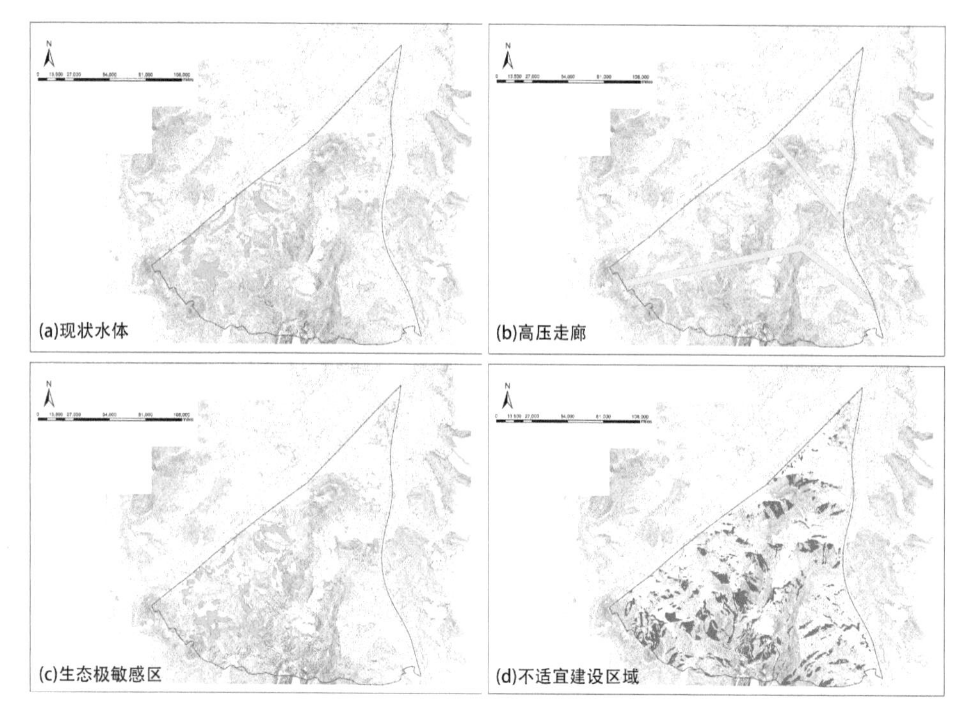

图5-8　剔除的区域

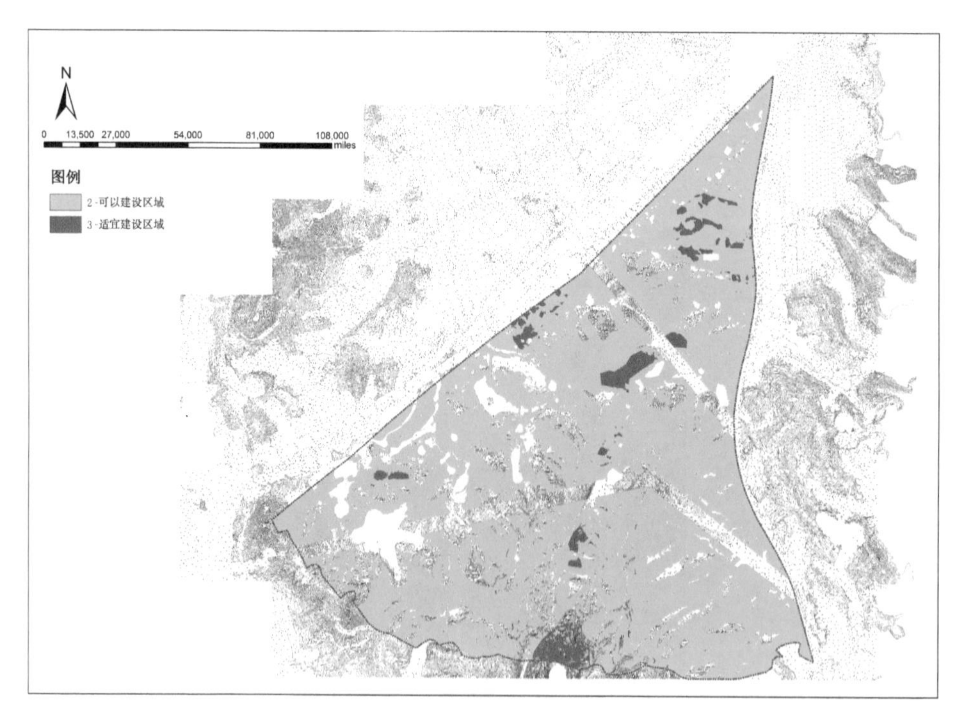

图5-9　牛首山景区北部地区利用适宜性评价——可建设区域

第六章　场地项目定位模型

风景园林规划设计中“项目”即为“景点”，是供游人休憩、游玩的场所。风景园林的项目选址与一般意义上的项目策划与项目选址的内涵及过程有所不同。本章首先阐明了风景园林规划设计项目选址的内涵，进而指出项目定位的价值和意义。项目的定位环节既应确立项目的内容，也需要确定项目的位置。此外，对于项目定位的研究同时包含了定性与定量的内容。由此，本章从项目适宜性评价与项目选址两个部分出发构建了项目定位模型，并结合实例对模型的运用进行了论述。

6.1　项目定位的价值和意义

在对场所条件研究分析的基础上，基于耦合原理的风景园林规划设计过程的第二步就是将各设计要素与场所进行耦合。这一过程是规划总图的初步形成过程，对应于规划分区的建立工作。要素与场所的耦合就是将上一层级的耦合过程中已确立的具体项目建立起与特定场所的对应关系，也就是项目定位。项目的定位包含两层意义：一是具体内容的确立，对应于项目策划；二是项目位置的确定，也就是项目选址。

风景园林项目内容的确立是一个谋划的过程，它不完全等同于当下的旅游策划，在考虑市场的同时还要对现场加以研究。策划不仅要求具有前瞻性，而且应从场所出发对其中可能发生的游憩内容加以预判，找出事物之间的因果联系，为决策提供支撑和依据。风景园林项目的策划工作不是单纯的或者空降的“概念”，而需要结合风景园林规划设计的基本理念，从场所中寻求项目存在的依据，即基于耦合关系研究项目与环境的关联性，最终确立风景园林项目的内容和定位。景园环境中项目的设立需要在考虑上位规划、政府政策等相关导向性要求的同时兼顾旅游的因素，其中包括了旅游市场需求、游人量、目标人群等方面。不仅如此，场所中所蕴含的文化是项目内容确立的重要依据。风景园林项目不是“无本之木”，更非“无源之水”，生长于场所的项目更具合理性与可持续性。将筛选的项目从功能和定位出发加以分类，并结合对场所充分调研后得出的交通、自然资源等相关方面的定性、定量分析，便可以确定设计的分区，这是项目和特定区域间的耦合。

“项目选址”是风景园林规划设计中极其重要的环节，它对应的是前期项目策划后的进一步深化工作。风景园林规划设计寻求与场所间的对应关联，也就是建构“项目与场所的耦合”，它指的是在耦合原理的指导下将适当的项目落在场所中合适的区域，建立项目与场所的互适性。这一耦合过程的实现需建立在对项目的选址要求及场所的分析评价基础之上。传统的风景园林规划设计方法主要是通过实地踏勘、资料收集等途径对设计场所内的风景资源进行分类调查和综合分析，并在此基础上建立对场所的认知。由于风景园林规划设计的尺度不一，传统的认知过程难以建立对场所的地形地貌、水文条件、气候条件、动植物资源等单因子条件形成系统性、整体性认知，因而对生态敏感度、土地利用适宜性及可视性等方面综合、全面、客观的分析存在较大难度，通常依靠设计师的经验加以判断。由此生成的规划项目选址难以避免模糊性、主观性和随意性，也就难以科学、合理、精准地实现在对场所最小化干预的同时达到资源的集约化利用以及设计效果的最优化。地理信息系统（GIS）的发展使得科学分析、评价和管理场所信息成为可能，风景园林规划设计对场所的认知更加科学、合理、精准和完善。

6.2 项目定位模型的构建

项目的定性、选址、规模等特征应当从属于场所，从场所中生发而来的项目具有自然、和谐、共生的特征。“空降”的概念指导下生成的设计作品，不受场所制约而脱离场所性，也就偏离了风景园林的价值所在。“适宜性”一词指的是合适、相称，设计项目与场所的耦合是一个相互的过程，它是项目和场所通过相互作用而彼此影响以至联合，互相适宜。因而“互适”与“耦合”相对应，不仅指项目对场所的适宜，还存在场所对项目的“引导”。风景园林规划设计的项目定位模型包括两个子模型：项目适宜性评价模型和项目选址模型。两个子模型的构建均基于项目与场所的耦合，体现为承继关系：首先，项目定位模型通过对场所既有资源的分析与研究，在综合考虑市场、功能、特色需求的前提下确立适宜于场所的项目内容，体现了“场所－项目”的耦合过程；其次，在项目内容确定的基础上，项目选址模型从特定项目建设的要求出发，在场所中寻求适合于项目的区域，体现了“项目－场所”的耦合过程（图 6–1）。

6.3 子模型一：项目适宜性评价模型

项目适宜性评价模型包含了三个阶段：研究与分析、项目定位、项目选择。首先，研究与分析阶段分别从景园环境的使用层面——游客、管理层面——

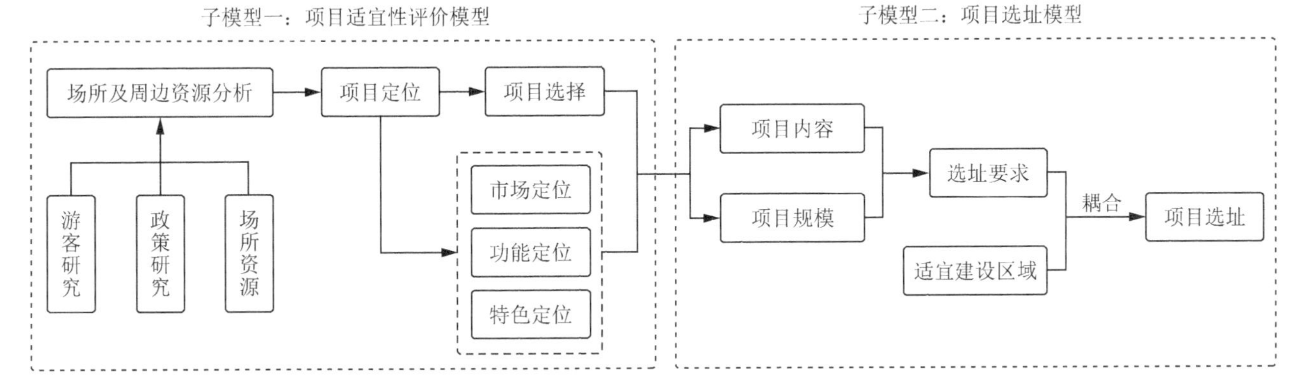

图6-1　风景园林规划设计项目定位模型

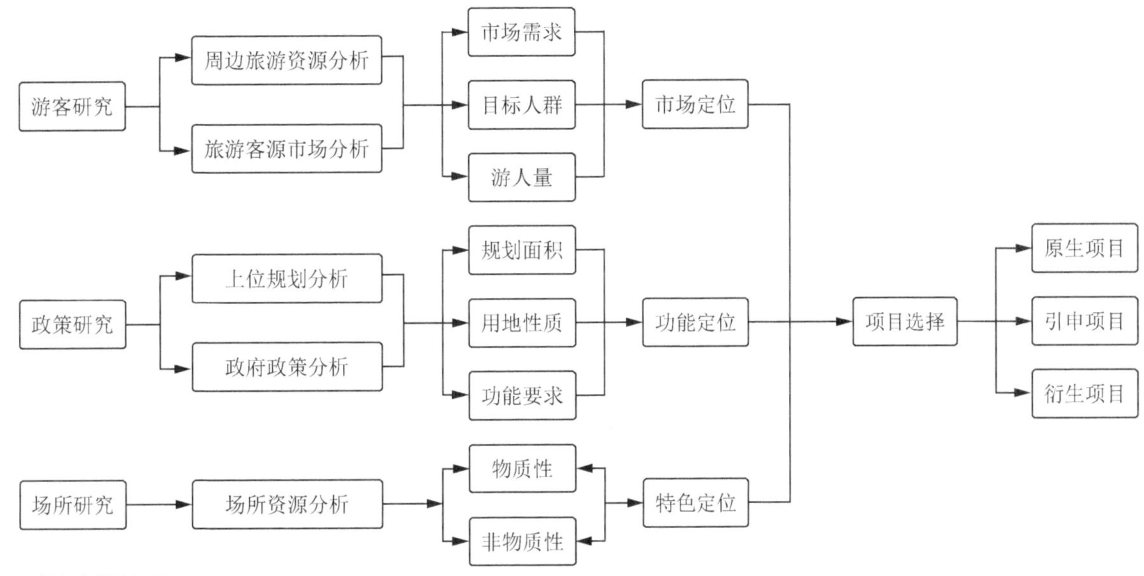

图6-2　风景园林规划设计项目适宜性评价模型

政策、内容层面——场所出发对其中影响项目生成的部分进行分析。如对游客层面的研究包括了对周边旅游资源的分析以及对旅游客源市场的分析，并以此为基础推算设计区域的市场需求、服务的目标人群以及可能的游人量，从而形成对现存及潜在市场的预判，即项目适宜性评价第二阶段中的市场定位。在研究与分析的基础上可基本推测出设计场所建设后所面临的市场情况、承担的功能要求以及拥有的特色。根据项目的市场定位、功能定位以及特色定位，便可生发出众多适宜于特定场所项目。其中，项目内容直接源于场所的为原生的项目，此类项目与场所的关联最为密切；引申项目次之，与场所内容具有一定关联；而衍生项目与场所的关联性最弱（图 6–2）。

6.3.1　项目定位研究

6.3.1.1　市场定位

（1）周边旅游资源分析

风景园林规划设计的场所与周边已建成的景园环境由于距离相近，共享区域内部的自然及人文资源，场所形态、气候条件往往十分相似，因而项目重复的可能性较高。为了防止项目重复建设造成资源的浪费与市场的互相挤压，需要对场所周边的旅游资源进行分析研究。此外，周边某些消极的功能性场所也会对项目的定位产生影响，如殡葬场所、化工厂等通常会对旅游活动的开展造成负面影响。在规划设计时应根据项目情况的不同选择适宜的研究范围，可将视野扩大到场所周边范围，亦可扩展到市域范畴，甚至扩展至区域范围展开旅游资源的研究。

（2）旅游客源市场分析

由于景园环境的服务性特征，作为活动的主体，客源及游人量是设计中必须考虑的要素。不仅仅与经济方面密切相关，更重要的是对环境容量的控制。《风景名胜区总体规划标准》（GB/T 50298–2018）中明确指出：客源分析与游人发展规模预测应分析客源地的游人数量与结构、时空分布、出游规律、消费状况等，以及客源市场发展方向和发展目标[1]（图 6–3）。

图6–3 客源分析（南京紫清湖生态旅游度假区规划设计）
引自：成玉宁工作室资料

1.3.2旅游客源市场分析

1.3.2.1市场需求

据统计，游客在度假住宿时更多地会选择经济型品牌酒店和星级酒店，较多人会选择度假别墅和农家旅馆。游客出游时主要目的是观光、娱乐和度假。旅游目的地出行距离与消费支出呈抛物线关系。

① 0~1000km内消费增长最快，属于一级市场；
② 1000~2000km内基本稳定，属于二级市场；
③ 大于2000km消费减少，属于三级市场。

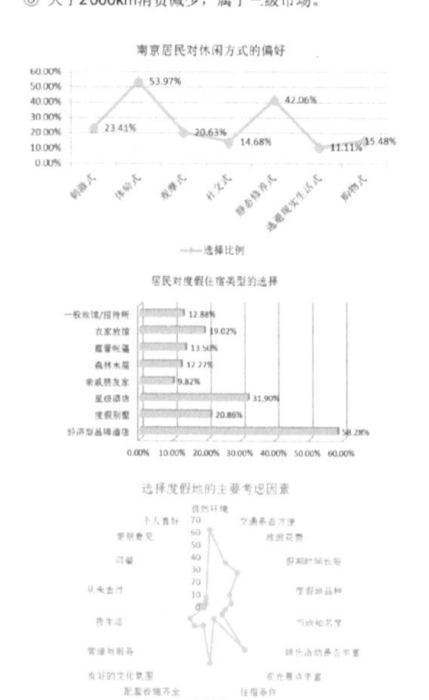

小结：
① 游客对娱乐观光休闲类的景区市场需求量大；
② 游客对以体验式与静态修养式为主题的景点需求量大；
③ 游客对风景优美、价格实惠的景区住宿设施需求量较大；
④ 游客汤山潜在的客源市场主要是一级和二级市场。

1.3.2.2目标人群

旅客来源：

南京市景区的旅客除了南京本地市民之外，大多数来自于南京市周边的经济发达城市包括上海、苏州、无锡和常州等。

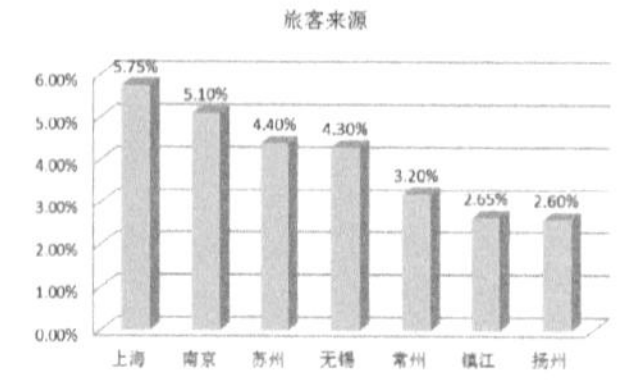

旅客年龄分布：

中青年是旅客的主要组成部分。越年轻的旅客度假频次越高，中老年的旅客度假频次减少，但老年旅客相较于中年旅客度假频次略高。年轻人比年老者更趋向于参加旅游活动。

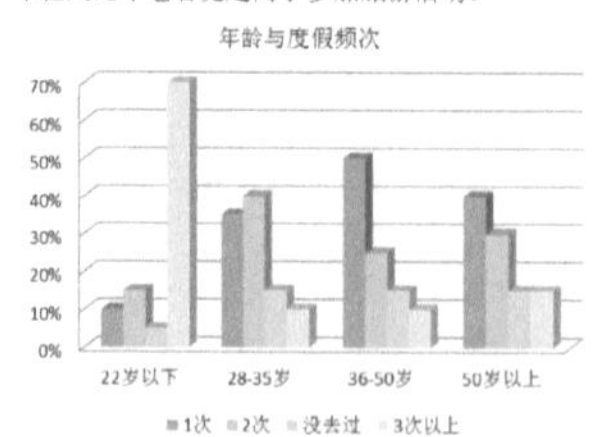

旅客职业构成：

旅客主要以学生为主，干部与技术人员其次。因此场地需要考虑到学生的需求。

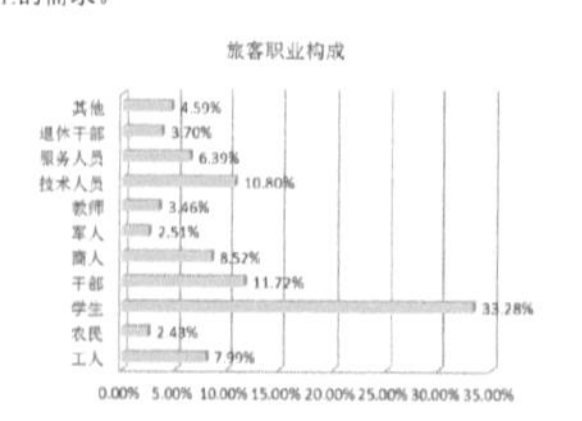

时间安排：

游客外出度假选择的时间段主要是带薪休假日、双休日、国庆前后与五一前后，以时间较长的节假日为主。在外旅游停留时间一般为2~5天，以2~3天最多，3~5天其次。

旅客消费水平：

游客们外出旅游的消费水平主要在150-399元之间，400-999元其次。大多数游客所能接受的旅游消费水平在中低程度。

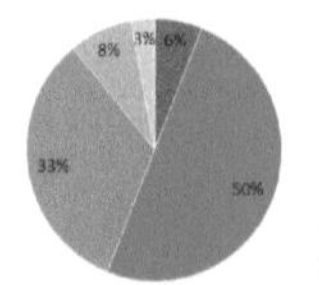

1.3.2.3游人量

2010年，南京市主要旅游景区共接待游客9139万人次。国庆期间，汤山共计接待游客19.97万人次，实现旅游综合收入8500万元。综合面积法及卡口法估计，场地内日均最高游人量为1.8万人，日平均1.2万人。

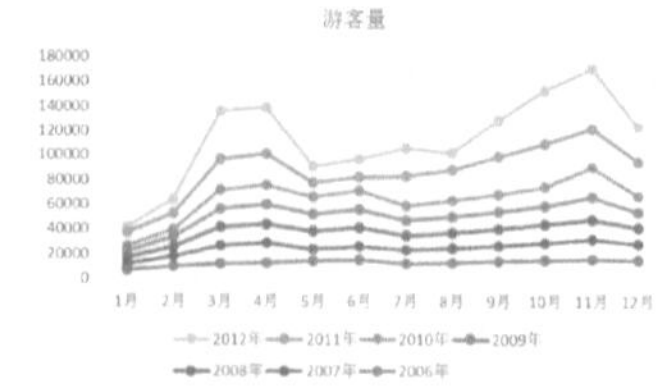

总结：
① 休闲娱乐类旅游景点的需求依旧很大；
② 年轻游客是场地消费人群的主体；
③ 增设特色景点，考虑伙伴朋友间结伴出游与家庭成员出游的一些特殊需求，吸引中老年游客；
④ 场地内的住宿设施需要考虑到经济适应性，也可适当点缀一些高端的消费场所。

1 国家质量技术监督局，中华人民共和国住房和城乡建设部. 风景名胜区总体规划标准（GB/T 50298–2018）[S]. 北京：中国建筑工业出版社，2018：24

6.3.1.2 功能定位

（1）上位规划分析

上位规划体现了政府的发展战略和发展要求，代表了区域整体利益和长远利益，同时具有法定效力。上位规划是任何下一层级规划制定时必须参考与执行的文件，风景园林规划设计也不例外。对于风景园林规划设计而言，上位规划的分析与研究能够帮助明确场所所处的区位特征、与周边地块的关系、交通情况，还体现了场所的用地性质，以及在城市或者区域中承担的功能等。以上均为风景园林规划设计工作开展的前提与必要条件。

（2）相关政策分析

相关政策指的是与规划设计范围有关的政府导向性政策，譬如，为了推进生态文明建设而出台的政策法规、对旅游产业的引导性政策等。政策反映了政府的决策与发展意向，对规划设计的开展具有较强的指导意义，对项目的定位具有一定的影响。因而，对相关政策的分析是前期分析与研究需要关注的重点之一。

6.3.1.3 特色定位

（1）物质性资源分析

物质性资源指的是场所中具有特色的物质实体，包括自然运动及人类活动的痕迹，如地形地貌特征、动植物资源特征、文物遗存等。物质性的资源依托于实体存在，可直接转化为休闲旅游资源，是场所特色的重要组成部分。

（2）非物质性资源分析

非物质性资源的特点在于没有定向的物质性载体，需要依托于载体被人们所感知，主要包括人类文化的积淀，如故事传说、民俗民情等。非物质性的资源是人类智慧的结晶，场所中的此类资源往往为场所独有，具有鲜明的特色。因此，对非物质资源的解读与表达是形成场所特色的有效途径。以南京牛首山景区北部地区为例，作为金陵四十八景之一的“牛首烟岚”自古便是该区域的自然景观特色，同时还蕴含着以牛头禅为代表的禅宗文化所生成的人文景观特色。在设计中便紧扣以上两项非物质性特色资源进行休闲旅游项目的策划，打造自然景观及人文景观相结合的风景旅游度假区。

6.3.2 项目与场所容人量分析

《风景名胜区条例》（2006）规定了风景名胜区总体规划应当测算风景名胜区的游客容量。《风景名胜区总体规划标准》（GB/T 50298–2018）中指出：旅游服务设施应依据风景区、景区、景点的性质与功能、游人规模与结构，以及用地、淡水、环境等条件确定[2]。《风景名胜区总体规划标准》(GB/T 50298-2018)还给出了生态环境容人量的测算公式：生态环境容人量 = 总面积 × 单位规模指标（表 6-1）。依据该公式可对景园环境的容人量作出大致的推算。需要注意的是总面积为可用于游憩的用地面积，对应于经过生态敏感性评价与土地利用适宜性评价之后得出的可建设面积。场所容人量的估算之于项目规模确定环节有着重要的意义。在项目规模确定后应将各项目所能够容纳的游客量与容人量反向耦合，通过调整与优化保证两者基本契合。由此看出，场所容人量的估算对应整个场所中项目的确立及选址有着指导性的作用。

表6-1　游憩用地生态容量

用地类型	允许容人量和用地指标	
	（人 /hm²）	（m² / 人）
（1）针叶林地	2~3	5 000~3 300
（2）阔叶林地	4~8	2 500~1 250
（3）森林公园	＜ 15~20	＞ 660~500
（4）疏林草地	20~25	500~400
（5）草地公园	＜ 70	＞ 140
（6）城镇公园	30~200	330~50
（7）专用浴场	＜ 500	＞ 20
（8）浴场水域	1 000~2 000	20~10
（9）浴场沙滩	1 000~2 000	10~5

引自：《风景名胜区总体规划标准》(GB/T 50298-2018)

6.3.3　适宜项目的选择

6.3.3.1　选择的原则

通过前期的研究与分析，发展出原生项目、引申项目和衍生项目三类适合于场所的项目。但不可能所有的项目均在场所中“落地”，因此需要对初步确定的项目进行筛选。由于初步的项目由定性的判断与分析而得出，所以此次筛选主要从项目的内容出发，对项目之于场所的适宜程度进行判别。筛选的原则如下：

（1）积极性

积极性指的是项目内容所具备的积极意义，如符合可持续的观念、不违背法律法规、体现生态建设的需要等。《风景名胜区条例》(2006)与《风景名胜区总体规划标准》(GB/T 50298-2018)，均列举了适合项目的内容，笔者已

2 国家质量技术监督局，中华人民共和国住房和城乡建设部．风景名胜区总体规划标准（GB/T 50298-2018）[S]. 北京：中国建筑工业出版社，2018：24

于第三章中进行了列举，因此不再赘述。景园环境的项目选择可参照以上两项法规执行。

（2）主题性

具有主题性的项目能够围绕场所主题展开，烘托场所氛围，有助于形成场所特色。场所中的项目不应当是离散存在的，而是相互关联。场所的主题便是将项目紧密联系的关键。如此设置项目使得场所更具凝聚力，特色也愈加鲜明。

（3）原发性

原发性描述的是直接从场所中生发而来的项目，一般指原生项目。此类项目具有的独特性与场所性使之能够与场所在极大程度上耦合。作为最能够反映场所特质性的项目，原生项目应当在场所中占据主要部分。

6.3.3.2 项目的定位

项目的定位以调查、分析为基础，不仅是对项目内容的策划，还应对项目所承担的功能进行预判断。表 6–2 是对项目适宜性评价模型最终成果的反映，展示了项目类型、项目编号、项目名称、项目定位、建设指标、建设风格以及功能区分配等内容，共七大项十一分项，详细反映了场所中项目的情况。其中，项目类型是总图功能分区的雏形，类型、功能相似的项目属于同一项目类型。项目定位反映了项目在场所中将要承担的功能。在调查研究的基础上，基于项目的内容及性质对项目的规模进行了预判，提出了建设指标，细分为建筑面积、用地面积、建筑层数、建筑形式四项定量及定性的指标。建设指标与项目选址环节直接关联，为选址提出了要求。功能区分配列出了建设项目的功能面积分配情况，可基于面积使用情况测算该项目的容人量，是场所中项目整体容人量的组成部分。

“项目定位及功能预判表”（表 6–2）将前期的研究工作以定性、定量的方式呈现，是基于耦合原理的风景园林规划设计过程的阶段性成果，既是对上一阶段研究的总结与表达，也是下一阶段工作的前提。作为系统过程的一个环节，起到了承上启下的作用。根据《风景名胜区总体规划标准》（GB/T 50298–2018），在建筑景观规划中，要维护一切有价值的原有建筑及其环境，各类新建筑要服从景园环境的整体需求，建筑的相地立基要顺应和利用原有地形，对各类建筑的性质功能、内容与规模、标准与档次、位置与高度、体量与体形、色彩与风格等，均应有明确的分区分级控制措施[3]。建设指标的确定还需要综合考虑分区控制的要求，在综合协调的基础上进行判断。

---

3 国家质量技术监督局，中华人民共和国住房和城乡建设部．风景名胜区总体规划标准（GB/T 50298–2018）[S]. 北京：中国建筑工业出版社，2018：22

表6-2　项目定位及功能预判表

项目类型	项目编号	项目名称	项目定位		建设指标				建设风格	功能区分配
			项目功能	目标人群	建筑面积（㎡）	用地面积（㎡）	建筑层数	建筑形式		
禅修区	A-1	静怡山房	养生、修禅	追求高品质享受、心灵沉静的现代人群	600	1 500	1	合院	具有禅意元素的现代建筑	餐饮 100 m^2，住宿 300 m^2，公共 200 m^2
	A-2	素斋馆	餐饮	所有人群	1 500	1 800	2	独栋	仿明式古建筑	餐饮 700 m^2，后勤 700 m^2，公共 600 m^2，管理 100 m^2
	A-3	涤心池	户外瑜伽	寻求压力舒缓的商务人群	—	700	—	—	—	—
养生区	B-1	养心汤	药浴、推拿	中度亚健康人群	1 300	2 000	1~2	组合	木构现代建筑	汤池 400m^2，推拿房 300 m^2，休息区 250 m^2，配套区 350 m^2
	B-2	花漾坊	美体SPA	都市女性人群	500	700	1	独栋	木构现代建筑	SPA 200 m^2，按摩区 150 m^2，休息区 50 m^2，公共 100 m^2
乐活区	C-1	喜乐园	游乐、休闲	年轻人、儿童	5 000	8 000	3	独栋	现代建筑	游乐区 2 000 m^2，休息区 300 m^2，影院 600 m^2，简餐 500 m^2，后勤 400 m^2，公共 1 000 m^2，管理 200 m^2
	C-2	茗香茶馆	品茶、茶叶DIY	所有人群	700	3 000	1~2	合院	具有禅意元素的现代建筑	茶艺展示 100 m^2，品茶区 300 m^2，茶叶制作 200 m^2，公共 100 m^2

6.4　子模型二：项目选址模型

项目选址模型为项目定位模型的子模型之一，与项目适宜性评价模型有着密切的联系。该模型将项目适宜性评价模型运行所得出的定量条件作为部分参数输入，与场所进行耦合，最终得出项目的具体选址。

6.4.1　项目选址模型构建

项目选址的核心在于建立场所特征和项目设计的要点之间的耦合关联，以实现对选址区域的筛选。项目选址要求与场所条件的互适反映在两者的耦合过程之中。除项目适宜性评价过程中提出的建设指标之外，项目选址要求还包括了某一项目对于相对高程、坡度、坡向等地形地貌资源、交通等配套资源，以及水体、植被等环境资源的要求。表 6-3 列举了通常情况下的项目选址要求，一共分为三种类型、十六项要求。

（1）空间要求

空间要求包括了相对高程、坡度、坡向三项，是项目对于场所中所处空间位置的要求。以坡度为例，一般而言，不宜在地形起伏过大、坡度过于陡峭的区域进行建设活动。而景园环境中某些特殊的观景建筑恰恰需要建设于陡峭的山崖之上，该建筑便可通过提出坡度的要求进而限定选址的范围。

（2）功能要求

功能要求涵盖了四个方面：用地面积、建筑面积、建筑高度、交通，反映了项目对于建设地块的要求。其中的用地面积、建筑面积在上一环节的研究中便已得出。建筑高度是针对景园环境中的建筑限高区域而言。倘若某一区域限高为 6 m，而某项目供眺望之用，建筑高度预判为 18 m，则限高 6 m 的区域将从可供选择的地块中排除。

（3）特殊要求

特殊要求的提出体现了景园环境建设项目的特点，细分为水体资源、植被资源、文化资源、视域及私密性五项要求。景园环境中，滨水建筑为常见的建筑类型，此类建筑对水体有一定要求，需要紧邻水体进行建设，由此生成了对滨水距离的选址要求。

以上要求即为选址模型中的参数，根据不同项目的特点，通过参数的调整可得到不同的选址结果。项目选址模型依托于 ArcGIS 软件平台，选址要求作为参数输入，所有的选址操作均于该平台中完成。

由生态敏感性评价与土地利用适宜性评价得出的可建设区域为选址操作的基本区域。表 6-3 详细列出了项目的诸项选址要求，项目选址模型的运行

表6-3 项目选址要求统计表

项目类型	项目编号	项目名称	空间要求			功能要求				特殊要求								
										水体资源			植被资源		文化资源		私密性	视域
			高程（m）	坡度（%）	坡向	建筑面积（m²）	用地面积（m²）	建筑高度（m）	交通	类型	面积（m²）	距离（m）	类型	植被密度	类型	距离（m）		
禅修	A-1	静怡山房	20~50	10~30	南、东南	600	1 500	＜ 6	距一般性道路大于 200 m	一般湖池	＞ 500	＜ 10	竹林	一般	—	—	较好	良好
	A-2	素斋馆	＜ 10	＜ 5	—	1 500	1 800	＜ 9	距城市干道小于 200 m	—	—	—	—	—	—	—	一般	一般
	A-3	涤心池	50~100	＜ 5	南	—	700	—	距一般性道路大于 200 m	一般湖池	500–1 000	＜ 50	混交林	较好	—	—	良好	良好
养生	B-1	养心汤	＜ 50	＜ 10	—	1 300	2 000	＜ 6	距一般性道路大于 100 m	温泉	—	＜ 10	混交林	一般	温泉文化	＜ 100	良好	较好
	B-2	花漾坊	—	＜ 5	—	500	700	＜ 6	距城市干道小于 100 m	温泉	—	＜ 11	—	—	—	—	良好	一般
乐活	C-1	喜乐园	＜ 10	＜ 6	—	5 000	8 000	＜ 12	距城市干道小于 50 m	—	—	—	—	—	—	—	一般	一般
	C-2	茗香茶馆	＜ 50	＜ 10	南、东南	700	3 000	＜ 6	距一般性道路小于 100 m	—	—	—	茶园	良好	茶文化	＜ 50	一般	较好

依据项目选址要求，以可建设区域为基础，逐步扣除限制性区域，进而筛选出符合项目特殊要求的初步选址区域。需要注意的是，选址要求即为限制性的条件，所提条件越多对应的地块越少。因此，存在一次选址难以满足要求的情况。如若初步选址所得到的地块面积难以满足项目选址的要求，则对项目适宜性评价模型形成反馈，在进行选址条件的优化后重新进行选址，直至得出符合条件的地块。由于风景园林规划设计项目具有整体性，因而需要场所内诸项目之间的协调和选址的统一优化，最终得出初步的规划总图和对应的功能分区（图 6–4）。

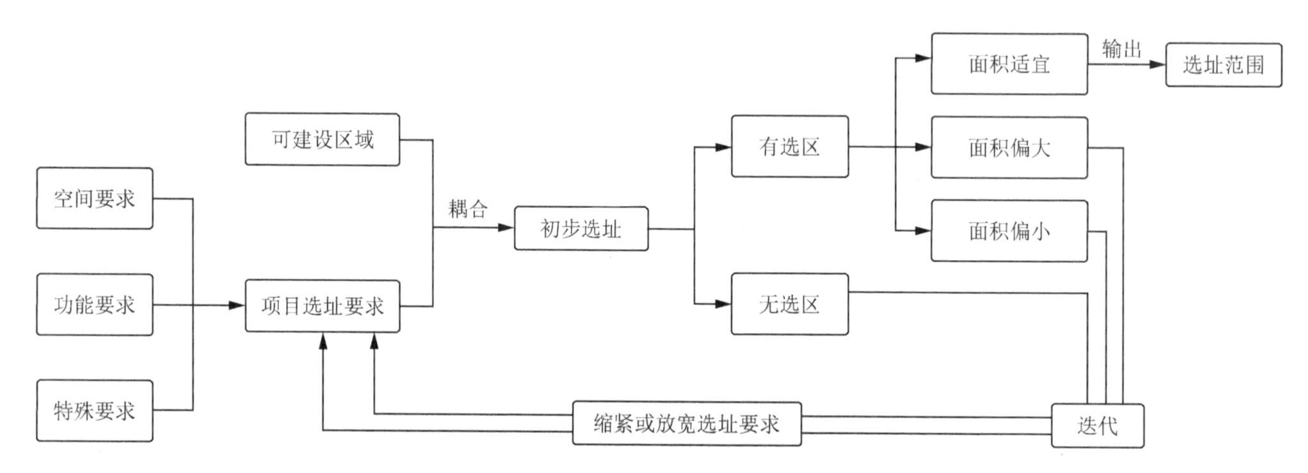

图6–4　风景园林规划设计参数化项目选址模型

6.4.2　项目选址模型的运用

项目选址模型具有较强的可操作性与实用性，笔者以南京牛首山景区北部地区为例，选取建设项目“静怡山房”为案例，对项目选址模型的运用进行论述。

6.4.2.1　选址要求的确定

案例“静怡山房”属于禅修区，主要功能为养生、修禅，面向追求高品质享受、心灵沉静的现代人群。通过项目适宜性分析环节，已初步得出“静怡山房”所需的建筑面积及用地面积，在此基础上需要根据项目特点进行选址要求的深化与细化工作，为选址提供较为详细的限制条件。表 6–4 为“静怡山房”的初步选址要求。首先，项目所处高程不宜过低，以体现“山房”的性格特点，同时坡度要求可适当放宽，而作为修禅之所，坡向以面南、西南为宜；其次，由于观景、眺望不是其主要功能，且风景建筑高度不宜过高，故限定为 6 m 及以下；再次，该项目主要面对的是舒缓压力的城市人群，供其休养、静心之用，不仅需要安静的环境，而且对可达性无特殊要求，距一般性道路 200 m 以上、城市干道 500 m 以上即可；最后，开阔的水面能够为禅修之人提供良好的修行环境，故而提出适当的水体资源要求。

表6-4 “静怡山房”初步选址要求

项目类型	项目编号	项目名称	空间要求			功能要求				特殊要求		
										水体资源		
			高程（m）	坡度（%）	坡向	建筑面积（m^2）	用地面积（m^2）	建筑高度（m）	交通	类型	面积（m^2）	距离（m）
禅修	A-1	静怡山房	20~50	10~30	南、西南	600	1 500	＜6	距一般性道路大于200 m，距城市干道大于500 m	一般湖池	＞1 000	＜50

6.4.2.2 初步选址的生成与反馈

依据“静怡山房”的初步选址要求，利用ArcGIS软件进行基础图纸的制作，并根据单项要求进行地块的筛选工作。图6-5中五幅图纸分别对应于高程、坡度、坡向、水体、交通五项选址要求，分别展示了场所中满足要求的区域范围。

将以上图纸等权重叠合，便可得到满足五项选址要求的地块。如图6-6所示，场所中仅有极少数区域能够全部符合“静怡山房”初步选址要求。表6-5为该次选址结果地块的面积统计。初步选址结果为17个地块，其中最大面积约为896 m^2，最小面积的地块仅有0.68 m^2。将该结果与“静怡山房”选址要求中的用地面积进行比对，可发现，无一地块满足选址要求。由于选址结果与预期面积相比普遍偏小，故而应放宽选址条件进行二次选址。

表6-5 “静怡山房”初步选址地块面积统计

序号（OBJECTID）	周长（Shape_Leng）（m）	面积（Shape_Area）（m^2）
1	62.23659542780	66.50884323500
2	3.77287329356	0.68466384569
3	60.19178289540	202.61268553000
4	3.77287329356	0.68466384569
5	9.14679273883	3.80629817210
6	38.36872562000	42.54413876030
7	3.77287329356	0.68466384569
8	134.24290191800	895.65831140300
9	7.58702791007	2.06419514352
10	3.77288662329	0.68466906925
11	62.56724130750	153.76639577200
12	96.54591709220	351.50597191000
13	11.92319454530	7.01682037348
14	23.19073553740	28.29490757870
15	3.77287329356	0.68466384569
16	4.00000000000	1.00000000000
17	32.78068986300	59.60169944630

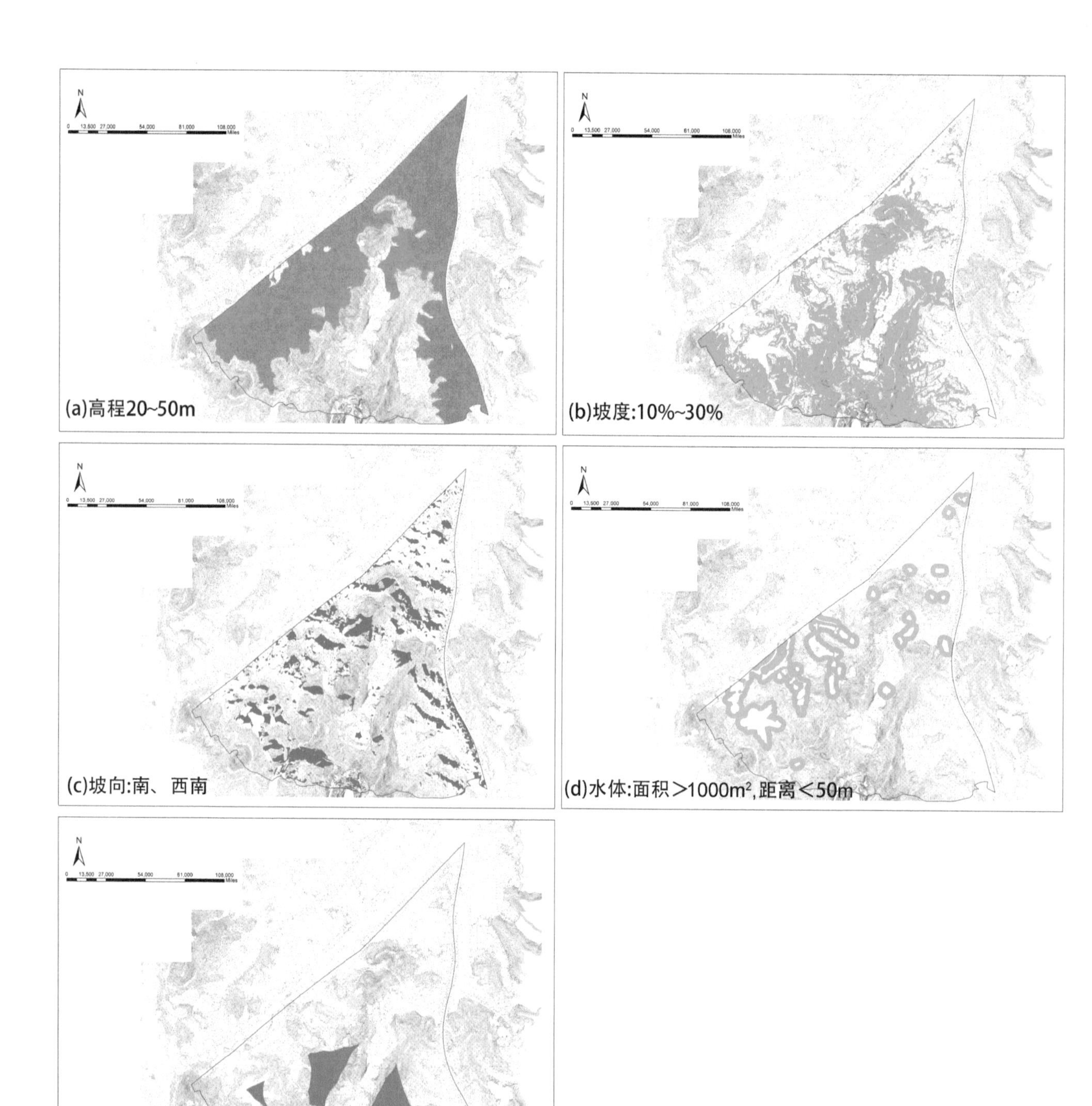

图6-5 “静怡山房”初步选址过程

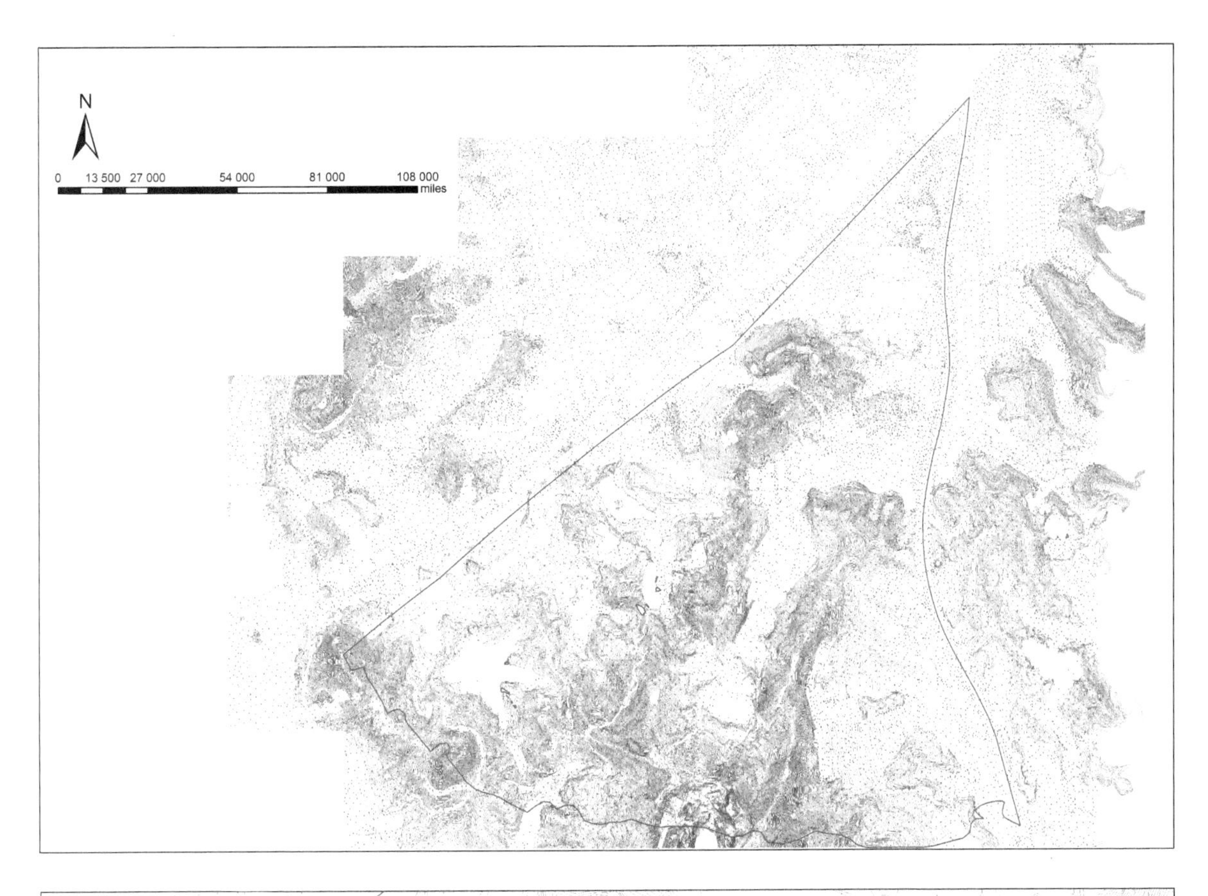

图6–6 “静怡山房”初步选址结果

6.4.2.3 二次选址的生成

选址的过程如同按图索骥，施加的选址条件越多，得到的结果越少，选址结果难以满足项目选址要求的概率越大，反之亦然。选址结果不满足项目选址要求，就需要放宽或紧缩选址条件，重新筛选适宜的地块。表 6–6 展示了“静怡山房”二次选址要求，放宽了选址对于高程范围、坡向、交通以及水体资源的要求。

表6–6 “静怡山房”二次选址要求

项目类型	项目编号	项目名称	空间要求			功能要求				特殊要求		
										水体资源		
			高程（m）	坡度（%）	坡向	建筑面积（m^2）	用地面积（m^2）	建筑高度（m）	交通	类型	面积（m^2）	距离（m）
禅修	A–1	静怡山房	20~70	10~30	南、西南、东南	600	1 500	＜ 6	距一般性道路大于 100 m，距城市干道大于 400 m	一般湖池	＞ 1 000	＜ 100

二次选址的过程同初步选址，仍利用 ArcGIS 软件制作满足单项选址要求的图纸。由图 6–7 可看出，随着选址要求的放宽，满足要求的高程范围、水体缓冲区域、距道路要求的范围较之初步选址有了明显的扩大。将以上图纸无权重叠合即可得到图 6–8 所示的二次选址结果。此次选址结果地块有了显著的增加，集中于场所西侧现状水系较为发达的区域。

“静怡山房”二次选址结果地块均为理想状态下的可能性用地，还需要与前阶段得出的可建设区域进行叠合与筛选，得出符合建设条件的地块集。图 6–9（c）展示了经过筛选后的地块，约略浏览地块的统计表可以发现，满足“静怡山房”用地面积要求的地块数量较多，由此判断该次选址存在符合要求的结果。利用 ArcGIS 软件筛选面积大于 1 500 m^2 的地块得到如图 6–10 所示结果。二次选址共有 6 块场地符合“静怡山房”选址的要求，其中，面积最大的约为 6 342 m^2，最小的约为 1 674 m^2（表 6–7）。

表6–7 备选用地情况统计

序号（OBJECTID）	编号 ID	栅格值（Gridcode）	周长（Shape_Leng）（m）	面积（Shape_Area）（m^2）
1	22	10	348.93327290900	2027.20060802000
2	39	10	194.32297990200	1674.51898669 000
3	54	10	388.24733228600	1710.68169177 000
4	92	10	279.48312638400	2516.83282095 000
5	95	10	548.35573322900	6342.33266278 000
6	111	10	1142.43395376000	5439.58287053000

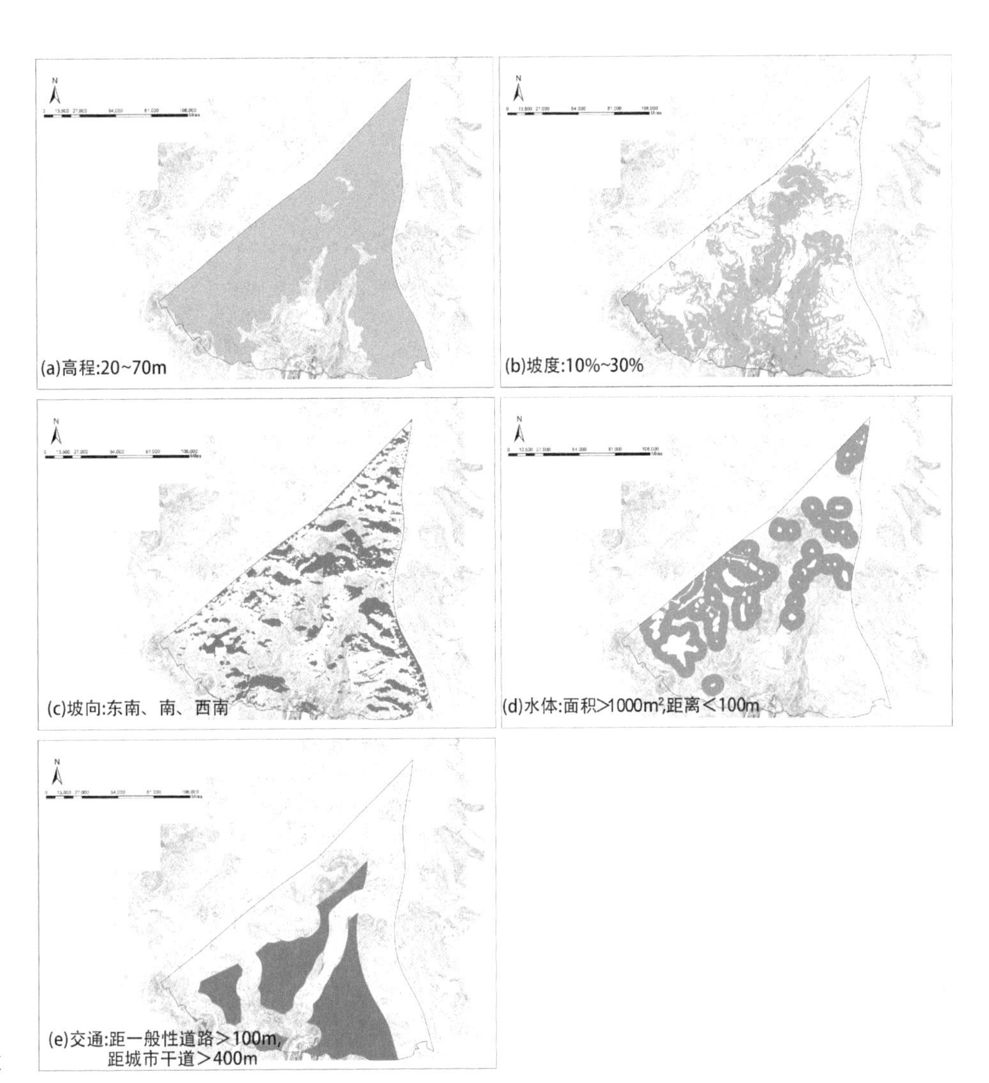

图6-7 “静怡山房”二次选址参数

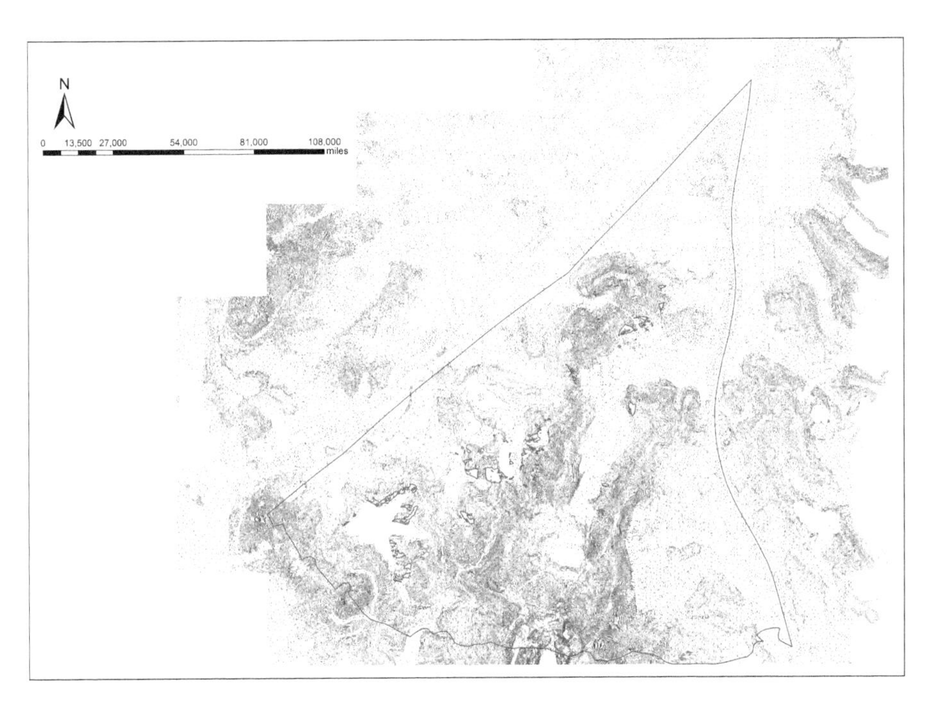

图6-8 “静怡山房”二次选址结果

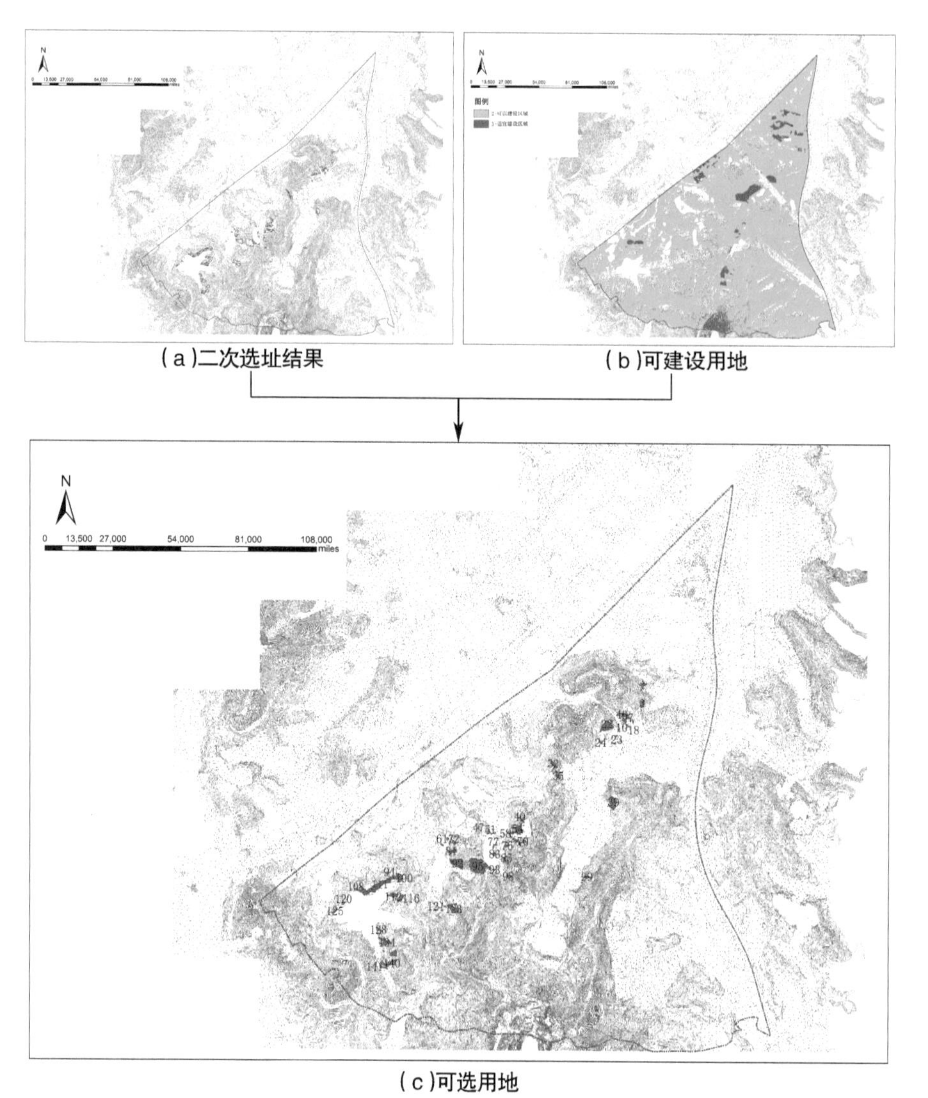

(a)二次选址结果

(b)可建设用地

(c)可选用地

图6-9 "静怡山房"可选用地的生成(可选用地面积统计详见附录)

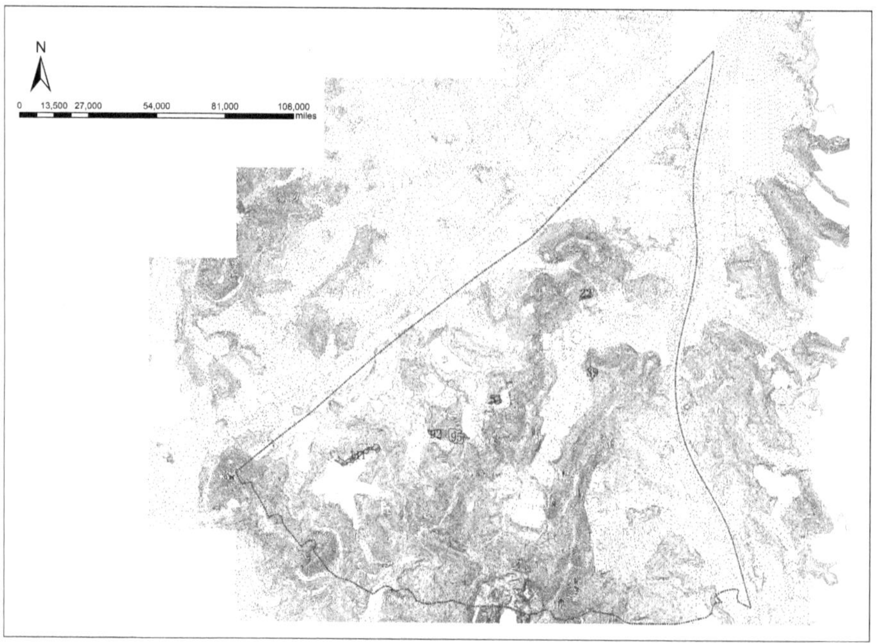

图6-10 用地筛选结果(面积>1 500m^2)

6.4.2.4 功能分区的形成

某项目最终选址的确定需要经过综合的统调，原因有以下几点：第一，二次选址结束后，存在数个满足选址要求的地块。第二，由于选址要求类似，会出现两个或多个项目选址重叠或部分重叠的情况。第三，共享主题的项目选址若相隔较远，则容易造成主题的离散，不利于功能分区的形成。据此，项目之间的统调是项目选址最终确定所必须进行的环节，需待所有项目选址工作完成后进行。图 6–11 展示了功能分区的形成过程，属同一项目主题的项目选址工作完成后，需要设计师将其叠加、筛选与综合判断，确定各项目的最终建设地块。第四，依次进行所有项目主题的选址确定工作。第五，将各个分区叠加，统一进行调整与优化，生成功能分区。

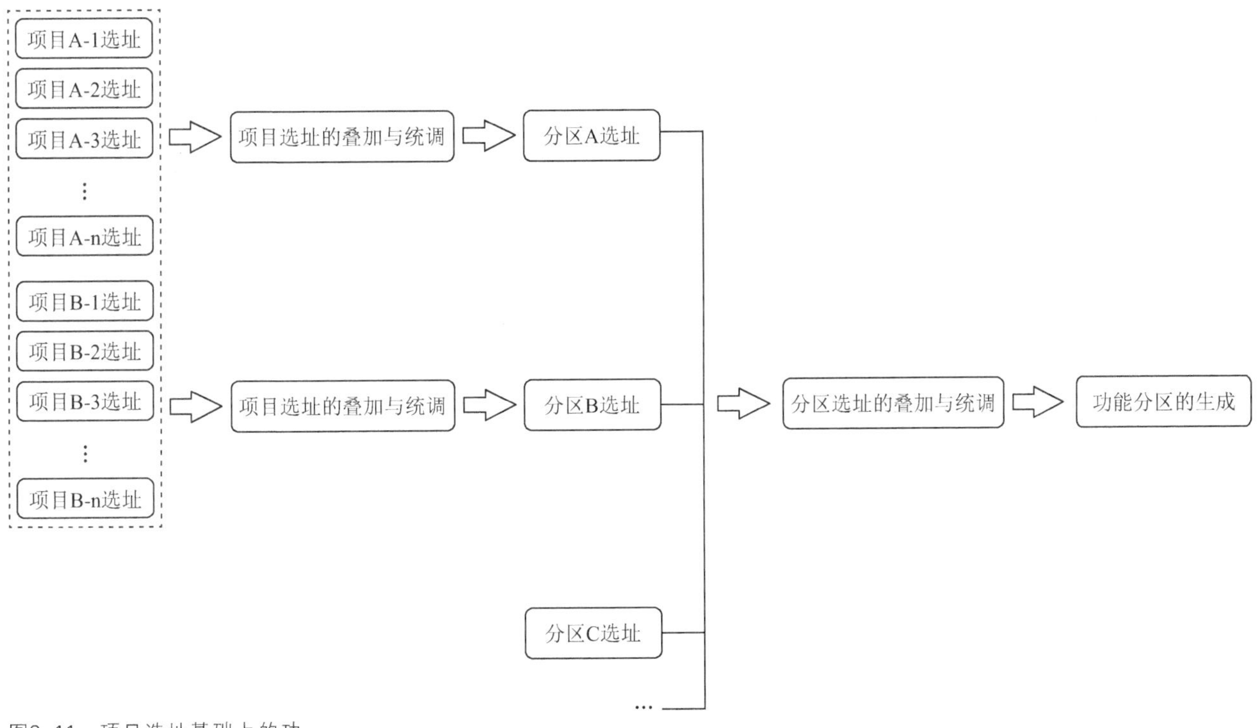

图6–11 项目选址基础上的功能分区生成过程

第七章　景园环境道路选线模型

道路是景园环境的必然组成要素，承担着交通运输等功能。道路的选线即在综合考虑地形地貌、水文、植被、土壤、土方等多方面因素的基础上，在规划范围内通过比选确定合理的道路路线。由于景园环境及区域内道路的特殊性，不可照搬一般公路及城市道路选线的要求及方法。本章在讨论了风景园林规划设计中道路选线特点与意义的基础上，梳理了道路选线方法的进展历程；论述了基于 ArcGIS 软件平台的道路选线算法，构建了参数化风景园林规划设计道路选线模型，通过对成本距离算法与路径距离算法及参数的比选，探讨适宜于风景园林规划设计的道路选线算法及参数，并以结合实例加以进一步的论证。

7.1　景园环境的道路选线

7.1.1　道路体系之于景园环境

景园环境的道路交通分为对外交通和内部交通。对外交通起到联系景园环境与外围环境的作用，也承担着向景园环境输送客源的功能。景园环境的内部交通串联了各个功能区块，不仅是容纳游人的空间，还能够对人流进行引导和分配。《风景名胜区总体规划标准》（GB/T 50298-2018）中对风景名胜区内部交通及道路的规划提出要求：合理利用地形，因地制宜地选线，同所处景观环境相结合；合理组织风景游赏，有利于引导和疏散游人；避让景观与生态敏感地段，难以避让的应采取有效防护、遮蔽等措施；避免深挖高填。景园环境的内部交通不追求捷径，而是需要与各景观节点形成良好的串联关系，既是连接各景观节点的纽带，也是彰显景观环境的重要线索。景园环境的道路以景观节点为线路控制点，结合地形地貌特征及交通方式的要求，通过综合的比选形成合理的网络系统。

7.1.2　风景园林规划设计中道路选线述要

由于景园环境多位于山地、丘陵、湖泊等自然资源良好、景色优美的区域，一般来说地形地貌较为复杂，且涉及生态敏感区域。因而，景园环境道路的整体布局应当与自然地形地貌相契合，线形应灵活多变，结合场所条件可适当弯曲、起伏。尽量避免过大的土方工程，减少对景园环境的人为扰动，特别是对生态敏感区域的干扰。因地制宜而设的道路往往能够为游人创造良好空间景观效果，提供较好的观景视域，同时与场所景观特点相适应，与周围环境融为一体，成为景园环境的一部分。《公园设计规范》(GB 51192-2016)中第6.1.4条中对园路线形设计作出了下列规定：

①园路与地形、水体、植物、建筑物、铺装场地及其他设施结合满足交通和游览需要并形成完整的风景构图；

②创造有序展示园林景观的空间的路线或欣赏前方景物的透视线；

③园路的转折、衔接通顺。

④通行机动车的主路，其最小平曲线半径应大于12 m。

鉴于以上，景园环境的道路选线需要综合多方面因素和满足多种要求。在基于耦合原理的参数化风景园林规划设计过程中，道路的选线继建设选址后开展。前文"建设选址"(第七章)中确定的景观节点即为线路的控制点，决定了道路的走向。场所适宜性分析中生态敏感性评价结果为道路选线提供了限制性条件，场所中地形地貌、水文条件等一系列因子均对道路选线产生影响。因此，道路的选线需要基于前置研究的基础上展开。

7.2 景园环境道路选线方法的进展

7.2.1 传统的道路选线方法

传统的道路选线方法为人工选线，由选线设计人员通过对选线区域踏勘及资料进行收集与分析，人工在较大比例的地形图上进行选点、连线描绘而成，预先设定几个可能的路线方案。然后根据图纸方案进行实地勘测，逐段放线，经过反复的比较之后确定一个较为经济、合理的道路选线方案。这种人工选线的方法不仅依靠设计人员具有丰富的实践经验及技术水平，且费时费力，对选线的经济及合理性也只能凭借主观经验形成模糊的判断；不仅对主体的依赖性较强，而且具有一定的或然性，相对于大尺度的景园环境而言，难以满足道路选线的需求。从程序上看，风景园林规划设计的道路选线方法与公路设计的传统选线方法并无二致。设计师在设计时往往依据地形图凭借经验进行判断，绘出基本道路路径，最后通过手工计算的方式对道路坡度等基本要求进行校验。整个选线的过程依靠于设计师的感觉与经验判断，由于缺乏系统的规律性操作平台，对经验的依赖性较强。加之选线应考虑的因素很多，且不同的场所变化较大、各不相同。同一条件下，往往随设计人员的经验、水平与手法不同，其设计可能各异。道路选线的方法也只能根据实践经验进行定性总结，拟定选线中应遵循的一般规律，缺乏技术性的支撑与科学合理的途径。

7.2.2 基于 ArcGIS 平台的道路选线方法

道路的选线是一个复杂、需要多目标协调的系统性工作。航测技术、计算机技术和信息技术等科学技术的发展为道路选线提供了较之传统方法更为有效的手段，道路选线方法进入继实地选线、航测选线之后的第三发展阶段，即计算机辅助选线阶段，在交通、测绘等领域得到了广泛的运用。1958 年美国麻省理工学院的米勒（Charles Leslie Miller）教授提出了基于数字地形模型（DTM）实现选线过程自动化的概念。ArcGIS 软件具有强大的空间处理能力，在分析处理问题中能够导入多种数据来源，集成了空间数据和属性数据，能够便捷地进行空间分析模型的构建，具有空间定性、定量、定位综合分析的功能。鉴于以上，ArcGIS 软件平台为道路的选线提供了良好的操作环境。

利用 ArcGIS 技术进行道路选线的方法较为灵活多样，从基本空间分析方法的角度可将它们分为基于数字高程模型的线路设计方法、基于叠置分析的线路优化选取方法、基于空间分析与模拟的综合选线方法 [1]；就 ArcGIS 软件在选线中所起的作用而言又可分为情景选线和模型选线两种。其中，模型选线又包括了非优化选线模型及优化选线模型 [2]。笔者的道路选线模型借鉴非优化选线模型中的综合成本最短路径算法模型，该模型通过 ArcGIS 栅格数据及其邻接关系，进行空间最优路径模拟与运算，对坡度分级费用、最大坡长、最大纵坡和选线范围等限制条件展开研究，利用最短路径分析工具、运用成本栅格矩阵法计算出最优路径。该方法基于综合成本图能够较好地满足景园道路对于土方、纵坡、线形等基本要求，同时能够有效地绕行对生态敏感区、径流密集区等限制性区域；另一特点在于将影响选线的各种因子通过评价转换为基本“成本”地图，可以充分利用风景园林规划设计前期场所分析的成果，转化为选线的影响因子基础图；同时，该方法操作十分简便，工具简单。

7.3 基于 ArcGIS 的道路选线算法模型

所谓“知其然，才能知其所以然”，只有摸清工具背后的算法原理，才能针对性地将其运用于风景园林规划设计，探索出真正适用于景园环境的道路选线方法。因此，笔者对道路选线模型构建所基于的算法模型及涉及的概念进行阐释与针对性的分析。GIS 进行空间数据分析主要是基于栅格模型与矢量模型两种表示模型。道路选线主要利用了 ArcGIS 中的距离工具，进行计算与分析的对象为栅格模型，涉及成本距离、路径距离与成本路径三个算法。

---

1 孙建国，程耀东，闫浩文 . 基于 GIS 的道路选线方法与趋势 [J]. 测绘与空间地理信息，2004，27(6)：53-61

2 黄雄 . 基于 GIS 空间分析的道路选线技术研究 [D]. 长沙：长沙理工大学，2006

7.3.1 成本距离算法

“距离”一词表述的是两个实体之间的远近程度，其在空间分析中是一个广义的概念，它不仅仅指的是两点间直线的长度，而是被赋予了更为丰富的涵义。欧式距离是最常用的距离概念，代表了两点间的直线距离，可以说是一种理想化的距离。空间分析中的距离除包含两点间直线长度之外，还包括了从一点移动到另一点所遇到的“阻力”或者“代价”，这里的“阻力”或者“代价”体现为两点间距离的一种函数关系。所谓“阻力”对应于建设难度,“代价”亦可理解为造价,在成本距离算法中,“阻力”与“代价”均可转化为“成本”问题。在景园环境道路选线中，坡度过陡的区域不适宜建设道路，穿越水体建设道路不经济，生态敏感区不应当有高等级公路穿越……这些都体现为“成本”问题。因而，在 ArcGIS 选线算法中，“成本”的概念不同于日常，并不局限于“以货币计量的价值”。“成本距离”指的是空间中从一点移动到另一点所耗费的“成本”或者“代价”,需要通过成本距离加权函数进行计算。以步行为例，在公园游步道上行走比乡村泥泞的小道更加容易，即便行走的直线距离相同，所遇到的阻力也是不同的。成本距离加权函数能够计算出每个栅格到距离最近、成本最低源的最少累加成本，可得出成本方向数据与成本分配数据。其中，成本方向数据表示了从每一单元出发，沿着最少累加成本路径到达最近源的具体路线。

在景观环境的道路选线中坡度、起伏度、生态敏感区、汇水区等均是需要考虑的因子，因而成为道路建设的“成本”。在单因子成本的基础上确定综合成本，需要将各单因子在统一的成本分类体系中综合。故通过权重来判定各因子在综合成本中的重要程度，并进行叠合分析，得到综合成本，从而通过成本距离加权函数对于选线走向进行修正。

7.3.2 路径距离算法

路径距离算法与成本距离算法相比较而言，两者都可以计算从某个源到栅格表面上各位置的最小累积行程成本。然而，路径距离算法能够考虑更多复杂的因素，最突出的是实际移动距离与水平、垂直因素均参与运算。汽车在行驶时，路面的摩擦、风阻均会对移动产生阻力。同时汽车在起伏路面的行驶中所移动的距离要大于两点间的直线距离。以上均为影响运动的因素，较之成本距离算法，路径距离算法能够将地形的起伏、坡度均以参数的方式加入运算过程，更适用于景园环境的道路选线。

第一个重要的参数表现为高程栅格数据。通过表面栅格的计算来确定从一个像元行进到下一个像元的实际表面距离，与平面（“直线”）距离相比更贴合人或者车在景园环境中的运动情况。据此，表面越不平坦时，行程距离也随之变大，距离越大，意味着发生的成本越多，与之对应，地形起伏过大的地段不适宜道路的建设。另一个重要的参数为垂直系数。垂直系数反映的是坡度和移动阻力的关系，即垂直系数越大表明坡度越陡，移动越困难。根据道路设计的要求，景园道路设计的纵坡比城市道路、公路能够适当放宽。但坡度大于 30% 的地段仍不适宜建设，这一参数能够通过垂直系数来加以反映。图 7-1 反映的是在切削角为 ±90°、SLOPE（修正斜率）为 1/90（0.011 11）时垂直系数（VF）与垂直相对移动角度（VRMA）之间线性对称的函数关系。对于风景园林规划设计而言，坡度体现为与水平面所呈的角度，不论正相关抑或负相关以坡度的状态存在，均需要垂直系数对移动的成本进行修正，因此在运算时选取线性对称函数。由于坡度大于 30% 的区域不适合建设，与之对应将切削角设定为 ±30°，即坡度大于 30° 的区域移动的困难程度趋于无限。SLOPE 值反映了 VF 与 VRMA 之间的斜率，下文中将对这一斜率的值为多少时适合于风景园林规划设计的道路选线进一步详细地探讨。

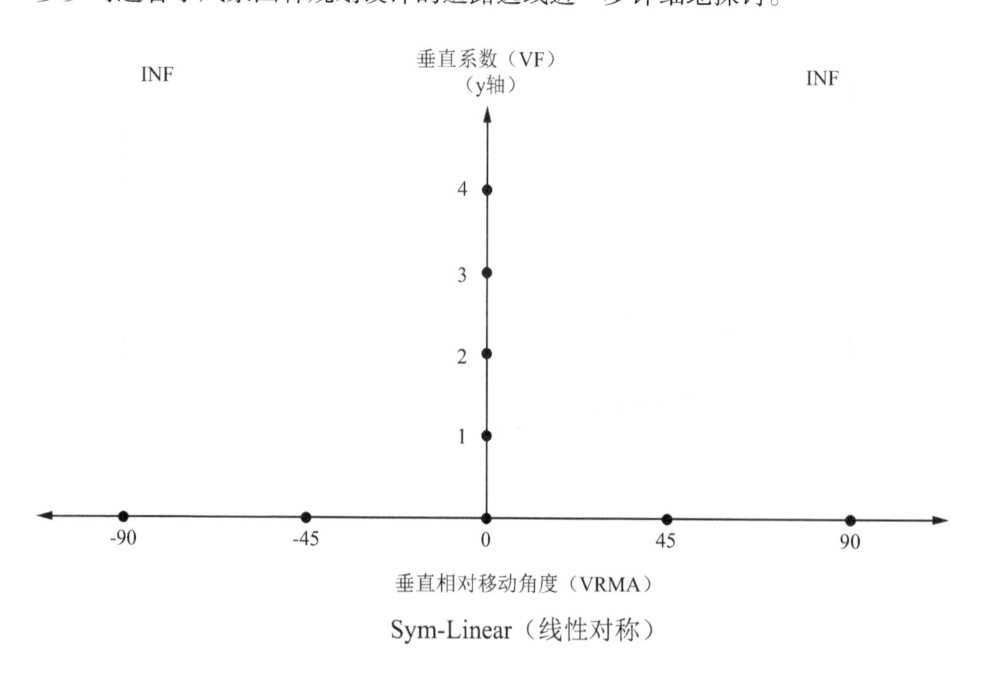

图7-1　对称线性垂直系数图
引自：http://resources.arcgis.com/zh-cn/help/main/10.1/index.html#/na/009z000000z9000000/

7.3.3　成本路径算法

成本距离算法与路径距离算法均以某个“源”（对应于景园环境为“控制点”）为依据，计算该源到栅格表面上各位置的最小累积行程成本。成本路径的计算便是在上述基础之上通过最短路径函数获取从一个源或一组源出发，到达一个目标地或一组目标地的最小成本路径。ArcGIS 软件中的“最短路径”不仅仅指的是一般意义上的“直线最短”，在加入“成本”进行运算之后，“最短路径”体现为最低“成本”之下的最短。但是，问题随之产生。根据 ArcGIS 软件函数计算的特点，生成的路径为最小成本前提下的最短路径，由于计算方式所限，道路选线算法难以完全满足风景园林规划设计的要求，即景园环境的道路并不完全追求路径最短，蜿蜒曲折的道路反而能够带给游人以特殊的视觉及空间体验。因此，如何在现有算法的基础上，遵循风景园林规划设计道路选线的特点进行路径的选择是研究的重点，下文将通过对参数进行调控和比较，就现有算法的针对性优化进行详细的论述。

7.4　参数化风景园林规划设计道路选线模型构建

基于成本距离或路径距离算法、成本路径算法，构建风景园林规划设计参数化道路选线模型（图 7–2）。与两种算法参加运算的顺序一致，模型共分为两个参数化运算部分以及最后的人机交互部分：综合成本的计算、最优路径的生成以及路径的筛选与优化。首先，综合成本的计算中包括了三个过程，依次为：影响因子的判定、因子权重的判定、因子的叠加分析，以上三个过程在 ArcGIS 软件中完成，得到综合成本图作为参数输入到下一个运算阶段。其次，成本路径运算阶段中，道路节点与综合成本图作为参数输入，通过给定条件情况下的最短路径分析得出初级最优选线。最后，通过人机交互的方式对初级选线进行筛选与优化，剔除不合理的路径，得到最终的道路选线。

图7–2　风景园林规划设计参数化道路选线模型

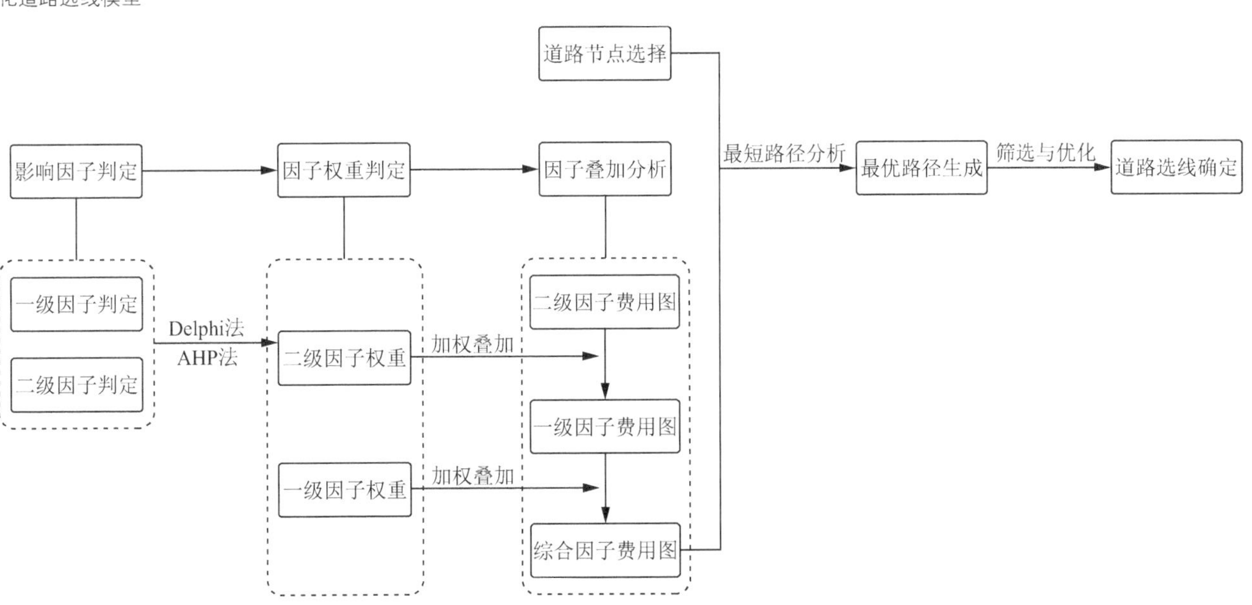

7.4.1　影响因子的判定

影响道路选线方案的因素多且复杂，不同地域情况各异，规划设计定位各不相同，对道路选线要求的侧重点不同，因而需要针对场所特点确定影响因子。就绝大多数情况而言，道路选线需要满足的条件可以归结为三类：第一类属于控制点类因素，控制点包括起点、端点和中间的必经点，也决定了路线的长度；第二类因素与地理空间位置相关，如地形地貌、地质条件、水文条件等；第三类为限制性因素，风景园林规划设计中最为重要的限制性因素为生态敏感区，除此之外还包括建筑、各类设施、植被等保留的地物，为道路选线提供了限制性范围。

以上这些必要的条件因素均会参与道路选线的过程，参数化风景园林规划设计道路选线模型中涉及的影响因子主要由第二、三类条件因素构成。按照设计场所要素分类，可分为地形地貌、水文等一级因子，及其对应的二级因子，具体分类可见表 7–1。

表7–1　风景园林规划设计道路选线影响因子及权重表

评价目标	一级评价因子	权重	二级评价因子	权重
风景园林规划设计道路选线影响因子	地形地貌	W_1	高程	W_{11}
			坡度	W_{12}
			起伏度	W_{13}
	水文条件	W_2	水域	W_{21}
			汇水区	W_{22}
			径流区	W_{23}
	生态敏感区	W_3	—	—
	用地	W_4	现状道路	W_{41}
			保留设施	W_{42}

7.4.1.1　地形地貌

（1）高程

高程是道路选线中的重要因素之一，对道路的纵坡有着重要的影响。道路的纵坡为顺着道路前进方向的上下坡，我国的道路设计规范对纵坡有着严格的要求。对于景园环境而言，道路纵坡的要求相对宽松，反而可以给游人带来良好的空间体验，增加景观效果。某些地理位置较为特殊的景观区域，道路建设不宜达到的高程，也应当在影响因子的评价与分级中予以反映。

（2）坡度

为了满足汽车行驶和道路等级的要求，道路建设对路线的纵坡有着相应的规范要求。当地形的坡度超过一定的限度，难以满足路线纵坡要求时，就需要采取相应的工程措施进行土石方改造，如挖填方、修建挡土墙和护坡工程等。此类工程措施不仅会提高建设成本，且对场所原有环境造成较大扰动。同时，过大坡度处存在地质灾害的隐患。一般来说，风景园林环境中道路纵坡在一定范围内可适当加大，因此本着最小化干扰和减少土石方工程量的原则，景园设计中的道路选线应尽量尊重原地形，因地制宜。

（3）起伏度

地形起伏度是单位面积内最大相对高程差，能够反映地面的相对高差，是一种描述地貌形态的定量性指标。某一区域的起伏度越高体现了该区域高程变化较大，因此在该区域进行道路的建设会导致道路起伏变化频率过高，降低了道路的舒适性，同时造价相对较高。因此在景园道路的路线选址时需要考虑从起伏度较小的区域经过。

7.4.1.2 水文条件

（1）水域

水域指的是景园环境中的河、池、湖等具有一定水面面积的区域。道路横跨水面的造价较高，因此应当尽量避免。河流、湖泊等水域的定时、定期涨落会对近湖区域有较大的影响，不仅道路地基的处理复杂，而且还存在被水淹没的可能。综上，道路的修建宜与水域保持一定距离。

（2）汇水区

地表径流汇聚到同一出水口的过程中所流经的地表区域称之为汇水区域。通过合理地设计和营建，景园环境中的汇水区存在成为新水景观的可能，是宝贵的风景资源。因此在景园环境的道路选线时应当尽量避开汇水区域，如若结合水景的营造，道路紧邻汇水区修建则可收到良好的滨水景观效果。

（3）径流区

降雨及冰雪融水或者在浇地时，在重力作用下沿地表或地下流动的水流即为径流。径流的产生往往迅速且瞬时流量较大，地质条件较差的地区会产生冲沟等，危害道路的安全。另一方面，道路的修建会对径流产生影响，阻碍径流的汇集，增加下渗量，不利于道路路基的安全。因此，需要充分考虑径流对道路的影响，同时径流决定了道路的形态，譬如，过水路面或迎水面设置截留沟等基础设施。

7.4.1.3 生态敏感区

生态敏感区是通过对场所进行生态敏感性评价所划定的区域。这一区域的生态环境较为脆弱、敏感，需要得到全面的保护。因此，景园环境的道路不应当穿越该区域，并保持适当的距离。

7.4.1.4 土地利用

（1）现状道路

景园环境中的道路选线应充分利用现有的道路，不仅能够减少对环境的扰动，而且充分利用业已形成的路基能够极大地降低工程造价。

（2）保留设施

景园环境营建过程中的保留设施主要包括保留的农田及各种人工建筑物

等。道路的选线需要对保留的设施进行绕行。

7.4.2 因子权重的确定

表 7-1 展示了通常情况下道路选线所涉及的影响因子。在影响因子确定后，利用德尔菲法、层次分析法对因子的权重进行判定。不同场所的道路选线影响因子各异，且因子的权重也各不相同。一般来说，坡度、起伏度等直接对道路营建起决定性作用的因子权重较大。景园环境中允许部分道路穿越水面，能够以景观桥梁的形式丰富空间层次，为游人提供不同的游览体验，因此水域因子的权重不应过大。就现状道路与保留设施进行道路的建设无疑成本较低，对环境的扰动较小，但是若两者的权重值设置过高会对选线的正确性产生一定影响，下文的比较与优化方法中将对这一问题进行进一步探讨。因子的权重作为综合成本图生成的重要参数，对于整个选线的合理性有着直接的影响，权重值的不合理设置会直接导致选线的失当，因此需要在正确评估的基础上确定各因子的权重。同时，在初步选线的基础上进行分析，如若合理性不足，则需要重新计算综合成本图，即对权重确定过程进行反馈，重新分配各因子的权重。

7.4.3 综合成本的生成

在各影响因子权重确定的基础上，利用 ArcGIS 软件对各因子进行重分类。这一过程的目的在于将各性质不同的因子进行无量纲化，并统一分级赋值，将各因子纳入同一评价体系，为叠合做准备。由于各因子叠合生成的综合成本的分级与各因子分级一致，因此因子的分级与赋值会直接影响综合成本。分级决定了综合成本的层次标准,层次越丰富所对应的成本“值”越多，则为计算提供的可能性越丰富，根据算法的计算规则，对应的选线结果越准确。分级与赋值均会对选线的结果产生重要的影响，在下文中同样会对这一问题进行详细论述。将重分类图进行叠合便得到综合成本图，是选线的基础图纸。由以上分析可知，影响因子的选择、因子权重的判断及单因子的分级均会对最优路径的选择产生影响。因而需要重视以上三个环节，提高选择结果的合理性。

7.4.4 道路节点的选择

道路的节点指的是道路的起始点、终止点以及中间的必经点。道路的节点与上一阶段生成的综合成本图将作为参数，参加成本距离、路径距离与成本路径的运算。风景园林规划设计对象多为中、大尺度区域，因此道路系统通常成为网状，区域也常常设置多个出入口，以便于不同服务功能的交通组织。鉴于以上特点，景观环境道路节点的选择与一般城市道路、公路有较大不同。

道路起始点及终止点的确定。根据成本距离或路径距离的算法，需要将起始点作为参数输入。风景园林规划设计中整个区域的出入口一般可以设为道路起始点，作为联系外部交通与内部交通的转换节点。由于有多个出入口，主入口作为必然存在的道路节点必须作为道路的起始点参与选线运算，而辅助出入口作为辅助起始点参与整个路网的形成。由于景观环境道路的网状特点，不存在一般意义上的道路终止点。项目选址过程所确定的项目位置必须有道路加以连通，因此可以认为以上项目均与道路起始点发生联系，作为选线的“终点”。成本路径工具支持一个源及多个源作为参数输入，故而能够将全部项目作为多个源输入，参与运算。在选线时由于运算的规则，选线不会经过一些设计师所期望经过的区域，此时就需要在部分区域进行补点，将其作为道路选线的中间点、必经点，并与项目节点一起作为终止点参与选线运算。例如，根据综合成本图的选线结果没有经过某陡崖一侧，但此处景象较为特殊，设计师有意识希望道路能够将游人带入此地，营造变化的游赏视觉体验。具体过程及合理性分析将在下文的“多点道路选线模型的比较与优化”一节（7.5.4 节）中进行详细论述。

7.4.5 成本距离分析

将综合成本图以及道路起始点作为参数输入成本距离工具，能够得出与起始点相关的成本加权距离与成本加权方向图纸，分别标识出返回至最近源位置的各像元的累积成本及从成本距离栅格中的每个像元返回源时的行进方向。路径距离工具与成本距离相比需要更多的参数输入，如表面栅格、与垂直系数计算相关的交角限制值和 SLOPE 值等。这些输入的参数有助于进一步对选线路径按照风景园林规划设计要求进行约定。

7.4.6 最优路线生成

根据输入的终止点个数，最优路线生成分为两点间及多点间的最优路径计算。景园环境中的建设项目，包括景观节点与建筑节点均需与主入口相连，部分可达次级入口。建设项目往往不止一项，如若人为决定参与选线的节点顺序，依次进行两点最优路径的计算，选择得出的路径表达了过强的人为意志，欠合理性。同时，在此基础上生成全区域的路网对应的工作量巨大，尤其是尺度较大的风景区规划，涉及众多的道路节点，难以通过依次两点选线生成路网。因此，笔者采取多点同时计算，不仅符合各项目节点与出入口的交通逻辑关系，而且便于规划设计区域内部路网的形成。由于每一个项目节点均会生成到达起始点的路径，因此项目的个数决定了路径的条数，对应了所形成的路网密度。由此可见，包括项目节点及补充节点在内的控制点多寡与路网的密度紧密相关，这一问题也将在下文的比较与优化中进行讨论。根据成本路径算法的特点，计算得出的路径定为树枝状结构，难以满足风景园林规划设计道路呈环的要求，如何通过优化的方法生成网状路径也是下文重点研究的问题之一。

7.4.7 路径的筛选与优化

现有计算方式与条件下通过算法输出的选线路径，不可能完全满足规划设计最终的路网形态。因此，需要进行人工的筛选及优化。筛选与优化的工作主要分为两个方面。一方面是多余路径的剔除，筛选出需要的路径。为满足道路呈环的要求，必须使部分节点同时与两个以上的其他节点直接发生关系，而单次的选线计算仅会产生两点间的联系，故而需要进行多次的计算。而部分节点的通达性要求不高，不需要有多条路径可达。针对以上要求，人为的选择和判断十分必要。另一方面为道路线形的优化。由于栅格计算的特点，成本路径算法输出的路径由连续的栅格组成，通过矢量输出之后需要人为对线形进行优化，以生成最终的道路线形。

7.5 综合成本最短路径算法模型的优化

基于综合成本最短路径算法模型进行路径选择有两种途径，第一种是成本路径算法，另一种为路径距离算法。两者之间的区别在于运用 ArcGIS 软件中运算工具的不同。就对参数的要求而言，路径距离算法输入的参数较之成本路径算法更多，因此能够对运算加以更多的限定条件（表 7-2）。下面就景园环境道路选线的特点对两种方法进行比较分析，并提出针对性的优化方法。研究共分为两种情况，第一种为两点选线情况下成本距离算法、路径距离算法中各变量输入不同参数的比较，以及成本距离算法与路径距离算法之间合理性的比较；第二种情况是多点选线中变量的比较与方法优化，包括了控制点数量的比较及针对路网形成的“1+*N*”多点多次选线优化方法。本章的比较与优化研究均以南京牛首山景区北部地区为案例开展。该区域位于南京城区南部，属宁镇山脉的组成部分，区域内以山地环境为主，东南、西北紧邻城市道路。同时，区域内部有现状道路、水域、现状建设用地、山林保护区等研究所需条件，能够较好地满足风景园林规划设计参数化道路选线模型的研究要求。

表7-2 成本距离法与路径距离法所涉及的参数比较

参数	影响因子	分级	分级赋值	道路节点			表面栅格	垂直系数		
				起始点	终止点	中间点		垂直栅格	垂直系数交角	SLOPE 值
成本距离算法	√	√	√	√	√	√	×	×	×	×
路径距离算法	√	√	√	√	√	√	√	√	√	√

7.5.1 基于成本距离算法的道路选线比较分析

当下基于 ArcGIS 软件平台的道路选线方法多运用于交通专业的公路选线问题研究，绝大部分基于数字高程模型（DEM），利用成本距离算法工具运算，并结合遗传算法等方法对选线进行辅助优化。而成本距离算法是否能够适用于景园环境的道路选线，值得进一步探讨与研究。

7.5.1.1 基于成本距离算法的道路选线模型特点及问题分析

基于成本距离法构建参数化风景园林规划设计道路选线模型的第一步需要确定场所中对道路选线产生影响的一级及二级因子，确定二级因子成本，并通过德尔菲法、层次分析法等评价方法确定影响因子的权重；第二步，通过 ArcGIS 软件的重分类功能，将各因子无量纲化并赋值；第三步，利用叠加分析功能，依次将二级、一级因子成本图进行叠加得到综合成本图；最后一步便是运用 ArcGIS 软件的最短路径分析工具计算最优路径。由于道路选线是一项复杂的系统问题，因此不能够完全依靠计算机获取道路线形最优方案。在确定初始道路选线方案后，需要以人机交互的方式对道路线形方案进行优化，这也是道路选线过程中的重要步骤之一。依据以上过程，该模型涉及的变量包括：影响因子、分级、分级赋值，下面就以上三个变量不同的参数输入生成的选线结果进行研究和讨论。

7.5.1.2 比较一：影响因子的选择

风景园林规划设计的道路选线不仅需要考虑一般性道路的建设要求，如纵坡、转弯半径、坡长等，还应当重视景园环境道路在生态保护、行进体验、景观效果等方面的特殊需求。而基于 DEM 的 ArcGIS 选线中坡度是最易获取，也是选线中最为重要的基本影响因子。基于多影响因子制作的综合成本图，能够较为准确、合理地反映场所为选线计算提供的基础环境。但需要注意的是每一个因子均会对选线结果施加影响，因此可能存在因子之间成本互相抵消导致综合成本欠合理的情况，即过多、过复杂因子相叠加导致综合成本图的失效。笔者依据不同因子选取情况下制作成本图的选线结果进行比较分析，分别是：基于坡度单因子的选线结果（图 7–3（a）），基于坡度、水域、起伏度的综合因子选线结果（图 7–3（b）），基于坡度、水域、起伏度、现状道路的综合因子选线结果（图 7–3（c））。

图 7–3（a）中，选线绕开了坡度较大的区域，选择较为平坦的区域行进，但选线经过了现状水面。图 7–3（b）中，选线路径与图 7–3（a）相比变化较小，原因为综合成本叠加中坡度成本的权重值较高为 0.6，因此坡度因子在综合成本中仍然起主导作用。而两条路径相比较，图 7–3（b）路径更为偏向等高线较密一侧，偏离了水体，产生这种结果的原因在于综合成本加入了水域

因子的叠加，由于该因子权重值设置较小，故偏离情况并不明显。图 7-3（c）中现状道路作为参与运算的因子之一，加入了综合成本。由于基于现状道路进行建设的成本较之于新辟路线成本低，因此将该区域单独进行叠加，并设置值为 0，即几乎无成本。由计算结果明显看出图 7-3（c）选线路径与图 7-3（a）与图 7-3（b）完全不同（图 7-4），而是通过直线穿越等高线后，直接接入现状道路，并按照现状道路行进，即经过计算该路线的累积成本最低。根据成本路径的算法规则，具有极低成本的现状道路加入运算是否会对选线结果产生干扰，将在后文中进行具体的分析。

<table>
<tr><td colspan="2">（a）基于单因子的选线结果（单因子：坡度）</td></tr>
<tr><td></td><td></td></tr>
<tr><td colspan="2">（b）基于综合因子选线结果（综合因子：坡度 ×0.6+ 水域 ×0.1+ 起伏度 ×0.3）</td></tr>
<tr><td>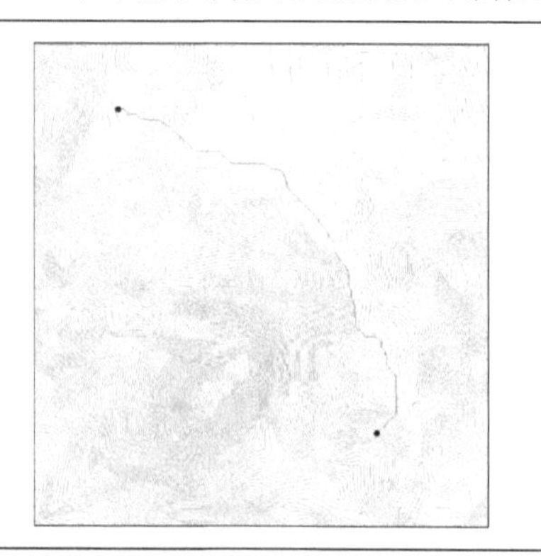</td><td>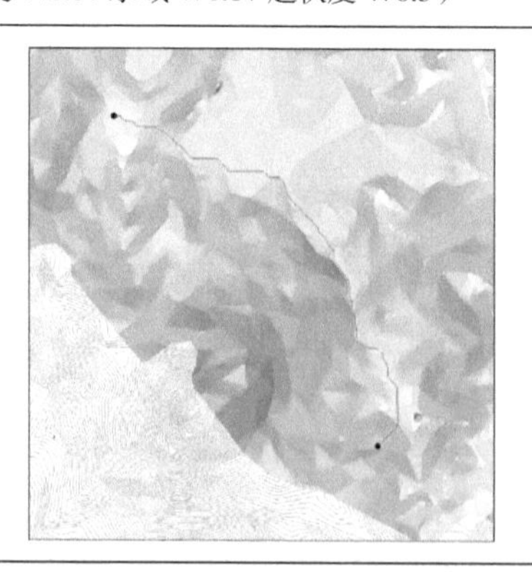</td></tr>
<tr><td colspan="2">（c）基于综合因子选线结果（综合因子：坡度 ×0.6+ 水域 ×0.1+ 起伏度 ×0.3+ 现状道路）</td></tr>
<tr><td>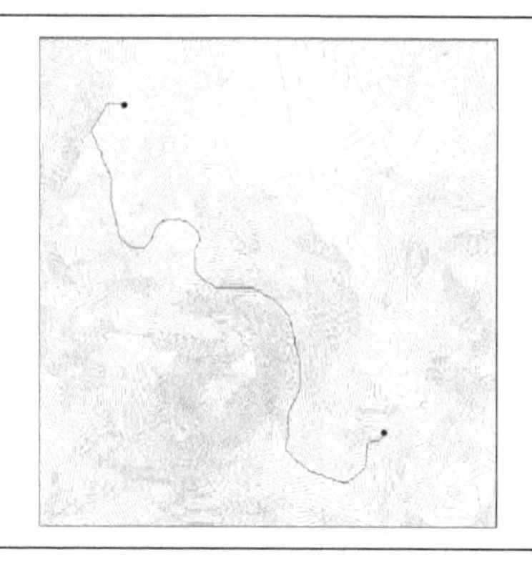</td><td>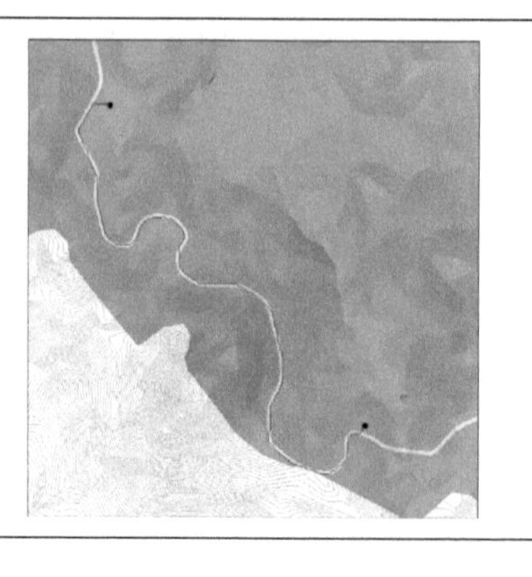</td></tr>
</table>

图7-3　成本距离法——基于不同因子成本图的选线结果

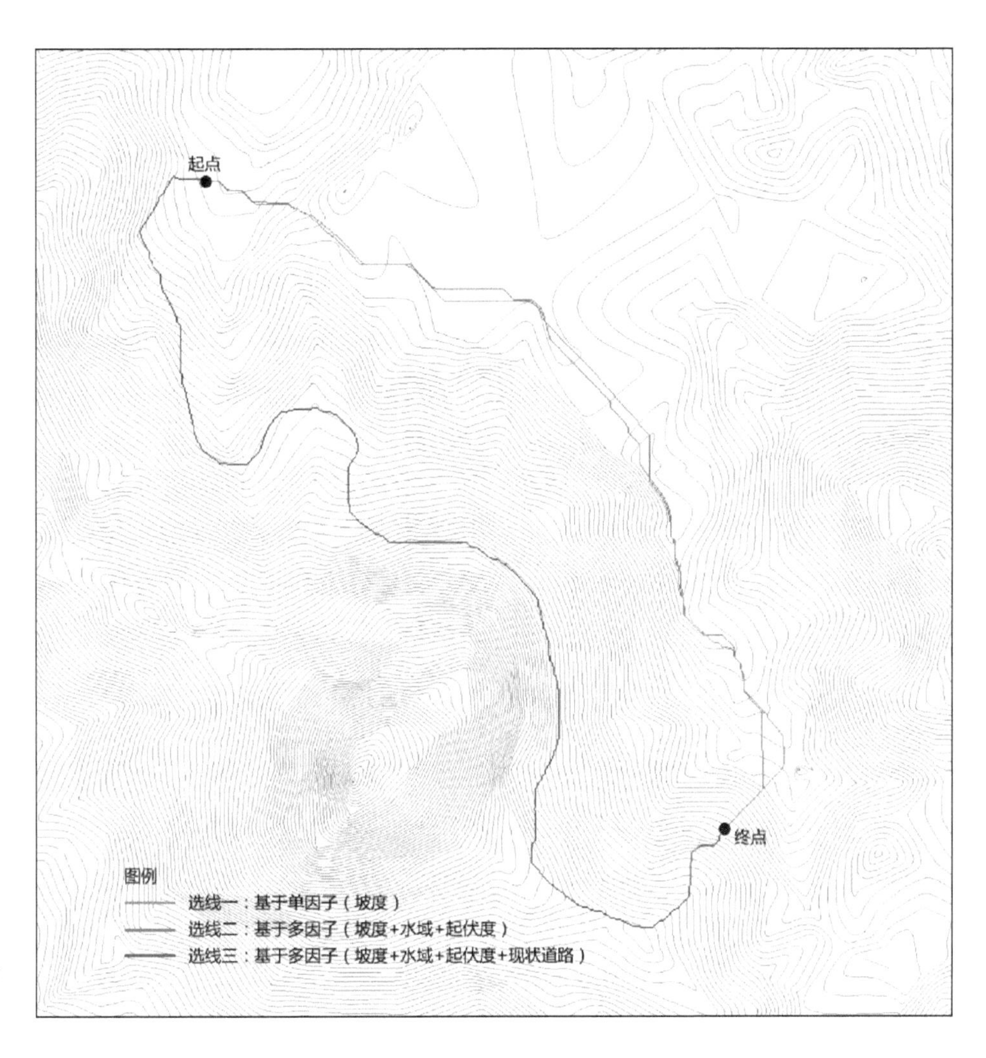

图7-4 成本距离法——基于不同因子成本图的选线结果比较

7.5.1.3 比较二：综合成本图的分级

综合成本图是成本距离计算的基础图，因而对路线的走向有着决定性的影响。各种不同类型的因子必须通过无量纲化后被纳入统一的评价体系之中进行叠合、评价。利用 ArcGIS 软件重分类功能实现无量纲化的一个重要环节为重新分级与赋值。由于综合成本图由单因子成本图叠合而来，因此综合成本的分级与单因子成本分级一致。成本的分级越丰富为计算提供的可用值越多，路径选择的可能性越多。

ArcGIS 软件重分类功能中提供的最大默认分类级数为 32 级，故笔者将 32 级作为最大分级数量对坡度单因子成本分级，并与 9 级与 12 级进行比较。景园环境中道路选线较之公路的纵坡可适当放宽，但仍然不宜在坡度大于 30° 处进行建设。据此，笔者的研究增加了对坡度进行 32 级等分与不等分的比较，具体表现为等分的间断取值的不同，可见表 7-3。不等分的意义在于将适宜建设的坡度进行详细分级，变相增加了分级的丰富度。例如 9 级等分中 1°~10° 为一个相同的等级，在此坡度范围内成本相同，均为“1”；而 18 级等分对于相同的坡度区间则体现为 1°~5°、5°~10° 两个等级，成本与之相应存在“1”与“2”两个值；32 级等分则存在大于 3 个值，32 不等分存在 10 个值。由此可见，等级越多，对坡度的划分越细致，为计算提供更详细的成本选择。综上，笔者对综合成本图的分级比较体现为坡度单因子成本 9 级等分、18 级等分、32 级等分与 32 级不等分之间的比较。

表7-3 不同分级数量间断值及赋值表

分级	9 级等分间断值	18 级等分间断值	32 级等分间断值	32 级不等分间断值	赋值
1	10°	5°	3°	1°	1
2	20°	10°	6°	2°	2
3	30°	15°	9°	3°	3
4	40°	20°	12°	4°	4
5	50°	25°	15°	5°	5
6	60°	30°	18°	6°	6
7	70°	35°	21°	7°	7
8	80°	40°	24°	8°	8
9	90°	45°	27°	9°	9
10	—	50°	30°	10°	10
11	—	55°	33°	11°	11
12	—	60°	36°	12°	12
13	—	65°	39°	13°	13
14	—	70°	42°	14°	14
15	—	75°	45°	15°	15
16	—	80°	48°	16°	16
17	—	85°	51°	17°	17
18	—	90°	54°	18°	18
19	—	—	57°	19°	19
20	—	—	60°	20°	20
21	—	—	63°	21°	21
22	—	—	66°	22°	22
23	—	—	69°	23°	23
24	—	—	72°	24°	24
25	—	—	75°	25°	25
26	—	—	78°	26°	26
27	—	—	81°	27°	27
28	—	—	84°	28°	28
29	—	—	87°	29°	29
30	—	—	88°	30°	30
31	—	—	89°	31°	31
32	—	—	90°	90°	32

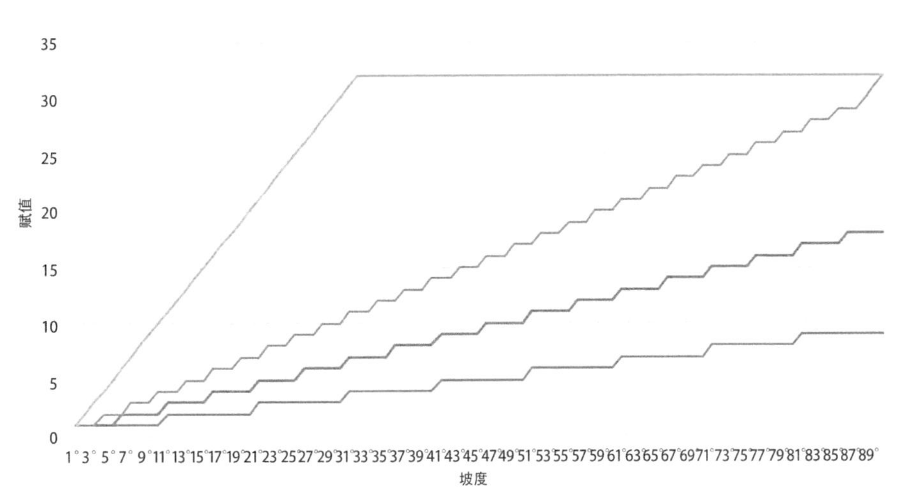

图7–5　不同分级数量对应赋值增长折线图

从图 7–6 中所示的坡度单因子成本图根据不同的分级表现为不同的颜色丰富度，即成本分类的级数。由图 7–7 可看出，9 级等分、18 级等分的选线行进方向较为趋同，而 32 级等分与 32 级不等分的选线结果较为相近。其中，9 级等分选线路径的前半段沿山谷坡度较缓的区域行进，后半段几乎以直线的方式切等高线爬升至终点；18 级等分选线路径一直沿坡度较缓的山脊前进，总体呈蜿蜒状爬升。32 级等分选线路径前半部分选择了坡度极缓的区域行进，路径较长，中段开始沿相对坡度较缓处爬升，最后部分以较小角度斜切等高线至终点；32 级不等分选线路径前半段的表现与 32 级等分较为类似，中段及后半段以较小角度、几乎以直线的方式行进至终点。

笔者对较长距离情况下不同分级数量的选线结果进行了比较。由图 7–8 可以看出，不论哪种分级数量的选线均选择了由西北部一侧到达终点，原因在于东南一侧等高线较为密集，穿越的成本较高。因为西北侧整体行进路线的坡度较缓，参与计算的坡度区间集中在较小的范围，使得 32 级等分与 32 级不等分的分级赋值难以拉开差距，图中两种分级的选线路径完全重合。仔细观察图 7–8 中红色框内的区域可发现，相较于 9 级等分选线，其余三种选线路径均绕开了小型山峰，选择了较远的路径绕行，避免穿越过多的等高线。其中，32 级等分及 32 级不等分生成的路径与 18 级等分相比，对等高线密集区的避让效果更胜一筹。

7.5.1.4　比较三：综合成本图的分级赋值

由成本路径算法可知，分级数量为计算提供了不同的成本数量，从而增加选择的可能性。成本的价值属性体现为分级的赋值。在计算中通常会遇到以下问题：坡度 25°~30° 区间对应的成本值为 6，而 30°~35° 区间的成本值为 7，两者间差距仅为“1”，这就造成了运算时极易出现路径通过 30°~35°

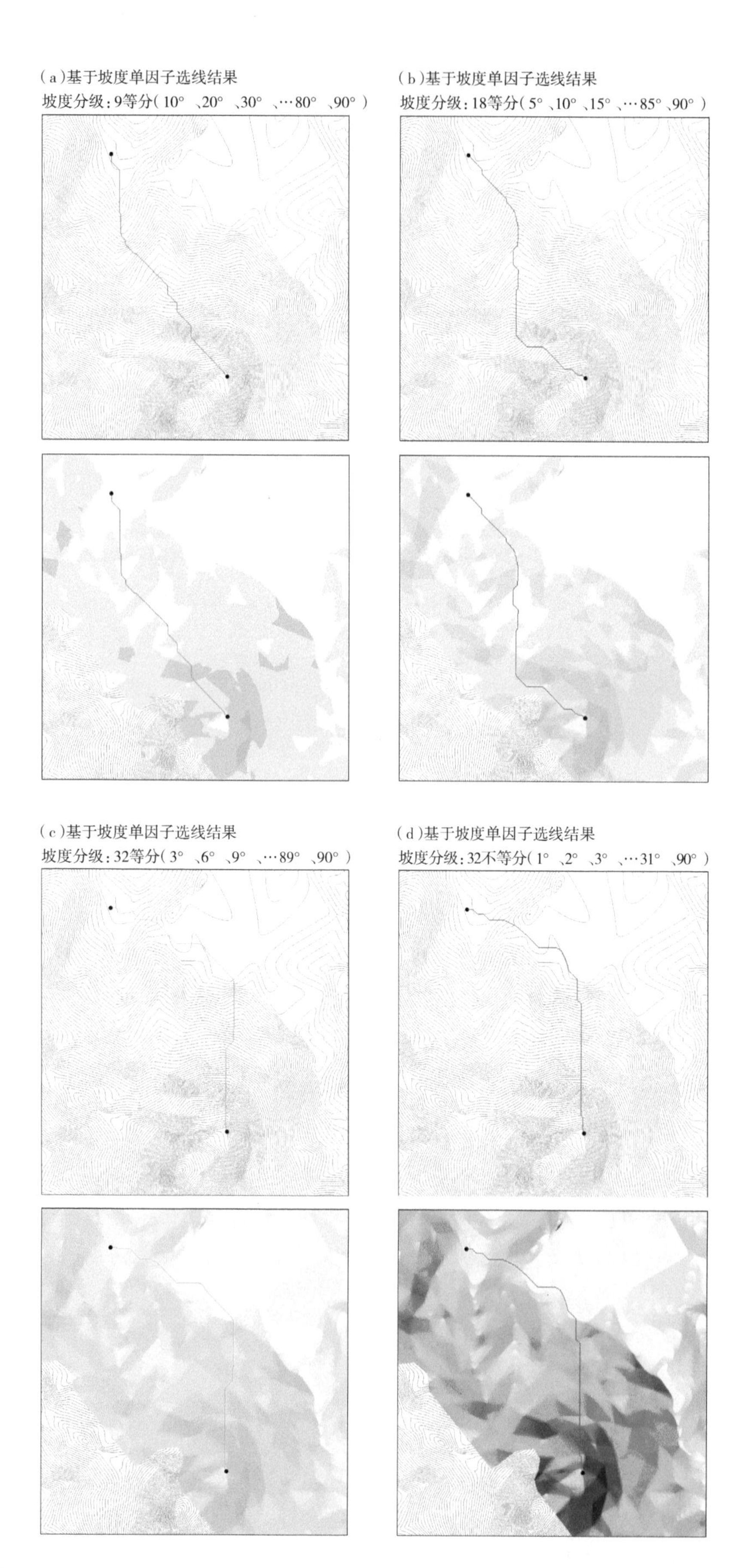

图7-6　成本距离法——基于不同分级数量的选线结果

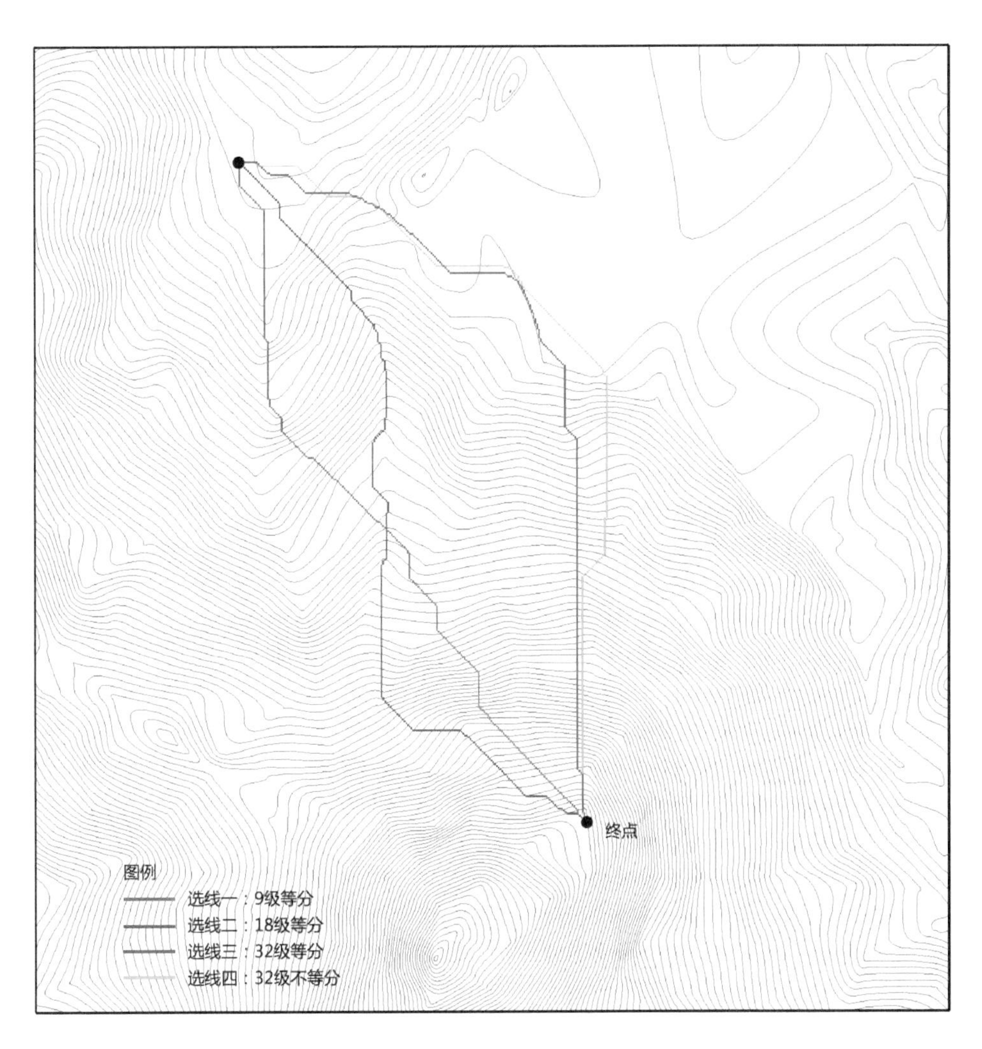

图7-7　成本距离法——基于不同分级数量的选线结果比较

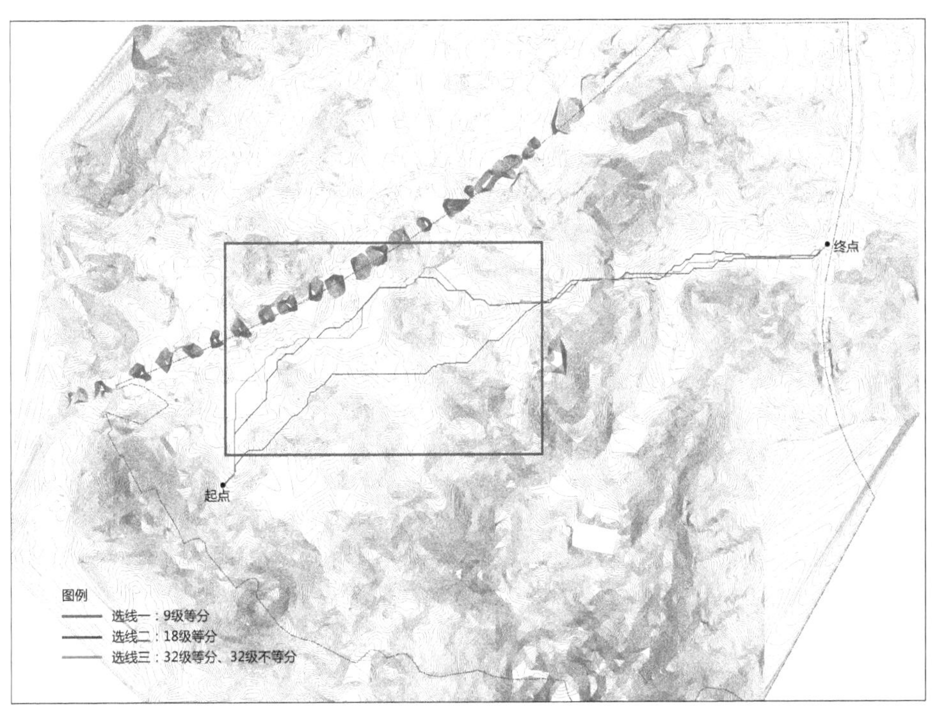

图7-8　长距离选线——基于不同分级数量的选线结果比较

坡度区域而不通过 25°~30° 坡度区域的情况。类似问题的出现是因为分级之间赋值的接近，在最短距离计算的前提下，坡度较大的区域成本反而较低。因此需要借助分级赋值加大的方法，通过拉开每级之间“成本”的差距，约定计算选线时趋于坡度较小的区域。笔者选择采用加幂法，即通过对不加幂、底数为 $^1/_2e$ 的加幂、底数为 2 的加幂生成的分级赋值进行选线结果的比较。由表 7–4 可看出，通过加幂，分级赋值呈现几何数增长，而底数为 2 的加幂赋值增长更为迅速，分级之间的赋值差距最大（图 7–9）。

图 7–10 展示了三种赋值方法对应的选线结果。不加幂赋值的选线行进路线前半程选择了等高线较为稀疏的区域，后半程对等高线密集区域产生了直线穿越。$^1/_2e$ 加幂赋值与 2 加幂赋值的选线走向类似，其中 $^1/_2e$ 加幂赋值的选线走向选择了坡度较缓的坡脊，而 2 加幂赋值的走线则选择了曲折的迂回式前进方式。2 加幂赋值选线结果产生的原因在于较高的坡度成本设置使得较长路径的迂回行进的累积成本较之直线穿越更高，这一选线结果较为符合景园环境道路选线的理想形态。

表7–4　不同分级赋值表

分级	32 级等分间断值	不加幂赋值	$^1/_2e$ 加幂赋值	2 加幂赋值
1	3°	1	1.36	2
2	6°	2	1.8496	4
3	9°	3	2.515456	8
4	12°	4	3.42102016	16
5	15°	5	4.652587418	32
6	18°	6	6.327518888	64
7	21°	7	8.605425688	128
8	24°	8	11.70337894	256
9	27°	9	15.91659535	512
10	30°	10	21.64656968	1024
11	33°	11	29.43933476	2048
12	36°	12	40.03749528	4096
13	39°	13	54.45099358	8192
14	42°	14	74.05335126	16384
15	45°	15	100.7125577	32768
16	48°	16	136.9690785	65536
17	51°	17	186.2779468	131072
18	54°	18	253.3380076	262144
19	57°	19	344.5396903	524288
20	60°	20	468.5739788	1048576
21	63°	21	637.2606112	2097152
22	66°	22	866.6744313	4194304
23	69°	23	1178.677227	8388608
24	72°	24	1603.001028	16777216
25	75°	25	2180.081398	33554432

续表

分级	32 级等分间断值	不加幂赋值	½e 加幂赋值	2 加幂赋值
26	78°	26	2964.910702	67108864
27	81°	27	4032.278554	134217728
28	84°	28	5483.898834	268435456
29	87°	29	7458.102414	536870912
30	88°	30	10143.01928	1073741824
31	89°	31	13794.50622	2147483648
32	90°	32	18760.52846	4294967296

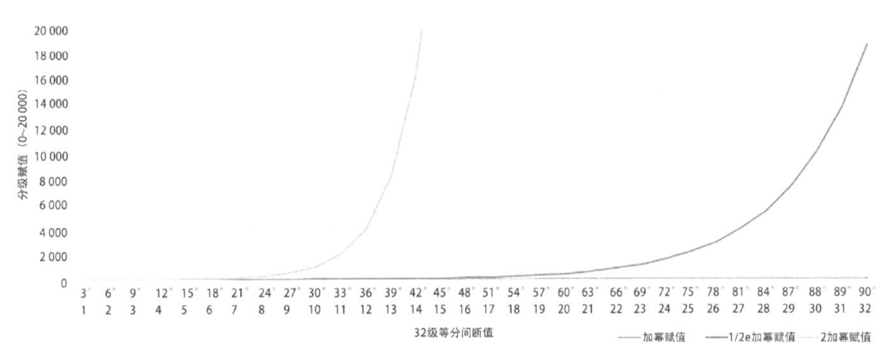

图7-9　不同分级赋值增长曲线图

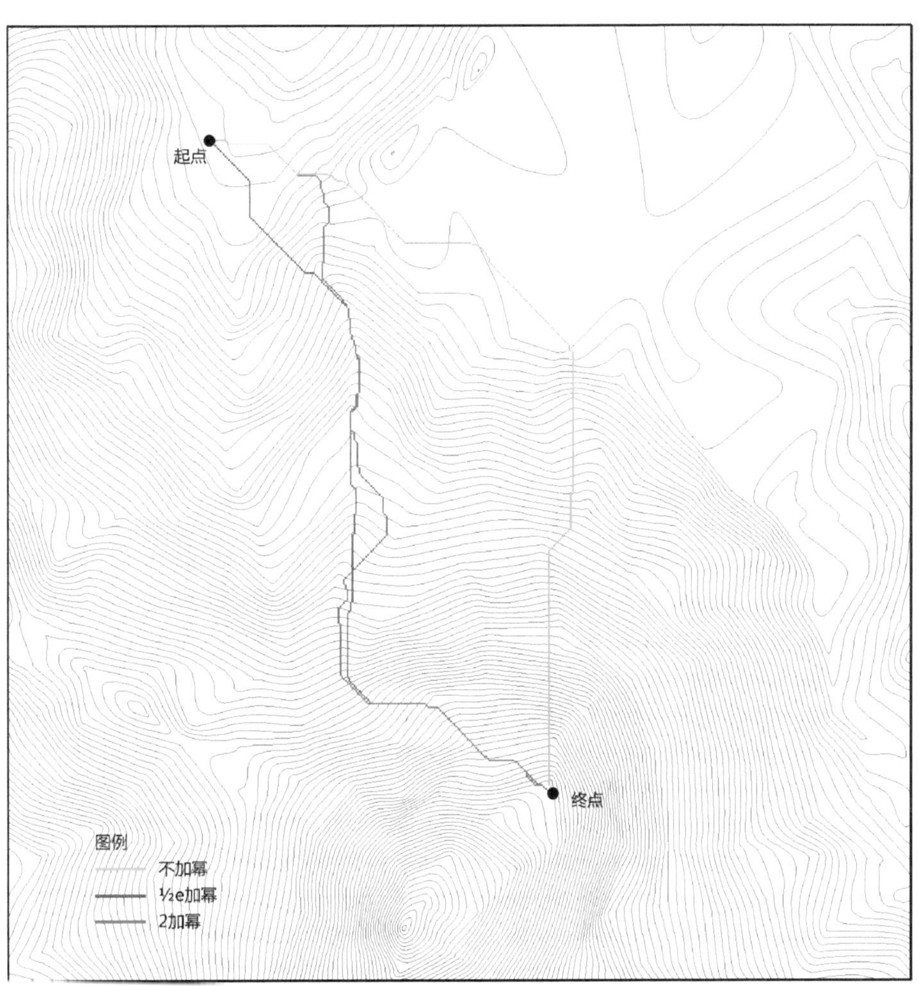

图7-10　成本距离法——基于不同分级赋值的选线结果比较

7.5.1.5　分析与总结

由上述分析可以看出：

综合因子成本图较之单因子成本能够较为全面地反映场所的选线基础，通过成本控制对选线进行条件限定，有助于通过计算避让生态敏感区、水体等避免道路穿越的区域。而现状道路是否应当作为综合成本的组成部分参与运算有待进一步的探讨，因为过低的成本会极大地降低选线累积成本，从起始点的路径行进会寻找接入现状道路的最近点，而造成对坡度较陡区域的直线穿越，从而对选线结果形成严重干扰。

从综合成本图的分级来看，分级越多并不代表选线结果越合理。就选线结果而言，18 级等分的表现最佳，而 32 级等分选线的前半段表现较为突出。原因在于以 32 级不等分为代表的较多分级会导致分级赋值随坡度的变大增长过快，从而过分地提高了坡度对应的选线成本，致使行进路线优先选择坡度最缓的区域行进，在后半段不得不沿坡度较陡处爬升以到达终点，进而造成生成的整体选线结果欠合理。通过对长距离情况下选线结果的分析可知，分级数量不同对于长距离选线的影响更为明显。通过运算可得出沿最缓区域前进的道路选线结果。相较而言，此种情况下 32 级等分与 32 级不等分实际使用效果较好。

通过对不同分级赋值选线结果的比较来看，$^1/_2e$ 加幂赋值与 2 加幂赋值的选线结果表现较佳，相较之，2 加幂赋值的选线路径有效地避免了对等高线密集区域的长距离直线穿越，计算结果较为合理。由此可见，加大坡度之间成本的差距能够有效地优化选线路径，生成较为符合风景园林规划设计的道路选线。2 加幂赋值的弊端也是显而易见的，那就是随着坡度增大分级赋值呈几何倍数增加，从而导致赋值数据急速增大，给运算带来了负担。是否有更优的方法替代通过直接扩大分级赋值来控制选线路径，笔者在下一节的研究中将就此问题展开进一步的讨论。

7.5.2　基于路径距离算法的道路选线比较分析

上一节对于各变量不同参数输入情况下，利用成本距离算法进行道路选线的结果进行了比较与分析。路径距离算法为 ArcGIS 软件距离工具中重要的算法之一，与成本距离算法相比，加入了更多的参数参与运算过程，包括表面栅格、水平系数、垂直系数。就景园环境的道路选线而言，路径距离算法较之成本距离算法更能满足选线特点。

7.5.2.1　基于路径距离算法的道路选线模型特点及分析

路径距离算法的选线模型与成本距离算法基本相同，但路径距离算法之于风景园林规划设计道路选线，与成本距离算法的最大不同在于有两个重要变量的加入：一个是表面栅格，此变量能够将物体在具有起伏地形的空间中移动的实际距离加入运算过程；另一个为垂直系数，通过这一系数能够对选线中的关键因素——坡度加以约定，控制坡度对于选线施加的影响。较之成本距离算法通过拉大分级之间赋值引导选线走向更为合理，且更易操作。垂直系数变量涉及两个参数，一个为垂直系数交角，另一个为垂直参数 SLOPE 值。其中哪些变量的加入对景园环境的道路选线具有意义是本节讨论的问题之一。除此之外，本节还将对上一节中影响因子的选择对于利用路径距离算法的道路选线结果进行分析。通过不同变量参数的控制探讨路径距离算法之于风景园林规划设计道路选线的最优模型。

7.5.2.2　比较一：影响因子的选择

综合因子与坡度单因子的选线运算唯一不同的参数为综合成本图，其余参数保持一致。图 7-11 展示了两者均在成本分级为 32 级等分情况下利用路径距离算法的选线结果。可以看出，两者选线的结果差距较大。基于综合因子的选线结果选取了坡度相对较缓的山谷及山脊，以曲折前进的方式穿越等高线，接近终点；而基于坡度单因子的选线结果对等高线密集区域尽量地进行了避让，前半段从坡度最缓的区域行进，后半段部分出现了对等高线的直线穿越（图 7-12）。

(a)基于综合因子(不含现状道路)选线结果
坡度分级：32级等分

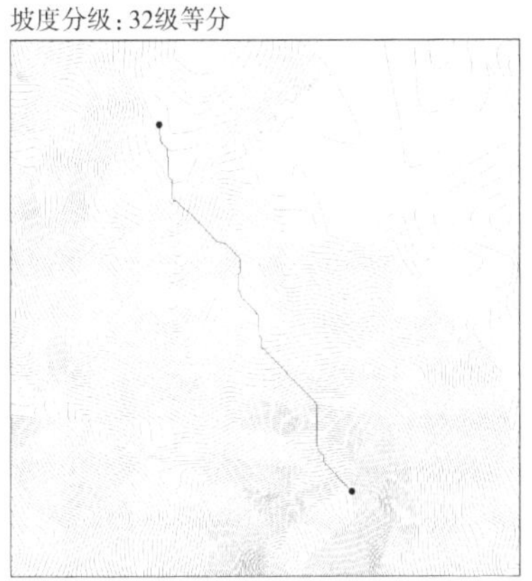

(b)基于坡度单因子选线结果
坡度分级：32级等分

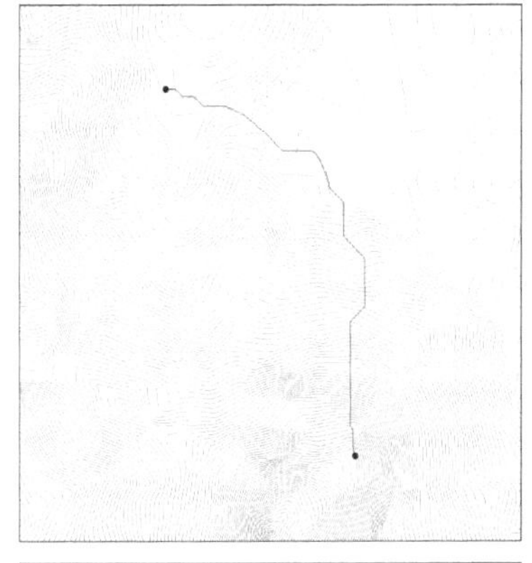

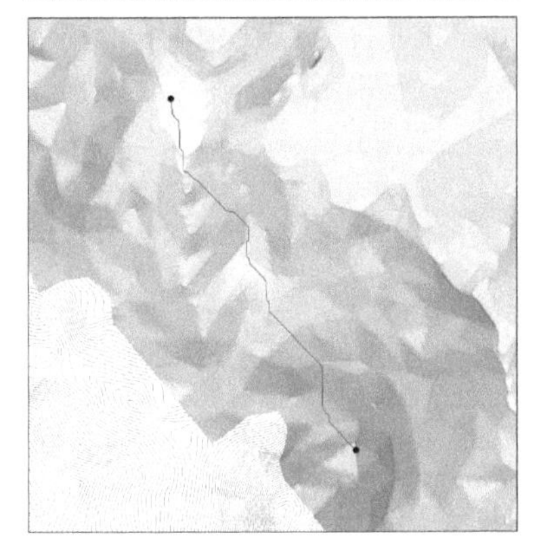

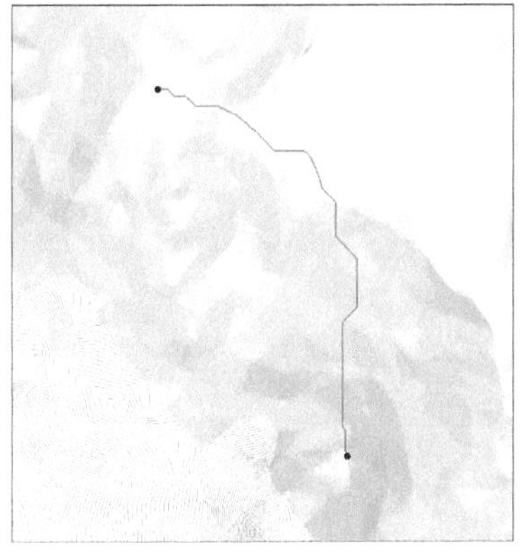

图7-11　路径距离法——不同因子成本图的选线结果

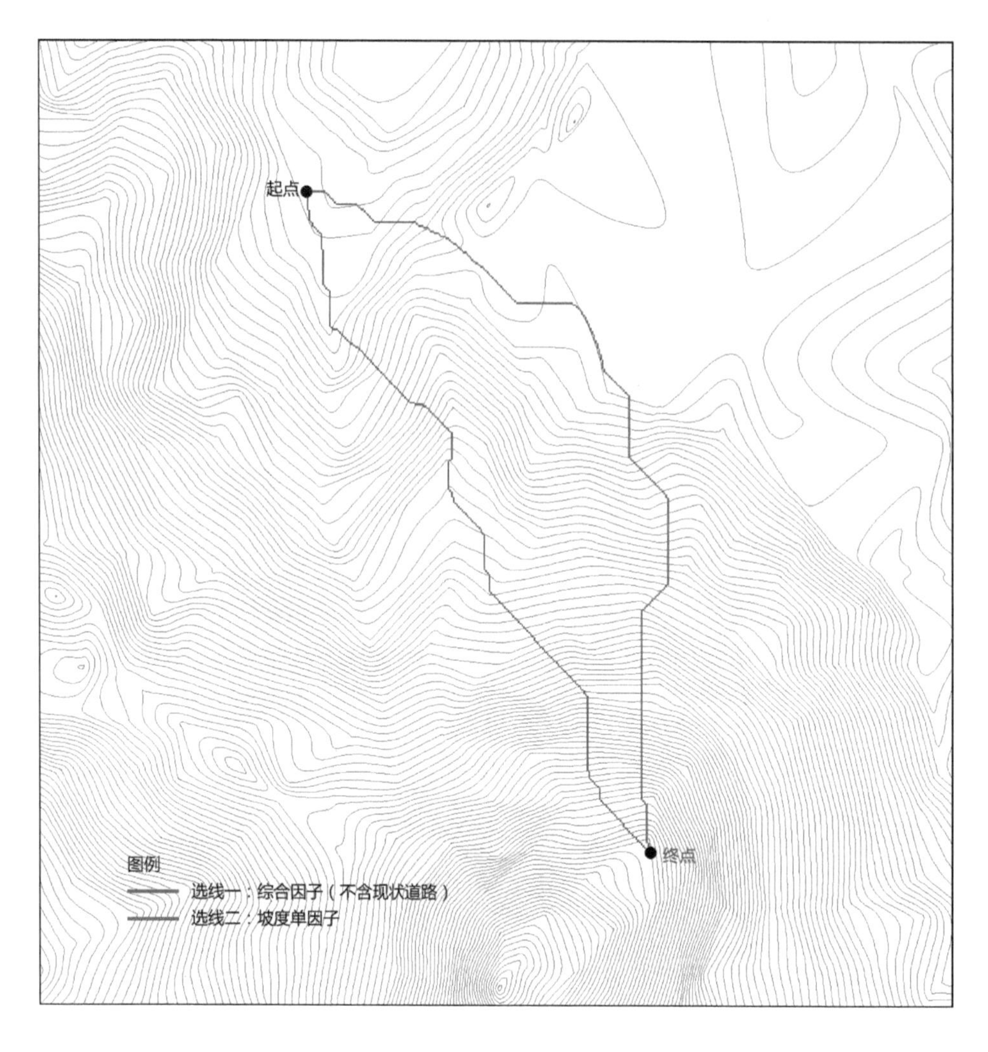

图7-12　路径距离法——不同因子成本图的选线结果比较

7.5.2.3　比较二：垂直系数交角

垂直系数交角指的是在计算中由一个栅格移动到下一个栅格的垂直相对移动角度。可理解为，步行时跨出一步为一单位距离，行进时每一步的起点（后脚）到终点（前脚）之间的连线在垂直方向上的角度。对垂直系数的交角限定的意义为大于某一角度时认定成本趋于无限，即通过此种方式在选线计算中控制行进路线避开坡度较大的区域。一般来说，景园环境中适宜进行道路建设的区域坡度不宜大于 30° ，据此可以将垂直系数交角的限定值约定为 ±30° ，即沿地形的起伏表面行进时，不论是向上爬升抑或是向下前进的度数均不超过 30° ，否则成本将被视为趋于无限。

图 7-13 中所展示的两种选线结果分别对应为基于 32 级等分综合成本的限制值 ±15° 、±30° 及 ±90° 的参数输入。从图 7-14 可看出限制值 ±30° 及 ±90° 的选线结果完全重合，而限制值 ±15° 选线路径沿等高线较缓的区域曲折前进至终点，与 ±30° 及 ±90° 的选线结果有着很大的不同。究其原因在于，选线起点与终点所处区域坡度值绝大部分未超过 30° ，因此

意味着将限制设定为 ±30° 与 ±90° 对于选线的约定是等效的，故而出现了完全相同的选线结果。限制值为 ±15° 时的选线路径效果在此次选线中显得较为突出。

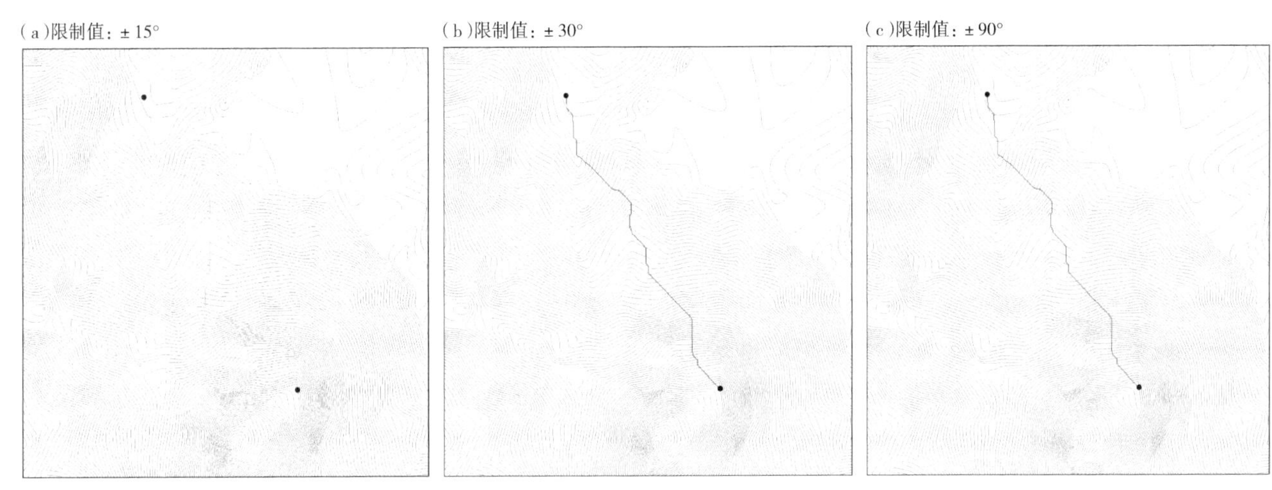

图7–13　路径距离法——不同限制值的选线结果

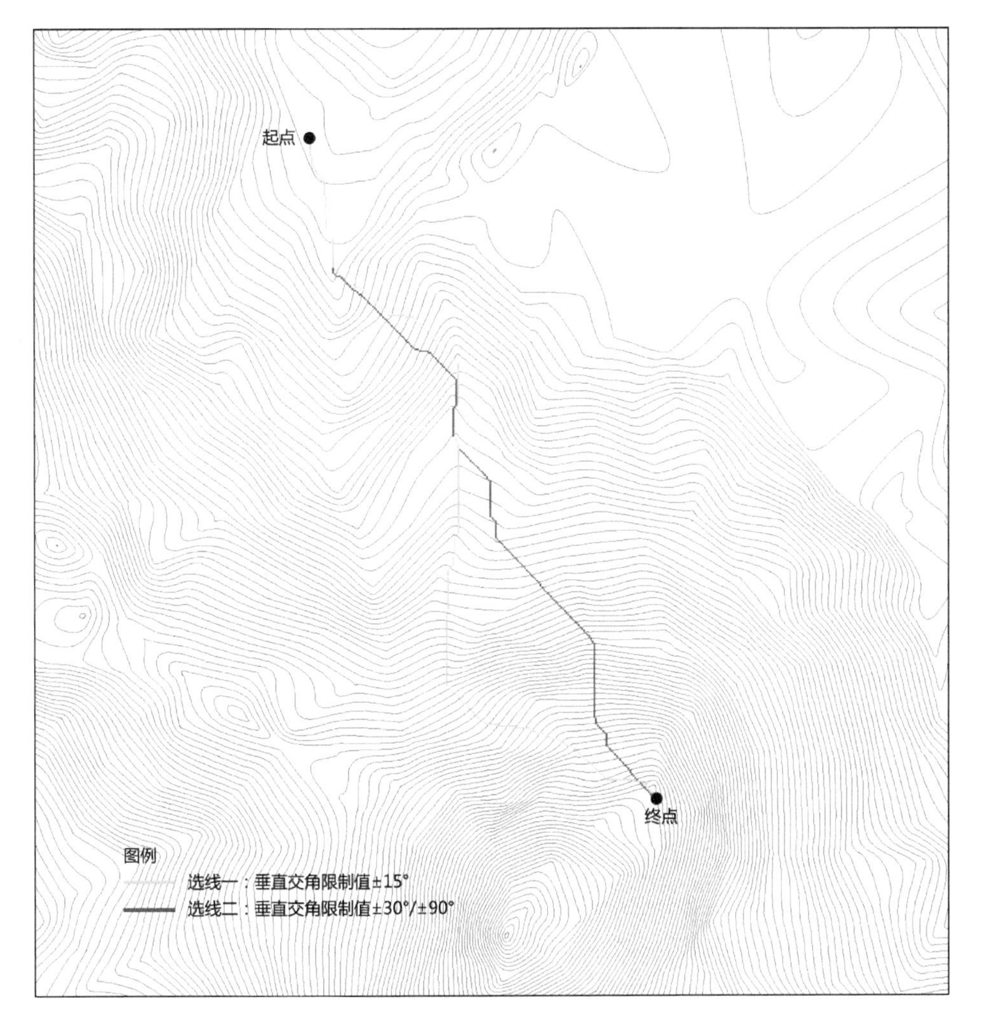

图7–14　路径距离法——不同限制值的选线结果比较

7.5.2.4 比较三：垂直参数 SLOPE 值

SLOPE 值为一种修饰系数，反映的是垂直系数与垂直相对移动角度之间的函数关系。根据风景园林规划设计道路选线的特点，在运算时选取对称线性函数，代表不论垂直相对移动角度为正值抑或是负值，垂直系数始终为其线性函数，且这两个线性函数关于垂直系数（y 轴）对称。由图 7-15 可看出，随着度数减小，对应的 SLOPE 值增大，斜率也相应增大，如图中所示斜率由大到小依次为 SLOPE=1/30 > SLOPE=1/45 > SLOPE=1/90。

图 7-16 展示了四种 SLOPE 值对应的选线结果。图中 SLOPE 值为 1/15、1/30、1/45 时的选线结果较为相近，其中 SLOPE 值 1/15 与 1/30 时选线路径几乎完全重合；SLOPE 值为 1/90 的选线路径与其余三种仅前半段趋于相似，后半段有较大偏离。SLOPE 值为 1/90 的选线路径与其他三种相比，以几乎直线的方式斜穿等高线的情况较为严重。SLOPE 值为 1/15、1/30、1/45 的选线结果对等高线过于密集的区域进行了有效避让，选择了坡度较缓的区域行进（图 7-17）。

7.5.2.5 分析与总结

由以上比较可知：

与成本距离算法相同，综合因子成本图能够较为全面反映场所的选线条件，而坡度单因子成本图强调坡度对于选线施加的影响。从比较结果来看，坡度单因子成本选线结果的前半程选择坡度较缓区域行进，表现较佳；但是后半程为了达到重点而不得不选择以近似直线的方式穿越等高线的密集区域，选线结果较为不理想。综合因子成本选线的起步阶段并未对等高线较为密集

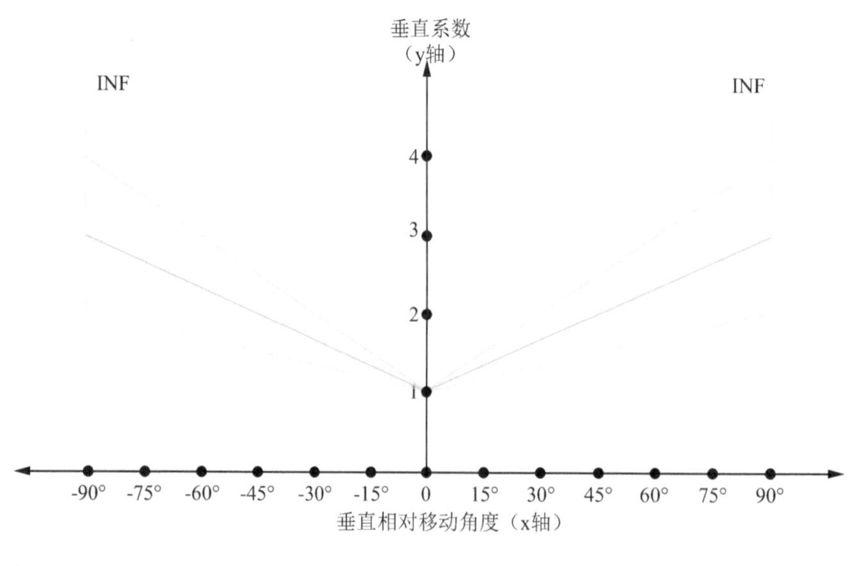

图7-15 不同SLOPE值对应的对称线性函数垂直系数图（垂直系数交角=±90°）

(a)基于不同SLOPE值选线结果
SLOPE值：15°

(b)基于不同SLOPE值选线结果
SLOPE值：30°

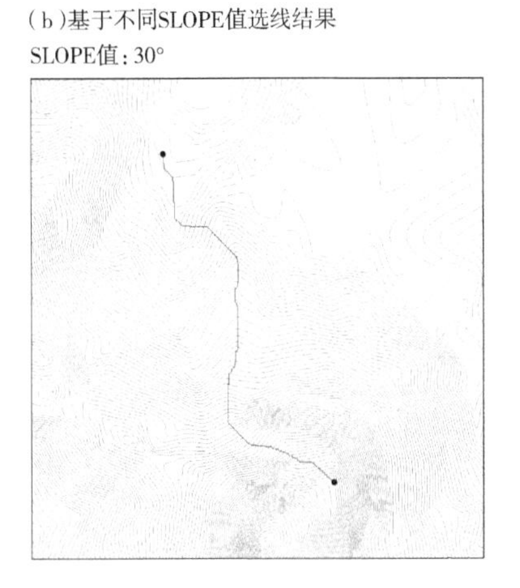

(c)基于不同SLOPE值选线结果
SLOPE值：45°

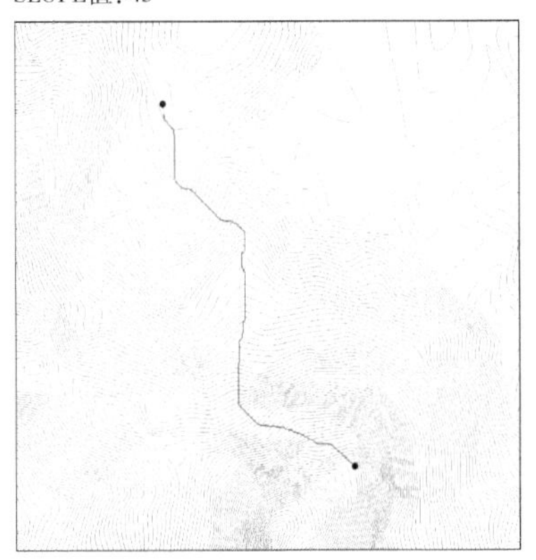

(d)基于不同SLOPE值选线结果
SLOPE值：90°

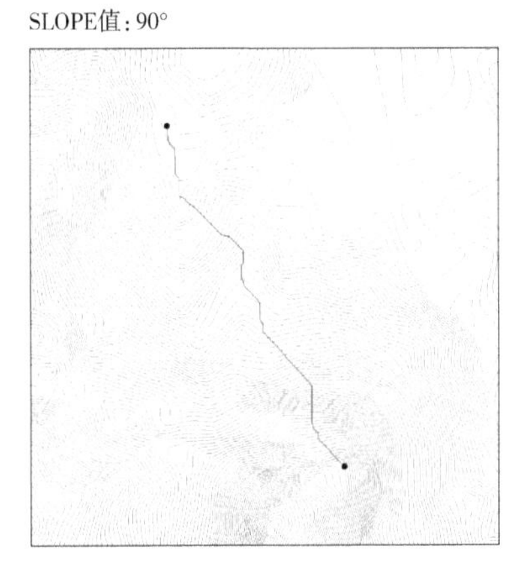

图7-16 路径距离法——不同SLOPE值的选线结果

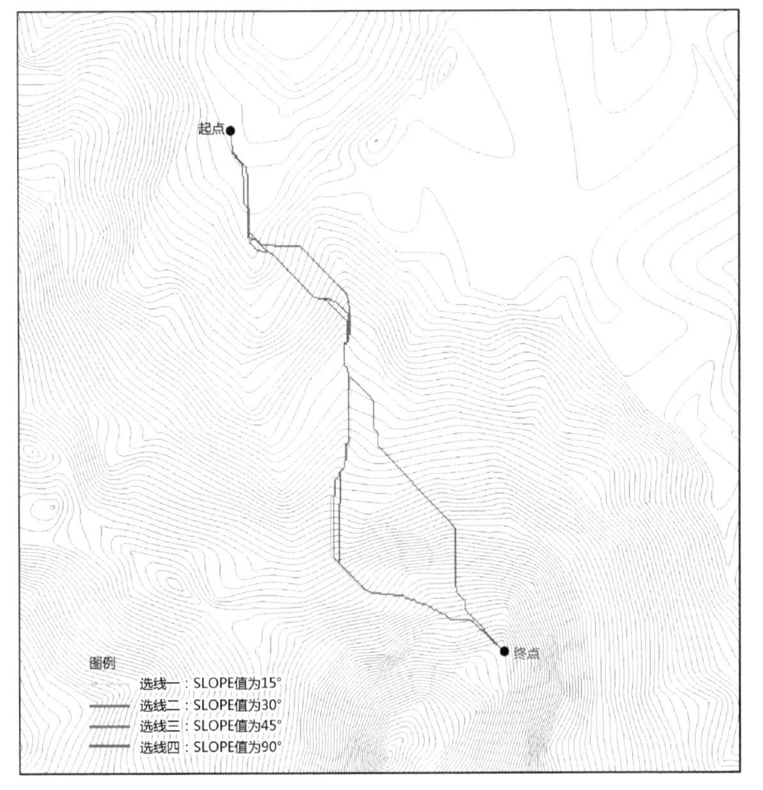

图7-17 路径距离法——不同SLOPE值的选线结果比较

的区域进行绕行，而是选择了曲折前进接近终点。就整体选线而言，基于综合因子成本的选线避免了对场所中水面的穿越，线路行进方式较为合理。同时需要说明的是，路径距离算法由于有多类型的参数输入，作为控制选线的条件，通过这些参数的约定能够较好地满足选线对于坡度的要求，因而不必以加强坡度成本的方式达到控制对选线坡度。

垂直系数交角的限制值之于景园环境的道路选线是一个十分有意义的参数，这是因为通过这一参数的设定能够强制限定选线的合理坡度，避免在坡度过陡的区域进行道路建设。通过比较可知，面对不同的景园环境时，需要根据坡度情况选择这一参数，才能够使路径距离算法较为合理地对选线路径进行运算，输出贴合场所条件的选线结果。例如，对于坡度起伏变化较大且坡度较陡的景园环境进行道路选线时可以将垂直交角限制值设定得较高，比如大于 ±30° ，而对于场所内坡度平缓的景园环境则需将限制值限定在较小的范围，如 ±15° 左右。

SLOPE 值作为斜率，通过线性对称函数决定了不同坡度对应的垂直系数的大小。通过这一系数能够对爬坡的难易程度进行修正，斜率越大表明随着某一坡度所对应的爬坡难度较之斜率较小的相同坡度更大。根据不同 SLOPE 值输入情况下选线结果的对比可知，在景园环境中，SLOPE 值为 1/45 时可以基本满足选线要求，而 SLOPE 值为 1/15、1/30 时能够较好地满足选线要求。

7.5.3 成本距离算法与路径距离算法道路选线模型的比较

通过对成本距离算法、路径距离算法两种算法各自变量中不同参数输入的单独比较，初步生成两种算法适于风景园林规划设计道路选线的参数选择。针对两种算法的特点，究竟哪种算法更适用于景园环境道路选线，是本节讨论的重点问题。表 7-5 列出了两种算法模型所需要提供的参数，及将参加两种算法模型选线比较的参数选择。表中的参数选择了在上文讨论中适用于风景园林规划设计道路选线的参数值，并保持两种算法共有参数值输入的一致性，以此提供较为合理的比选结果。

表7-5 成本距离算法与路径距离算法道路选线模型参数比较

参数		成本距离算法	路径距离算法
影响因子		综合因子（不含现状道路）	综合因子（不含现状道路）
费用分级		32 级等分	32 级等分
分级赋值		不加幂	不加幂
垂直参数	垂直系数交角	—	± 30
	SLOPE 值	—	30°

图 7-18 是对两种算法模型选线结果的比较。基于成本距离算法的选线路

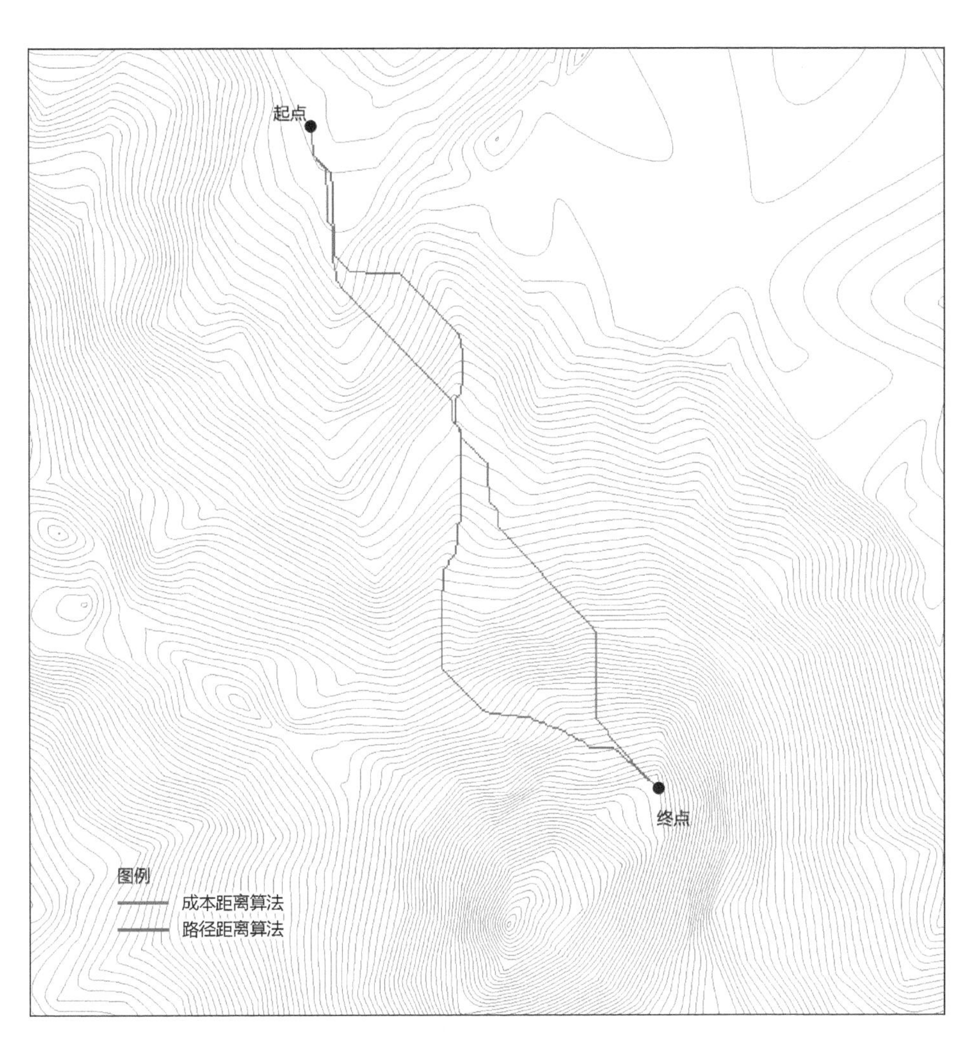

图7–18　成本距离算法与路径距离算法的选线结果比较

径以一种较为直线化的方式曲折接近终点，中途出现了直线斜切等高线的情况，因此选线结果较为不理想。图中基于路径距离算法的选线路径从起点出发后蜿蜒前进，尽量沿坡度较缓的山谷及山脊线前进，最终达到终点。通过对两种算法模型选线结果的比较，很容易看出基于路径距离算法的选线结果明显优于成本距离算法。

7.5.4　多点道路选线模型的比较与优化

风景园林规划设计过程中由项目选址确定的需要进行建设区域是日后的景观节点，包括了游赏设施的建设点、景观观赏点等。这些景观节点均需被路网串联，以供游人到达，故而这些节点均与路网发生关系，成为道路选线的“控制点”，即道路的起始点、中间点以及终止点。风景园林规划设计通常面临中、大尺度的设计范围，区域内根据服务定位的不同存在多个出入口。任何一个景观节点都需要能够顺利地从区域主入口进入，因此必须与主入口发生联系，故而笔者的道路选线模型将区域主入口所在位置作为起始点参数输入。由于景点众多，景园环境的道路选线必然面临的是一个多点的选线问题。为避免过于繁缛的工作量及人为意志干扰，笔者采取将多点同时作为选线的终点，形成参数，一次性输入，进行道路的选线运算。以上便是笔者针对景园环境道路选线特点提出的“‘1+N’多点多次选线方法”（图 7-19），作为对基于 ArcGIS 软件平台道路选线的优化方法，在本节将通过控制点数量的比较及如何实现“1+N”多点多次选线进行详细论述。

7.5.4.1　比较：控制点数量的控制

图 7-20 分别展示了控制点为 10 点、20 点、40 点时利用路径距离算法的道路选线结果。可以看出以下特点：第一，选线路径呈“树枝状”结构。由于路径距离算法的特点，所有的“终点”均会寻找最小成本到达“起点”的最短路径，因而所有的“终点”均会与“起点”发生关系；同时，根据计算规则，输入的成本参数与起始点决定了每一个参与计算的栅格到达下一个栅格的最小成本及回溯方向，故而某一方向上的最短路径在以上前提下得以确定；在此方向附近分布的控制点会寻求到达这一方向的最短路径，最终沿该方向上确定的最短路径到达“起点”。第二，随着控制点数量的增多，“树枝”密度越大。这一特点不难理解，控制点数量越多，就会存在越多的点与起点发生关系，因此产生了更多的路径。控制点的数量通过项目的选址进行确定，根据场所的不同、项目的不同，控制点的数量始终处于不断变化之中。通过来

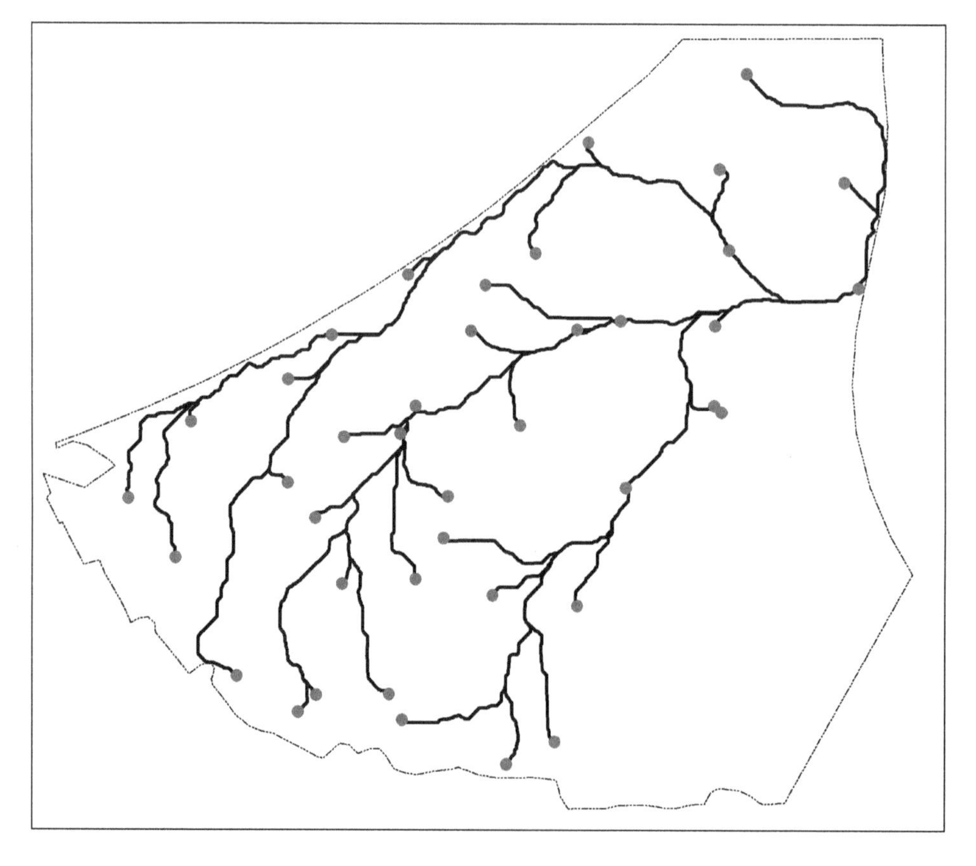

图7-19　多点选线生成的“树枝状”结构道路

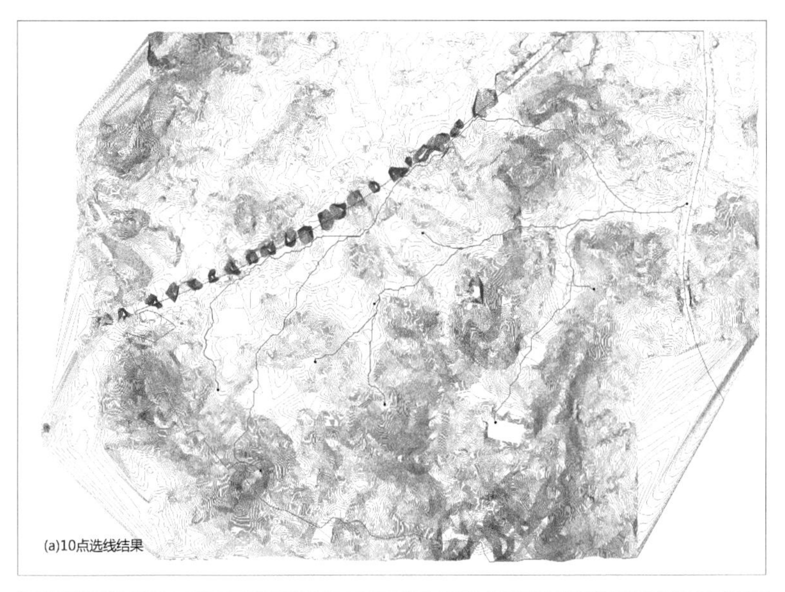

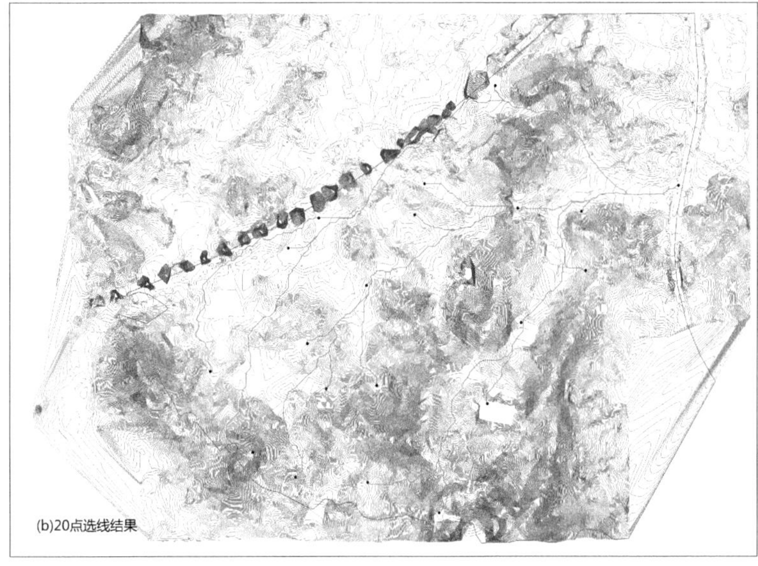

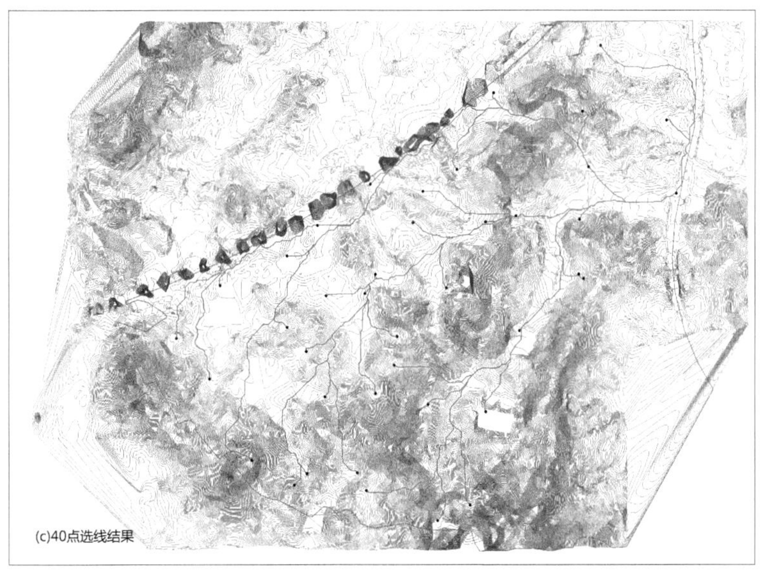

图7–20　基于不同控制点数量的道路选线结果

源于场所的“控制点”控制道路的走向，最终生成设计路网，这一道路选线过程也体现了从场所出发进行规划设计的“耦合”原理与效应。

7.5.4.2 优化：“1+N”多点多次选线方法

景园环境中路网的规划通常要求呈“环”、呈“网”，通过交通的组织保证各个景点具有良好的可达性，合理输送及疏散人流。由上文的分析可知，多点一次道路选线得出的道路路径呈“树枝状”结构，并未形成网状结构且能够环通的路网。这是由于每个作为“终点”输入的控制点均只与“起点”发生关系，“终点”之间并无联系。而路网中的每个节点至少需要与两个及以上的点相连。因此，仅仅进行一次选线所得的道路路径并不能满足景园环境道路选线的要求。景园环境由于尺度的原因，通常不仅限于一个出入口，在主入口作为“起始点”参与第一次选线之后，其余的出入口同样需要与区域内节点相连，故而这些出入口便能够成为“N”个“起点”参与选线运算。一般而言，仅需增加一次运算，即设定第二个“起点”进行二次选线，便能够根据“终点”输入的多少使场所中几个或全部控制点均与两个起点发生关系，满足了道路成网的基本需求。

图 7–21 中分别展示了起点 A、起点 B 的多点选线结果，以及两次选线结果叠加后生成的路网。起点 A 位于场地的东侧，作为规划区域的主入口，其余节点均需与之相连，故而将其作为第一次选线的依据；起点 B 位于场地西侧，是整个区域的次级出入口，成为第二次选线运算的“起点”参数输入。根据实际需要的不同，多个次级出入口均可依次参与选线，并作为路网的组成部分与第一次选线的结果相叠合形成路网。同时还需注意，应尽量选取位于场所不同方位的出入口作为起点进行道路选线的计算，有助于形成互相交织的路网体系。实际情况中，次级出入口仅需要与部分节点发生联系，如提供后勤的出入口、提供专门服务的特殊通道等，因而在第一次选线完成后，可以根据需要选择与再次选线起点相关的节点参与运算。图 7–21（c）为两次选线结果叠加后生成的路网，基本能够看出环状道路的形成，在此基础上通过人工剔除多余选线路径，筛选出最后的道路路径。如若部分需要相连的节点未能在上述过程中通过道路建立联系，则可以为其单独进行两点间选线，补充、丰富路网。

7.6 线型优化及路网生成

由基于栅格图计算得出的选线线性为折线，不能够直接作为最终选线结果，因而需要将其曲线化以满足道路设计的要求（图 7–22）。利用 ArcGIS 软件中高级编辑工具对选线路径进行编辑，输入合适的“最大允许偏差值”，将

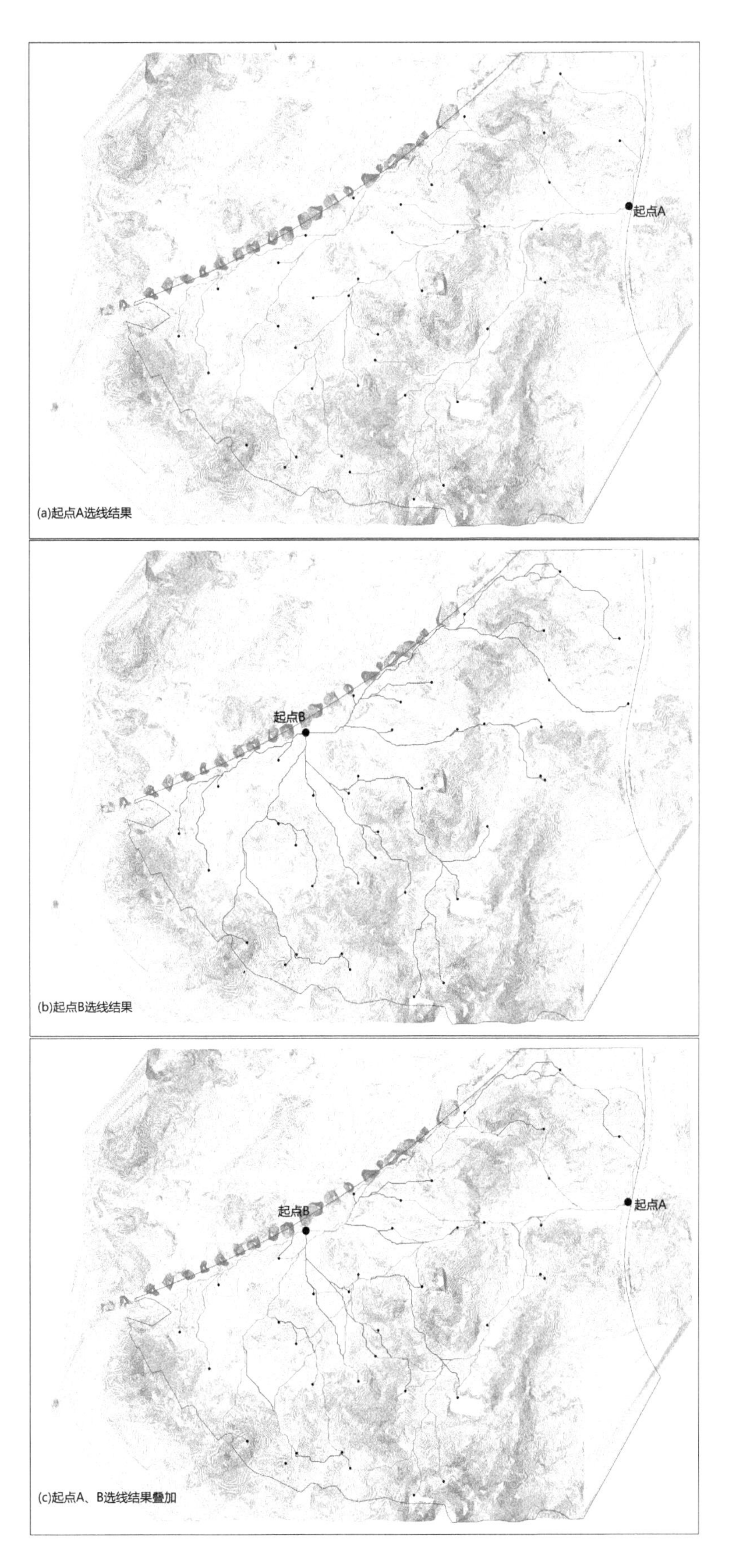

图7–21 “1+N”多点多次选线结果

路径曲线化，并对不尽合理的部分进行人工优化得出最终的选线形态。在全部路网路径生成的基础上，分出主次道路，选线路径即为道路的中心线，得出最终的路网（图 7–23）。

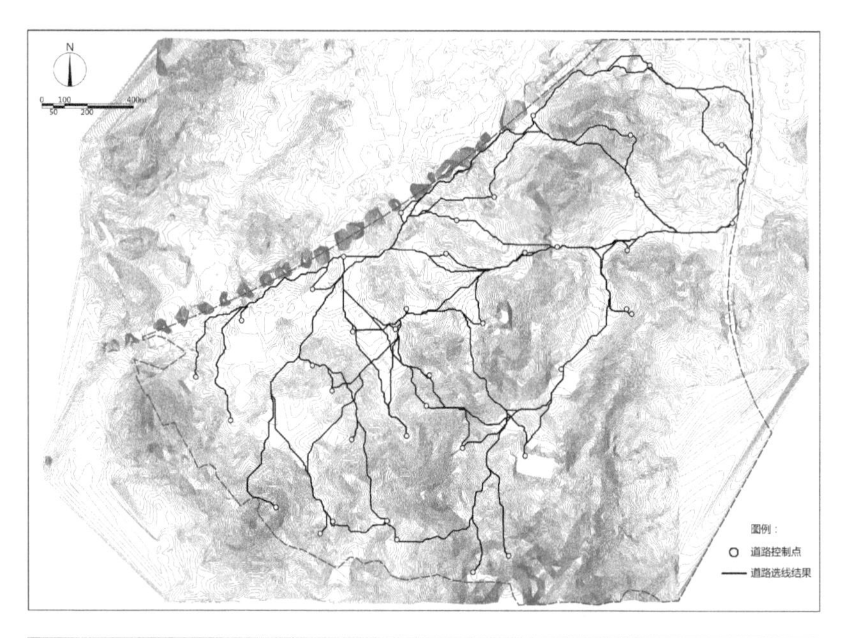

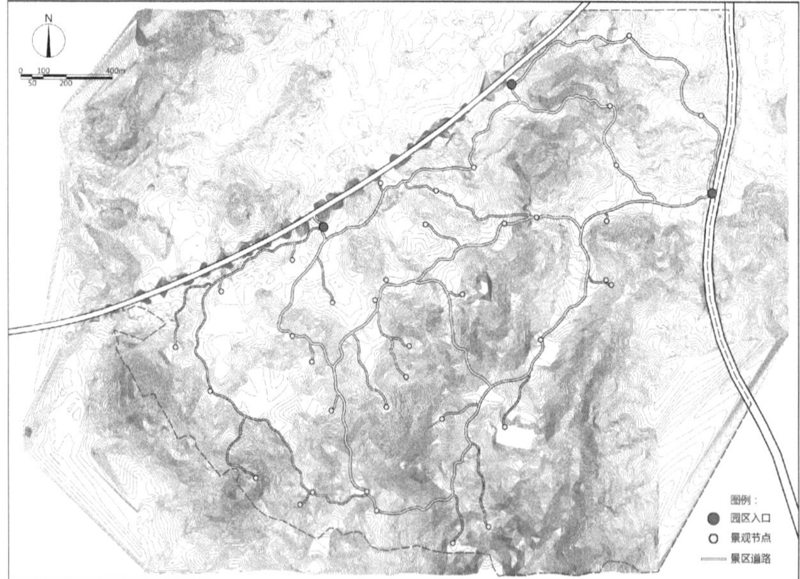

图7–22 道路选线结果

图7–23 优化后道路选线形成路网

第八章　拟自然水景建构模型

水景观的营造之于景园环境在美学、生态学上均有着积极的意义。水景是风景园林规划设计中的重要专题之一，对于以自然素材为主体的景园环境而言，人工干预下水景可以千变万化，但其生成必须尊重自然的规律，在充分解读场所条件的前提下开展。基于有限人工干预下生成的拟自然水景不仅形态自然，更因为遵从了客观规律而转变成环境的有机组成部分。拟自然水景的营造具有多目标集约化的意义，同时体现了减量化、可持续的特点。本章探讨针对景园环境中的拟自然水景参数化营造方法，从水景之于风景园林规划设计的意义出发，阐释了拟自然水景的科学及工程内涵；广泛结合工程实践基于 ArcGIS 软件平台，构建了拟自然水景建构模型，并以南京牛首山景区北部地区拟自然水景的营造实践为例，对拟自然水景建构模型的运用进行了论述。

8.1　风景园林规划设计的水景建构

8.1.1　水景之于风景园林规划设计

人类对“水”有着特殊的感情，不仅生产生活离不开水，而且在人类历史发展过程中形成了对“水”的审美，故而出现“景观无水而不活”的说法。古今中外，水景营造一直是风景园林设计的重要组成部分。从古埃及到古罗马，再到文艺复兴时期的欧洲，直至崇尚自然的英式风景园林，水景一直是长久不衰的话题。在中国传统园林中，水是重要的组成要素，叠山理水艺术无疑是中国传统园林艺术中非常重要的一部分。早在春秋战国时期，周文王的灵池即作为最早的建筑理水模式出现；从秦始皇引渭河入兰池，到颐和园昆明湖引玉泉山的泉水入园，中国古代的造园家们一直矢志不渝地通过巧妙地利用自然，以追求山水相依的自然式景观。“湖光秋月两相和，潭面无风镜未磨”[1]，中国历代诗人写下了无数描写水景观的诗句，不仅如此，在传统文化体系中“水”还具有人伦教化的意义。“水”文化业已深深地根植于中国文化体系之中，并引导着人们的审美情趣。

1 出自唐代诗人刘禹锡的《望洞庭》。

除了审美、文化方面的意义，水景观之于风景园林规划设计在生态方面的意义同样不容忽视。景观环境中的“水”具有双层意义，一方面它是景观环境的重要组成部分；另一方面，处理不当造成的大量地表径流会带来水患灾害，对景园环境及人居环境形成危害。正因如此，国际范围内出现了低冲击（Low-Impact Development，LID）城市规划设计、水敏型城市设计（Water Sensitive Urban Design，WSUD）、海绵城市（The Sponge City）等理念，从不同层面探讨人居环境的水治理模式，均体现了对水生态的重视。未改变下垫面的纯自然环境本身具有一定的“海绵效应”，城市建成环境中“海绵体”不仅包括了河、湖、池塘等水系，也涵盖了绿地、花园、可渗透路面这样的城市配套设施。而风景园林规划设计的场所不仅仅局限于城市建成环境，还囊括了大量城市边缘区域、景园环境等人工建设量较少的区域。这些区域是位于城市外围的大型“海绵体”，水的保持在这些区域同样具有重要的意义。由于地表存在着天然的洼地，降水会在这些洼地进行汇集，形成塘、池、沼等自然水体。除去地下水补给的水源途径，这些天然的水体主要依靠降水形成的地表径流及地下径流进行补给。在景观环境中永久或临时集蓄降水的水体有着极其重要的生态价值。水体的存在，尤其是一系列水体形成水系的存在能够对集水区内降水进行汇集，一方面能够在无降水期间将水缓慢释放至周边土壤，缓解缺水的现象，调节水量平衡；另一方面，水系良好的调蓄作用能够阻挡突发性大量降水产生的瞬时地表径流，减缓对下游的冲击，在保持水土方面有着积极的意义。此外，水陆交接带是生物多样性最为丰富的区域，水系的存在有助于良好生境的营造，使得该区域的生物丰富度增加。

综上，水景观的营造之于景园环境在美学、生态学上均有着积极的意义。如何合理地调蓄水资源，实现水资源保护与景观营造的双赢，是当下风景园林规划设计中具有重要研究价值的课题。除去传统的美学及生态学意义之外，实现水形态与利用的有机统一，科学地滞留、存储、使用水资源已成为现代风景园林学领域中不可或缺的研究环节。

8.1.2 拟自然水景的营造

杭州西湖从唐代开始直至北宋再到明代，历经四次人工大开发，遂使西湖成为当今以自然水景观享誉中外的自然式景园环境。不仅如此，圆明园宏大的拟自然水景体系更是堪称古代水景营造的典范之作。崇尚自然的民族文化决定了中国传统造园中人工对自然进行模拟的设计理念，也形成了拟自然水景营造的传统。当代风景园林规划设计中，水景的营造同样是设计师们聚焦的专题。风景园林规划设计触及自然及建成环境两大类型，拟自然水景的设计在以上两类场所中展开。针对两种类型的环境，“拟自然”具有较为宽泛的概念，主要有两层意义：在一定尺度条件下的景园环境中，讲求对自然的模拟，结合地形地貌梳理出具有自然意趣的水景观，以“理”为主；在建成环境中设计面对的尺度变化较大，“拟自然”以人工根据自然规律的营造为主。两层意义有一定区别，但是其内涵有着相似性，即对自然规律的解读与把握。

8.1.2.1 “自然”的内涵

“自然”一词含义极其丰富，哲学上将未经过人类改造的自然称为“第一自然”。笔者研究的范畴内，“自然”与“人工”相对，指的是无人类扰动或存在极少人类活动的自然。同样，也可以理解为原始的自然，表现在景观方面是天然景观[2]。“拟自然”指的是“像自然一样”，“拟自然”水景营造的含义便是“通过人工营造像自然水景一样的水景观”。“自然的水景”指的是自然界天然形成的江河湖海，例如，鄱阳湖、黄果树瀑布、日月潭等，这些都是天然的“真山水”（图 8–1）。拟自然水景观的形成区别于“一池三山”等意向性的“假山水”，是一种拟自然的“真山水”。与模仿或模拟自然水景形式和形态营造的人工水景不同，笔者研究的拟自然水景观营造的重点在于“理”字。潘谷西先生的名作《江南理景艺术》中有言：自然山水风景与“园林之景”不同，不能人造，只能以利用为主……“理”者，治理也。理的方法可有不同：或者是“造”，如造园、造盆景；或者是“就”，依山就水，巧妙布置，使山水之美得到充分发挥和利用[3]。所谓“理水”，指的是就现有的山之形、水之势，因势利导，通过梳理形成新的水景观或优化原有的水景观。“拟自然水景”营造中的“自然”有着形式与规律的双重意义。首先从形式上看，拟自然水景的营造是通过人工的作用以形成具有自然形态的水景环境。曲线并不代表着自然，自然的水景形态指的是在自然过程中天然形成的水景所具有的不规则、自由的形态。在陆地上，天然水景按类型划分为河流、湖泊、溪流、池塘、池沼、瀑布、涌泉等。这些水体的边界极其自由，由于位于开放系统中，其形态受立地环境的影响而变化，例如水位会随着季节变化，而水体形态也随之改变。其次就规律而言，拟自然水景的营造需要通过人为的有限干预生成自然的水系。水系是某一流域内的水网系统，因而具有一套完整的水生态系统。正所谓“师法自然”，拟自然水景的营造不仅需要生成自然优美的形态，而且遵循自然规律的营造显得尤为重要。能够形成完整的生态系统，并自我维系是拟自然水景的重要特征。“就”的是现状的条件和“自然之力”，既应当对场所现有的地形、水文状况等因素进行分析，又必须在此基础上掌握生境条件等自然的规律。

2 王向荣，林箐．自然的含义 [J]. 中国园林，2007（1）：7
3 潘谷西．江南理景艺术 [M]. 南京：东南大学出版社，2001：1

图8–1　天然水体“台湾日月潭”及人工水体“杭州西湖”
引自互联网

8.1.2.2　拟自然水景的意义

当下世界上众多国家都对被破坏了自然环境状态的河道整治工程进行了反思，提出了“近自然型河流”“多自然河川建设”等发展理念，逐步对人工化的河流进行再改造，力图使其回归自然状态。这一现象反映了当代人们逐步认识到自然式河川在生态学、水利工程学方面的意义。在景园环境中也是如此，拟自然水景的营造对于整个区域而言不仅有着积极的生态学价值，而且能够通过蓄集和缓释的过程实现区域水资源的调节与优化，既缓解了缺水又能够有效避免水量过大。将人工营造的水景纳入自然的系统，有助于维持区域水系的完整性和系统性。同时水系的生成还可以优化区域内水体的分布状况，合理调配水资源。除了生态与水资源保护方面的意义，拟自然水景的营造还是集约化的体现。在营造中讲求从研究场所出发，通过对地形地貌、水文条件等现状因素的分析，因地制宜地选择存在水景生成可能性的位置，顺应自然地形、水势开展营造工作，最小化对环境的扰动。正是基于这样一种“研究—分析—控制—优化”的过程，才能够最大限度地利用现存的自然条件生成自然态的水景观。既保证景观形态最优，又有助于实现生态保护；既满足了游赏功能要求，又能够保障经济性。因而拟自然水景的营造具有多目标集约化的意义，同时体现了减量设计的特点。契合自然规律的水景观还体现了可持续的特点，不仅几乎不需要后期的管养，而且通过构建完善的自然水生态系统，能够维持系统的自我发展，不需要人为的干预。

南京紫清湖旅游度假区位于南京汤山镇，属宁镇山脉之西段余脉。区域内地形起伏变化较大，是山体径流的过水区，暴雨时形成的较大径流对周边人工建筑物及设施存在一定安全隐患。在紫清湖旅游度假区的规划设计中，首先对规划范围内的地形与汇水进行了研究与分析，确定了径流的汇集区域；

图8-2 南京紫清湖旅游度假区拟自然水景构建

（a）高程三维分析　（b）径流分析与水体生成

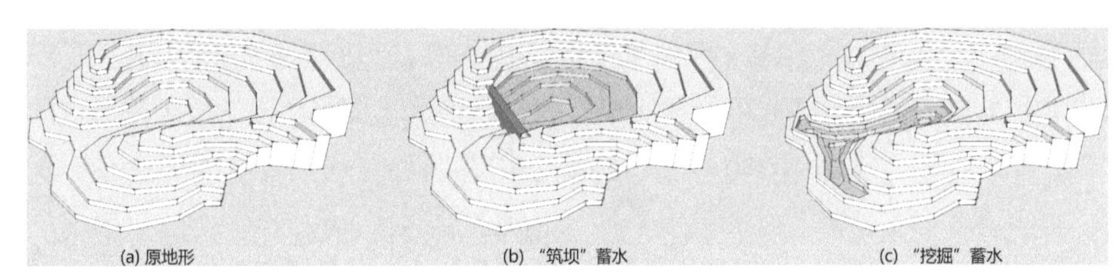

图8-3 “池盆洼地”形成示意图

并根据高程、集水区出水口以及汇水量的情况，分级设坝，在山体泄洪路径范围于不同高程处生成多级水面，用以调蓄水资源。在对场所自然条件分析基础上的水景观规划设计，不仅生成了供游人游赏的拟自然态水景，满足了人们对景园环境美的诉求，而且较为科学、合理地对水资源加以调控：水量不足时滞留、存蓄，水量过大时缓解了径流对下游的冲击，从多重意义上满足了可持续的要求（图 8–2）。

8.1.2.3 拟自然水景营造的要点

天然水体位于自然形成的洼地中，并有水源补给，以维持水位。拟自然水体与天然水体的形成原理基本相同，需要有洼地以及稳定的水源。水无法存蓄的重要原因在于没有闭合的地表凹地存在，因此水体的营造首先需要生成“池盆洼地”。这里的“池盆洼地”并不仅仅指的是地表天然形成的洼地，而是包含了通过人工筑坝、挖掘形成的闭合凹陷区域（图 8–3）。拟自然水景的营造讲求的是最小化对场所的干预，因而并不倡导通过大量地挖掘土方以形成地表洼地的方法。在水文分析的基础上，选取径流区域通过合理筑坝的方式存蓄水，能够实现最低限度的环境扰动基础上水景观的形成。由于不是天然形成的水体，并且没有进行挖掘工作，拟自然水景的补给水源以自然降水形成的地表径流为主，辅以地下径流，几乎不存在地下水源的补给。在池盆洼地储水能力一定的情况下，补给水源的量决定了蓄水容积。水体形态是否优美是水景观营造成功与否最为直观的呈现，由于水景观重要功能之一是为人服务，因此水体形态是水景观营造中重点研究的对象。“水本无形，因器成之”，故而水体的形态是由蓄集水的“洼地”决定的。就现状地形生成的水

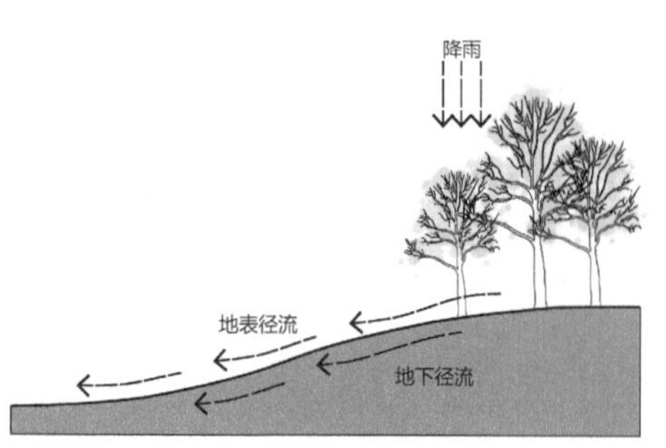

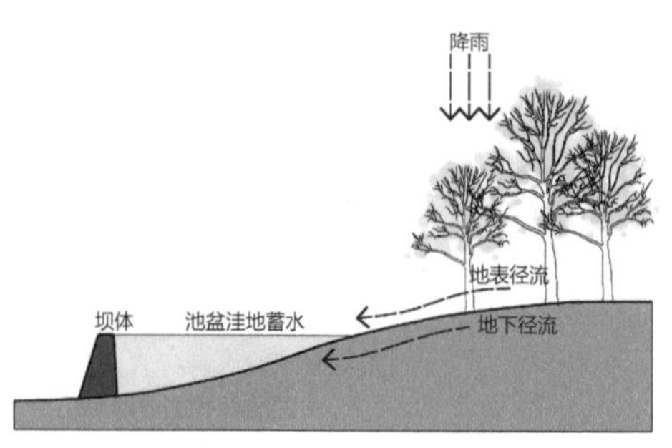

图8-4　拟自然水景营造原理图解

体形态于水位淹没位置紧密相关，体现在水面与地形相交的形状以及水体与水体之间的关系组合。由于自然地形的起伏多变，不同水位淹没位置对应的水体形态必然各异；同样由于场所地形的唯一性，不同场所、不同区域形成的水系更不可能完全相同。基于设计与场所耦合的拟自然水景营造无疑是最为契合场所，也是最独具特色的。综上，拟自然水景的营造有三个需要把握的关键点：水量、工程量与形态（图 8-4）。

无论是江河湖塘，还是泉池跌瀑，自然状态下水景观并不是独立存在的，而是互相关联成为一个“水网系统”。水系的营造需要依径流方向分级生成，上一级富余的水量将会汇集至下一级，因而成为了一个系统。从上文的分析能够看出，水位与水量决定了特定“洼地”所形成的水体形态，由此三者之间存在着互相联动的关系。人工干预下的“洼地”生成主要依靠“筑坝”的手段实现，而坝的高度又与水位紧密相关。故而水量、工程量与形态之间产生了一种动态的关联。人工干预下的自然水式景观营造不是单纯的景观营建工作，也难以凭借对汇水过程的研究简单将其囊括。它需要对汇水过程与水景观特征的全面研究，并与工程技术相融合。因此可以说，拟自然水景观的营造是一项系统工程，也是一个综合、动态的平衡和调节过程。

8.2　拟自然水景建构模型的构建

拟自然水景营造的场所通常位于景园环境之中，面对的是较大尺度的区域。ArcGIS 软件提供的水文分析工具能够有效支撑相关分析工作，同时提供了参数化的运算工具便于进行特定的运算。拟自然水景的营造与自然的水景过程生成相同，需要确定“汇水量”与“蓄水洼地”。由以上两点出发，这一过程可分解为：水文分析—水景选址—水量计算—坝高预判—水景形态模拟。在拟自然水景的生成过程中，降水量、汇水量、坝高、水体形态等作为一系列参数参与整个运算过程，同时这些参数又互相联动，互为因果。图 8-5 参数化的拟自然水体建构模型展示了整个营造过程以及各参数之间的逻辑关联。

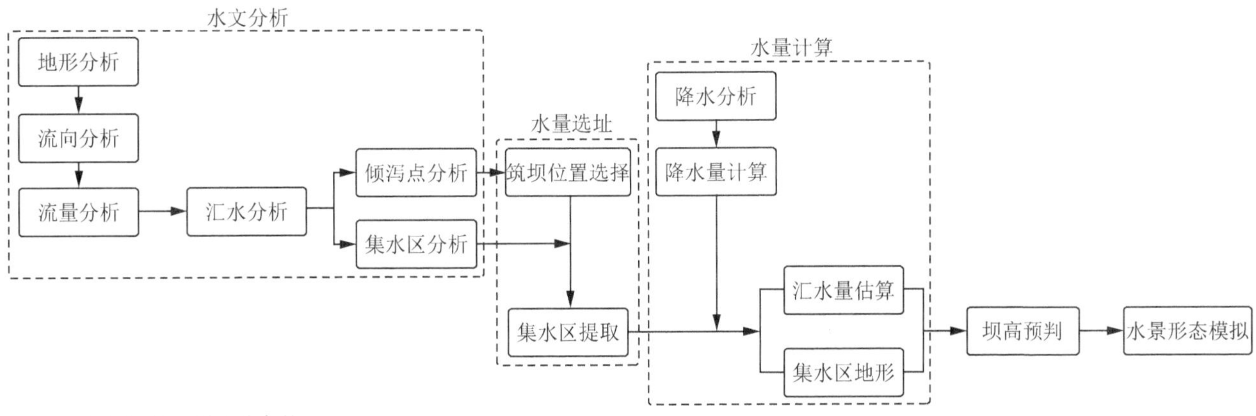

图8-5 风景园林规划设计参数化拟自然水景建构模型

8.2.1 水文分析

8.2.1.1 汇水分析

《园冶》中“相地”有云：“立基先究源头，疏源之去由，察水之来历。”[4] 拟自然水景营造首当其冲需要解决水源的问题。区别于需要人工补给水源的水景观，有天然的水源补给是拟自然水景的重要标志。同时，该水源应当较为稳定，能够持续为水体提供补给。中国古代造园通常选址于自然条件优良的区域，通过直接引入地表水或挖井对园林中的水体进行补给，著名的有秦始皇引渭水入兰池、魏晋南北朝的华林园引漳水入天渊池、颐和园引玉泉山的泉水入昆明池。此种方式需要通过水平挖渠或竖向挖井的方式实现水源的补给，工程量较大，且经济性较差，会对环境造成较大扰动，作为古代皇家工程中所采用的方法在当代不具有普适性意义。拟自然水景营造利用的是自然的降水，通过创造地表的池盆洼地将其蓄集。因此首先从场所的分析入手，对设计区域的汇水情况加以分析，笔者的研究主要涉及径流、集水区、倾泻点三个要素（图 8-6）。

降雨、冰雪融水或者浇地时，在重力的作用下，除直接蒸发、植物截留、渗入地下、填充洼地外，沿地表或地下流动的水流称之为径流。按流动方式可分为地表径流与地下径流，地表径流又可分为坡面流和河槽流。当水流汇集至河槽

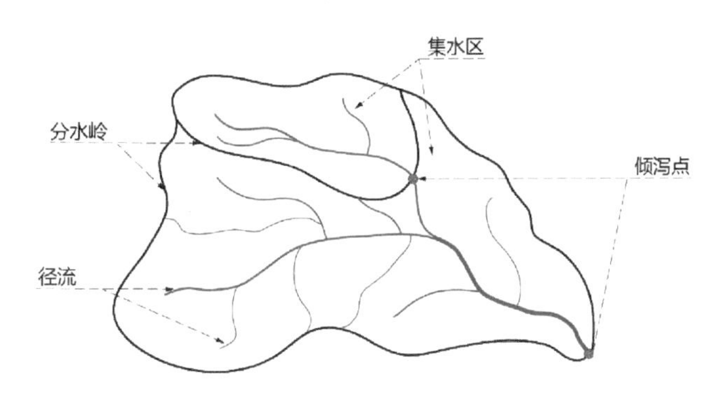

图8-6 集水盆地组成

4 陈植 . 园冶注释 [M]. 北京：中国建筑工业出版社，1988：56

时成为河槽流，拟自然水景营造中所研究的地表径流为坡面流。利用数字高程模型（DEM），ArcGIS 软件能够分析出整个风景园林规划设计场地地表径流汇集而成的“水网”，根据阈值设定的不同能够得出密度不同的径流网络。径流在向洼地流动的过程中会不断地汇集，彼此融合，逐步分层级壮大。河网常采用斯特拉勒（Strahler）[5] 以及什里夫（Shreve）[6] 河流分级法进行分级。

斯特拉勒（Strahler）分级规则可表述为 [7]：

①直接发源于河源的小河流为一级河流；

②两条同级别的河流汇合而成的河流级别比原来高一级；

③两条不同级别的河流汇合而成的河流级别为两条河流中的较高者。

什里夫河流分级法的基本规则是：

①将所有位于顶端的初级河流设置为基本等级 1；

②当任意两条河流弧段相交时，它们的下游河流弧段的河流等级为相交河流弧段等级之和。

两种分级方法相较，斯特拉勒分级法难以反映流域内河流等级越高，其通过的水量和泥沙量也越大的情况（图 8-7）。根据上一级径流的多寡可建立径流等级体系同样可以依据河流分级法进行分级。笔者选用什里夫法，这一方法针对拟自然水景营造的径流分析而言，能够较好地体现河流汇合的情况，清晰地反映各条径流的水量等级。根据什里夫法，径流分级特点如下：一级径流是不具备任何汇合支流的径流；二级径流至少包括两条一级径流作为其支流；而三级径流又至少需要两条以上二级径流的参与，其后的各等级径流可据此类推。通过对径流的分析可以得知降水在地表的汇集情况，等级越高的径流所接纳的水量越大。对于任何一处场所，其径流网络中的某一等级的

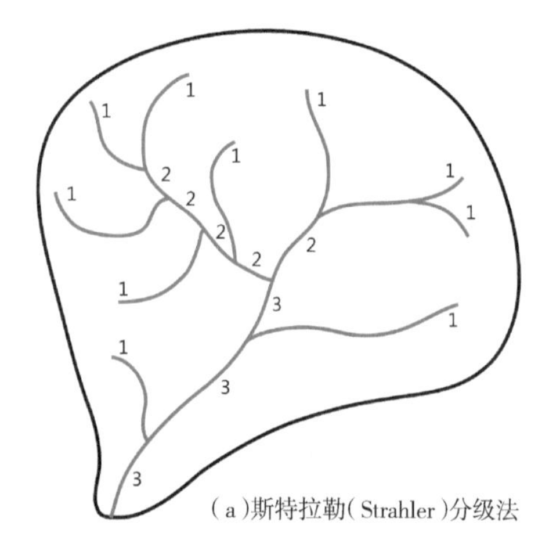

（a）斯特拉勒（Strahler）分级法

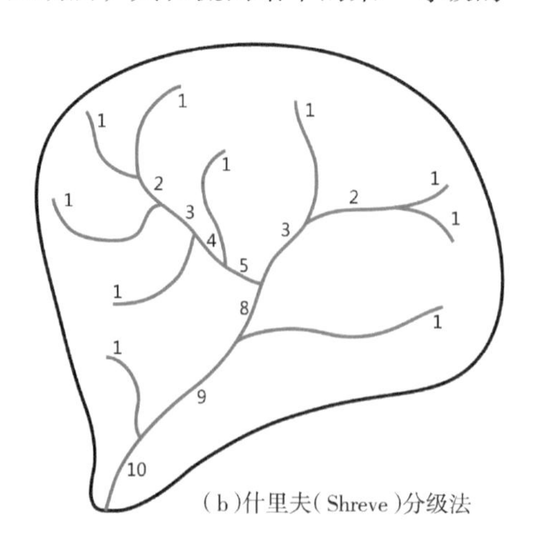

（b）什里夫（Shreve）分级法

图8-7　斯特拉勒（Strahler）及什里夫（Shreve）分级法示意图

5 Strahler A N. Quantitative analysis of watershed geomorphology[J]. Transactions of the American Geophysical Union，1957，8（6）：913-920

6 Shreve R L. Statistical law of stream number[J]. Journal of Geology，1966，74：17-37

7 胡彩虹，王金星 . 流域产汇流模型及水文模型 [M]. 郑州：黄河水利出版社，2010：28

径流总数与其对应等级的比较可发现每一等级的径流总数是随着等级的增加而递减的，故而可推断，在径流网络系统中，一级径流的数量是最多的。

对规划设计场所内径流的分析是拟自然水景生成的基础，也是整个营造过程的第一个环节，旨在通过分析得出区域内径流网络，为下一步的分析与计算作准备。径流网络即为汇水的网络，汇水线揭示了水的供给路线，因此汇水线区域存在蓄集水的可能性，也是拟自然水景生成潜质的区域。

8.2.1.2　集水区分析

集水区是收集水的区域，又称为集水盆地、流域，与地形有着紧密的关联。由于地形的起伏变化，降水形成的水流会沿着地形上的坡向低处汇集，地形中最为高耸的山脊自然成为“分水岭”。落入相邻两个集水区的降水在本集水区内汇集至最高等级径流后才会共同汇入更高等级的径流，因此集水区作为独立的流域存在，但根据径流等级的划分而互相嵌套。与径流的等级划分一致，一级集水区是一级径流流经的区域，也就是一级径流的流域；二级集水区是那些最高等级径流为二级径流的流域；在五级集水区中，其最高等级径流必然是五级径流。就像所有高一级的径流由一系列低一级径流构成一样，高一级的集水区同样完全由一系列低一级的集水区构成。这一关系是一种“嵌套的等级体系”（图 8-8），故而高等级的集水区能够蓄集的水量是次级集水区水量总和，集水区的面积同样也是次级集水区面积的总和。需要注意的是，可能存在不经过嵌套，而自成高等级流域系统的区域。通过集水区的分析可知拟自然水景所位于的流域，进而得出这一集水区域的面积，这也是汇水量计算的依据。根据集水区的嵌套等级，在较高等级的集水区内营造水景能够形成层次丰富的水系，所有位于次级集水区的水体均为高级水体的上游水体，如此经过层级串联的水体便形成了水景体系。

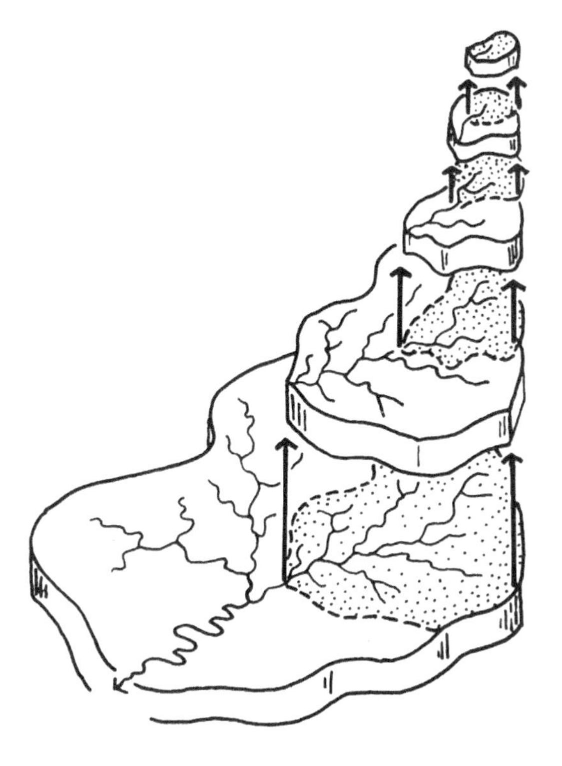

图8-8　集水区嵌套等级体系示意图
引自：[美]威廉·M.马什.景观规划的环境学途径[M].朱强，黄丽玲，俞孔坚，等译.北京：中国建筑工业出版社，2006：172

8.2.1.3　倾泻点分析

倾泻点是集水区的出水口，也是整个集水区的径流网络的最低点，将该等级径流与下一等级径流相连。径流以等级高低依次汇集，因而形成树状水网，出水口便位于每一树状分支处。因为倾斜点位于集水区中最高等级径流的最末端，是该集水区的出水口，所以此处的水量为整个集水区汇集的水量总和，流经此处的水量最大。由于是“最低点”“水量最大点”，倾泻点的分析与位置的确定对于拟自然水景的营造有着重要的作用。

8.2.2 水系的选址

径流网络不均质地分布于风景园林规划设计的整个场所，即使汇水线区域提供了水源供给的可能性，但是仍需要结合设计需求及现状地形条件选择适宜的水景营造位置。例如，某区域具有水景营造的诉求，而现状无水系或仅存不连续的水体，此种情况下便可以根据径流网络图分析此处水景生成的可能性，在具备可能性的前提下充分利用地形选择合理的筑坝位置。上述过程中存在两个需要把握的技术要点，对应于参数化风景园林规划设计拟自然水景建构模型，涉及“筑坝位置”及“集水区”两个参数的确定。

8.2.2.1 筑坝位置的判断

水源的供给与池盆洼地是水蓄集的两个重要条件。根据径流的分析可知水源的供给路线，通过径流等级的划分能够判断水量供给情况，因而汇水线区域存在水量供给的条件，满足水蓄集的水源供给要求。拟自然水景营造的重要特点在于尽量地避免人为的扰动，故而需要通过人工筑坝的方式依地形而建。《园冶》中“山林地”一节有云：“入奥疏源，就低凿水”[8]。与三峡大坝等水利设施的选址原理相同，在径流网络中，倾泻点的位置无疑是筑坝的良好区域。在集水洼地的选择中应当充分考虑现状的地形条件，筑坝位置周边的地形对坝体工程量大小有着重要的影响。如若周边地形围合状况较好，相同坝高的情况下，倾斜点位置地形“开口”较小，对应的工程量较少。在高等级径流的位置筑坝，来水量与径流的等级成正比，即径流的等级越高，来水量越大，相应的可供用于蓄水的水量越大。但需要注意的是，不规则起伏地形致使蓄水的体积并不与水面面积成正比。水景的营造中，坝体所在的位置通常为水位落差的分界点，也是形成跌水、瀑布等水景观的主要节点，不仅如此，筑坝选址及高程与水景观的形态也存在着直接的关联。

8.2.2.2 集水区的提取

地表水和地下水的分水线所包围的集水区域或汇水区叫做流域，习惯上指地表水的集水区域[9]。集水区的面积为某一流域的分水线内的降水汇集面积，该面积对应的区域内每一点所承接的降水，除蒸发、下渗及被截留之外均会以

8 陈植．园冶注释 [M]. 北京：中国建筑工业出版社，1988：58
9 王殿武．现代水文水资源研究 [M]. 北京：中国水利水电出版社，2008：24

径流的形式汇集至集水区的出水口，进入高一等级的集水区中。筑坝的出水口对应的集水区即为营造水体的区域，该集水区所汇集的降水是水体的供给水源。在降雨量一定时，集水区的面积越大能够汇集越多的水量，供给用于营造水景的水量越多。因此在降雨量已知的情况下需要提供集水区的面积才能够进行水量的计算。在上一步筑坝位置确定的前提下，利用 ArcGIS 软件能够提取出筑坝的出水口所对应的集水区，并计算出面积。

8.2.3　水量的估算

大气降水是地表淡水的主要来源，地理条件的差异导致不同地区的年降水情况不同，同一地区的年际和年内降水情况也各不相同。降水同样是景园环境中自然水体的主要补给水源。在水文学中，流域上的雨水除去损失之后，经由地面和地下途径汇入河网，形成流域出口断面的水流，即为河川径流，也简称径流[10]。由降雨到径流一般分解为产流和汇流两个过程。降水达到地表后，进入水体的先后顺序依次为：水面降雨、地表径流、地下径流、地下水。其中，扣除降水损失的部分，剩下的能够形成地表径流及地下径流的部分为净雨，净雨的水量与径流量是相等的，不同的只是两者形成的时间各有差异。由上述可知，在径流的形成过程中，由于截留及蒸发会导致水量的损耗，因而降水总量难以全部供给成为拟自然水景营造的水量。所以，对可供水景营造的水量需要经过两个部分的计算，第一是对集水区接受的大气降水总量的计算；第二是计算损耗的量，即对能够汇集供水景营造使用的水量进行估算。

8.2.3.1　降水量的估算

一定时间内，雨水降落到水平面上，假定无渗漏，不流失，也不蒸发，累积起来的水的深度，称为降水量（以毫米为计算单位）。年降水量为一年中每月降水量的平均值的总和，某地多年的平均为该地的“平均年雨量”[11]。自然科学研究中常用的降水量有年、季、月、旬和生育期的降水量。年度为周期针对于风景园林规划设计的实施及景观效果的实现较为合理，故本研究采用的计算周期为年度，计算的数据取多年平均降水量。拟自然水景观不涉及大量开挖现状地形的问题，因而补给水源主要由水面降雨、地表径流、地下径流三种方式构成，其中以地表径流水量贡献最大，其次为地下径流及水面降雨。由于不是现存的水体，故而可以认为不存在跨集水区补水的情况。水景营造所能利用的水量计算公式如下[12]：

$$W=P\times A\times 10^{3} \tag{1}$$

---

10 胡彩虹，王金星 . 流域产汇流模型及水文模型 [M]. 郑州：黄河水利出版社，2010：18

11 中国气象局公共气象服务中心 .http：//www.weather.com.cn/static/html/knowledge/20080507/721.shtml

12 董杨 . 川中丘陵区小流域雨水资源化潜力分析与计算 [J]. 人民长江，2013（9）：8

式中：W 为集水区内的降水总量（m^3）；P 为水景观所在的区域多年平均降水深（mm）；A 为水景观所在的集水盆地对应的面积（km^2）。

8.2.3.2　汇水量的预估

降水量部分由于植物、土壤而被蒸散发，并不全部能够为水景营造所用。整个集水区的年蒸发量作为损耗的部分首先需要从总的降水量中扣除。年降水量与年蒸发量对年径流量的影响程度随流域所在地域的不同而有差异。湿润地区的年降水量与年蒸发量之间有较为密切的关系，年降水量对于年径流量有着决定性的作用，而年蒸发量的相对作用较小；在干旱地区，绝大部分降水被蒸发，因而年降水量与年径流量关系不很密切，年降水量与年蒸发量均对年径流量起到相当大的作用[13]。到达地面的降水主要由四部分组成：一部分被植被表面拦截，这个过程称为截留；一部分直接被土壤吸收，这个过程被称为渗透；另外有一部分被储存在地表一些小的凹地及洼地内，这一过程称为洼地蓄水；剩余部分雨水沿地表流动，生成地表径流，最后汇集到沟道、河流和池塘等水体之中（图 8-9）。地表覆盖（土地利用方式）、土壤组成和结构、地表倾斜度（坡度）是影响渗透和地表径流的主要因素。在植被覆盖度较高的地区，截留量及渗透量很大，以至于地表径流可忽略不计；而在植被稀疏或缺乏的干旱地区，抑或是在地表植被被清除且被农业、住宅等人为土地利用方式所取代的湿润地区，地表径流相比之下就占有较大的比重。一般来说，地表径流随着坡度的增加而增加，随着土壤有机质含量和粒径的增加而减少，随着地表覆盖硬化程度的提高而增加，随着植被的增加而减少[14]。降水到达地表后会被植物截留，故而此部分降水属于损耗的部分，在计算汇水量时应当扣除。土壤对降水吸收达到饱和后会形成地下径流，与地表径流相同，会沿着地下含水层向低处流动，对水体形成补给。由于降雨需要经历数十年或者数百年的时间才能够以入渗的方式生成地下水，对降雨的损耗较小，所以在此不作考虑。因为地形、渗透等造成的拦蓄作用，实际的可用水量会有一个折减，因此必须考虑折减系数。水文循环是一个高度复杂的非线性系统，降雨径流的形成过程受多种因素的影响与制约，同样也是一个非常复杂的非线性过程。在水文学的研究中通过构建水文模型对水文现象进行模拟和计算，并对不同的水文过程进行模型的细分，有着大量研究成果，但已超出了笔者的研究范畴，在此不做深入探讨。针对于笔者的研究，采取简化的方法对集水区的汇水量进行估算，即将降水量扣除植物截留及土壤入渗后利用系数，计

13 [美] 威廉·M. 马什 . 景观规划的环境学途径 [M]. 朱强，黄丽玲，俞孔坚，等译 . 北京：中国建筑工业出版社，2006：187

14 [美] 威廉·M. 马什 . 景观规划的环境学途径 [M]. 朱强，黄丽玲，俞孔坚，等译 . 北京：中国建筑工业出版社，2006：148

算公式如下[15]：

$$W=\sum_{1}^{n}{}_{=1}k_i \cdot m_i \cdot A_i \cdot P \cdot 10^3 \quad (2)$$

式中，W 为可利用的水量；k_i、m_i 分别为第 i 种土地利用类型的集水区下垫面径流系数和径流折减系数；A_i 为第 i 种土地利用类型的集水区面积（m^2）；P 为多年平均降水深（mm）。径流系数是一定汇水面积内总径流量与降水量的比值，是一个介于 0~1.0 之间的无量纲常数，表明了一次降水在渗透发生后形成地表径流所占的比例，例如径流系数 0.7 表示降水中有 70% 形成了地表的径流，其余 30% 发生了渗透。地表的覆盖形式及土壤的情况均会对径流系数产生影响。较之乡村地区，地表硬质覆盖物较多的城市其径流系数往往较小。

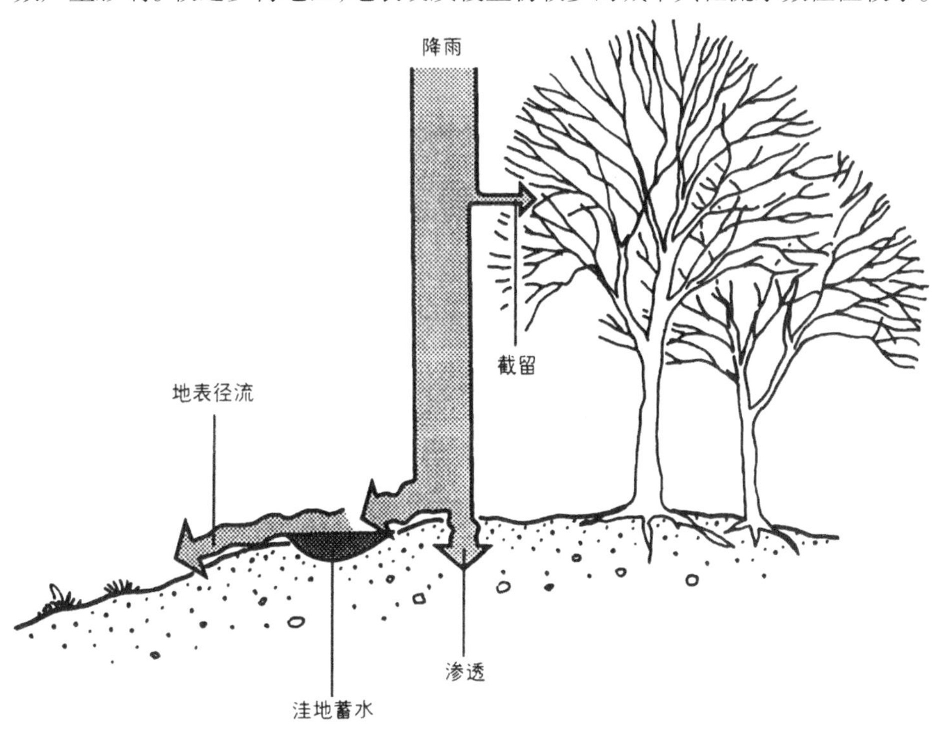

图8-9 到达地面后降水的四个组成部分：截留、渗透、洼地蓄水、地表径流
引自：[美]威廉·M.马什.景观规划的环境学途径[M].朱强，黄丽玲，俞孔坚，等译.北京：中国建筑工业出版社，2006：148

8.2.4 坝高的预判

人工营造拟自然水景需要通过筑坝的方式生成池盆洼地供蓄水之用。坝顶的标高与日后所形成水体的常水位一致，当有富余来水时会向下游倾泻，形成瀑布、跌水等水景观。景观水体出于安全、生态、美观的要求，以及水生植物的生长需求，故而水深不宜过深。通过上一步的计算可得到集水区能够汇集用于水景营造的水量，即为最大的水体体积。该体积对应的坝顶标高即为该水体最大可能水位。为了保证水景常年有水，坝顶标高不应超越最大可能水位。由体积公式“$V=S \cdot h$”反映了体积一定时，水面面积与坝高之间的关系。ArcGIS 软件提供了“表面体积”计算工具，将地形以及坝高作为参数输

15 董杨．川中丘陵区小流域雨水资源化潜力分析与计算 [J]. 人民长江，2013（9）：9

入该工具，能够计算得出对应的水体体积。笔者通过绘制所营造水体的“库容曲线”，采用逼近法建立水面面积、坝高、水体体积之间的函数关联。“库容”是水利学中的概念，指的是水库某一水位以下或两水位之间的蓄水容积，笔者借用该概念表征营建的池盆洼地所能够存蓄的水体积。“库容曲线”表示的是水库水位与其相应库容关系的曲线，以水位为纵坐标，以库容为横坐标绘制。笔者的研究中“库容曲线”对应是池盆洼地蓄水的坝顶标高及蓄水体积之间的关系曲线，纵坐标指代坝顶标高，横坐标指明蓄水体积。传统的库容计算方法有等高线法、断面法、方格网法、三角网法，利用ArcGIS软件可通过构建不规则三角网（TIN）数字高程模型，输入参数基于既有函数模型实现库容的计算。但是由于地形的起伏及不均质变化，难以进行逆向计算，即计算一定蓄水体积所对应的精确坝高。因而笔者采取逼近法，反向建立库容曲线，估算坝高的阈值。不同的坝高对应了各不相同的水面形态，水体形态的优美与否是判断水景观营造成功的重要指标，故而在水量的约束下，坝高的最终确定需要建立在水体形态评价的基础之上。坝高、水量、水体形态三者形成了参数化的动态关联。

8.2.5 水体形态的模拟与定量评价

“水本无形，因器成之”，水体的形态与池盆洼地的形状有着直接的关联。由于地形的不均质变化，所以不同水位对应的水面形态必然不同。拟自然水体营造讲求最小化人工的扰动，故而需要在最高水位的范围内选取自然形成的优美水面形态所对应的坝顶标高作为最终的设计坝高，于自然形态生成的基础上再进行局部的调整及优化得到最后的设计形态。如何定量描述水体形态的优劣也是拟自然水景营造研究的重要内容。

8.2.5.1 水体形态的定量表征

水体形态研究涉及自由形态的比较与分析。与定性的描述相比，定量的表述强调“规律”的表征。对形态的定量分析与研究有助于寻求其生成逻辑与内在规律。水体形态的定量化研究不仅从科学的角度准确地表述岸线的形态特征，而且能够探求“形态”的特征与规律，引导水体形态设计。

水体形状是由岸线围成的几何图形。在湖泊学研究中，湖泊形态度量（Lake Morphometry）指用数值来表征湖泊平面与立体的几何形状，包括湖泊长度、最大宽度与平均宽度、长轴长度与方向、短轴长度、湖岸线长度、湖岸发育率（湖岸线发展系数）、湖泊面积、岛屿率、湖水面积、湖泊最大深度与平均深度、湖泊容积、湖泊流域面积等几何指标。水体形态的几何指标能够从卫星图、地理数据中直接或间接获得，也易于转化为设计的控制要素，并图形化表达。因此，笔者采用了一系列定量化的几何指标对水体形态进行表述。

自然物形态可分为两类，一类具有整数的维数，可以用传统欧式几何学描述；而另一类如江海河湖的岸线、山脉等，因其不规则性和自相似性，不一定是整数维，而是分数维。较之岸线发育系数、近圆率、形状率[16]、紧凑度等欧式几何形态指标，分形理论为描述复杂的湖岸形态变化提供了更有效的工具。国内外已有学者将分形理论运用于湖泊生态与形态研究，用分形维数揭示湖泊及水系的水文特征[17-18]。笔者将分形理论引入水体形态的研究中，将其作为一项定量化指标来表征岸线的复杂程度。

笔者用基本几何形态指标、分形几何形态指标与欧式几何形态指标共同表述水体形态评价指标，如表8-1所示。其中，基本几何形态指标中水体面积（A）、周长（P）通过测量可直接得到，最长轴（L）需要计算得出。分形几何形态指标对应的分形维数可描述单个水体岸线的分形特征，即复杂的变化情况。由于湖泊岸线是二维空间的曲线，所以水体形态的分形维数应介于1和2之间，其值越趋近于1，则岸线的自我相似性越强，岸线形状越有规律，岸线的几何形状趋于简单；其值越大，反映岸线的几何形状越复杂[19-20]。从景观生态学角度而言，较长的水体岸线具有显著的边缘效应。岸线的复杂程度越高不仅具有积极的生态意义，而且就形态而言，岸线越复杂所生成的空间也越丰富。但是过于复杂的岸线形态会使水体形态过于"破碎"，导致美感度下降。可利用岸线发育系数与分形维数两种方法对水体形态评价的功效性进行比较分析，通过不同坝高对应水体形态的比较，分析筛选出最终的水体形态，并对应得到筑坝的选址与高程。欧式几何形态指标由岸线发育系数（D_L）、形状率（F_R）、近圆率（C_R）、紧凑度（C）、水体空间包容面积（ΔA）构成。

表8-1　水体形态定量评价指标

指标分类	指标名称	计算方法	表征含义
基本几何形态指标	水体面积 A（Area）	测量可得	以水体与陆地的交界线为边界，水体表面范围内面积，用于描述水体的大小
	周长 P（Perimeter）	测量可得	表示水体岸线的总长度
	最长轴 L（Long Axis）	穷尽算法	水体岸线相距最远两点间的距离

16 "近圆率""形状率"为地理学应用研究中的形状指标，用于简要叙述在三维状况下的空间形状特征。详见：牛文元．现代应用地理[M]. 北京：科学出版社，1987：140-143

17 潘文斌，黎道丰，唐涛，等．湖泊岸线分形特征及其生态学意义[J]. 生态学报，2003（12）：29

18 George S，Robert M M. Applications of fractals in ecology[J]. Trends in Ecology & Evolution，1990（3）：79-86

19 潘文斌，黎道丰，唐涛，等．湖泊岸线分形特征及其生态学意义[J]. 生态学报，2003（12）：30

20 李新国，江南，王红娟，等．近30年来太湖流域湖泊岸线形态动态变化[J]湖泊科学，2005，17（4）：296

续表

指标分类	指标名称	计算方法	表征含义
分形几何形态指标	分形维数 FD（Fractal Dimension）	$FD=\frac{2\ln P/4}{\ln A}$	表明水体形态复杂程度的指数。分形维数在［1，2］范围内，其值越接近1，水体形态的相似性越强，形状也越整齐，几何形态越简单；相反，分形维数越趋于2，水体形态的相似性越差，形状越不规则，几何形态越复杂
欧式几何形态指标	岸线发育系数 D_L	$D_L=\frac{S_L}{\sqrt{\pi A}}$	岸线越不规则，其水体岸线越曲折多变，岸线的发育系数越大
	形状率 F_R（Form Ratio）	$F_R=\frac{A}{L^2}$	反映了水面开阔程度和水体水平环流的发育。形状率等指标值较小的水体，表现为水面宽窄变化大，岸线曲率大、局部形状相对封闭等特点
	近圆率 C_R（Circularity Ratio）	$C_R=\frac{4\pi A}{P^2}$	反映空间离散程度，近圆率越小，水面岸线曲率越大，形状周长就越长
	紧凑度 C（Compactness Ratio）	$C=\frac{A}{A_0}$	表示水体形状的指数，反映了水面开阔程度，数值越大，水面越开阔；反之，则表示水面越显狭长
	水体空间包容面积 $\triangle A$	$\triangle A=\pi(R_0^2-R^2)$	在水面积指标一定的条件下，水面空间结构变化而引起陆面扩大的效应。水面积相等而形状各异的水体所控制的陆地范围不同

注：A为面积；P为周长；L为最长轴长度；R为面积相等的标准圆；R_0为最大外接圆半径；S_L为湖泊岸线长度；A_0为最小外接圆面积。

8.2.5.2 水体形态定量评价的技术路径与方法

笔者基于定量评价与分析探讨水体“形态”的特征与规律。技术路径由“评价指标及案例筛选”“水体形态数据获得”“水体形态数据分析”三部分构成。首先，根据水景观的特点确定水体形态的定量化评价指标，筛选评价案例，并选择适宜的卫星影像源；其次，运用 ArcGIS、AutoCAD、Grasshopper 等软件对卫星影像进行拼合、校正、提取和计算，得到水体形态指标数据集；再次，运用 SPSS 19.0 软件对水体形态指标数据进行分布、相关性和回归分析，即可得出案例的相关量化指标值，如指标区间值等（图 8–10）。

拟自然水景的水体形态有机且富有变化，多为不规则的自然形态，在量化求算时具有以下难点：①不规则形态的最长轴和最小外接圆面积等数据计算有一定难度；②由于不同类型指标的计算方法不同，需要依托多个

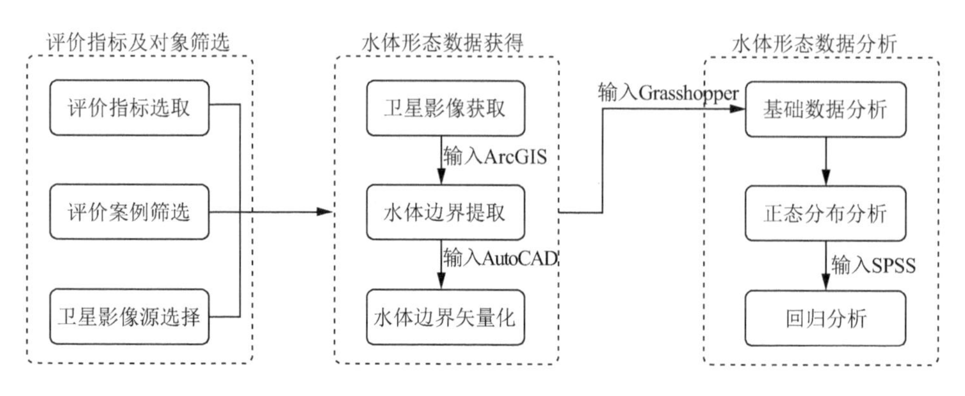

图8–10 景观水体形态定量评价技术路径

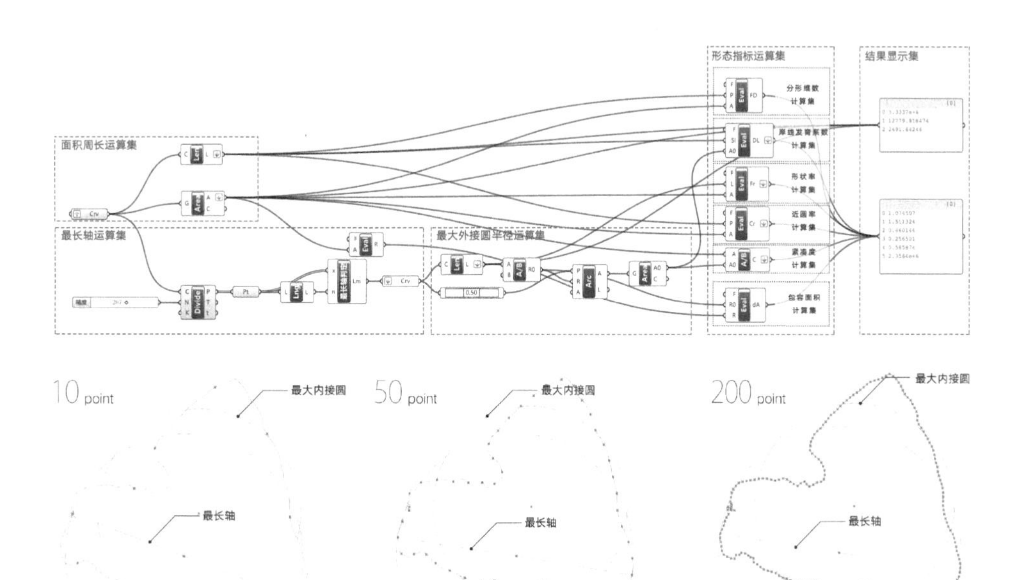

图8-11 Grasshopper运算集

图8-12 运用Grasshopper求算水体形态最长轴和最小外接圆

软件平台，数据难以衔接；③部分数据的计算及汇总等工作需依靠人工完成，工作量大且易产生错误。为了解决以上难点，笔者依托 Rhino 环境下运行的 Grasshopper 软件进行运算集编制和数据计算（图 8-11）。一方面，Grasshopper 可以准确地对多类型数据进行运算和输出，既能够使数据有效衔接，又避免了人工计算和汇总过程中的误差；另一方面，通过算法编写 Grasshopper 运算集，实现了数据的精准与高效计算（图 8-12）。此外，借助 Rhino 软件，Grasshopper 的运算结果可实时呈现与反馈，便于调控与优化。

8.3 拟自然水景建构模型的运用

笔者结合“牛首山景区北部地区寻禅道设计”中水系景观营造实践，详细论述参数化拟自然水景建构模型的运行过程。

8.3.1 场所水文分析

8.3.1.1 径流分析与径流等级划分

如要了解设计区域的水文情况首先需要径流分析，基于 ArcGIS 软件的径流分析以地形栅格为基础。为避免不合理的水流方向，经过对现状的 DEM（Digital Elevation Model，数字高程模型）数字地形的处理，得到无洼地的 DEM。通过流向分析及流量分析，分别得到相应的栅格数据，这也是所有分析的基础数据。从地形分析可看出，本次研究区域的地势南高北低，最高点位于场地的东南部，自最高部分出发存在两条明显的山脊线互相平行并向北侧延伸；区域西北侧地势较低，相对平坦。ArcGIS 软件的流向算法基于单流向模型的D8算法。与多流向模型不同，单流向模型认为栅格单元上的水流仅流入邻域中唯一的单元，常用于河网的提取计算。单流向模型中，某个栅格单元上的水流方向为最大下坡方向，故而决定了地表的径流方向及栅格单元间的流量分配。ArcGIS软件中的D8算法采取了詹森与多明戈（Jenson and Domingue）于1988年介绍的方法[21]，主要是根据DEM栅格单元和八个相邻单元格之间的最大坡度来确定水流方向。图8-13(b)展示了场地中的水流方向，共分为8类。在流向分析的基础上可得到流量的栅格，栅格中每个单元体现了所承接的上游单元向其输送的水量总和。

流量栅格每个单元的值体现了对应单元的汇水量，具有高汇水量的单元可被看作径流产生的位置。汇水量的阈值是径流分析中极为重要的参数：阈值越小，生成的径流网络密度越高。例如，阈值为500时，流量栅格中汇水量大于500的栅格单元均被认为位于径流位置，而场所内流量大于500的栅格定比流量大于1 000的栅格更多，所以阈值为500时生成的径流网络密度定大于阈值为1 000时。在水文学研究的河网提取中，为了使河网更接近于真实的地表水系形态，对阈值的取值范围有着较高的要求，并通过设定水道长度阈值等方法对河网进行修正。径流分析对于拟自然水景营造的意义在于能够清晰地展示设计场所中的径流分布情况，同时为判断径流在径流网络中的等级提供直观的图示，为下一步的分析和设计做好准备。针对拟自然水景营造而言，对阈值的要求与水文研究相较而言更低，不需要对地表水系进行精确的模拟，仅需清晰表达地表径流之间的关系即可。过密的径流网络反而会影响设计师对径流的判断，并增大后期基于径流分析的工作量。图8-14展示了阈值分别为1 000、2 000与3 000时场地内径流网络的生成状况。由图8-14可看出，径流网络整体形态呈树状，阈值为1 000时的径流网络明显为三者之中最密；阈值越高，水系末端的径流越少，径流树状网络分支越清晰。与水库等水工设施的营造不同，水景观的营造尺度相对较小，所以过于简略的径流网络使得部分适合进行小尺度水景营造的区域消失，被合并入较大的集水区域，故而减少了水景观营造区域的可选范围，在阈值参数的设定时这也是需要注意的问题。笔者通过比较三个阈值所生成的径流网络的密度及形态状况，选取阈值为2 000时生成的径流网络作为径流分析的结果。

在径流网络确定的基础上，根据参数化拟自然水景的营造模型，需要对径流网络中的各段径流进行分级，为坝址的选择及汇水量的计算做好准备工

21 具体方法可参见：Jenson S K，Domingue J O. Extracting topographic structure from digital elevation data for geographic information system analysis[J]. Photogrammetric Engineering and Remote Sensing，1988，54(11)：1593-1600

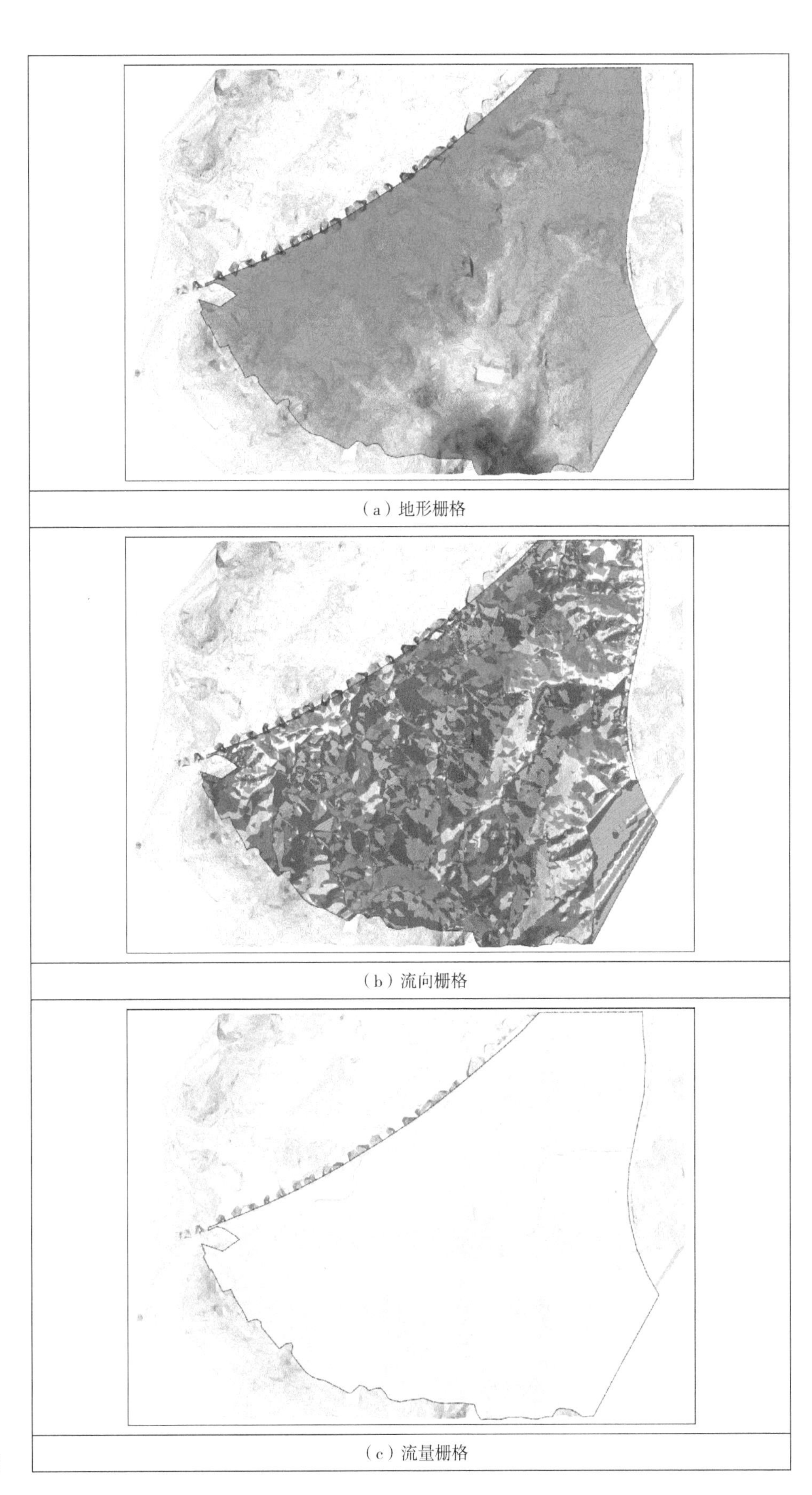

图8-13　地形、流向及流量分析图

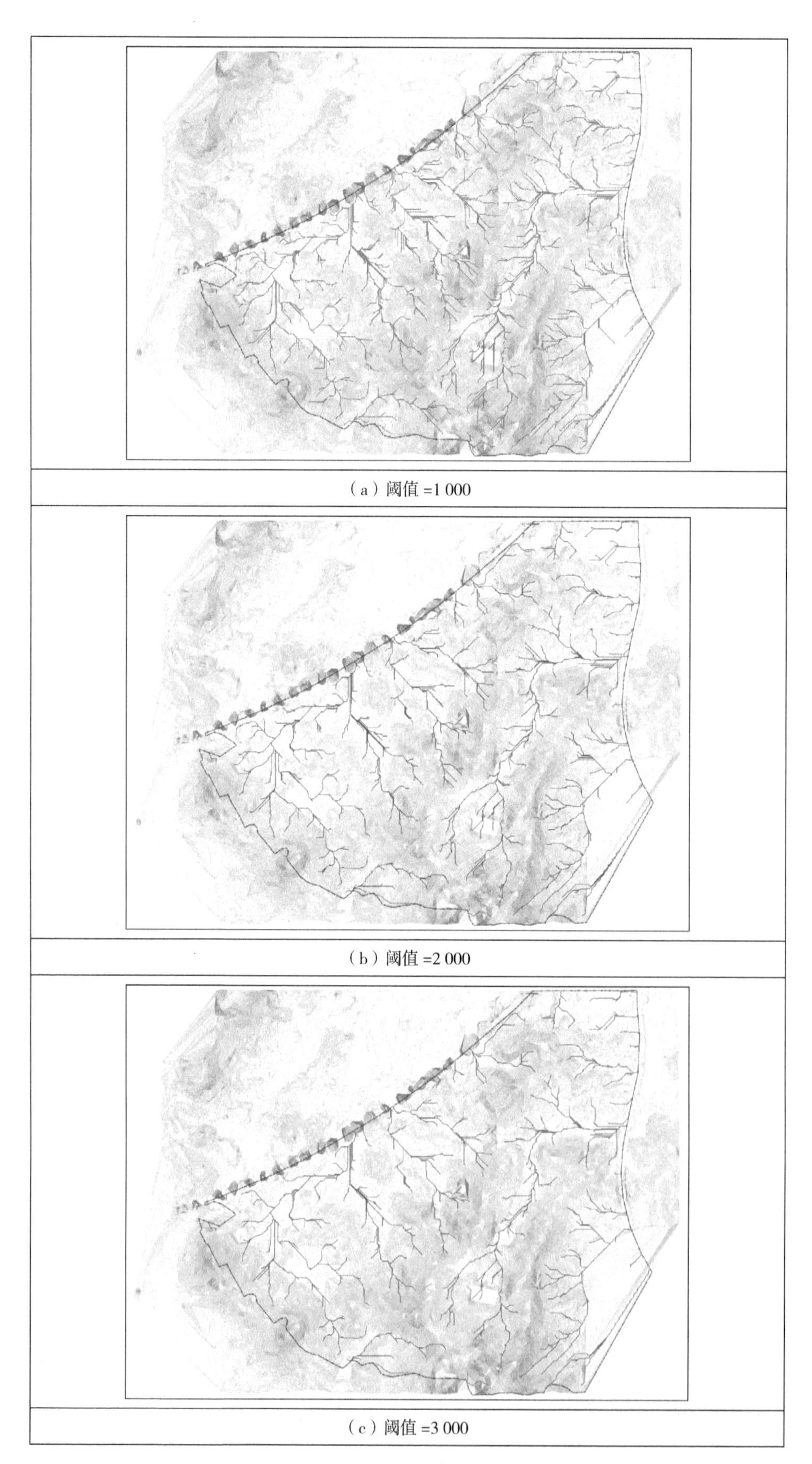

图8-14　不同阈值所对应的河网密度

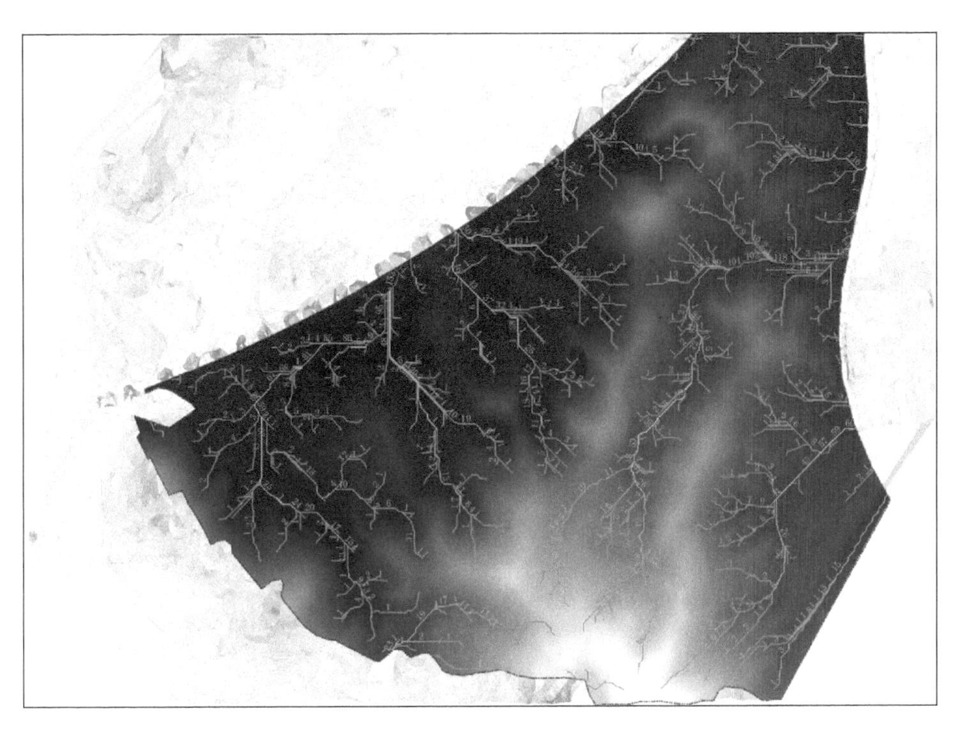

图8-15　径流分级图

作。笔者采取什里夫河流分级法对径流网络进行分级。图 8-15 展示了径流分级的结果，图中由冷色到暖色体现了径流的等级程度，并以数字标出了各径流的等级。由分析可知，图中蓝色径流，即等级标识为“1”的径流所占比例较大，符合任一径流网络中第一级的径流所占比例最大的规律（参见“附表二：径流分级统计表”）；暖色部分代表了较高等级的径流，其所承接的水量为上级所有径流水量的总和，故而水量较大；主干径流的颜色由冷逐渐转暖，体现了随着径流的汇集水量逐渐增加的现象。

8.3.1.2　盆域分析与选择

盆域是由分水线包围的集水区域，通过对场地内盆域的划分可清楚地区别径流流域，为水景观的营造及选址提供流域的划分。集水区具有层级的嵌套关系，笔者将径流流域决定的大范围区域称之为盆域，将每支径流所对应的集水区域称为集水区，以示区别。利用 ArcGIS 软件，将地形栅格、流向栅格、流量栅格分别作为参数输入运算，可得到如图 8-16 所示的径流盆域及集水区分析图。该图反映出整个场地的盆域划分及每支径流所对应的集水区，为水景观营造的定位提供依据。笔者将研究区域内主要的盆域编号为 1~13（如图 8-17（a）），图中较大的盆域有 2、3、4、5 四个。结合图 8-17 可看出以上四个盆域的径流网络较为完整，汇水区面积较大，所对应的汇水量也较大，故而存在营造景观水系的良好条件。由现状水系可看出，盆域 2、3 现已形成一定规模的水系，部分区域存在较大的水面。盆域 4 位于山间谷地，径流网络状况良好，但现仅有零星小水面存在，因而具有进一步梳理形成景观水系的

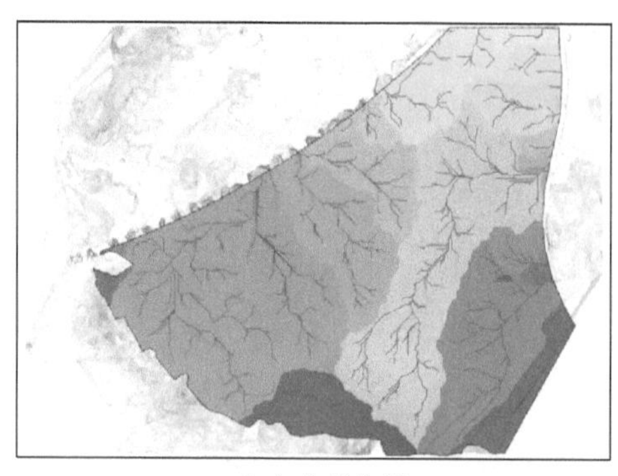

（a）盆域分析

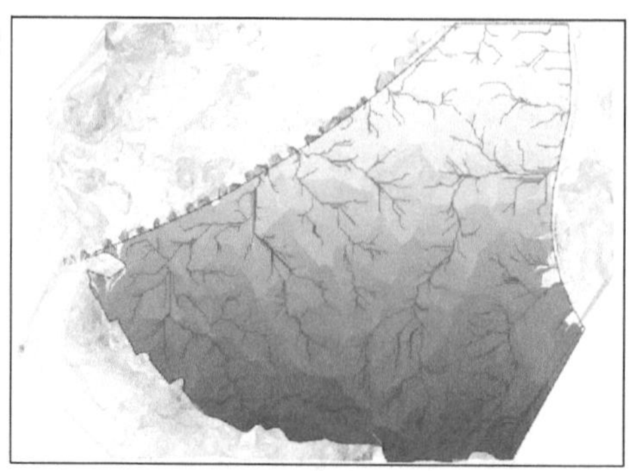

（b）集水区分析

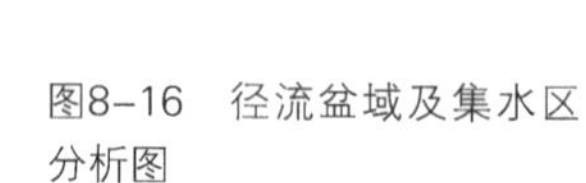

图8-16 径流盆域及集水区分析图

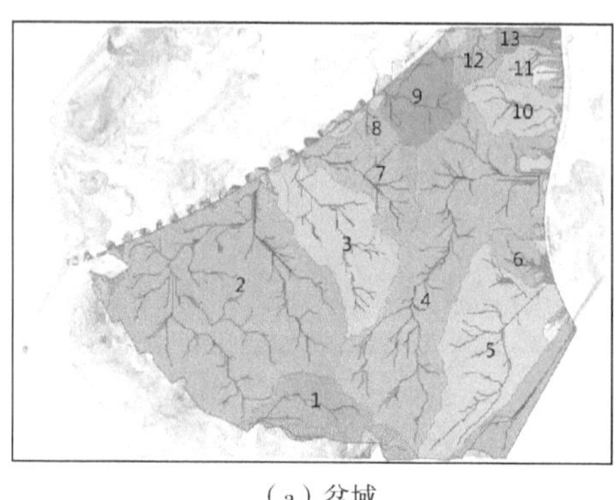

（a）盆域

（b）现状水系

图8-17 盆域与现状水系

可能。同时，结合规划设计构思及分区定位，本区域被定位为禅文化主题，通过水景观的打造，体现山间潺潺溪流的景观效果。经过以上的分析及与规划设计的耦合，决定选择盆域 4 作为拟自然水景观的营造场所。

8.3.1.3 倾泻点分析与提取

倾泻点又称为出水点，是流域内水流的出口，是整个流域的最低处。倾泻点的定位为人工筑坝的选址提供了参考。每段径流均存在起始点和终止点，终止点同时又为两个径流段的连接点。通过对径流连接的分析能够得出整个区域范围内径流网络的所有起始点、终止点及倾泻点，即径流的节点（图 8–18（a））。计算共生成了 1 175 个节点，"附表三：径流节点统计表" 列出了由属性表得到的编号为 1~80 的径流节点所包含的径流段数、节点所处的等级、节点连接的径流等级。从所有的节点中可以按照属性提取出整个区域的倾泻点（图 8–18（b））。

8.3.2 水景选址的确定

8.3.2.1 水景盆域的提取

确定水景观所在盆域之后，为了下一步工作的开展，就需要将该盆域的相关数据提取出来，作为下一步运算的基础。通过查询选定盆域的属性信息，利用 ArcGIS 软件中按属性提取工具，将选定盆域从规划区域的盆域栅格中提

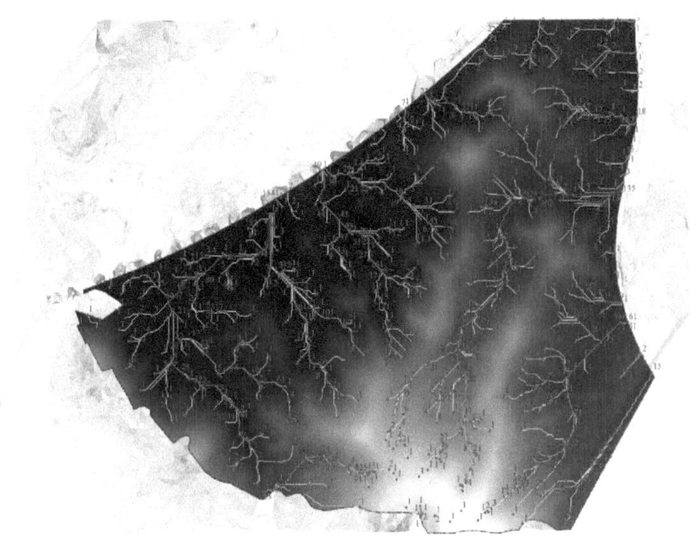

（a）径流网络节点分析

（b）倾泻点分析

图8-18 径流网络节点及倾泻点分析图

取，生成独立的栅格数据（图 8-19）。

8.3.2.2 筑坝位置的比选

通过对选定盆域内径流位置与等高线的判读能够初步筛选出具有形成水面潜质的区域。图 8-20 中黄色圈定的范围展示了一处具有潜质的区域：位于山脊之间的谷地，四周围合较好，天然形成了一个不闭合的盆地区域，西南侧地势较高，东北侧地势低，故而出水口位于东北一侧。依据径流的倾泻点分析，可得到图中所示 A、B、C、D 四处可能的筑坝位置。四处均位于较高等级的径流位置，保证了水量的供给要求。其中 A 处位于盆地边缘，如若形成水面，则水面将向盆地的西南侧移动，但西南侧地形变化较大，形成的水面较为局促；B 处位于盆地中地势较为平缓的部分，四周地形围合较弱，如若

图8－19　提取的盆域

在此筑坝，工程量相对较大；C处与B处的劣势基本相同，故而排除；D处位于盆地的东北地势较低处，四周地形围合较好，且与前三处相比径流量更大，代表所能汇集的水量更大，同时能够充分利用盆地地形生成水面，位置较为有利，故而选址D处为坝址。

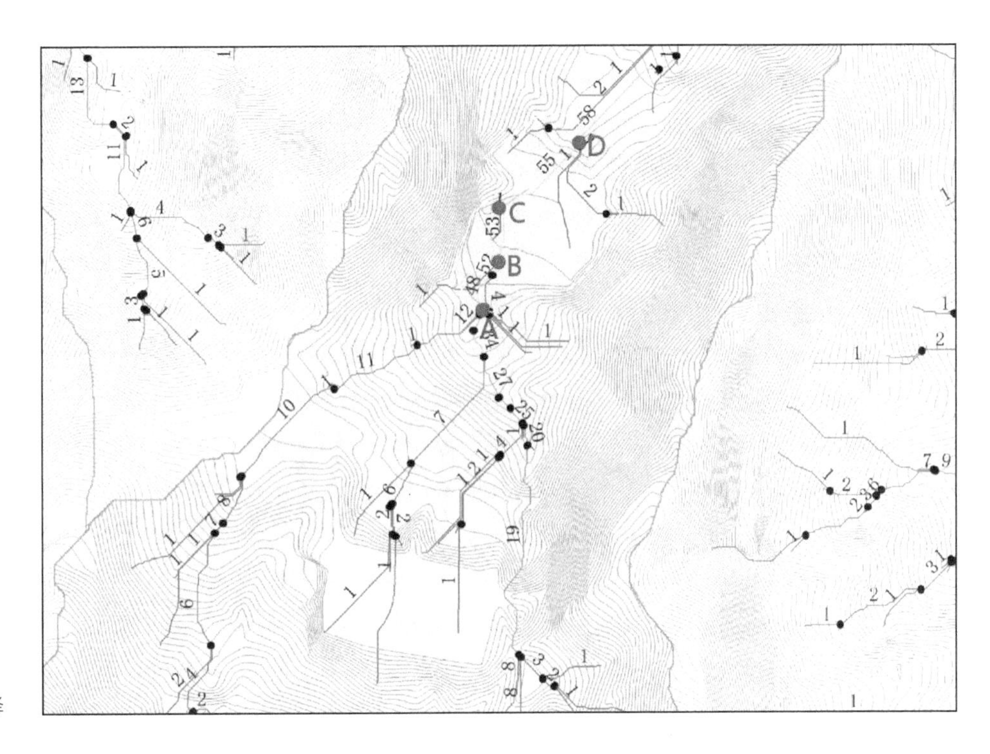

图8–20　筑坝位置的选择

8.3.2.3　集水区域的确定

在坝址确定的基础上，提取有效汇水的径流所对应的集水区 D。对于独立存在的水体营造而言，由于上游无其他水体截留水量，故而所能够承接的水量与筑坝位置所在径流的水量相一致。根据径流网络的分级原理，坝址所在径流的上游径流水量均为该径流的水量来源。据此，所提取的集水区 D 范围为上游各径流的集水区域之和（图 8–21）。

8.3.3　水量的计算

8.3.3.1　降水量的计算

表 8–2 列出了 2002 年至 2013 年各年份南京市的月降水量及全年累计降水量，通过计算可得出 12 年间南京市的年平均降水量为 1 117.3 mm。笔者以此作为南京市的年平均降水量值。这一数值是未考虑降水过程中植物的截留、土壤下渗、散蒸发等各类损耗的净降水量。通过对提取出的集水区属性的查询，可得到其面积为 406 910 m^2。根据上文列出的计算公式（1）进行降水量的计算，得出坝址 D 所对应集水区 D 的降水总量为 454 640.5 m^3。

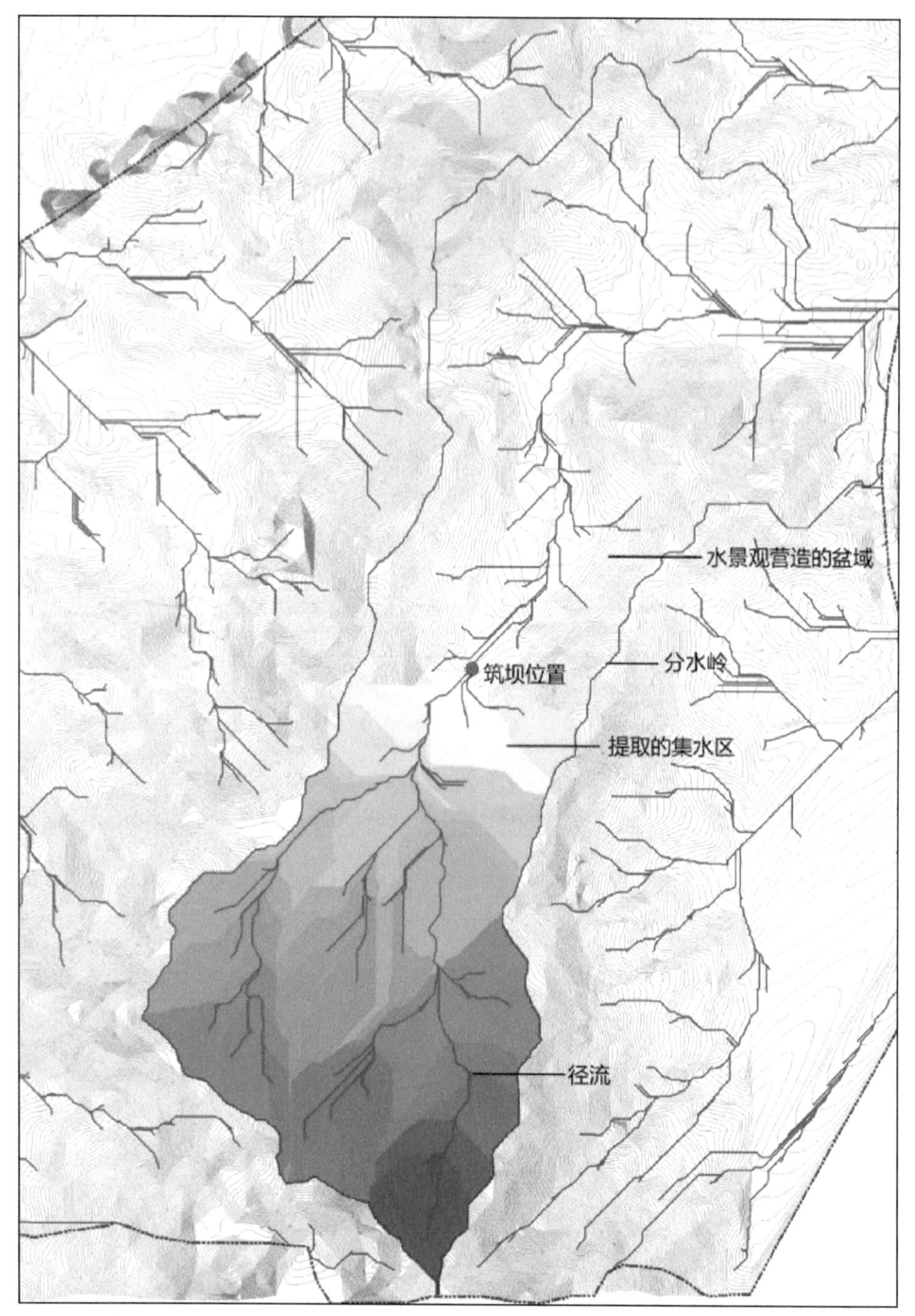

图8-21　集水区的提取

表8-2 南京市降水量统计(2002-2013年)[22]

(单位：mm)

年份	1月	2月	3月	4月	5月	6月	7月	8月	9月	10月	11月	12月	全年累计	各年平均
2013	17.8	69.9	42.9	22.8	110.1	172.6	229.6	115.5	67.0	22.4	17.2	10.6	898.4	1 117.3
2012	21.0	73.3	79.3	56.2	62.4	17.8	176.4	198.3	68.7	54.6	42.8	66.4	917.2	
2011	10.8	17.2	43.2	11.6	40.6	312.9	278.0	284.3	12.6	28.7	21.3	15.8	1 077.0	
2010	18.8	115.6	117.8	197.9	56.1	62.1	343.2	142.1	181.1	32.1	7.6	24.0	1 298.4	
2009	32.2	112.8	48.3	59.2	56.0	168.7	485.4	102.7	102.9	3.2	113.7	78.4	1 363.5	
2008	110.1	18.9	32.2	90.0	81.4	131.7	193.3	191.0	42.4	38.4	27.5	18.1	975.0	
2007	14.7	41.1	89.7	50.6	38.3	94.8	428.5	81.7	127.4	39.7	23.7	40.7	1 070.9	
2006	107.1	61.2	12.1	132.2	90.9	155.7	248.2	106.7	72.4	9.3	101.2	9.8	1 106.8	
2005	25.5	71.1	43.8	80.9	58.6	63.6	235.9	214.9	85.8	37.9	62.9	11.4	992.3	
2004	53.3	28.7	44.7	106.3	114.6	276.7	83.1	116.5	37.8	1.2	77.7	34.5	975.1	
2003	39.0	68.2	122.5	175.9	32.6	162.0	555.0	128.4	190.5	90.0	72.2	22.0	1 658.3	
2002	31.1	40.7	120.0	89.8	153.5	177.9	79.3	172.6	34.5	67.2	4.7	103.3	1 074.6	

整理自：江苏统计年鉴 2002-2013，江苏省统计局

8.3.3.2 汇水量的计算

集水区 D 范围内的土地利用类型共有三类：林地、少量荒草地及建设用地，这三类地的面积及占整个区域的面积比分别为：392 145.69 m^2、96.4%；5 353.468 m^2、1.3%；9 410.842 m^2、2.3%。笔者借鉴《川中丘陵区小流域雨水资源化潜力分析与计算》[23] 一文中相关数据，并根据牛首山地区观测资料及实际情况得到表 8-3 不同土地利用类型径流系数与折减系数值。由前文水量计算公式（2），坝址 D 的汇水量计算如下：

$$W = 0.35\times0.45\times392\ 145.69\times1.117\ 3+0.36\times0.65\times5\ 353.468\times1.117\ 3+0.7\times0.45\times9\ 410.842\times1.117\ 3\approx73\ 719.5\ m^3$$

式中计算的结果为扣除截留、下渗、蒸散发等降水损耗后所能够蓄集降水量的估算值。与该区域净雨量相比较可以看出，损耗的水量较大，是因为该区域绝大部分地区的土地利用类型为林地，故而下垫面对于雨水的拦蓄量较大，水土保持情况较好。

22 江苏省统计局 . 江苏统计年鉴 2002—2013. http：//www.jssb.gov.cn/

23 董杨 . 川中丘陵区小流域雨水资源化潜力分析与计算 [J]. 人民长江，2013（9）：9

表8-3　不同土地利用类型径流系数与折减系数

土地利用类型	径流系数	折减系数
水田	0	0.05
坡耕地	0.6	0.55
林地	0.35	0.45
荒草地	0.36	0.65
建设用地	0.7	0.45
水域	0	0.05
裸地	0.65	0.65

8.3.4　水位的计算

利用 ArcGIS 软件可得出不同水位所对应的水体库容及水面面积，如表 8-4 所示，水位为 60.00 m 时，库容仅为 279.20 m^3，形成的水面面积也较小，难以满足设计需求；随着模拟水位的不断升高，库容与水面面积随之增加；在水位到达 67.00 m 时，库容为 86 110.88 m^3，水面面积为 24 507.22 m^2。根据上文的计算结果，集水区 D 最大汇水量为 80 423.1 m^3，对应的水位为 66.8 m，即最高水位。由此，可绘制出集水区 D 的库容曲线（图 8-22），反映了该集水区的库容变化情况，可辅助水系形态的判断与水位的选择。由库容曲线可看出，集水区 D 的库容曲线为凸曲线，水位 60.00~62.00 m 时库容增长得较为缓慢；水位 62.00~64.00 m 时，随着水位的提升，库容增长较为均匀；而当水位大于 64.00 m 时，库容的增长率远远大于水位的升高率。参照表 8-4 可知，集水区 D 的库容曲线说明当水位大于 63.00 m 时，库容迅猛增加，而水面面积的增长较为平均。与预估的水位与筑坝位置的高程之差即为不同水位对应的坝高。最终的坝高需要在对不同水位对应的水体形态进行评估基础上确定。

表8-4　不同水位所对应的库容及水面面积

水位（m）	库容（m^3）	水面面积（m^2）
60.00	279.20	520.16
61.00	1 120.37	1 253.02
62.00	2 974.82	3 646.18
63.00	10 757.68	12 400.25
64.00	25 224.86	16 681.27
65.00	42 942.15	18 811.41
66.00	63 002.13	21 760.74
67.00	86 110.88	24 507.22

8.3.5　水体形态调控与水系的生成

对于盆域 4 而言，集水区 D 对应的第一级营造水体确定后，便可利用参

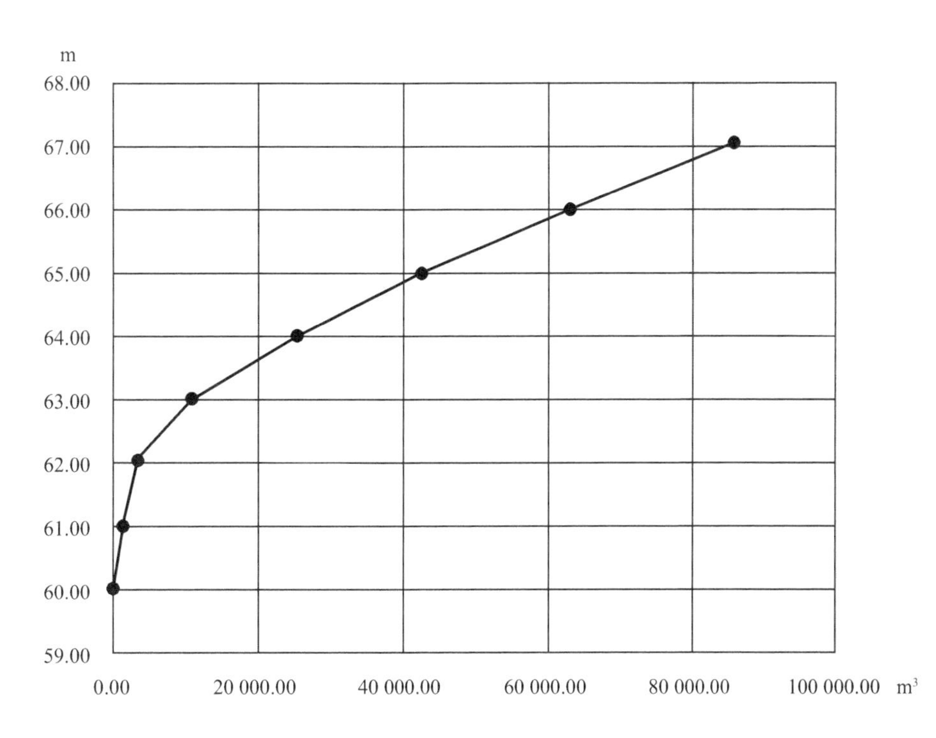

图8-22　集水区D库容曲线

数化拟自然水景模型进行下一级水体的设计工作。需要注意的是，下一级水体所能利用的水量为集水区内汇集与承接上一级水体倾泻的水量之和。由此可见，水系的营造过程是一个依据盆域高程由高向低逐级推进的过程，水系中所形成的池、沼、塘、湖之间由水量为纽带，存在着紧密的关联。

本研究依托 Rhino 环境下运行的 Grasshopper 软件进行运算集编制和数据计算。一方面，通过算法编写 Grasshopper 运算集，能够实现数据的精准与高效计算；另一方面，Grasshopper 可以准确地对多类型数据进行运算和输出，使数据有效衔接，避免了人工计算过程中的误差。此外，借助 Rhino 软件，Grasshopper 的运算结果可实时呈现与反馈，便于调控与优化。以前文所述的设计逻辑为基础，根据水景选址、汇水量、场地地形、水体形态指标等前期分析及评价研究成果进行参数筛选（表 8-5），并将前期研究数据作为初始常量输入模型。笔者采用 Python 语言基于 Grasshopper 软件平台对拟自然水景参数化设计逻辑的 4 个子模块进行算法编写与模型构建，针对设计逻辑的特点与水景设计的实际情况，选取了适宜的计算方式，编写了“坝高—水量”算法、“水体—地形”算法、“水量—土方量”算法、“水体形态”算法（图 8-23）4 项算法，并将其关联组合构建拟自然水景参数化设计模型。限于篇幅，笔者以“坝高—水量”算法的编写为例进一步说明运用 Grasshopper 软件的拟自然水景参数化设计模型算法编写：基于水景的选址与计算能够获得的汇水量数据，该数据需要与地形数据关联以确定水坝的高度，但由于“体积—高度”类型算法过于复杂且限制条件较多，难以由单一算法涵盖，因此，针对“坝高—水

表8-5 拟自然水景参数化设计参数

名称	含义	数据类型	控制方式	符号
场地地形	表达场地的地形趋势	曲面	手动控制	Sa
坝标高	每个坝体的海拔高度	浮点数	手动控制	Hd
坝形态	每个坝体本身的形状，包含位置信息	曲线	手动控制	Cd
水体	每个坝所围合的水体	实体	自动生成	Bw
水体轮廓线	每个水体形成的平面轮廓线	曲线	自动生成	Cw
水量	水体的体积	浮点数	自动生成	Vw
坝坡度	构筑坝体的土方堆积的坡度	浮点数	手动控制	Sd
坝体	构筑每个坝的土方	实体	自动生成	Bd
土方量	构筑每个坝所需要的土方体积	浮点数	自动生成	Vd

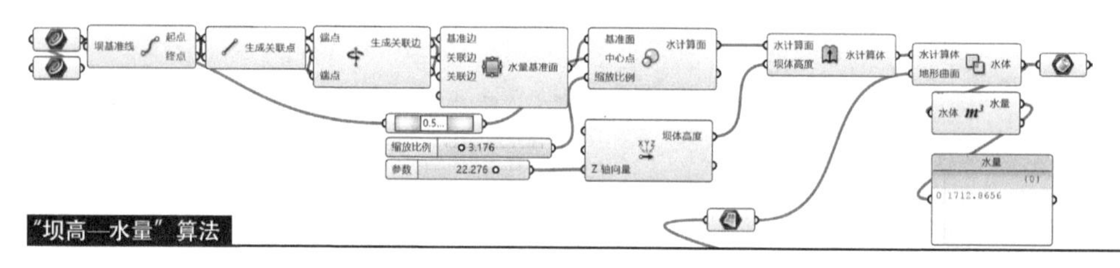

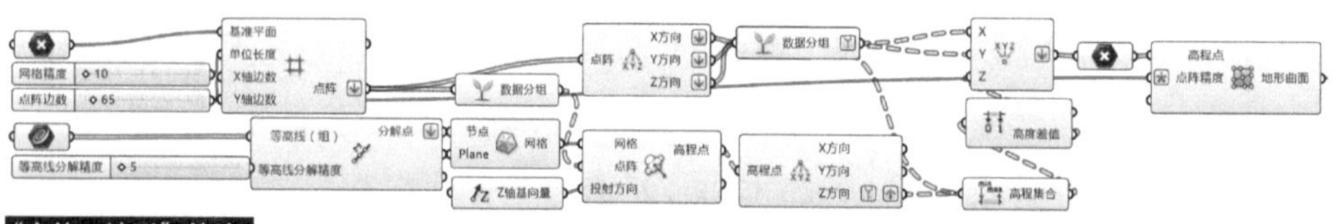

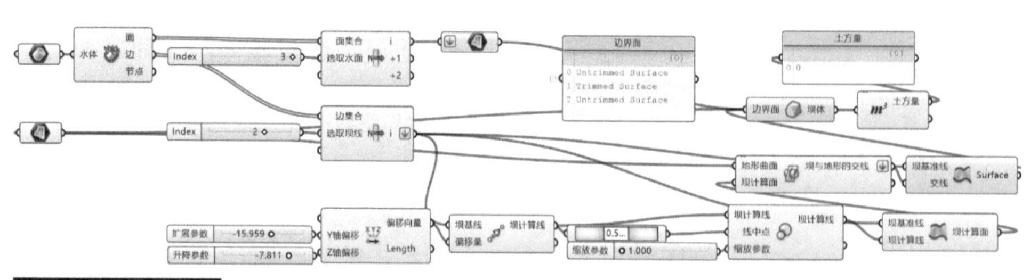

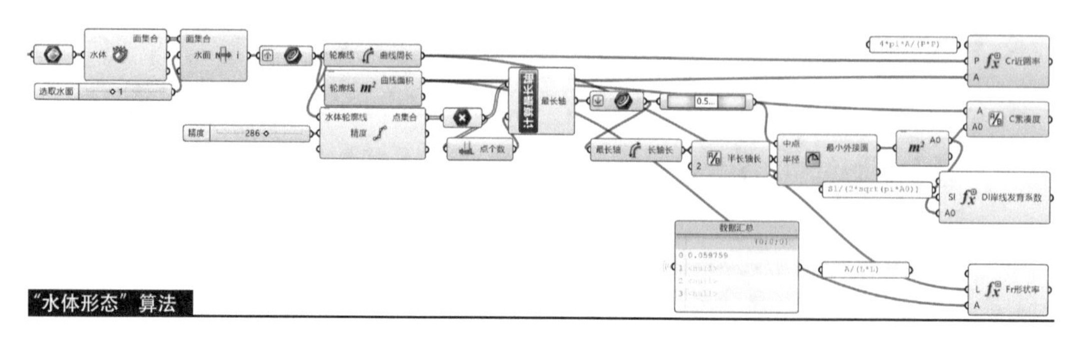

图8-23 “坝高—水量”算法、“水体—地形”算法、“水量—土方量”算法及“水体形态”算法

量”的关系，采用了 Grasshopper 软件中的实体差集算法，将水体生成所需的水量与场地汇水量相比较，调整输入坝高数据，使水体需水量与场地汇水量基本持平并保持于误差范围之内，由此反向推演确定坝高。具体的算法规则为：从预设的水体立方中切去地形曲面得到水体（实体），用以体积计算和水体二维形态的轮廓线提取；根据水体选址与倾泻点分析结果可得筑坝点（点集），结合等高线并以此为基点绘制坝体基准线，并进一步将基准线顺应地形方向扩展，获得水体基准面，即水面高程位置；将基准面以基准线中心进行缩放来保证与地形的契合，得到水体的计算面（水面）；基于前期计算模块中已经获取的地形相关数据（地形曲面），输入坝标高（绝对高度）参数，将水体计算面向上延展即可得到所需要的水体计算体（水体体积）（图 8-24）。

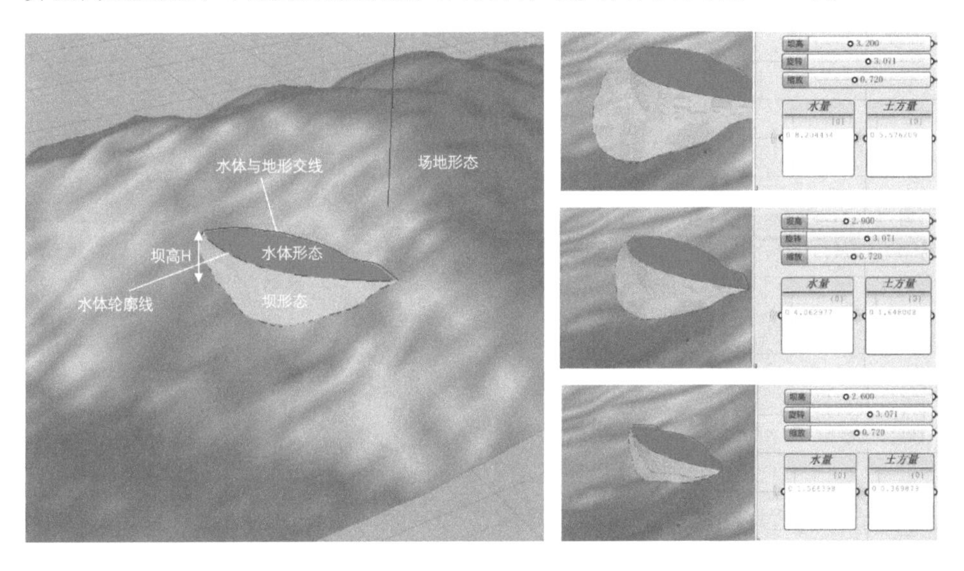

图8-24 “坝高—水量”的算法规则

拟自然水景由一系列“单一”水体构成，因此在完成单一水体设计的基础上还需进行水系统的构建。基于单一水体的参数化设计模型，通过水量关联位于同一集水区中的多个水体，搭建水系的参数化设计模型。在算法编写中需要使用 Grasshopper 软件中的树型数据结构来实现多个单一水体的同步处理，即将单一水体数据调整为树型数据结构，通过水量参数的调整生成多个水体数据。借助 Rhino 软件可对参数化调控生成的拟自然水景设计结果实时呈现，水量、坝高以及水体形态共同形成了一套参数修改方案，从而反馈到坝体数据模块与地形处理模块，经过多次参数调整和形态优化后，最终输出水系景观的设计结果。

图 8-25 展示了牛首山景区北部地区运用参数化拟自然水景模型进行水景营造的水系结构，包括了湖、潭、溪、涧、瀑等多种水景形式。依托于参数化的分析与计算，原本被直接排入周边城市管网的降水得以蓄集、缓释。该水系由三个不同高程的较大水面及溪流、跌水组成，在水量的估算与调控下，能够

确保常年有水。该项目已竣工一年有余，水体形态自然优美，水声潺潺，水系生态系统已基本形成。由于在系统研究南京地区降水及区域内自然地貌条件的基础上，利用自然降水与汇水、坚持最小人工干预原则，形成了与周边自然山体环境融为一体的水系景观。因充分利用地表水的自然规律，所生成的水景尊重自然的过程，无需人工维护，实现了可持续的拟自然水景（图 8-26）。

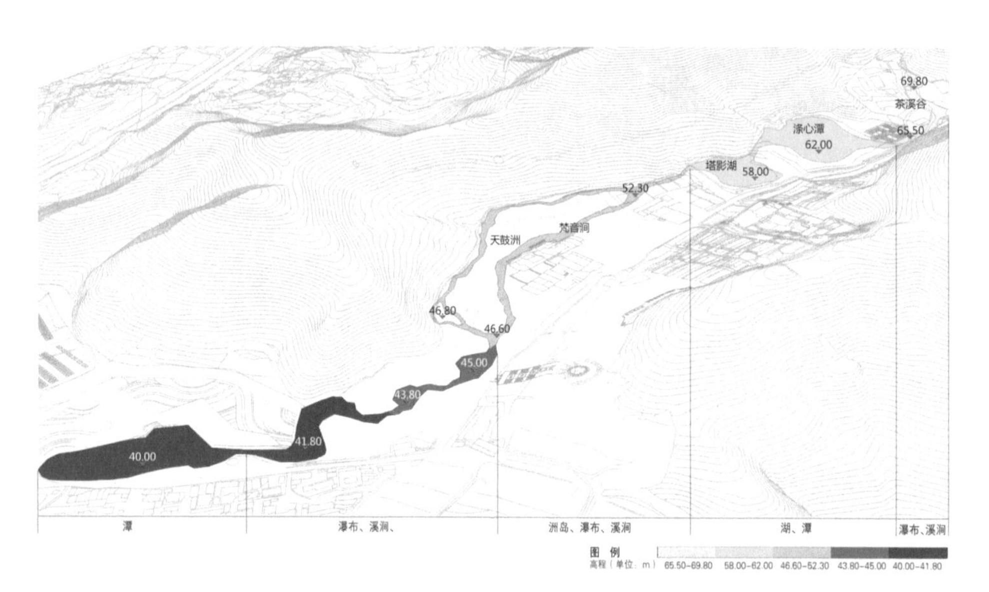

图8-25　牛首山景区北部地区拟自然水系结构图

图8–26　牛首山景区北部地区自然水系实景

第九章　竖向设计模型

景园环境中竖向规划设计需要满足空间营造、地面排水、植被栽植、设施布置等多项要求，涉及道路、水系、场地等多个要素，因此参数化竖向设计模型在于描述一个由多要素与综合目标构成的复杂系统。风景园林规划设计阶段的竖向设计具有极为重要的意义，涉及规划设计合理性与经济性。土方平衡是竖向设计的关键指标，也是参数化竖向优化设计的基础：通过土方平衡的调控实现对景园环境的多目标优化。传统的竖向设计由于方法及工具的局限，同一系统中的地形、道路、场地、水体等分项在设计过程中处于剥离的状态，难以互相反馈，实现整体的优化设计。同时，设计过程较为繁琐，对设计方案优化的工作量巨大。设计表达的模糊性带来的是施工实践的粗放性，不利于设计效果的实现及造价的控制。随着计算机技术的发展，竖向的表达方式完成了由二维到三维的升级；Civil 3D 等软件的发展打通了设计到施工的衔接环节，不仅带来了风景园林竖向设计过程的变革，还推进了交互式设计的发展、促进了设计方法的进步。风景园林的参数化竖向模型构建于 Civil 3D 软件平台，将竖向设计各要素体现于同一数字地形模型之中，建构起要素之间的动态关联。本章首先阐释了景园环境竖向设计的目标、内容及程序，分别从设计过程的参数化调控与设计方法的优化两个方面论述了竖向设计方法；其次，以 Civil 3D 软件为平台，基于道路、水系、场地及总土方平衡四个主要部分构建了景园环境的参数化竖向设计模型，梳理了竖向设计的参数构成，并结合实例对模型运用加以详细地研讨。

9.1　景园环境的竖向设计

“landscape”一词中的“land”表明了风景园林与地形的紧密关联。风景园林规划设计中，竖向设计是核心的组成部分，旨在满足空间营造、地面排水、植物栽植、建筑及构筑物布置等一系列综合要求，在原地形基础上适当调整、优化及改造，确定坡度、控制高程以及实现土石方平衡。作为竖向的组成内容，地形是承载景园环境各设计要素的基础。因此，竖向设计决定了景观的地形“架构”。

9.1.1 竖向设计的价值与意义

9.1.1.1 生成空间形态

地形作为景园空间的基底，在空间形态的形成中发挥了重要的作用。“地形”与“地貌”指的是地球表面三维空间的起伏变化。景园环境的地形包括山谷、高山、丘陵、草原以及平原等类型，亦可划分为平地、凸地、山脊、凹地以及谷地等类型。与以上分类相比较，景园环境中还存在一类更常用的微起伏地形，即“微地形”。此类地形针对场地范畴而言，是地表微弱的起伏和凹陷。景园空间形态由围合要素所界定，地形是景园空间中最基本的界定要素，其他要素均可附着于地形之上，与基础地形共同构成空间的界面，并围合生成不同的景园空间。地形可以通过底面范围、坡面以及地平线轮廓三个要素对空间加以限定，并通过结合栽植、构筑物等许多不同的方式创造和限制外部空间，营造不同氛围的空间形态（图 9–1）。不同类型的地形所形成的空间有着不同的特征，因而需要对不同类型所对应的特点加以把握。

不仅如此，空间的形状与特征还与人的视知觉相关。地形通过对人们视知觉的影响进而引导景园空间感受的生成，因此不同的地形可以创造出不同性格的空间。人的视角对空间围合感和封闭感的强弱具有决定作用。诺曼（Norman K. Booth）在《风景园林设计要素》（*Basic Elements of Landscape Architecture Design*）一书中指出，在任一限定的空间内，其封闭程度依赖于视野区域的大小、坡度和天际线。一般的视域在水平视线的上夹角 40° ~60° 、水平视线的下夹角 20° 的范围内，而当谷底面积、坡度和天际线三个可变因素的比例达到或超过 45° （长和高之比为 1:1），则视域达到完全封闭，而当三个可变因素的比例小于 18° 时，其封闭感便失去（图 9–2）。地形能影响人们对空间范围和气氛的感受，进而造成不同的心理状态。例如，缓的地形不对人们的视线形成遮挡，从而给予视觉上的轻松感与舒适感，感受到平稳与旷达；而陡峭、崎岖的地形往往令人们兴奋与惊叹。以埃斯特庄园（Villa d’ Este）、兰特庄园（Villa Lant）、法尔耐斯庄园（Villa Farnese）为

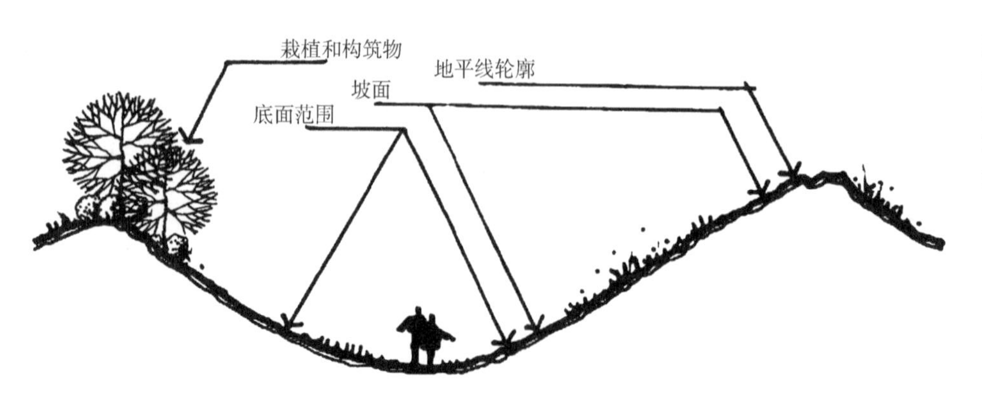

图9–1 空间的营造要素
改绘自：[美]诺曼·K.布思.风景园林设计要素[M].曹礼昆，曹德鲲，译.北京：中国林业出版社，1989：50

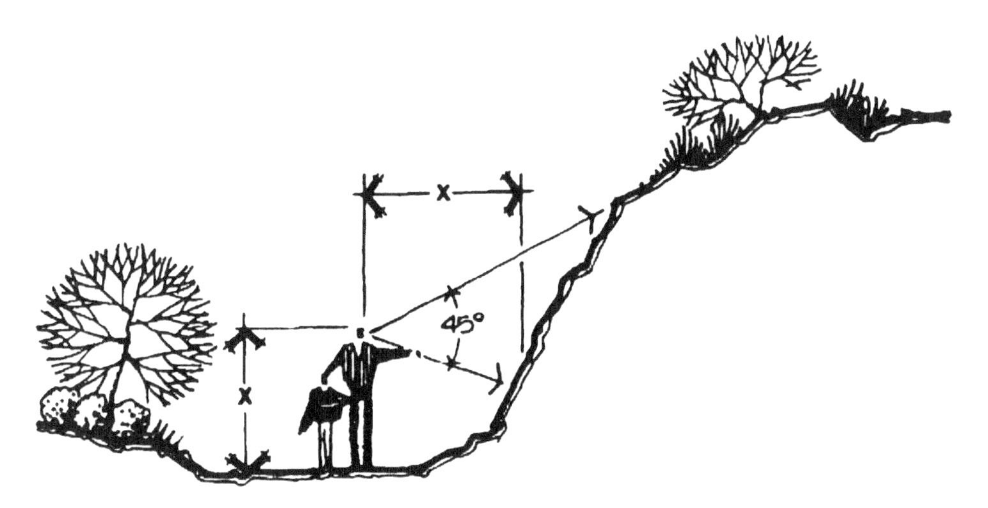

图9-2 当视场为45° 时，空间达到封闭感
引自：[美]诺曼·K.布思.风景园林设计要素[M].曹礼昆，曹德鲲，译.北京：中国林业出版社，1989：51

代表的、依山而建的意大利台地园与以凡尔赛宫（Chateau de Versailles）、枫丹白露宫（Chateau de Fontainebleau）为典型的、位于平坦地表之上的法国古典主义园林在利用地形营造空间氛围的方面各具特色。此外，地形依托于对视线的引导作用生成景园空间，例如，通过将视线导向某一特定点，并限定可见范围，能够生成连续的景园空间序列。景园环境的设计中需要结合设计目的，巧妙抓住不同地形特点对人们心理产生的影响来进行空间的营造，以生成各具特色的空间氛围。

9.1.1.2 组织地表水

降临到地面的雨水，除去下渗透与蒸发而外，大部分雨水都会沿地表在重力的作用下向较低处移动，形成地表径流。径流量、径流方向、流速与地形紧密相关：地势越低汇集的径流量越大；地面越陡，流速越快。几乎没有坡度的地面往往容易造成积水。因而，通过竖向的设计来调节地表的排水和控制径流方向十分重要。景园环境组织排水的目的之一是使用的需求：第一，作为供人活动的场所，需要避免场地积水的发生；第二，出于安全要求，地表径流过大会造成部分地质不稳定区域被水体过度冲刷或浸泡后产生泥石流、滑坡、塌方等灾害，对游人的生命安全造成威胁，应避免此类事件的发生；第三，水资源的调蓄，利用竖向设计将水存蓄在特定的范围内，并合理组织，丰水时蓄水、旱时缓释，通过调节水资源的分配，改善、优化生境，满足植物生长需求，减少对下游的冲击。地形地貌除丰富景观特征之外，兼具地表水的组织、管理及分配。因此，竖向设计除去空间形态之外，对地表水的组织也是重要的考虑因素之一。

景园环境的排水方式分为两种：地表自然排水和有组织排水。二者均依靠自然重力进行排水，因而在进行地形设计时需要充分考虑场地排水状况，做好排水的坡度处理。景园环境中绝大部分区域的排水属于地表自然排水，主要依靠地形进行排水组织。因而，在地形设计时需要注重排水问题，避免地表积涝的发生。地形设计与排水设计紧密结合是景园环境排水设计的特点，此种排水方式减少了排水沟渠、管道的建造，从而降低建造成本，同时无需对排水设施进行日常的清理和维护，符合可持续的设计理念。部分需要建设的场地由于使用要求而需有组织排水，即利用明沟或暗管进行排水的组织。景园环境地表承接的雨水一般而言污染较少，可就近排入水体。而污染程度较高的地表径流及生活污水需要经过处理达标后排入自然水体，或排入市政管网。景园环境的排水设计与建筑室外环境排水有所区别，其排水主要依靠自然重力进行，因而竖向设计对于排水的组织显得尤为重要。

9.1.1.3 满足栽植需求

大中尺度环境中地形的起伏会改变气候和土壤条件，所以地形对植物的生长和分布有很大的影响。除高程使植物具有垂直分布特征之外，坡向和坡度对植物分布也具有明显的差异。在北半球，因北坡的土壤日照短、强度小、湿度较大，所以多为耐阴的中生植物；而南坡则多为阳生植物，并表现出一定程度的旱生特点，是因为南坡光照时间较长且强，又由于温度高蒸发量大，土壤较干旱；东、西坡向则处于两者之间的过渡地位。小尺度地形中虽然植物种类的分布差异不明显，但是不同的水热条件会对植物的生长产生较为显著的影响。景园环境中对地形的改造多集中于小尺度范围内，也就是微地形的营造。

我国部分地区土壤盐碱含量较高，不利于植物生长。除了提高灌溉频率、稀释土壤盐碱含量的方法之外,微地形对于隔碱、消碱发挥了非常重要的作用。一方面，当雨水在起伏的微地形表面顺势流下时，对坡面形成冲刷，在一定程度上稀释了土壤中的盐碱度；另一方面，可利用低盐碱土壤营造隆起的微地形并配合隔碱措施的方法来消减盐碱对于植物的侵害，提高植物的成活率，保证生长质量。通过地形的营造还可有效增加绿量，例如，坡度为 5%~10% 的地形可有效增加地表面积 2%~3%，同时所含土壤量也相应增加，为植物的栽植提供了更大的空间。植物生长具有不同特性，喜阳、喜阴均与地形紧密关联，不同的植物适宜的生长环境各异。因此，丰富地形的营造能够为多样的植物种植提供各自的生长环境，使之适得其所。相较于单一地形，地形变化丰富的景园环境具有多样植物种类的可能，不仅有助于实现良好的植物景观效果，还对形成结构合理、稳定的植物群落具有积极的生态意义。

9.1.1.4 营造微气候环境

地形影响气流运动，引起风速和风向的变化，并通过水、热的作用对区域小气候产生影响。中国古代的风水术认为阳宅选址的最佳格局是“背山、面水、向阳”。山可以阻挡冬天北方的寒气，背山则可免受寒风侵袭；面水，夏季由水面吹来的南方凉风不仅可以降温还带来了湿润的空气，对小环境气候形成调节；我国位于北半球的温带地区，南向意味着向阳，可争取更多日照。一般而言，与平坦的地形相比，2°~5° 的北坡，日照强度降低 25%，而 6° 的北坡则达到 50% 左右；而南坡则刚好相反，一年之中都能受到较好的日照，保持相对较高的气温。景园环境中地形与微气候的关系也是如此。脊地或土丘等隆起的地形，阻挡冬季强大的西北风，维持场地的气温。南向的坡度由于受到的日照更多，一年四季更为温暖。地形还可对风向产生引导，调节场地内部气候。如高地之间的谷地、洼地等马鞍形空间可引导风穿过，增强场地的通风（图 9-3）。

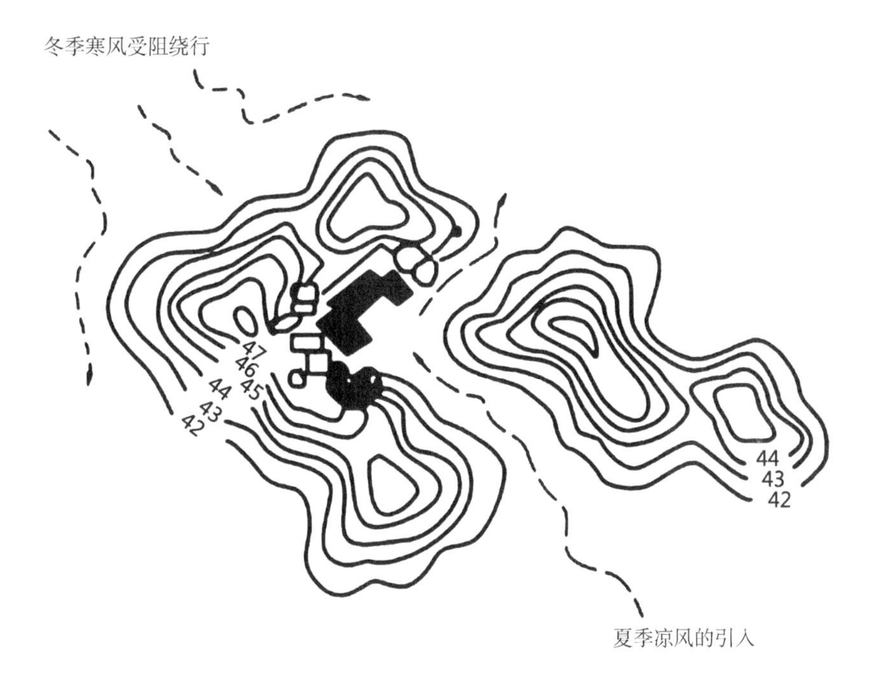

图9-3　竖向对于微气候营造的作用
改绘自：韩玉林.风景园林工程[M].重庆：重庆大学出版社，2011：18

9.1.2　参数化竖向设计的内容

竖向设计是风景园林规划设计中不可或缺的内容。《公园设计规范》（GB 51192-2016）第 4.3.2 条中对竖向控制的内容做出了明确的规定：山顶或坡顶、坡底标高；主要挡土墙标高；最高水位、常水位、最低水位标高；水底、驳岸顶部标高；园路主要转折点、交叉点和变坡点，桥面标高；主要建筑的屋顶、室内、室外地坪标高；公园各出入口内、外地面标高；地下工程管线及地下构筑物的埋深；重要景观点的地面标高。以上内容反映了竖向设计最终以等高线（等深线）及标高的形式反映到图纸之中。除了规范表述的一般内容之外，现代竖向设计还统筹考虑空间形态的生成、地表水的组织、栽植需求的满足以及微气候环境的营造等多目标。等高线及标高需要经过一系列的分析与计算之后得出，其中包括了对高程、坡度、坡向、分水及汇水的控制以及设计土方量的计算。

9.1.2.1　标高设计

“高程”系测量学科的专用词，指某点沿铅垂线方向到绝对基面的距离，也称为绝对高程。相对高程为假定一个水准面作为高程起算面，地面点到该假定水准面的垂直距离，又称为假定高程。由于长期使用习惯称呼，通常把绝对高程和相对高程统称为高程或标高。地面各测量点的高度，需要用一个共同的零点，即共同的标准才能进行比较、起算、测出。通常采用大地水准面作为基准面，并作为零点（水准原点）。我国规定以黄海平均海水面作为高程的基准面，并在青岛设立水准原点，作为全国高程的起算点。在设计中，标高可采用绝对高程或相对高程，是竖向定位的依据。

风景园林规划设计中，方案设计阶段需要定出道路、地形以及建筑物、构筑物、广场等场地的主要控制点标高，而施工图设计阶段则应标注出更为详细的标高，供施工人员定位、施工。风景园林规划设计一般采用标高控制法和等高线法相结合进行竖向设计。采用在地面坡度转折处和特殊地点标注标高，有时加以表示排水方向的箭头进行辅助表达的方法称之为标高控制法。等高线法指的是利用等高线表示设计地面、道路、广场、停车场和绿地等的地形设计情况。 等高线的绘制需要结合地形控制点的标高进行。就风景园林规划设计而言，等高线法对地形的控制表达较为精确，但对于道路、场地等设计部分的描述具有局限性，因而在设计中常将两者配合使用。图 9–4（a）和图 9–4（b）

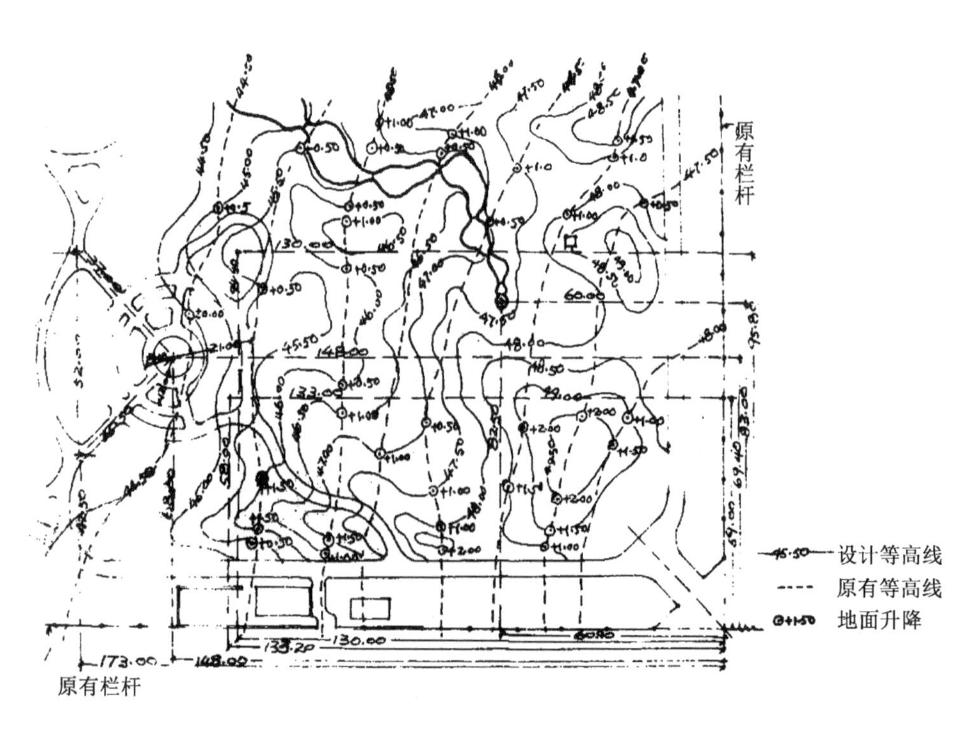

图9–4（a） 某公园地形设计施工图（局部），表示了一些放线基准点位置、设计和原有等高线以及一些位置上地面升降数字
引自：李嘉乐.园林规划设计知识讲话第六讲地形和植物配置技术设计[J].北京园林，1989（04）

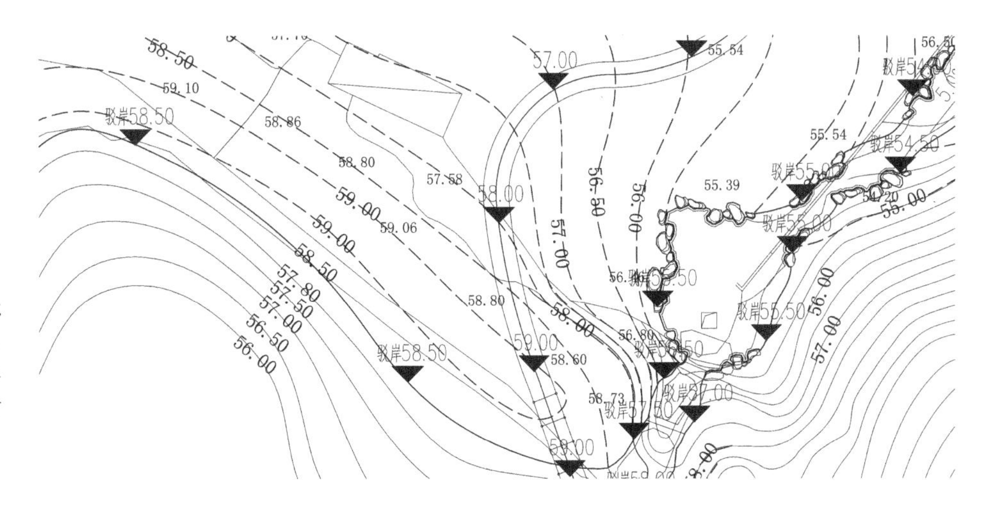

图9-4(b) 南京牛首山景区北部片区竖向设计施工图(局部),表示了设计和原有等高线、驳岸标高及等深线,以及道路的设计标高
引自:成玉宁工作室资料

分别呈现了我国 20 世纪 80 年代竖向设计的手绘图纸及近几年采用计算机绘制的图纸。虽然绘制方式发生了变化,但是均采用了标高控制法与等高线法相结合的绘制方法对竖向进行表达。

9.1.2.2 坡度确定

坡度表示了地表单元陡缓的程度,通常把坡面垂直高度和水平距离的比称为坡度。坡度是竖向设计中最关键的因素之一,与标高一同限定了风景园林的地形形态。坡度与排水、植物栽植有着密切的关联,不同坡度的地形对应了不同的土地利用策略和空间组织方式。百分比法、度数法、密位法和分数法为常用的四种坡度的表示方法,其中以百分比法和度数法较为常用。百分比法指的是坡度由两点的高程差与其水平距离的百分比来表示,即坡度 =(高程差 / 水平距离)× 100%。3% 的坡度意味着水平方向距离每 100 m,垂直方向下降了 3 m。度数法是用度数来表示坡度的一种方式,利用反三角函数计算而得,其公式为:$\tan\alpha$(坡度)= 高程差 / 水平距离,所以 α(坡度)=arc tan(高程差 / 水平距离)。

国际地理学联合会地貌调查与地貌制图委员会以地貌详图应用的坡地分类来划分坡度等级,规定:0~0.5° 为平原,0.5°~2° 为微斜坡,2°~5° 为缓斜坡,5°~15° 为斜坡,15°~35° 为陡坡,35°~55° 为峭坡,55°~90° 为垂直壁。景园环境中地形营造、道路选线、水景、建筑物及构筑物的营建均需要充分考虑坡度因素,不宜在过陡的地段进行建设,避免对环境造成较大扰动,形成安全隐患。竖向设计中对坡度的考量主要集中在地形坡度及场地、道路坡度两个方面,部分地段的设计需要注明排水坡度。自然堆积的土壤经过长时间的沉落稳定后,往往会形成一个相对稳定的、坡度约略一致的土体表面,该表面即土壤的自然倾斜面。自然倾斜面与水平地面的夹角为土壤的自然安息角。土壤的安息角受土壤种类、含水量等因素的影响而不同,一般为 15°~40° 不等。风景园林规划设计中不宜对大范围的自然地形过度干扰，设计地形也应尽量采用自然式，并参考相应土壤的安息角进行坡度设计。过于陡峭的坡面不仅会造成地形的不稳定，带来滑坡等灾害风险，还难以维持设计效果。当地形坡度超过土壤的自然安息角时则须采取相应的护坡固土或防冲刷的工程措施。进行场地及道路设计时，应根据地表坡度的情况灵活布置或选线满足安全及排水需要，尤其是道路设计还要注意本身的横坡与纵坡符合规范要求，以保障车辆行驶的安全。风景园林规划设计的坡度设计可借鉴《公园设计规范》（GB 51192–2016）中对于地表排水坡度的规定（表 9–1），在无法利用地形坡度自然排水的低洼地段应设计地下排水管、涵沟。

表9–1　各类地表的排水坡度（%）

地表类型	最小坡度
草地	1.0
运动草地	0.5
栽植地表	0.5
铺装场地	0.3

9.1.2.3　土方计算

风景园林建设中无论是道路、广场、建筑物和构筑物的修建，还是地形的利用或改造均需要以地面作为基础，依靠动土方完成。因此，土石方工程是园林建设中先行的项目。土石方工程的投资和工程量往往是园林工程造价中占比较大的部分。土石方的严格控制与平衡是节约造价的有效途径。风景园林规划设计的后期施工图设计和施工过程中必然涉及土方量问题，虽然方案阶段不需提供详细的土方量报表，但是在该阶段应当对土方量加以预判和控制，以保障设计的连续性和全程可控。

土石方工程包括了场地、道路及水系等工程土石方量的估算与平衡等内容。《城乡建设用地竖向规划规范》（CJJ 83–2016）条文说明中列出了各类城市建设用地土石工程量定额及平衡标准。土方量的计算为地表物质体积差的求取，通过原地形和改造后地形比较得出，包含了挖方量和填方量两个部分，两者数值之和即为总的土方量。而土石方平衡指的是在某一地域内挖方数量与填方数量平衡。常用的土方计算方法有：等高线法、方格网法、断面法、平均高程法、DEM 法以及区域土方量平衡法等，分别适用于不同的地形地貌条件和计算尺度、精度的要求。其中，方格网法、断面法和 DEM 法是土木工程中较为常用的计算方法。

9.1.3 竖向设计的要点

9.1.3.1 适宜与减量

竖向优化指的是恰到好处地对竖向进行调整和改造。对于景园环境的竖向设计而言，因地制宜是大的前提。风景园林规划设计面对的对象通常拥有较大的尺度，倘若大规模地进行土方工程等竖向的改造活动，不仅会对以自然为主体的生态环境造成难以修复的破坏，还会造成大量的人力、物力的浪费。“适宜”指的是合适、相称，而“减量”秉承的是最小化原则。强调竖向设计的“适宜”和“减量”需要在评价的基础上有的放矢、精确计算、进行设计，在达到设计目的的基础上施以最小化的扰动，以实现对环境的保护和投入的最优化。同时，还应当坚持土方就地平衡的原则。土方的就地平衡就是要达到设计范围内的土方平衡，尽量避免异地取土，审慎对待客土，这一原则在控制工程造价与生态环境恢复方面有重要的积极意义，通过对风景园林规划设计范围整体进行生态敏感性评价后，划分出的生态敏感区域内植被、地形等均不宜被扰动。无游憩等活动的区域也无须进行调整，维持现状的存在具有更为积极的生态意义。但是其中部分坡度过陡、威胁到游览安全的区域可进行适度的人工干预，使其处于安全的状态，避免事故的发生。选址得出的生态敏感度较低、适宜建设的区域是提供游人活动的主要场所。在这些区域内，应根据空间营造、排水、栽植等设计需求，甄别出竖向需要优化或改造的范围，如排水不良的低洼地，地形过于平坦、无起伏变化、美感度不突出的区域等。风景园林规划设计中竖向设计的关键之一在于科学选择竖向需要调整的范围，并制定适宜的设计方案。

适宜与减量也是景园环境与城市用地中竖向设计最大的区别所在。虽然城市环境中也强调对自然地形的利用，但是功能仍在设计中处于绝对的优先地位。而景园环境中存在着大量的敏感地区，地形的扰动必须以保护为前提。同时，风景园林规划设计目的在于展现场所特色，对道路的坡度、标高以及建筑物等没有严格的要求，而是强调随形就势、因高就低，因而竖向设计工作的“弹性”较大，便于系统内的平衡与优化。

9.1.3.2 系统性与复杂性

竖向设计的结果最终由地表的形态呈现，因而与依附于地表存在的风景园林要素如道路、水系、建构筑物、场地、植物等关系极其密切。竖向设计需要满足以上这些要素的设计需求，是风景园林规划设计的重要组成部分。地形作为纽带将上述风景园林要素相互动态关联，并将系统性、动态性反映于土石方量的调配工作。在此结合江苏・福冈友好樱花园的竖向设计对这一工作的系统性加以阐释。

江苏·福冈友好樱花园位于江苏省南京市钟山风景名胜区明孝陵景区，始建于1996年，原有面积20亩。每年有大量中日友好人士前来樱花园友谊交流，是南京著名的赏樱处，也是江苏与福冈两省县举行友好活动的重要场所。由于年久失修，园内景观呈现颓败之势，设施也已破败，根据甲方要求，提升樱花园景观并扩大面积至60余亩（约40 000 m^2）。笔者随导师参与了樱花园景观的提升工作，该项目的特点之一在于竖向设计，故在此作为案例加以展示。

樱花园位于钟山南麓，本底为自然山地，园区内部北高南低，整体地形具有一定起伏，但局部场地平坦，缺乏空间变化。同时，园区内水系原为人工硬质驳岸，破损严重，不仅景观效果不佳，而且硬质池底存在严重渗漏，池水难以存续，池塘、沟渠干涸；而东部场地积涝，导致樱花长势不良。针对以上问题，该项目的设计重点之一在于利用竖向设计重新梳理山水关系。首先从水系入手，设计破除了原有的硬质驳岸及池底，疏浚、整理了园区水系形态。采用HDPE膜结合覆土，在解决了水量存蓄的同时栽种水生植物。通过自然驳岸的打造，营造跌水、漫滩的优美水景。其次，营造局部的微地形。在自然驳岸改造的同时，利用产生的土方进行水系周边微地形的营造，不仅解决排水不佳而导致的樱花长势不良的问题，还增加了空间层次，与整体山地大环境相呼应。最后，通过设立自然式道路排水暗沟，避免软质场地由于地形营造而导致的园区内道路积水。该项目通过系统化竖向设计，同时实现了水系营造、地形营建、排水梳理、栽植优化的多目标综合设计，可谓是“一举四得”（图9-5）。

图9-5 改造后的江苏·福冈友好樱花园实景
引自：成玉宁工作室资料

9.1.3.3 土方量与土方平衡

《园冶》中有云："高阜可培，低方宜挖"，"挖"指的是移除土方，"培"指的是增加土方，是对地形营造中"填方"与"挖方"的表述。无论是地形建构、道路营建还是水系营造，竖向设计工作的落脚点即为"挖"与"填"。就土石方工程而言，"挖""填"一般来说是同时存在的，两者体积之和即为土石方量。看似简单的挖填工作，在设计中常常是困扰设计师的问题。小尺度的场地尚能较为容易地对原地形进行分析，进行竖向设计和土方量的计算。倘若地形复杂，加之地貌特征丰富，高低之所判断未必准确，设计师难以对培土、挖方的范围准确划分。传统的风景园林设计过程中，挖多少与填多少，在设计师心中是一个模糊的概念，只有具有丰富现场经验的设计师才能够做到"胸中有丘壑"。

在风景园林的建设中，地形的整理、改造与利用是园林工程最为基础的部分。无论是筑山、理水、铺地还是栽植，均涉及土方的挖、运、填、堆、平整等工作，因而土方工程在风景园林建设中是一项大工程。以上海植物园的建造为例，由于前身"龙华苗圃"的地势过低，需要对标高普遍提升，造成了近百万方的土方量，施工也断断续续进行，前后达六七年之久。原则上说，场地内部产生的挖土量和填土量应能在本场地内解决消化，尽量减少对场外的影响，也就是保持场地内部的土石方平衡。挖方生成的大量土方需要外运弃土，填方则依靠场外取土，这种竖向营造方式不仅很可能对被弃土或取土的自然场地造成巨大的人为干扰和破坏，还带来了长途运输土方的费用负担。因此，场地内部的土石方平衡在保护环境、减少造价、缩短工期三个方面显得尤为重要。土石方平衡一词系指在某地区的挖方数量与填方数量大致相当，达到相对平衡，而非指绝对的平衡。长期以来，风景园林师们将关注的目光聚焦于利用地形进行空间的建构，在因地制宜的设计理念指导下注重对土方平衡在原则上加以把握。囿于当时的方法与技术手段，设计难以真正实现定性与定量的结合，缺乏施工阶段的控制技术，也较难实现土方平衡的调控。

9.2 竖向设计方法的参数化

9.2.1 设计过程的参数化调控

竖向设计属于风景园林规划设计的重要组成部分，与总图的设计同步进行。在资料收集的基础上，竖向设计首先需要明确设计前的地形地貌状况；然后根据地形、道路、场地、水体等设计分项结合设计概念及要求进行控制性标高的设计和等高线的描绘；最后，进行土方量的计算，若土方不平衡，则需逐项调整标高，再进行繁琐的土方量计算，重复该过程，直至达到土方平衡。

在这一过程中，竖向设计的各个分项内容处于剥离的状态，未能体现诸要素之间的系统关联，故而土石方量在系统内部不易做到平衡及合理调配。同时，该设计过程还呈现了线性特征，可逆性较差。当设计完成时难以对土方量的结果给予实时的反馈，土方未达到平衡时，需要重新对各分项设计项目进行标高的调整，不断尝试，直至平衡。

随着信息技术的发展，原先的手工设计与制图被计算机辅助设计与制图所替代，绘制效率、计算效率得到了极大的提升。但是以 AutoCAD 为代表的软件工具仍属于二维图形表述的范畴，基于类似软件平台的设计过程与以往并无二致，各个分项设计内容及设计环节各自独立。与 AutoCAD 共享大平台的 Civil 3D 软件最大的特点在于利用三维数字模型将各个设计环节建立起关联，任一环节的变动均可以在关联环节中有所体现，并以数据的方式呈现。基于三维数字模型的设计，不仅动态联动，而且实时反馈，极大地提高了设计的效率，改变了线性的设计过程。Civil 3D 软件作为 BIM 的软件平台之一，打通了设计到施工的衔接环节。因此，利用 Civil 3D 软件平台的竖向设计能够直接指导施工工作，实现风景园林规划设计的全过程可控。

9.2.2 设计方法的数字化发展

9.2.2.1 表达方式的演进

在等高线表示法出现之前，囿于技术与手段，中西方均通过三角等符号并配以文字来表达地形的起伏、河流及山川的位置，十分的粗略与概括（图 9-6）。近现代以来，等高线成为描述地形的最主要的手段，测绘科学及工具的发展使得对地形的描述逐渐走向精确化。然而随着社会的发展，以等高线表示法为代表的二维地形表示方法越来越难以满足设计及施工的需求。数字时代的到来，同样带来了竖向设计方法的变革，数字地形概

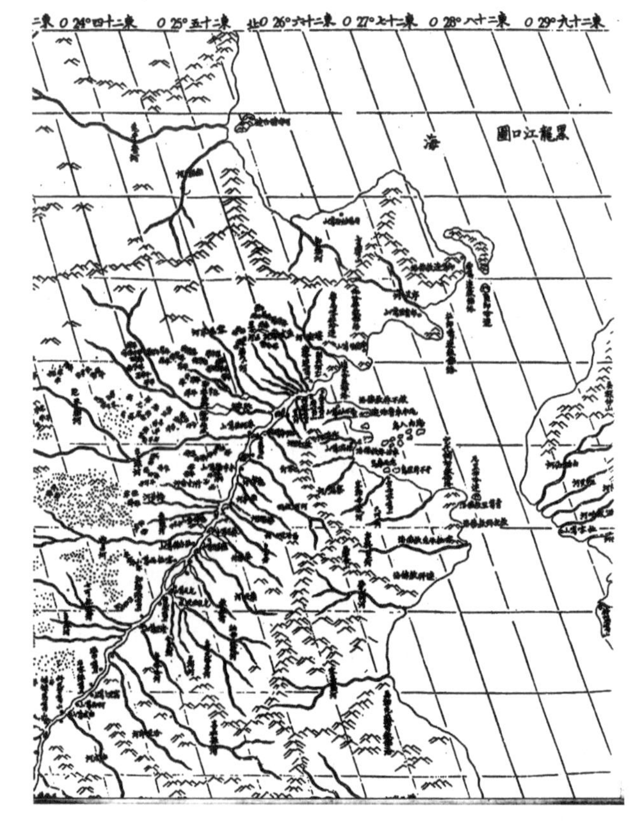

图9-6 康熙《黑龙江口图》，木刻本局部，中国第一历史档案馆藏
引自：李孝聪.记康熙《皇舆全览图》的测绘及其版本[J].故宫学术季刊，2012，30（1）

念的提出帮助人们更为精确地描述地形、高效地开展设计，使得风景园林规划设计的参数化成为可能。

（1）二维表示方法

直至今日，等高线表示法与高程点表示法是风景园林规划设计中两种主要的竖向表示方法，通常将两种方法结合使用来表示场地中的竖向关系。

①等高线表示法

关于等高线有多种定义，可以理解为在设定某固定点或临时参考点表示法为最底面高程（即零点高程）的基础上，将相同高程的点连接而成的曲线[1]，或者是等高线是以某个参照水平面为依据，用一系列假想的等距离的水平面切割地形后，所获得交线的水平正投影线。等高线只有标注比例尺和等高距后才能解释地形。等高线表示法是用标有高程标记的等高线和个别特殊符号相结合以反映地貌特征的一种方法[2]。等高线表示法出现于16世纪，彼得·布鲁因斯（P. Bruinss）的手稿地图里显示了海特斯卫纳湾的7英尺深度线，是迄今为止最早发现的等高线地图。1791年法国的都明·特里尔（D. Triel）首次用等高线显示了法国陆地地形。在19世纪初等高线地形表示法还只是在野外测量时使用，直到20世纪，人们才逐渐认识到等高线的科学和实用价值，成为地形的主要表示方法。直至今日，等高线表示法以其科学性与实用性，仍是最基本、最广泛、最精确的地形平面图表示方法。

等高线是实际并不存在的线，是人为的一种描述大地起伏特征的工具。在大、中比例尺的地形图上，为了读图的方便，通常将等高线分为基本等高线（首曲线）、加粗等高线（计曲线）、半距等高线（间曲线）、1/4距等高线（助曲线）四类。而一般的地形图中只有两种等高线：首曲线和计曲线（图9–7）。同时，为了避免混淆，常将原地形等高线用虚线、设计等高线用实线表示。等高线表示法绘制的地形地貌图数量概念较为明确，可准确地反映地面高程、坡度、地表面积和体积等，因而具有较高的使用价值。路线坡降、填挖土方、水库库容等土木工程类的设计和计算可根据等高线地形图制成剖断图，加以比较分析，得出设计或施工的科学依据。

②高程点表示法

高程点是地形图上标注有高程数据的点，表明了地形高于或低于水平参考平面的某单一特定点的高程。平面图或剖面图上高程点用以表达海拔高度。通常高程点配合等高线对地形进行描述，一方面注明平面图上特殊的高程变化，另一方面注记了山头、凹地等等高线不能显示的高程，或者作为标高的补

1 闫寒．建筑学场地设计[M]. 3版．北京：中国建筑工业出版社，2012：81
2 韦爽真．景观场地规划设计[M]. 重庆：西南师范大学出版社，2008：109

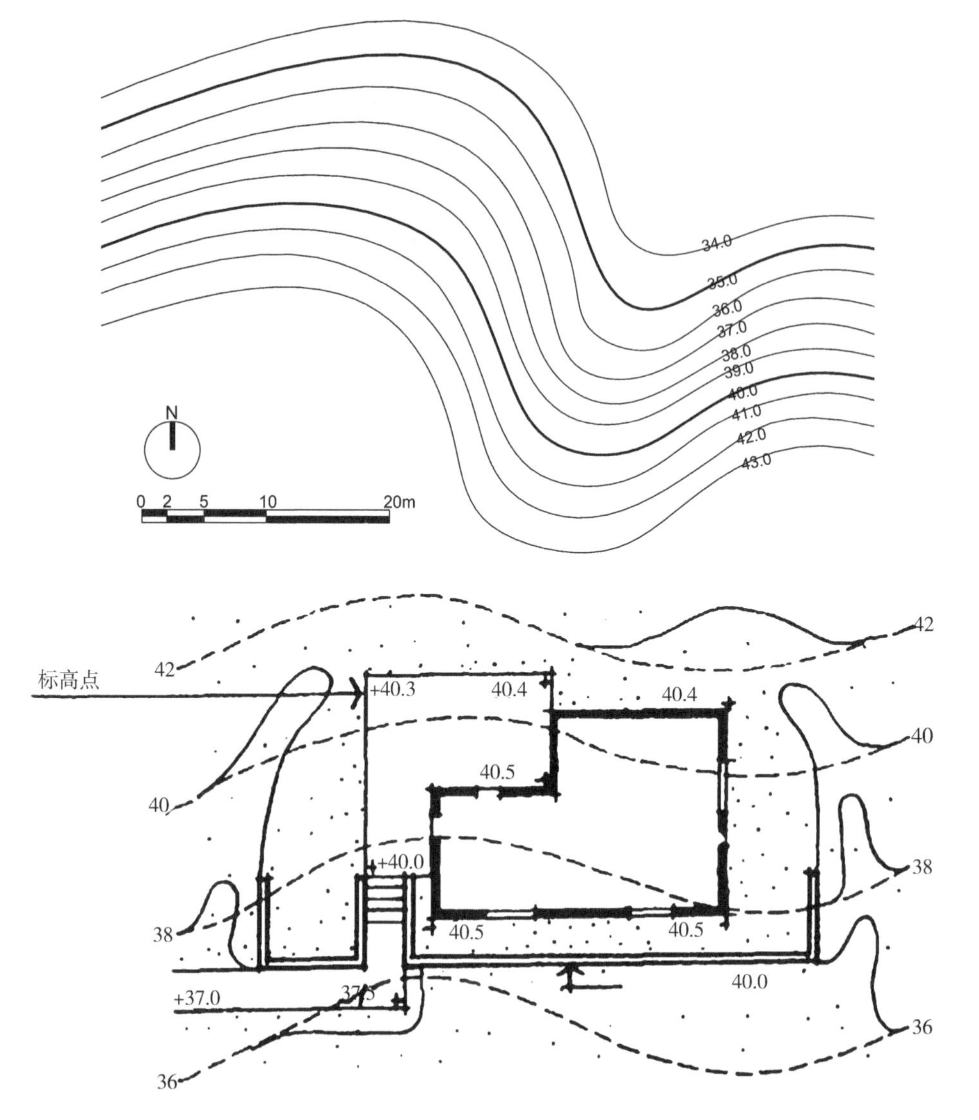

图9–7 等高线表示法

图9–8 标高点标明平面上高程的特殊变化

引自：[美]诺曼·K.布思.风景园林设计要素[M].曹礼昆，曹德鲲，译.北京：中国林业出版社，1989：27

充位于两条等高线之间，以加强等高线的量读性能（图 9–8）。

以往由于测绘工具所限，所得到的地形高程点在二维的图纸上呈现，以数值的形式反映某点位的高程信息。随着测绘工具及技术的发展，图纸的电子化表达使得高程点体现为数据信息，可带有空间坐标的属性，因而成为一种三维的表达方式，这也是下文中将要阐述的 DTM 与 DEM 生成的基础。

（2）三维表示方法

无论是等高线表示法还是高程点表示法，抑或是通过两者的结合来表达场所内的竖向情况，均是基于二维的图形对三维的空间关系进行表述。因而由二维向三维转译的过程中存在不确定性、模糊性和随意性。数字地形模型与数字高程模型的诞生具有革命性，是人类对地形真正的三维化表述，推动了设计、军事、工程等行业大踏步的发展。DEM 是风景园林规划设计中竖向设计参数化的基础。

① DTM

数字地形（面）模型（Digital Terrain Model，DTM）的概念由美国的米勒（Miller）和拉夫勒蒙（R. A. Laflamme）于20世纪50年代提出，并将其用于设计公路的线路。DTM是利用一个任意坐标系中已知x、y、z的坐标点对连续地面进行的一种模拟表示。其中，x、y表示该点的平面坐标，z值可以表示不同的含义，如高程、坡度、温度等信息，也可以表达定性的空间特征，如土壤类别、地貌类型等。因此可以说,DTM就是地形表面形态属性信息的数字表达，是带有空间位置特征和地形属性特征的数字描述，是叠加在二维地理空间上的一维或多维地面特性向量空间。DTM的本质共性是二维地理空间定位和数字描述。DTM通过将地面的起伏信息输入到计算机中储存，使得对地形数据的收集与保存更加完整，能够较为全面、详细、精准地反映地形的空间特征和属性特征。当下，DTM应用极为广泛，以计算机为操作工具能够取代人工进行土方估算、坡度分析、道路选择等计算，以及公路、铁路、输电线等优化设计等诸多类型，大大提高了效率和精确性。

② DEM

当DTM中坐标点的“z”表示高程时,就是数字高程模型,即DEM（Digital Elevation Model），是对地形的数字化描述和表示。高程模型最常见的表达是相对于海平面的海拔高度，或某个参考平面的相对高度，因此高程模型又可被称为地形模型。实际上，地形模型不仅包含高程属性，还包括了其他的地表形态属性，如坡度、坡向等。按结构形式，DEM可分为规则格网（GRID）DEM、不规则三角网（Triangulated Irregular Network，TIN）DEM、等值线DEM、曲面DEM、平面多边形DEM、空间多边形DEM等。其中，最常见的DEM数据组织方式有：规则格网（GRID）DEM、不规则三角网（TIN）DEM和等高线DEM（Contour）。风景园林规划设计中较多涉及为基于以上三种结构形式的DEM（图9-9）。以上三种类型的DEM结构相对简单，容易建立拓扑关系，以及对模型进行可视化分析。

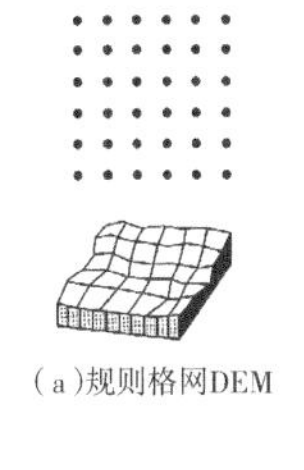

（a）规则格网DEM

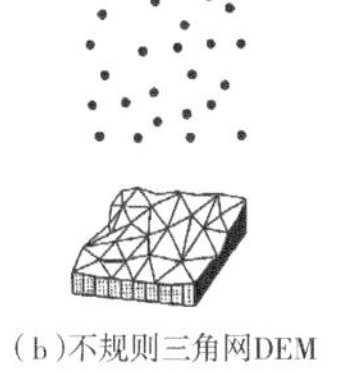

（b）不规则三角网DEM

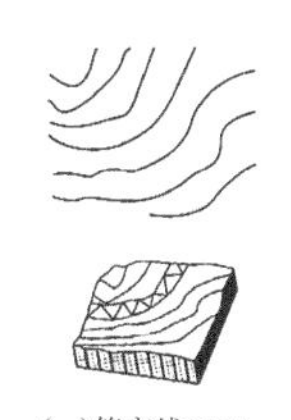

（c）等高线DEM

图9-9　三种常见的DEM结构

规则格网DEM利用一系列在x、y方向上等间隔排列的地形点的高程z表示地形。其缺点有三：地形简单地区存在大量冗余数据、难以使用于起伏程度不同的地区、难以精确表示地形的关键特征，如山峰、洼坑、山脊、山谷等。但规则格网DEM的数据结构、计算方法和存储管理简单，数据采集自动化程度高，便于与遥感和栅格GIS结合，是目前广为采用的DEM数据结构。不规则三角网DEM是将地形特征的采集点按一定规则连接成相互不重叠的大量三角形，覆盖整个区域并构成一个不规则的三角网。不规则三角网DEM优点有两个方面：首先是克服了高程矩阵中冗余数据的问题；其次，还具有考虑重要表面数据点的能力，能充分利用地貌的特征点、线，较好地表示复杂地形，进行地形分析较为方便。但是，也存在一些缺点，主要是数据存储与操作复杂，不便于规范化管理。等高线 DEM 以一系列有序的坐标点表示高程，每一条等高线对应唯一的高程值，一条等高线可以认为是一条带有高程值属性的简单多边形或由多条线段组成的折线。以等高线模型表达 DEM 的优点在于直观、占用存储空间少。但也存在一定的缺陷：由于等高线 DEM 只表示了非常有限的几个高程值的空间位置，因此，要得到区域内的高程细节信息，必须加大等高线的密度或通过插值方法计算其他区域的高程值。规则格网 DEM、不规则三角网 DEM 与等高线 DEM 之间可以通过软件便捷地互相转换，因而可以充分利用各类型 DEM 的优势开展设计。例如，等高线 DEM 不适合于进行坡度、坡向等地形分析，可以将其转换为规则格网 DEM 再进行计算。

由于传统的地形数据结构都是二维的，高程是地理空间中的第三维坐标，数字高程模型的建立对于风景园林规划设计而言，是一个重大的变革，也是一个必要的补充，地形模型是参数化竖向设计的基础数据模型。与传统地形图比较，DEM 作为地形表面的一种数字表达形式有以下特点：

a. 表达方式多样。地形数据经过计算机软件处理后，生成的 DEM 能够灵活导出适应各种比例和样式需求的平面图、断面及剖面图、三维透视图等。而传统方法绘制的竖向设计图纸一经制作完成后，不仅比例尺不容易改变，而且由于图元的独立性需要逐幅绘制。

b. 图纸精度不变。DEM 输入存储设备后能够永久保存，数字化的表述使得地形模型的精度不受损失。

c. 参数化的实现。数字形式的 DEM 能够提供编辑变量、输入参数的基础数据模型，同时构成诸要素之间动态关联，能够实时更新与反馈，使参数化的竖向设计成为可能。

9.2.2.2 设计方式的改变

一般而言，设计师在获得原始的地形图之后，仔细研读，在了解场所地形现状后在地形图上覆盖透明纸，进行地形的描绘、推敲与绘制。对二维图纸呈现地形的判读依靠的是设计师的经验，因而经验的丰富与否直接对地形的理解产生影响。土石方量的计算若以网格法手工计算，效率极低。例如，以 20 m × 20 m 的网格计算 1 km^2 面积的场地放坡工程，则需要计算 2 500 个方格的工程量，过程复杂且耗时耗力，也极易出现计算错误。大型场地平整工程往往要花费几个星期的时间计算土石方量。在进入计算机辅助进行计算的阶段后，虽然运算速度得到了加快，计算精度也得到了大幅度的提升，但是方案的调整与修改造成土石方量的二次计算却要重新来过。Civil 3D 软件的土方量计算模型的核心是三角网格法，通过道路模型生成道路的曲面，然后与已有的地面 DEM 相比较来计算土方量，该方法通过两个曲面来计算土方量更加精确。同时，Civil 3D 软件将竖向设计各项参数纳入同一模型，任一要素的修改均会联动地反映于其余的要素。因而，即使竖向设计方案进行调整，土方量的变动情况也会即时呈现，而不需进行计算的反复。

目前的景园竖向施工主要依靠操作人员的经验，通过现场放线、插旗标等方式进行。传统竖向施工图纸语言较为单一，施工图常见为方格网放线图，以交点定标高。不仅施工过程难以控制，而且施工结果与图纸无法完全一致，随意性、模糊性大。传统的施工控制方式从绘制图纸的角度出发，而忽略了施工的便捷性要求。若场地面积较大并特征复杂时，在现场以方格网放线的可操作性不强，往往凭操作人员的"感觉"进行，对地形的精确施工更是"纸上谈兵"。为达到满意的效果，设计者与施工方需在现场反复调整，但也难以面面俱到，传统的施工控制方式已逐渐落后于高速发展的信息时代。究其原因，二维图纸转化为三维空间过程中的图形转译由人脑完成，无定量数据提供支撑，使得两个环节易出现偏差：首先是图纸的读取环节，这一环节由施工人员的人脑完成，随着个人认知、经验的不同，对图纸的认识自然不同；第二个环节是实施环节，由施工人员操作机器完成，依靠操作人员对图纸的认识程度，对机器进行操作，难以精确、准确实施。不仅设计结果无法准确得知，而且当与原始图纸进行比对时，难以对设计结果生成反馈。

DEM 数据的采集方式有四种：地面测量、空间传感器、现有地图的数字化、数字摄影测量方法。数据采集技术的发展也使得 DEM 数据精度不断地提高，由此参数化竖向设计也愈加精准、可靠。通过将设计完成的 DEM 直接输入施工设备，保障了施工环节的精准性，保证了设计的实施效果。从数据的输入与输出，DEM 提供了设计的基础对象，并贯穿于从设计到施工的整个风景园林规划设计周期，成为参数化设计的关键要素。

9.3 风景园林参数化竖向设计模型构建

竖向设计作为风景园林规划设计的总图设计中最后一个环节，向前与项目选址、道路选线、水系营建等设计先行环节紧密衔接，向后与分区详细设计、施工图设计对接，不仅需要符合较大尺度规划设计的要求，还兼具详细设计的特点。以 ArcGIS 软件为代表的 3S 技术软件以大尺度的规划与分析见长，在小尺度环境的使用中具有一定的弱势。而 Civil 3D 软件以其精细化、动态性、参数化的特点与 ArcGIS 软件形成了互补，是风景园林参数化竖向设计模型的主要操作平台。

根据风景园林规划设计总图环节的竖向设计要求，主要涉及道路、水系、场地三个部分。参数化竖向设计模型的构建基于两个原则：首先是系统性原则，将处于同一场地中的道路、水系、场地竖向作为系统组成部分统一设计，在系统内实现土石方量的平衡；其次是减量化原则，即最小化对场地的扰动，不仅实现三个分项设计自身土石方量的最少化，并将三者纳入同一系统调配土方，力求达到总体土方平衡。在设计阶段对于土方量的考虑有着积极的意义与价值，通过土方量的估算和调配，能够帮助设计师选择最佳的设计方案，不仅能够有效控制造价，而且可以极大程度上避免施工过程中的反复。

风景园林参数化竖向设计模型的变量与参数共分为两类，一类是控制地形生成的变量与参数，例如高程、坡度等；另一类为分项设计所涉及的变量与参数，如道路设计所需要的纵坡、横坡、坡长、转弯半径、纵曲线半径、变坡点等。这些变量与参数及其范围根据项目的不同而各异，一般来说，高程参数随项目变化而变化，而部分需要依据设计规范和标准进行设定。

风景园林参数化竖向设计模型由四个部分组成，即为分项设计：道路竖向设计、水系竖向设计、场地竖向设计，以及属于调控范畴的总体土方平衡（图9-10）。表 9-2 中列出了竖向设计各分项所涉及的参数，将在下文中进一步论述。

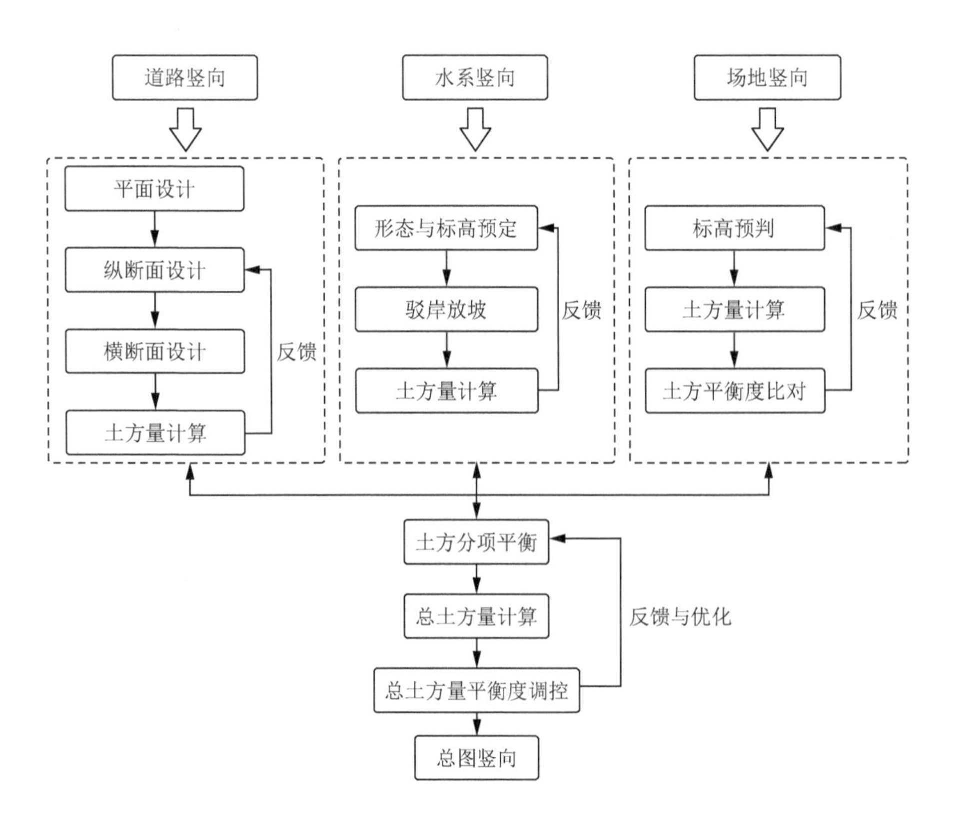

图9-10　风景园林参数化竖向设计模型

表9-2　风景园林参数化竖向设计模型参数表

分项名称	子项名称	序号	参数名称	单位
道路竖向	平面设计	1	设计速度	km/h
		2	路长	m
		3	平曲线	m
		4	圆曲线	m
		5	缓和曲线	m
	纵断面设计	6	纵坡	%
		7	竖曲线	m
		8	坡长	m
	横断面设计	9	路幅	m
		10	横坡	%
		11	边坡	%
	土方量计算	12	采样线	—
水系竖向	水体形态设计	13	水面形态	—
		14	水底形态	—
	驳岸设计	15	驳岸放坡	%
	土方量计算	16	原地形	—
		17	设计地形	—
场地竖向	平面设计	18	建设面积	m^2
	竖向设计	19	标高	m
		20	场地放坡	%
	土方量计算	21	原地形	—
		22	设计地形	—
总体土方平衡	道路竖向土方量	23	土方量净值	m^3
	水系竖向土方量	24	土方量净值	m^3
	场地竖向土方量	25	土方量净值	m^3

9.3.1　道路竖向

道路一般以交通性质、交通量和行车速度为分类的依据，不同类型的道路，其所承担的功能、服务对象与技术要求有着各自的特点。目前，我国将道路分成公路（Highway）、城市道路（Urban Road）、专用道路（Accommodation Road）和乡村道路（Country Road）四大类，其中专用道路分厂矿道路和林区道路。景园环境的尺度所包含的范围较为宽泛，既包括了城市近郊的风景区域，也覆盖了远郊自然景观，因而景园环境中道路包罗了四种道路类型，难以单独划为一类。景园环境的道路设计需要综合各类型道路的技术标准，并结合自身特点进行（表 9–3）。通常，景园环境的道路以重要性分为四类，即主干路、次干路、支路和游步道。大型的风景名胜区可能同时存在四种类型的道路，而小型的景园环境可能只包括了两种或三种道路类型。

风景园林的道路竖向设计与道路选线环节紧密关联，是选线的下一阶段。道路的线形设计通过平、纵、横三个方面反映设计成果，同时，三者相互制约、相辅相成。与公路、城市道路设计的内容基本相同，景园环境的道路竖向设计主要包括了道路平面的确定、纵断面设计、横断面设计以及土方量计算四个部分。就风景园林规划设计而言，通过以上几个部分之后即可确定道路的竖向标高，并生成满足要求的道路设计。参数化道路设计模型的变量和参数即由以上四个部分各自的参数综合而成，共同控制了道路的生成。

表9–3 《公园设计规范》(GB 51192–2016)中列出的道路设计要求

<table>
<tr><th>条目</th><th colspan="5">内容</th></tr>
<tr><td>第 6.1.1 条</td><td colspan="5">园路应根据公园总体设计确定的路网及等级，进行园路宽度、平面和纵断面的线形以及结构设计</td></tr>
<tr><td rowspan="7">第 6.1.3 条</td><td colspan="5">园路宽度应根据通行要求确定，并应符合表中 6.1.3 的规定。
园路宽度（m）</td></tr>
<tr><td rowspan="2">园路级别</td><td colspan="4">公园总面积 A（hm^2）</td></tr>
<tr><td>$A < 2$</td><td>$2 \leqslant A < 10$</td><td>$10 \leqslant A < 50$</td><td>$A \geqslant 50$</td></tr>
<tr><td>主路</td><td>2.0~4.0</td><td>2.5~4.5</td><td>4.0~5.0</td><td>4.0~7.0</td></tr>
<tr><td>次路</td><td>——</td><td>——</td><td>3.0~4.0</td><td>3.0~4.0</td></tr>
<tr><td>支路</td><td>1.2~2.0</td><td>2.0~2.5</td><td>2.0~3.0</td><td>2.0~3.0</td></tr>
<tr><td>小路</td><td>0.9~1.2</td><td>0.9~2.0</td><td>1.2~2.0</td><td>1.2~2.0</td></tr>
<tr><td>第 6.1.4 条</td><td colspan="5">园路平面线形设计应符合下列规定：1. 园路应与地形、水体、植物、建筑物、铺装场地及其他设施结合，满足交通和游览需要并形成完整的风景构图；2. 园路应创造有序展示园林景观空间的路线或欣赏前方景物的透视线；3. 园路的转折、衔接应通顺；4. 通行机动车的主路，其最小平曲线半径应大于 12 m</td></tr>
<tr><td>第 6.1.5 条</td><td colspan="5">园路纵断面设计应符合下列规定：1. 主路不应设台阶；2. 主路、次路纵坡宜小于 8%，同一纵坡坡长不宜大于 200m；山地区域的主路、次路纵坡应小于 12%，超过 12% 应作防滑处理；积雪或冰冻地区道路纵坡不应大于 6%；3. 支路和小路，纵坡宜小于 18%；纵坡超过 15% 路段，路面应作防滑处理；纵坡超过 18%，宜设计为梯道；4. 与广场相连接的纵坡较大的道路，连接处应设置纵坡小于或等于 2.0% 的缓坡段；5. 自行车专用道的坡度宜小于 2.5%；当大于或等于 2.5% 时，纵坡最大坡长应符合现行行业标准《城市道路工程设计规范》CJJ 37 的有关规定</td></tr>
<tr><td>第 6.1.6 条</td><td colspan="5">园路横坡以 1.0%~2.0% 为宜，最大不应超过 4.0%。降雨量大的地区，宜采用 1.5%~2.0%。积雪或冰冻地区园路和透水路面横坡以 1.0%~1.5% 为宜。纵、横坡坡度不应同时为零</td></tr>
</table>

引自：《公园设计规范》（GB 51192–2016）

9.3.1.1　道路平面优化

道路是带状构造物，其中线是一条空间曲线，道路平面指的就是中线在水平面上的投影。城市道路平面定线要受到的限制性因素较多，包括路网的布局、道路规划红线宽度和沿街已有建筑物位置等，因而平面线形只能在有限的范围内移动，而公路定线的自由度则要大很多。景园环境的道路选线与公路类似，需要考虑地形、地质、水文等因素的综合影响。对于基于耦合原理的风景园林规划设计过程而言，道路的选线工作作为总图设计的组成部分，于竖向设计的上一阶段完成，但作为系统化设计的成果，与道路的竖向设计有着密切的联系：道路竖向设计的平面基础即为道路选线的结果。

直线和平曲线是景园环境的道路平面线形的主要组成部分。行车速度较缓的道路，其曲线部分只由圆曲线构成，而对于车速要求较高的道路，为使车辆能够由直线至圆曲线平稳地过渡，则需插入一段缓和曲线。因此，平曲线由圆曲线、缓和曲线组成。过长的直线线形的几何形态灵活性差，较为单调且很难适应地形的变化，容易使驾驶者感到单调、疲倦，注意力不集中，导致超出设计速度，容易造成交通事故。在地形变化小或城市环境中，直线作为主要线形要素具有距离最短、线形最易选定、经济和快速的优点。但对于景园环境而言，除安全因素的考虑之外，追求的是步移景异的景观体验和灵活变换的空间效果，因而平曲线间的直线长度亦不宜过短。曲折变换的道路平面能够有效引导游人的视线，丰富游赏体验。

景园环境的道路平面在道路选线的基础上需要进行进一步的优化，主要是依据标准和规范对直线、平曲线部分进行调整和限定。直线、圆曲线、缓和曲线共同构成了参数化竖向设计中道路平面设计的参数。参数值的确定可参照《城市道路工程设计规范》(2016年版)(CJJ 37-2012)、《公路路线设计规范》(JTG D20-2017)等规范的要求设定(表9-4、表9-5)。

表9-4 平曲线及圆曲线最小长度计算表

设计速度（km/h）		100	80	60	50	40	30	20
平曲线最小长度	计算值（m）	166.7	133	100	83	67	50	33
	采用值（m）	170	140	100	85	70	50	40
圆曲线最小长度	计算值（m）	83.3	67	50	41.7	33.3	25	16.7
	采用值（m）	86	70	50	40	35	25	20

引自：《城市道路工程设计规范》（2016年版）（CJJ 37-2012）

表9-5 圆曲线最小半径

设计速度（km/h）		120	100	80	60	40	30	20
圆曲线最小半径（一般值）（m）		1 000	700	400	200	100	65	30
圆曲线最小半径（极限值）（m）	I_{max}=4%	810	500	300	150	65	40	20
	I_{max}=6%	710	440	270	135	60	35	15
	I_{max}=8%	650	400	250	125	60	30	15
	I_{max}=10%	570	360	220	115	—	—	—

注："一般值"为正常情况下的采用值；"极限值"为条件受限制时可采用的值；"I_{max}"为采用的最大超高值；"—"为不考虑采用对应最大超高值的情况。
引自：《公路路线设计规范》（JTG D20-2017）

9.3.1.2　纵断面与横断面生成

纵断面与横断面的设计完成后，道路模型基本生成，可得到标高、土石方量等竖向设计结果，是参数化道路设计的关键环节。同时纵断面与横断面在一定程度上决定了道路建设的土石方量，在设计时需要与平面设计综合考虑、调整。

（1）纵断面

道路的纵断面是路线中心线的竖向剖面。道路纵断面的设计指的就是对道路的竖向起伏进行设计。纵断面图包括两条主要的线：一是地面线，它根据道路中心线上各桩点的高程而生成，是一条不规则的折线，反映了沿中心线的地表起伏变化情况；另一条是设计线，是设计者经多方面比较和综合考虑后定出的几何线，体现了道路路线的起伏变化情况。设计线上各点与地面线上各对应点的标高为施工高度。施工高度的大小即为该点在施工时需要填土的高度或挖土的深度，如若此处两点的标高重合，则说明该处不需要填挖。纵断面设计是道路设计中比较关键的一环，其合理与否将直接影响工程土方量的大小。因此，为使土石方量最小化，减少对原地形的扰动，应使路线尽量与地形吻合，要力求设计线与地面线相接近。

设计纵断面由直线和竖曲线组成。直线根据标高的变化情况分为上坡和下坡，用高差和水平长度表示。为保证车辆能以适当的车速在道路上安全行驶，即上坡时顺利，下坡时不致发生危险的纵坡最大限制值为最大纵坡。最大纵坡是道路纵断面设计的重要控制指标，直接影响行车速度和安全、路线长短、使用质量、运输成本及造价。在设计时需要提前确定道路的设计时速，根据相关规范选择合适的纵坡设计范围。景园环境的道路最大纵坡值宜小于 8%。景园环境常位于景色较优美的山地环境，因而在不考虑车速的前提下，局部地段可达到 12%。非机动车道纵坡以 2% 为宜，不宜超过 3%；游步道一般为 12% 以下为舒适的坡度，若超过 15%，则应设台阶。除了最大纵坡之外，景园环境的道路设计还需注意最小纵坡和坡长。最小纵坡应是能保证排水和防止管道淤塞所需的最小纵坡，一般不小于 0.3%。对于坡长而言，过短会造成道路纵向起伏过多，造成行驶者和游人的不适，因此在设计时应综合考量，选择合适的坡长。如同道路平面设计的缓和曲线作用一样，直线的坡度转折处为了平顺过渡需要设置竖曲线。按坡度转折的不同，竖曲线有凹形和凸形两类，其大小用半径和水平长度表示（表 9-6）。需要注意的是，在纵断面设计时也要与平面线形协调配合，综合调控。

表9-6 竖曲线最小半径与竖曲线最小长度

设计速度（km/h）		100	80	60	50	40	30	20
凸形竖曲线(m)	一般值	10 000	4 500	1 800	1 350	600	400	150
	极限值	6 500	3 000	1 200	900	400	250	100
凹形竖曲线(m)	一般值	4 500	2 700	1 500	1 050	700	400	150
	极限值	3 000	1 800	1 000	700	450	250	100
竖曲线长度(m)	一般值	210	170	120	100	90	60	50
	极限值	85	70	50	40	35	25	20

引自：《城市道路工程设计规范》（2016年版）（CJJ 37-2012）

（2）横断面

道路横断面指的是垂直于道路中心线方向的断面。横断面由车行道、人行道、分隔带等部分组成，横断面的宽度即为各组成部分的宽度之和。城市道路的交通性质和组成比较复杂，包含了机动车、非机动车以及行人三种行驶速度不同的使用者，同时还需考虑管线敷设带、排水沟道、交通组织标志、绿化等内容，因而横断面往往较为复杂。景园环境的道路与城市道路、公路相比有着自身的特点：首先，道路类型较为复杂，兼具城市道路与公路的特点；其次，主要承担旅游观光、后勤供应、防火救灾通道等功能，因而车速不高，荷载较小；再次，使用者主要是游客，可能的交通方式包括了徒步、非机动车、电瓶车、机动车等类型，一般来说交通量相对较小，横断面构成相对简单，单车道、双车道即可满足通行需求，部分道路可能包括单侧或双侧人行道（图9-11）。为了排水的需要，道路的路拱应具有一定的坡度，称为道路横坡。通常，景园环境的道路横坡不小于3%。横断面设计的另一重要参数为道路的边坡。景园环境通常位于山区、丘陵等地形起伏较大的区域，道路的建设难免需要建造

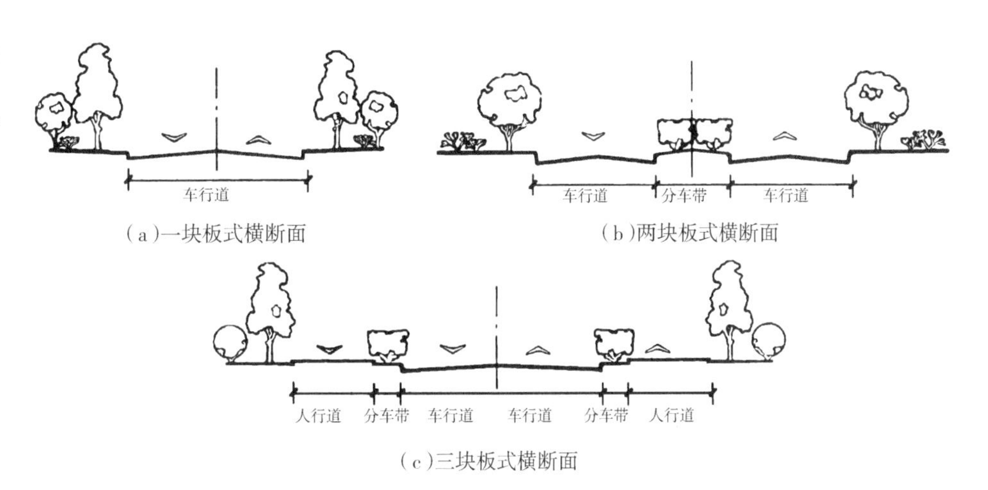

图9-11 常见景园环境道路横断面形式
改绘自：韩玉林.风景园林工程[M].重庆：重庆大学出版社，2011：126

边坡。边坡可分为自然与人工两类，景园环境中为保护环境、营造良好视觉效果，宜采用自然边坡形式，因而边坡的坡度不可过陡，否则存在滑坡、坍塌等安全隐患。

9.3.1.3　道路营建的土石方量调控

景园环境的道路由于安全、排水等功能性的要求，不可能完全贴合原地形生成，因此必然涉及地形的改造，即土石方量的问题。道路的挖填一般分为全挖式、半挖半填式、全填式三种情况（图 9-12）。根据道路平面、纵断面及横断面的设计，在沟谷低洼等处路基需修成路堤，通过山口或陡峭地形时，为了减少道路坡度，可建设为路堑（图 9-13）。

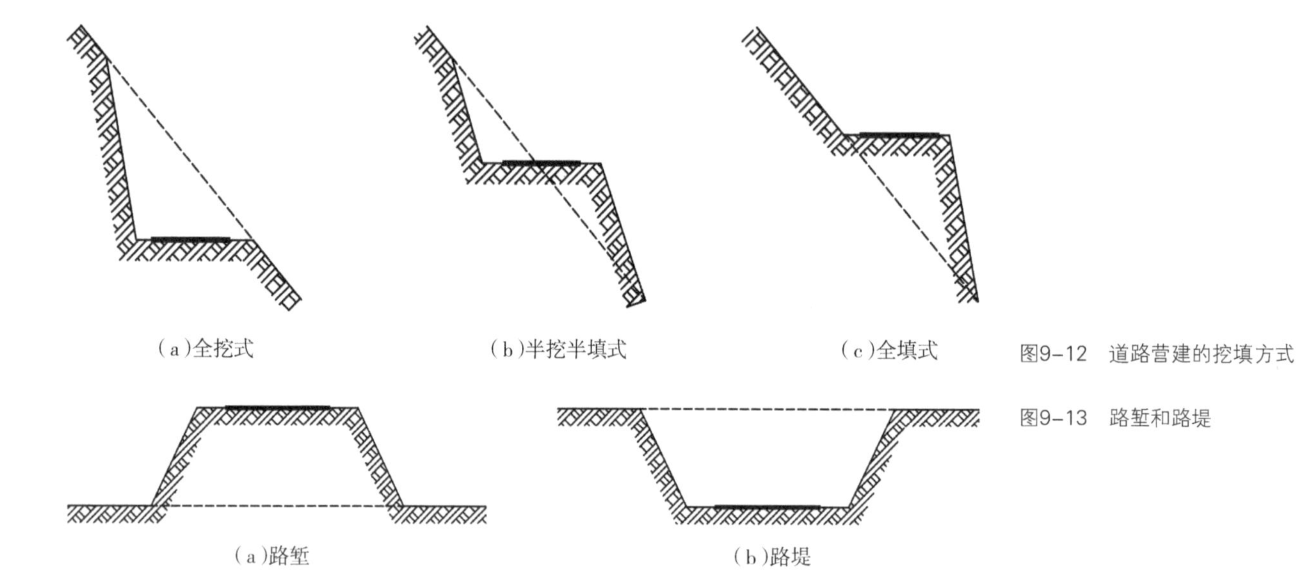

图9-12　道路营建的挖填方式

图9-13　路堑和路堤

设计中常见的道路土方量计算方法为断面法：将道路或场地等按一定的距离间隔划分为若干个相互平行的横断面，利用设计的标准断面与原地面断面组成的断面图计算每条断面线所围成的面积，并以相邻两断面的填挖面积的平均值乘以间距，得出每相邻两断面间的体积后相加，求出总体积，具体可分为平均断面法和棱柱体法。其中，平均断面法公式如下：

$$V=\frac{1}{2}(S_1+S_2)L$$

式中：S_1、S_2 为相邻两横断面的挖方或填方面积，L 为相邻两横断面之间的距离。

较之平均断面法，棱柱体积法的精度能相对提高，但两种计算方法精度仍不高，误差通常在 10% 左右。在地形复杂处，需要设置更多的采样横断面，随之的计算量也较大。参数化竖向设计模型的构建基于 Civil 3D 软件平台，土石方量计算的核心为三角网格法，即通过道路的参数化建模生成曲面，与原地形曲面比较后计算土石方量，较为精准。在计算时需要设置采样线，通过采样线来指定计算横断面位置。采样线的密度决定了计算横断面的数量。因而，采样线的密度越高，土石方量的计算越精准。对于地形起伏变化的场地，可对采样线进行加密，提高计算的精确度。

道路营建土石方量的调控主要从四个方面出发：一是路线选择时尽量经过坡度较缓的区域，这一环节的大部分工作于道路选线环节完成，在平面设计环节进行进一步的优化；二是在纵断面设计时在满足纵坡及最大、最小坡长等要求的前提下，使设计纵断面最大程度贴合原有地形，减少对地形的扰动，进而减少土石方量；三是横断面设计时处理边坡需对原地形进行最大化保护，合理设定边坡坡度，避免大量的挖填工作；四是在以上环节完成后进行土石方量估算，即对竖向设计中道路分项的单项土石方量平衡计算，根据计算结果反馈上述环节，进行整体的调整与优化，最终求得分项设计的土方量最小化。

9.3.2 水系竖向

参数化风景园林规划设计过程中的水系竖向与道路竖向类似，均基于上一环节展开，是对水系设计的深化与完善，并可与施工图环节直接对接。“拟自然”水景依托于地形生成，水体的营造必须依照地形的走势以及地形的高差变化来取得，因此水景的营建与竖向设计有着紧密的关联。《公园设计规范》（GB 51192–2016）规定了竖向控制中与水系有关的内容为：最高水位、常水位、最低水位、水底、驳岸顶部。水系竖向设计主要围绕以上几项关键参数展开，通过对参数的调控完成水系的整体设计，并初步估算水系营建所需的土方量。

9.3.2.1 水体形态与水面标高确定

参数化竖向设计中，水体形态包含了两个部分：水面形态与水底形态。水面的基础形态在上文的“水景建构”环节中得以完成，由水体所在的地形与水位高度共同决定，仅仅确定了水面的形态还不足以完成水景的设计。风景园林规划设计中水系竖向包括了水面标高（设计常水位）、水底标高等在内的关键性数值，以及有等深线描绘的水底形态（图 9–14）。因此，在参数化的水系竖向设计中需要结合水景营造环节所确定的水面形态与坝高对应的常水位，进行水底形态的设计，以求形成与周边地形融合的水系整体形态。常水位指的是水体中某点在一年或若干年中，有 50% 的水位等于或超过某一高程值，则该水位的高程值称为常水位。《公园设计规范》（GB 51192–2016）第 5.3.3 条中提出：①无防护设施的人工驳岸、近岸 2.0 m 范围内的常水位水深不得大于 0.7 m；②无防护设施的园桥、汀步及临水平台附近 2.0 m

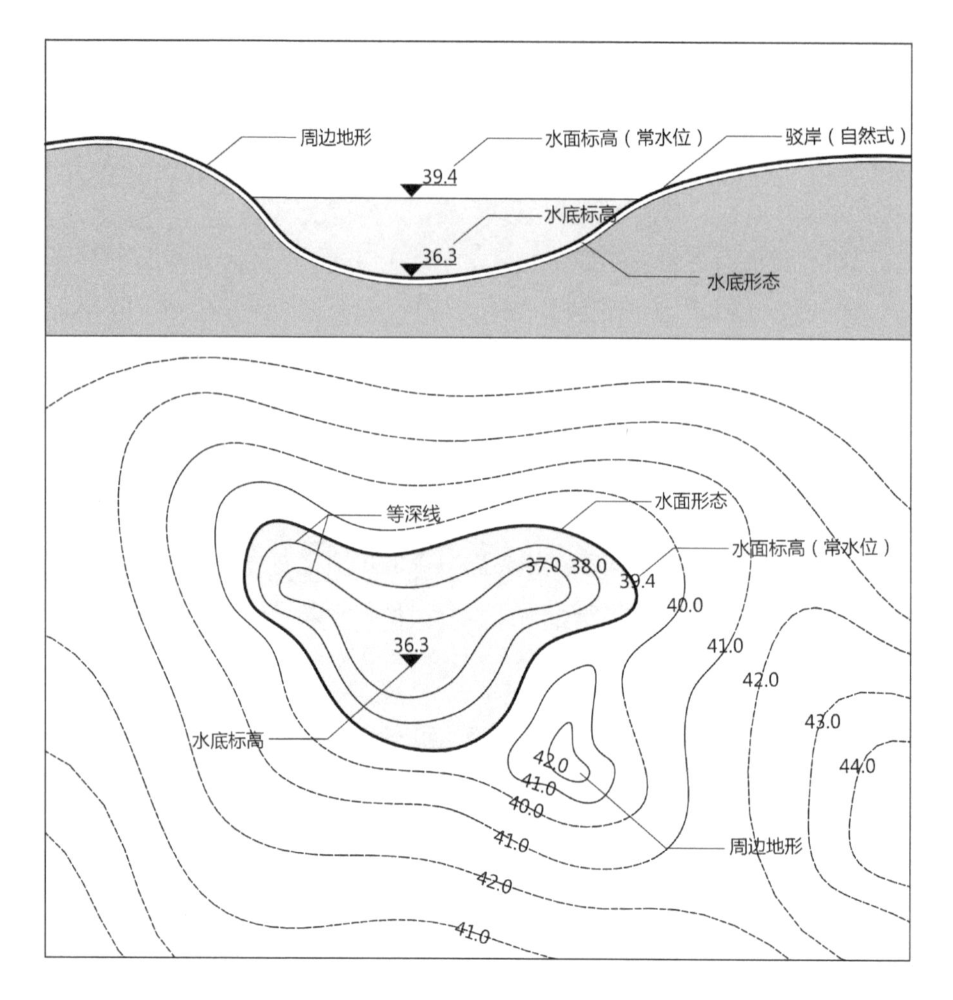

图9-14　水系竖向设计内容

范围以内的常水位水深不得大于 0.5 m；③无防护设施的驳岸顶与常水位的垂直距离不得大于 0.5 m。一般而言，“拟自然”水景的常水位由坝高决定，但结合水底形态生成的水深应满足规范的要求，保证游人的安全。等深线对水域深度的表达方法与等高线对高程的类似，是连接水域深度相同各点的平滑曲线，线上的各点水深相同。因此，等深线可直接表示水体的深度，或间接表达水体底部地形的起伏。竖向设计时可通过对等深线的控制达到调控水深的目的。

9.3.2.2　*驳岸放坡控制*

驳岸又称为护坡，是保护景园环境中水体的设施。驳岸按断面形状可分为整形式和自然式两类。拟自然水景常采用自然式山石驳岸，或栽植植被的缓坡驳岸，与水体周边地形结合，由斜坡延伸至水面，以求与自然环境和谐融洽。“拟自然”水景由地形中的天然或人工的“池盆洼地”蓄水而成，水底属于地形的一部分，与周边地形融为一体。水体形态的优化以及水底形态的营造难免会对自然地形进行适度的人工扰动，自然驳岸的放坡需要根据不同土壤的自然安息角选择适宜的放坡度数，避免造成驳岸坍塌等安全隐患

（表 9-8）。另外，驳岸坡度的不同会给游人以不同的空间感受，例如坡度较缓的驳岸给人以舒缓、柔和的感受，对水体空间具有放大作用；而较陡的驳岸能够刺激游人的感官，造成奇妙、趣味的印象，视觉上缩小了水体的尺度感（图 9-15）。综上，水体的驳岸放坡设计应当从安全与形态两个方面出发综合考虑。

表9-8　常见土壤的安息角

土壤名称	土壤水分状况			土壤颗粒尺寸（mm）
	干土	潮土	湿土	
砾石	40°	40°	35°	2~20
卵石	35°	45°	25°	20~200
粗砂	30°	32°	27°	1~2
中砂	28°	35°	25°	0.5~1
细砂	25°	30°	20°	0.05~0.5
黏土	45°	35°	15°	≤ 0.001~0.005
壤土	50°	40°	30°	
腐殖土	40°	35°	25°	

引自：互联网

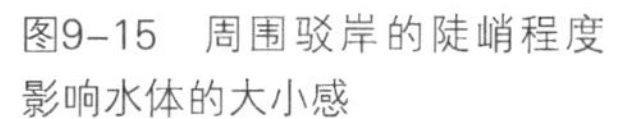
图9-15　周围驳岸的陡峭程度影响水体的大小感
引自：[美]诺曼·K.布思.风景园林设计要素[M].曹礼昆，曹德鲲，译.北京：中国林业出版社，1989：266

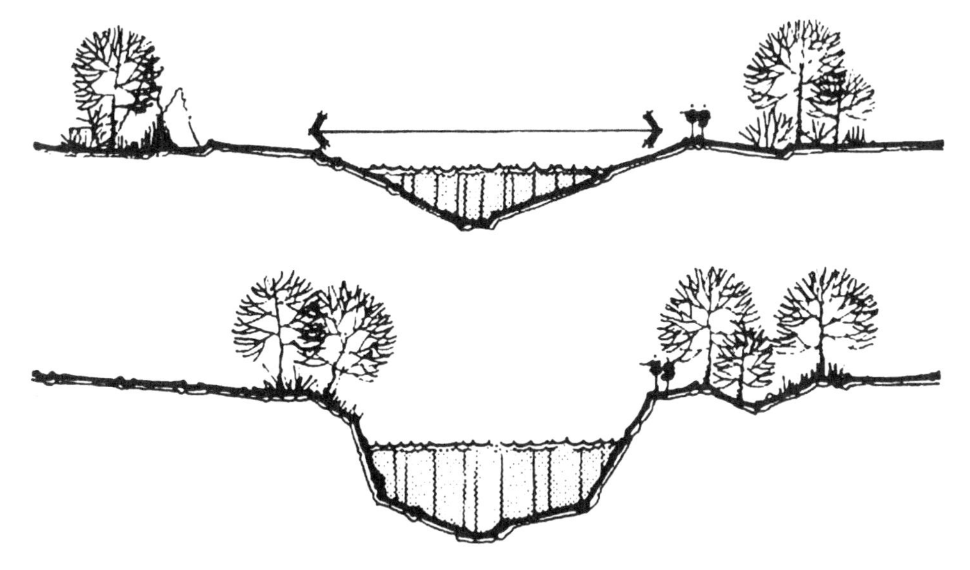

9.3.2.3　水系营建的土方量调控

绝大多数情况下，设计水系的形态难以完全由自然地形生成，需要在原有地形的基础上进行局部调整，通过地表形态的营造来生成水系的形态。因此，水系的营建必然会涉及土石方工程，土石方产生于形态营造与驳岸放坡。水系与地形营建的土方工程类似，工程量大小由扰动原地形的程度决定，与设计水深、水体形态与驳岸坡度三个变量紧密关联。Civil 3D 软件中水系营建的土石方量的计算较之道路简单了许多，采用“曲面体积计算”，即求设计地面曲面与原地面曲面之间的体积差（图 9-16）。

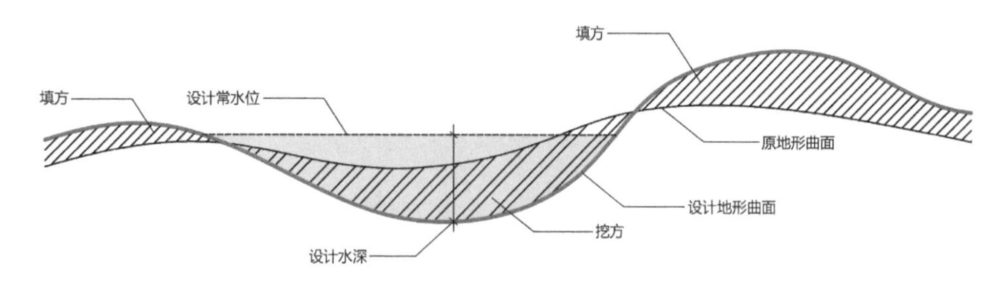

图9-16　水系营建的土方调控图解

9.3.3　场地竖向

“场地”是风景园林规划设计与建筑设计中常见的概念,其含义较为广泛。从狭义上来说，“场地”特指建筑的用地区域，除建筑物占地还包括了建筑物之外的广场、停车场、活动场等，此时“场地”依附于建筑物而存在，一般称之为“室外场地”，表明其附属于建筑物，该定义在建筑设计中使用较为广泛；就广义而言，“场地”与保留自然属性的地块相对应，指人工建设的地块，风景园林规划设计中的“场地”所指多为该类地块，是建筑用地以及各类人工设施用地的统称。场地设计由两个重要部分构成，首先是进行平面设计，目的在于明确功能布局、平面空间需要；其次是竖向设计，主要任务为通过地形的营造，满足交通需求、排水需求、竖向空间需求以及最小土石方量基础上的土石方平衡。应当根据建设项目的要求，结合用地地形特点和施工技术条件，合理处理场地内各要素的标高，对于生态性、经济性、集约化有着重要的意义。

在坡度过陡的区域进行建设不仅会对场地造成较大扰动，还易存在建设安全隐患。因此，需要选择坡度适宜的区域进行建设（表 9-9）。参数化风景园林规划设计的场地位置由项目选址阶段得以确定，根据竖向设计的要求，竖向设计阶段的工作主要围绕标高的确定与土方量的控制，需要依据现有地形根据建设项目的要求对场地标高进行预估及比较，并在此基础上调控土方量。

表9-9　坡度分级标准与建设可能性的关系

类别	坡度	特点
平地	0%~1%	排水性差，存在积水可能
平坡	1%~5%	地形及作为建设使用较为理想，但须注意面积过大造成视觉的疲劳
缓坡	5%~10%	适合多种形式的土地利用，排水性佳，但须注意水土流失
中坡	10%~15%	不适宜大面积建设
陡坡	> 15%	大部分不适宜建设

引自：《建筑设计资料集》编委会 . 建筑设计资料集 [M]. 2 版 . 北京：中国建筑工业出版社，1994

9.3.3.1　场地标高预判

建筑物、构筑物等人工设施的标高及平面布置对场地的土方量有着决定性的影响。在满足人工设施的使用要求前提下，应结合场地现状地形特点，合理确定建设标高，以做到充分利用地形，减少土石方工程量。因此，场地标高的判断是场地竖向设计中的重要工作。

在项目选址确定后，可知某场地对应的项目所承担的功能。同时，根据项目选址要求中对项目规模的预判，可得到预判的项目占地面积。在进行标高的预估前，需要根据项目的占地面积大概确定平面布置方式。该环节是设计的进一步深化，涉及建筑物、构筑物等人工设施的详细方案设计。一般情况下，修建性深度的风景园林规划设计需要明确建设单体的风格、平面形式、体量等内容。针对笔者的研究范畴，对此不做深究。就场地的整体布置而言，沿等高线布置的场地能够较好地利用原有地形，挖填土方量较小；而垂直于等高线布置，由于场地平整的要求，会造成大量的挖填方工作，对原有环境的扰动较大；在实际操作中，应根据等高线的分布情况，亦可化整为零灵活地进行场地布置（图 9–17）。在基本的平面形态确定基础上，参照原地形标高初步拟定三组场地标高。由于不同的场地标高情况下土方量不同，因此标高需要在三组土方数据的比对下最终确定。根据需求，可增加预判标高的组数，有助于取得更为精确的结果。

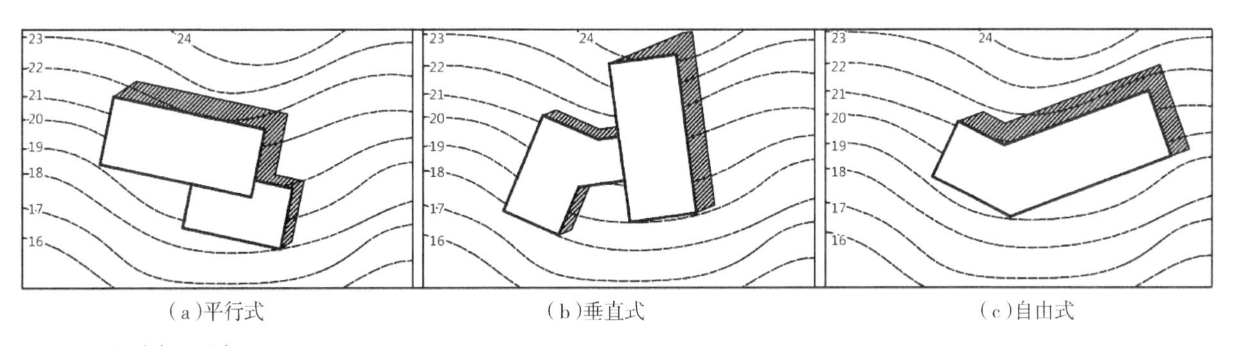

（a）平行式　　（b）垂直式　　（c）自由式

图9–17　场地布置形式

9.3.3.2　场地营建土方量调控

土方平衡指的是基本能够达到挖方量与填方量相等，或者挖方量与填方量两者差值的绝对值最小。而对于总土方量而言，无论是挖方还是填方，均会增加总体的土方量。尤其在地形变化的区域，土方量较地形平缓区域更大。因此，场地营建的土方量控制需要从两个方面出发：首先，选择合适的标高，保证挖填方量基本相等，且挖填方量最少（图 9–18）；其次，需要优化场地平面形态，尽量选择地形起伏较为平缓的区域进行场地营建（图 9–19）。通过对上文拟定的三组或以上场地标高对应土方量的计算与对比，可得出土方

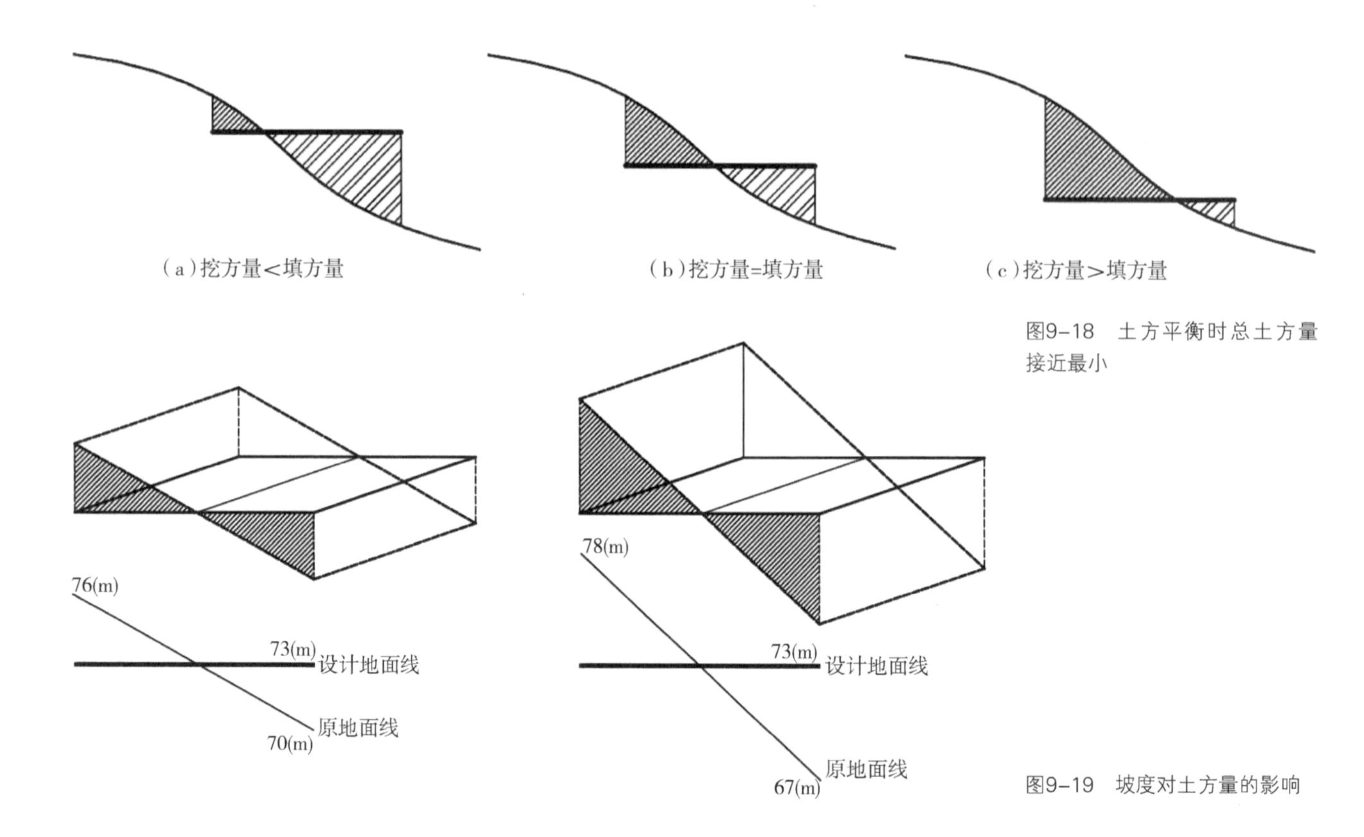

图9-18　土方平衡时总土方量接近最小

图9-19　坡度对土方量的影响

量最少的标高即为最终的场地标高。在 Civil 3D 软件中，可利用三维模型的创建来实现土方量的精确计算，并通过参数的调控达到最优化竖向设计的目的。

9.3.4　土方平衡

土方平衡对应于参数化竖向设计模型的最后一个部分，是在各分项设计土方自平衡基础上的总体土方平衡的调控，包括了土方总量的控制、土方平衡度的调控以及对各分项设计的反馈与优化。土方平衡的目的在于实现设计范围内挖方量与填方量的基本平衡，即尽量做到土方不外运，以及不从外部调配，是竖向设计最优化的重要体现之一。土方平衡的控制需要统计各分项挖填方量以及土方平衡量，通过分项间的调整实现总的挖填量平衡基础上的总土方量最小。若分析后难以达到上述目标，就需对各分项设计加以调整、优化，直至最优方案生成。

9.4　参数化竖向设计模型的运用

在本节中，笔者选取南京牛首山景区北部地区寻禅道片区的实践项目作为展示参数竖向设计模型案例。寻禅道片区位于牛首山景区北部地区东南部，是古寻禅道所在，也是通往佛顶宫的北入口（图 9-20）。该片区的竖向设计根据上文所述环节，分别从道路、水系、场地三个方面展开，最后对总土方平

图9-20　南京牛首山景区北部地区寻禅道片区地形
引自：成玉宁工作室资料

衡加以调控。

9.4.1　道路竖向设计

道路网的规划由道路选线阶段初步完成，道路的竖向设计是在线路确定基础上对道路设计工作的进一步深化。根据参数竖向设计模型中的道路竖向部分，由路线的优化、纵断面设计与优化、横断面设计与道路竖向模型生成、土方量计算四个部分构成，是一个循序渐进的设计过程。

9.4.1.1　路线的优化

（1）线型的优化

道路的选线在限定条件下，通过 ArcGIS 软件辅助计算得出，表明了道路的走向、位置以及道路之间的关系，但是未达到风景园林规划设计对于道路设计的要求，需要进一步明确道路的线型、转弯半径、缓和曲线等基本指标，以保证规划道路具有实现的可能。利用 Civil 3D 软件进行道路建模时，可参照《公路路线设计规范》（JTG D20-2017）等规范及标准合理确定设计速度、路长、平曲线、圆曲线、缓和曲线等参数，对道路选线的路径加以优化，使之满足道路设计的要求与标准。图 9-21 展示了线型优化后的道路路径。

（2）路线的生成

创建路线后可由软件自动生成主副桩号、曲线点、桩号链接等详细数据，与施工设计阶段无缝对接（图 9-22）。

9.4.1.2　纵断面设计与优化

Civil 3D 软件中的动态纵断面指从曲面、道路模型及其他纵断面对象创建的纵断面，能够动态根据原对象的变化而保持联动更新，反映了参数化设计的特点。根据道路线型生成的曲面纵断面从原地形生成，表现了沿道路路径的地形起伏变化。图 9–23 展示了寻禅道主路路径对应于原地形的纵断面，可看出路径随着地形高程的升高而逐步提升，前半段提升速率较为缓和，后半段地形陡峭导致路径坡度较大；同时，行进过程中整体起伏较

图9–21　寻禅道片区道路线型的优化

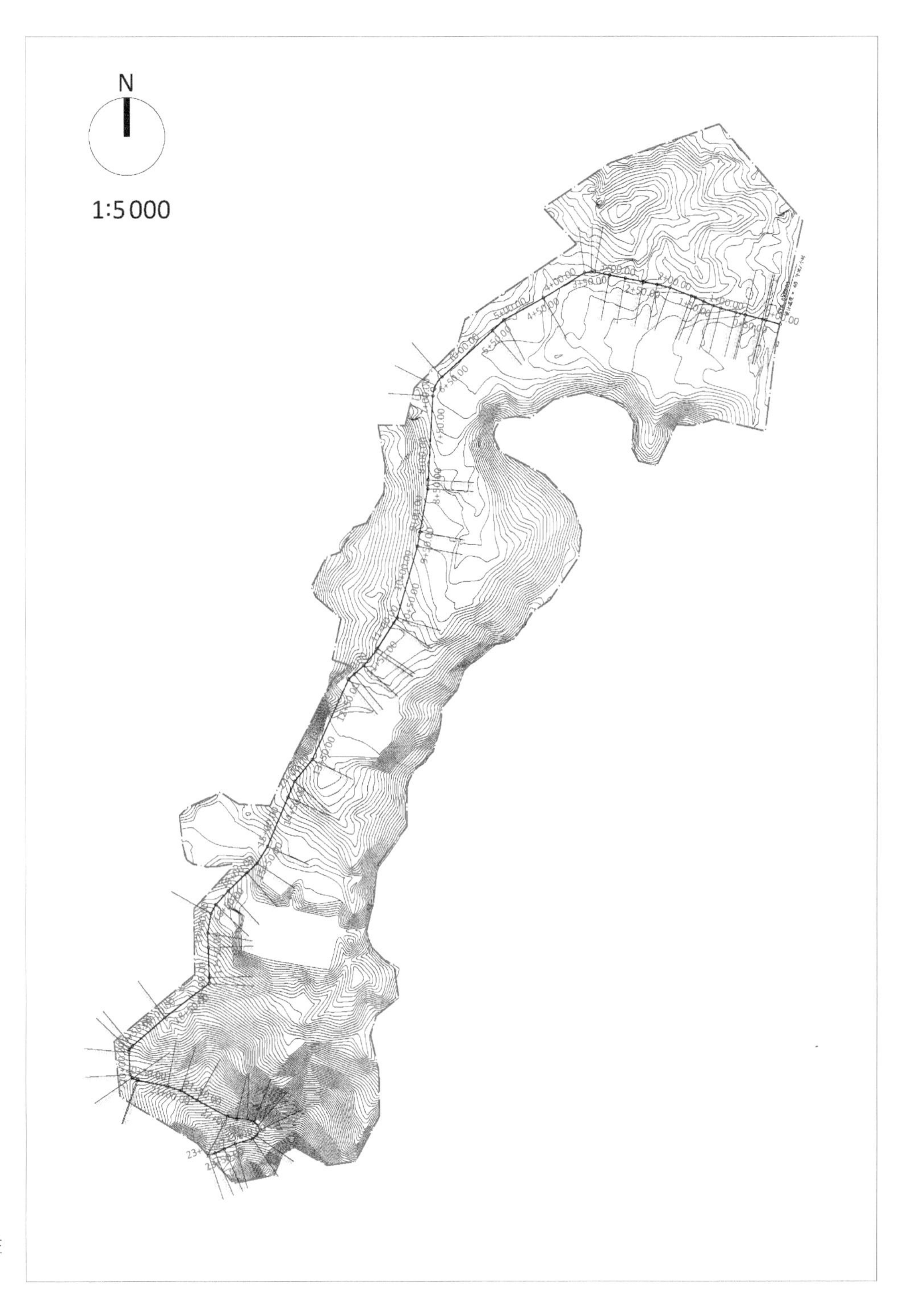

图9-22 道路模型中主副桩号、曲线点、桩号链接的生成

为平缓，局部起伏度加大。图 9-24 中红色线段为原地形的路径纵断面的基础上的道路设计纵断面。与同一图中绿色线型部分比较，可看出设计纵断面本着最小化扰动的原则，基本沿原地形进行设计，对原地形起伏度较大处加以优化，同时根据规范将道路纵坡基本控制在 1%~10%，部分地段达到 11%。

9.4.1.3　横断面设计与道路竖向模型生成

道路通常由一个标准横断面沿路径线性延伸而生成，或者由多个标准横断面沿某一路径延伸并组合而成。在 Civil 3D 软件中道路的参数化模型是一个具有路线水平几何特性、纵断面垂直几何特性以及横断面几何特性的三维空间模型。所以道路模型包含了路径参数、纵断面参数与横断面参数，在前两个参

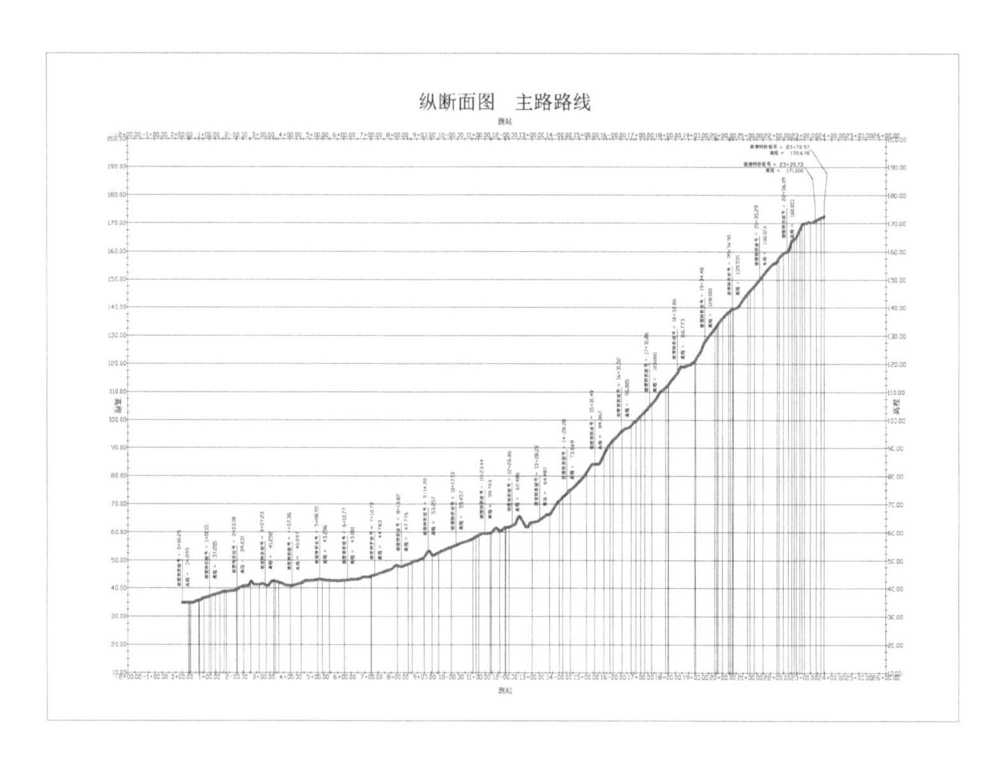

图9–23　路径纵断面

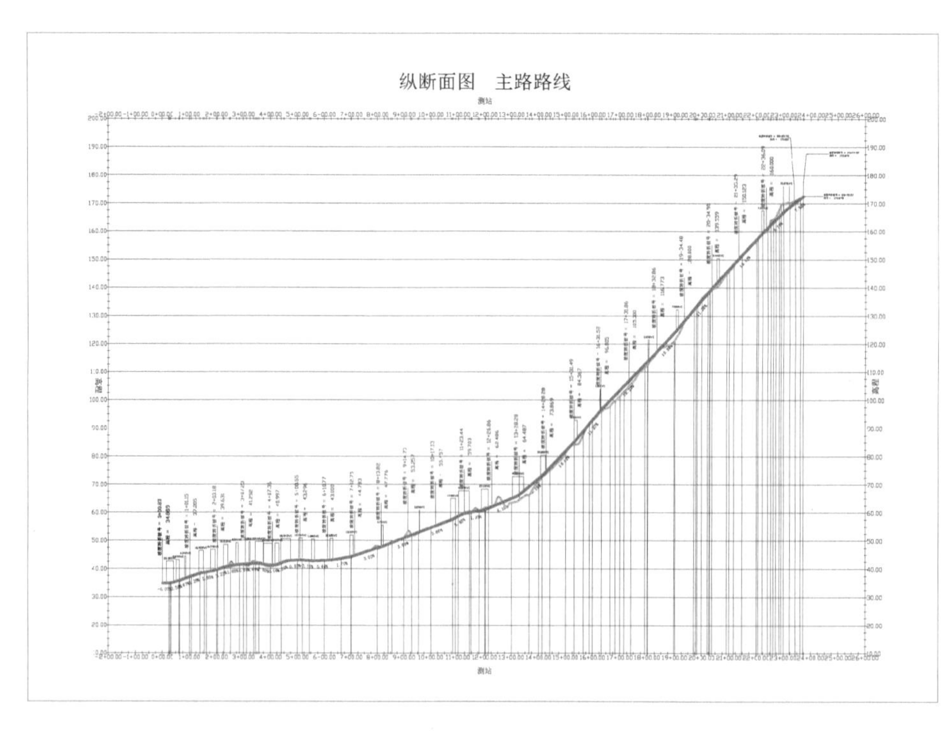

图9–24　设计纵断面

数确定的前提下需要设计横断面参数，才能够生成完整的道路三维模型。就风景园林规划设计而言，仅确定规范范围内道路网结构、道路分级以及道路的规划宽度即可。因此，在道路横断面设计时不需考虑过多的设计细节，确定道路的形式、路幅及边坡坡度便可生成基本的道路竖向模型，满足风景园林规划设计的要求。图 9–25 是寻禅道片区主路的设计横断面，由两块板构成，各为 3.5 m 宽车道，总路幅为 7m，横坡为 2%，设计边坡坡度为 30%。在实际营建中，需要根据地形条件设置路堤或路堑，这里的边坡坡度即为路堤或路堑的坡度。在横断面设计完成的基础上，生成道路竖向模型如图 9–26、图 9–27 所示。该模型以实际的数字地形模型为基础，由路径参数、纵断面参数以及横断面参数共同限定生成，参数、数据之间相互关联，任何参数的改变均会在模型中体现，并通过 Civil 3D 软件实时呈现。

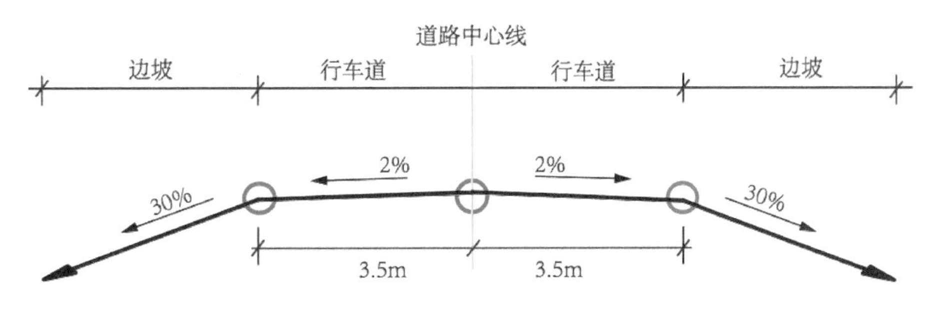

图9–25　寻禅道片区主路设计横断面

9.4.1.4　道路营建土方量计算

土方量的精确计算可辅助选择最佳的设计方案。基于 Civil 3D 软件平台，利用道路竖向参数化模型能够快速地进行道路营建土方量的计算，包括了挖方量、填方量与总土方量等数据的计算。道路营建的土方量计算核心方法为三角网格法，通过道路模型生成的曲面与原地形曲面的比较得出结果，能够较为精确、便捷地计算土方量。Civil 3D 软件可按照里程范围或特定的里程位置来自动创建道路横断面的采样线。采样线表示了切断一组制定曲面的横断面时采用的方向，其密度、宽度均会对土方量计算的精度产生影响。采样线越密，土方量计算的精度越高，随之生成的数据量越大，因而应根据实际选择适宜的采样线参数。表 9–10 为寻禅道片区主路营建的土方量计算报表。表中不仅体现了挖填方的面积、体积，还对土方净体积进行了统计，详细地反映了道路营建的土方情况，是土方调控的依据。根据此表，可对土方平衡作出初步判断，若难以满足平衡要求，则反馈至设计环节，对道路模型生成的各参数进行调整优化，重新调控土方量，直至达成道路设计目标。

9.4.2　水系竖向设计

参数化风景园林规划设计过程中，水系的基本平面形态于水景建构环节

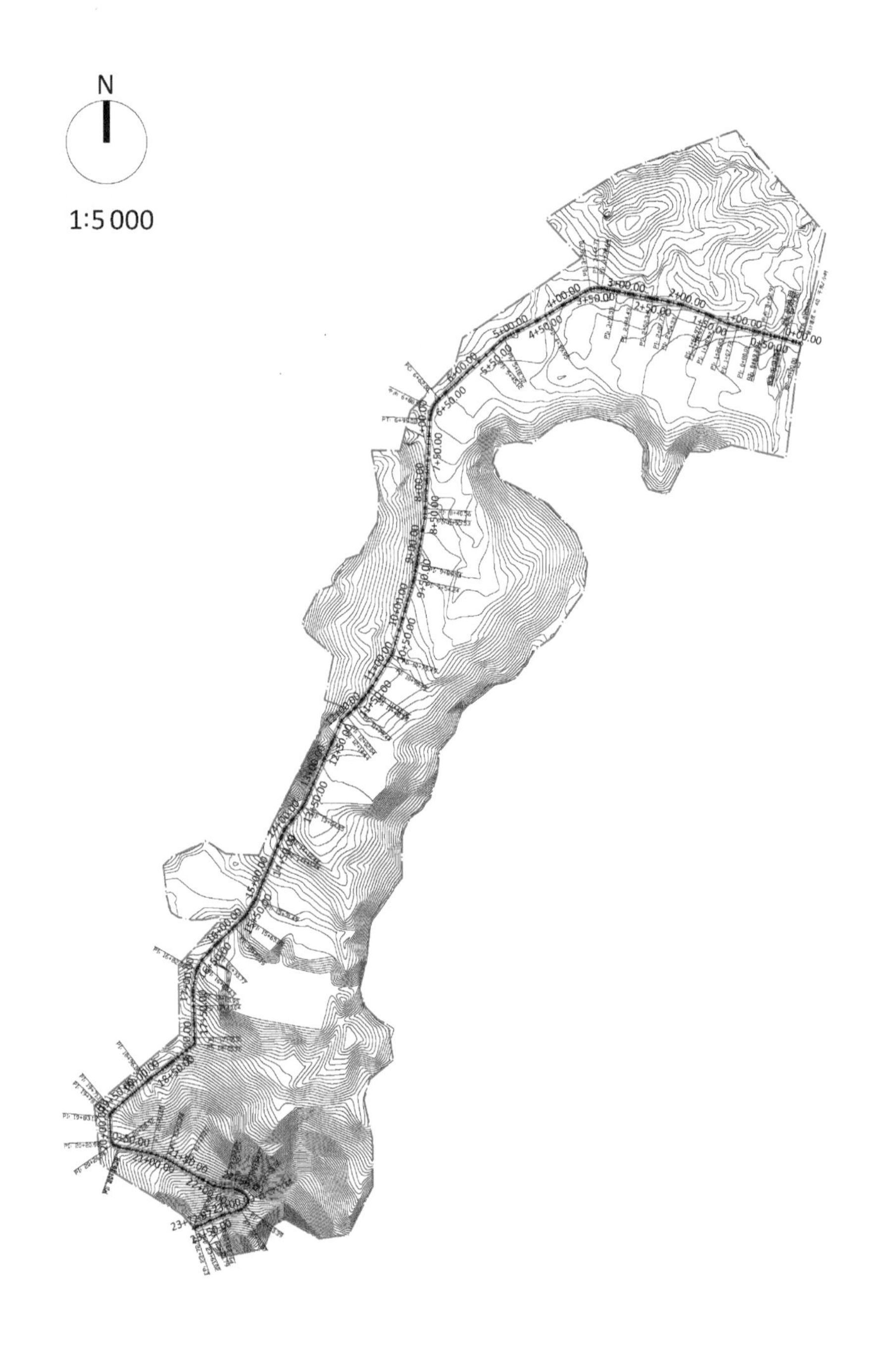

图9–26　道路竖向模型生成

生成。水系的竖向设计以土方平衡为目标对水系三维形态进行设计，是一个交互的设计过程。水系竖向模型的构建首先需要对水系平面加以优化，结合现状地形对水底形态进行初步设计（图 9–28），并于 Civil 3D 软件中生成水系的数字化三维模型；其次，将水系模型与原地形模型融合，选择适宜的放坡坡度，构建驳岸放坡（图 9–29）。水系营建的土方量计算方法与道路基本相同，通过水系曲面与原地形曲面之间的差值进行土方量的计算（表 9–11）。

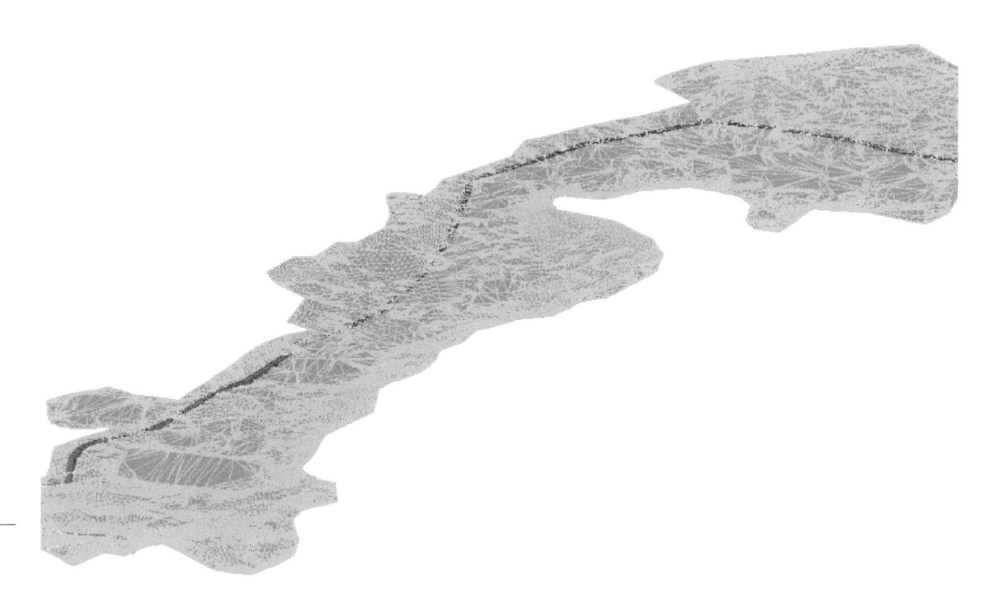

图9-27　道路竖向设计模型——三维呈现(Civil 3D软件)

表9-10　道路土方体积报表

路线 : 主路路线；采样线编组：SLG- 主路采样线；起点桩号：0+50.000；终点桩号：23+50.000									
桩号	挖方面积(m^2)	挖方体积(m^3)	可重复使用的体积(m^3)	填方面积(m^2)	填方体积(m^3)	累计挖方体积 (m^3)	累计可重复使用的体积(m^3)	累计填方体积 (m^3)	累计净体积(m^3)
0+50.000	1.31	0	0	0.53	0	0	0	0	0
1+00.000	0.83	53.59	53.59	0.45	24.58	53.59	53.59	24.58	29.02
1+50.000	2.8	90.11	90.11	0.05	12.56	143.7	143.7	37.14	106.56
2+00.000	0.21	75.38	75.38	1.16	29.99	219.08	219.08	67.13	151.95
2+50.000	17.59	448.72	448.72	0.09	30.9	667.8	667.8	98.03	569.77
3+00.000	1.27	471.53	471.53	0.58	16.85	1 139.33	1 139.33	114.88	1 024.45
3+50.000	7.45	219.63	219.63	0	14.4	1 358.96	1 358.96	129.27	1 229.68
4+00.000	0	187.64	187.64	2.27	56.2	1 546.59	1 546.59	185.47	1 361.12
4+50.000	0.2	5.08	5.08	0.02	57.33	1 551.67	1 551.67	242.8	1 308.88
5+00.000	2.48	66.97	66.97	0.07	2.39	1 618.64	1 618.64	245.19	1 373.45
5+50.000	0.4	72.55	72.55	0.39	11.57	1 691.19	1 691.19	256.76	1 434.43
6+00.000	0.28	16.87	16.87	0.76	28.98	1 708.06	1 708.06	285.74	1 422.32
6+50.000	0.06	8.35	8.35	1.62	59.72	1 716.41	1 716.41	345.46	1 370.95
7+00.000	0.76	21.19	21.19	0.34	47.9	1 737.6	1 737.6	393.37	1 344.24
7+50.000	2.85	90.24	90.24	0.26	15	1 827.84	1 827.84	408.36	1 419.48
8+00.000	14.84	442.26	442.26	0	6.57	2 270.11	2 270.11	414.94	1 855.17
8+50.000	0	370.97	370.97	0.87	21.8	2 641.08	2 641.08	436.73	2 204.35
9+00.000	4.66	115.72	115.72	0.11	24.6	2 756.8	2 756.8	461.33	2 295.46
9+50.000	0.14	120.01	120.01	1.03	28.57	2 876.8	2 876.8	489.9	2 386.9
10+00.000	2.29	60.66	60.66	0	25.85	2 937.47	2 937.47	515.75	2 421.71

续表

路线：主路路线；采样线编组：SLG- 主路采样线；起点桩号：0+50.000；终点桩号：23+50.000									
桩号	挖方面积（m^2）	挖方体积（m^3）	可重复使用的体积（m^3）	填方面积（m^2）	填方体积（m^3）	累计挖方体积（m^3）	累计可重复使用的体积（m^3）	累计填方体积（m^3）	累计净体积（m^3）
10+50.000	2.47	119.04	119.04	0	0	3 056.51	3 056.51	515.75	2 540.76
11+00.000	4.83	182.05	182.05	0	0	3 238.56	3 238.56	515.75	2 722.8
11+50.000	1.55	159.18	159.18	1.38	34.75	3 397.74	3 397.74	550.51	2 847.23
12+00.000	12	338.16	338.16	0	34.76	3 735.9	3 735.9	585.26	3 150.64
12+50.000	56.64	1 735.23	1 735.23	0	0	5 471.13	5 471.13	585.26	4 885.87
13+00.000	0	1 416.01	1 416.01	13.72	343.1	6 887.14	6 887.14	928.37	5 958.77
13+50.000	0	0	0	21.35	876.84	6 887.14	6 887.14	1 805.21	5 081.93
14+00.000	0	0	0	9.23	768.48	6 887.14	6 887.14	2 573.69	4 313.45
14+50.000	0	0	0	9.82	474.33	6 887.14	6 887.14	3 048.02	3 839.12
15+00.000	0	0	0	6.69	412.73	6 887.14	6 887.14	3 460.75	3 426.39
15+50.000	0	0	0	28.81	890.01	6 887.14	6 887.14	4 350.75	2 536.39
16+00.000	0.21	5.12	5.12	1.06	749.9	6 892.26	6 892.26	5 100.66	1 791.6
16+50.000	0	5.21	5.21	12.16	330.57	6 897.46	6 897.46	5 431.23	1 466.24
17+00.000	0	0	0	19.81	793.36	6 897.46	6897.46	6 224.59	672.87
17+50.000	0	0	0	16.47	904.19	6 897.46	6897.46	7 128.78	−231.32
18+00.000	0	0	0	11.81	707.74	6 897.47	6 897.47	7 836.52	−939.06
18+50.000	2.48	65.16	65.16	1.29	329.47	6 962.63	6 962.63	8 165.99	−1 203.36
19+00.000	0	61.8	61.8	30.45	793.48	7 024.43	7 024.43	8 959.47	−1 935.04
19+50.000	0.89	22.2	22.2	0.33	769.63	7 046.63	7 046.63	9 729.1	−2 682.47
20+00.000	11.47	309.43	309.43	0	8.72	7 356.06	7 356.06	9 737.82	−2 381.76
20+50.000	0	288.94	288.94	13.9	332.13	7645	7645	10 069.95	−2 424.95
21+00.000	0.9	22.33	22.33	5.34	483.29	7 667.33	7 667.33	10 553.24	−2 885.91
21+50.000	3.55	110.15	110.15	1.06	161.29	7 777.48	7 777.48	10 714.53	−2 937.05
22+00.000	3.76	182.65	182.65	7.66	217.94	7 960.12	7 960.12	10 932.47	−2 972.35
22+50.000	18.67	570.22	570.22	0.17	194.52	8 530.35	8 530.35	11 126.99	−2 596.65
23+00.000	80.28	2 344.21	2 344.21	0	5.05	10 874.56	10 874.56	11 132.04	−257.48
23+50.000	10.79	2 269.82	2 269.82	0	0	13 144.38	13 144.38	11 132.04	2 012.33

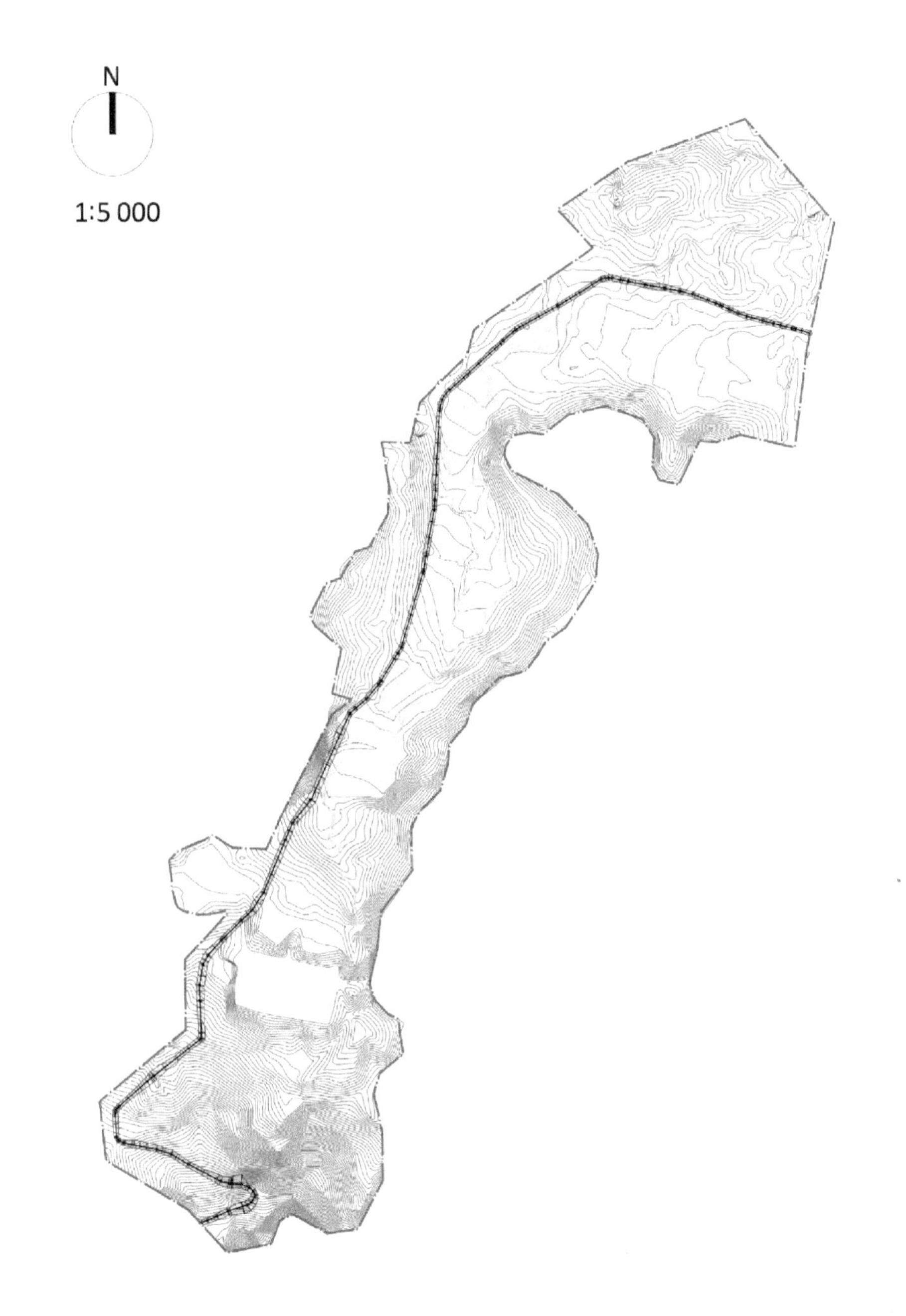

图9-28　水系形态设计

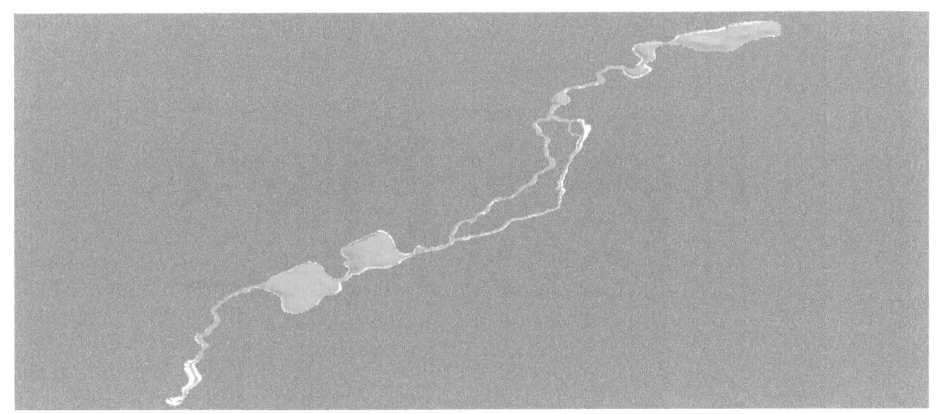

图9-29　水系竖向模型——三维呈现(Civil 3D)

表9-11　水系营建土方量计算

土方体积概要（Volume Summary）						
名称（Name）	松散系数（Cut Factor）	压实系数（Fill Factor）	二维面积（2D Area）（m^2）	挖方（Cut）（m^3）	填方(Fill)（m^3）	净值（Net）（m^3）
水系曲面	1.000	1.000	21 392.61	31 632.08	588.23	31 043.85<挖方>

同样，通过土方计算结果，可对水系的竖向设计形成反馈，并通过水系形态的优化实现土方平衡。

9.4.3　场地竖向设计

项目选址过程中确定了建设项目的具体位置及可能的建设用地面积。根据上述条件，在 Civil 3D 软件中基于数字地形模型，进行场地竖向的设计。

9.4.3.1　场地竖向模型生成

场地 A 为游客中心的选址所在，对应的建设用地面积为 4 070.8 m^2。在数字地形模型中需要构建该场地对应的三维模型。首先，根据场地中原地形高程判断设计高程。由图 9-30 可知，场地 A 中高程最低处约 41.0 m，而最高处约 43.0 m 左右，其中绝大部分面积位于 41.0~42.0 m 区间内。因此，将场地 A 设计高程暂定为 41.50 m。其次，在用地红线范围内构建高程为 41.50 m 的场地模型。与周边地形结合处需挖方或填方，应依据设计需要选择合适的放坡坡度，笔者选取了 2:1 的放坡坡度。在设置相关参数后，即可

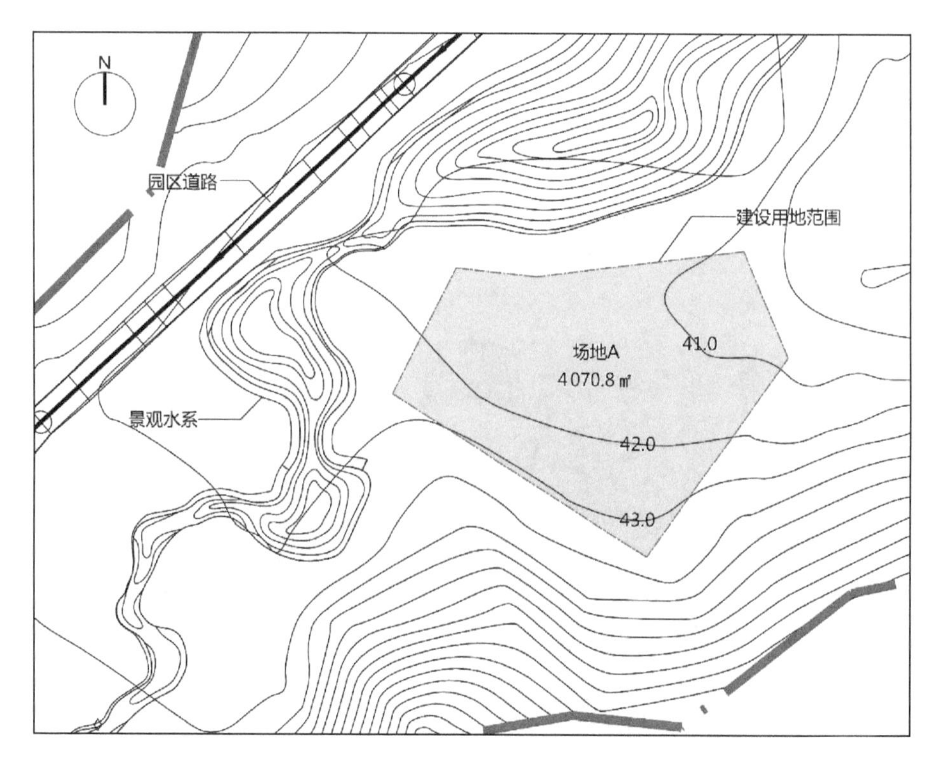

图9-30　场地A选址情况

得到场地的模型（图 9-31）。该模型体现了高程 41.50 m、放坡为 2:1 时，场地之于原地形的挖填方情况。

9.4.3.2　土方平衡实现与场地标高确定

基于场地的三维数字地形模型，利用 Civil 3D 软件的放坡体积工具可迅速统计出场地 A 的挖填方情况。由图 9-32 可知，场地高程为 41.5 m 时，挖方体积为 2 094.84 m^3，填方体积为 543.02 m^3，说明挖方量较大，会产生 1 551.82 m^3 多余土方。放坡体积工具提供了自动土方平衡，可通过计算自动调整场地高程，以实现挖填方平衡。该工具为土方平衡的实现提供了便捷的操作手段，能够对一组场地进行土方量的计算与高程的调整，同时，场地模型随高程的改变而变化，实时呈现。图 9-33 显示，在场地 A 高程升高 0.337 m 时可实现该场地营建的土方平衡。最终，场地 A 的标高确定为 41.84 m。放坡工具亦可实现设计范围内多个场地的土方平衡调控，根据设计需要决定挖填方量大小。场地 B 与场地 C 的选址如图 9-34 所示，将以上两块场地与场地 A 编入同一放坡组，利用放坡体积工具调整三块场地的总土方平衡（图 9-35），

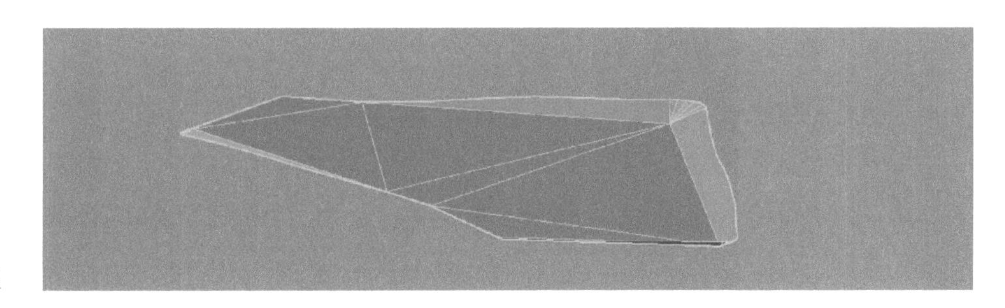

图9-31　场地A三维数字模型

放坡体积工具
整个编组
选择
1.000米
挖方:
2094.84 立方米
填方:
543.02 立方米
净值:
挖方: 1551.82 立方米
历史记录:
挖方
填方
净值
描述
1 2094.84 立方米
543.02 立方米
挖方: 1551.82 立方米
编组: 场地放坡

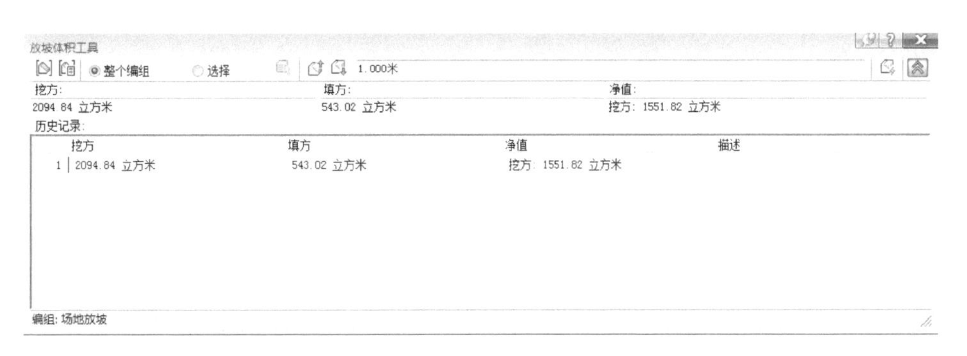

图9-32　场地A土方量计算

放坡体积工具
整个编组
选择
1.000米
挖方:
1178.46 立方米
填方:
1178.46 立方米
净值:
挖方: 0.00 立方米
历史记录:
挖方
填方
净值
描述
1 1178.46 立方米
1178.46 立方米
挖方 0.00 立方米
自动平衡升高的编组 0.337米
2 2094.84 立方米
543.02 立方米
挖方 1551.82 立方米
编组: 场地放坡

图9-33　场地A自动土方平衡

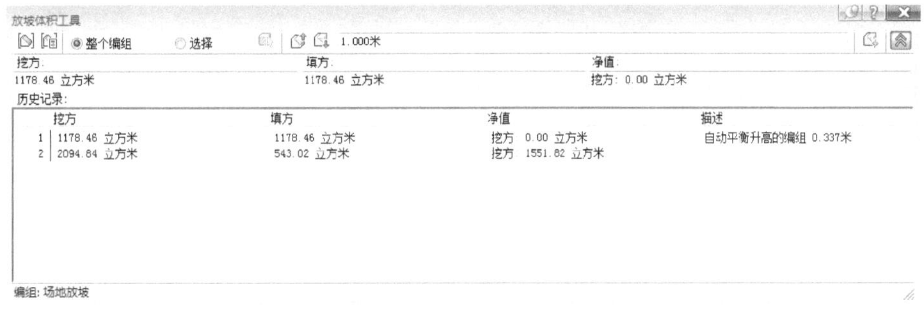

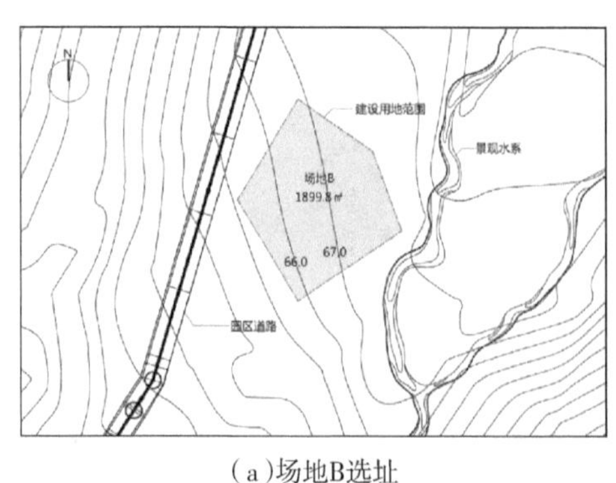

(a)场地B选址

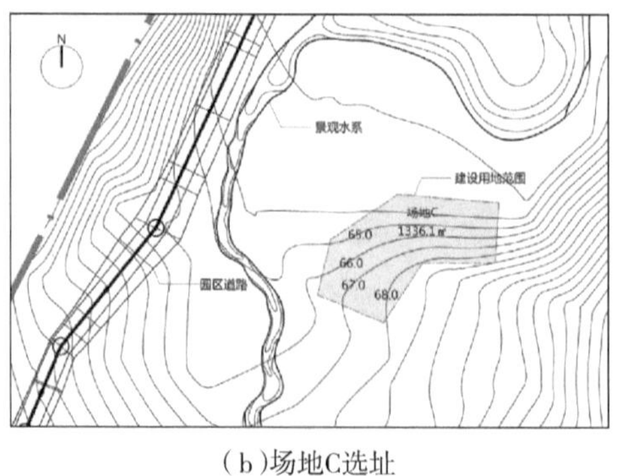

(b)场地C选址

图9-34　场地B与场地C选址情况

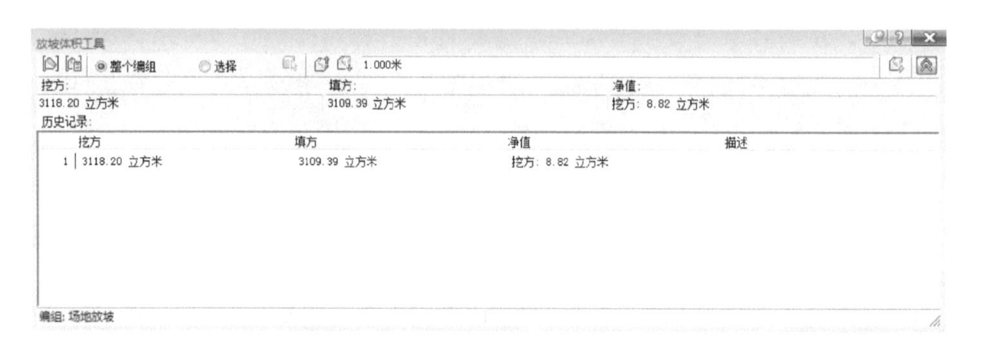

图9-35　场地A、B、C的总土方平衡

同时可确定三块场地最终的设计标高。

9.4.4　土方平衡优化

基于竖向数字模型，Civil 3D 软件自动生成场地中各分项设计的土方量，并得出挖填方净值。由表 9-12 可看出，首轮设计结果中道路营建需要土方约 5 681 m^3，而水系与场地的营建均产生了土方余量，场地营建基本处于土方自平衡状态，而水系营建产生了 31 043.85 m^3 的土方余量。因此，首轮设计中土方的挖填未达成平衡，需要对设计进一步调整与优化。在二次优化设计的基础上，更新竖向数字模型，得到更新的土方量。通过不断地调整与优化，直至土方平衡，便可生成最终的竖向设计结果。

表9-12　土方总量统计表

土方体积概要（Volume Summary）						
名称（Name）	松散系数（Cut Factor）	压实系数（Fill Factor）	二维面积（2D Area）（m^2）	挖方（Cut）（m^3）	填方（Fill）（m^3）	净值（Net）（m^3）
道路曲面	1.000	1.000	22 605.21	5 136.57	10 817.58	5 681.00<填方>
水系曲面	1.000	1.000	21 392.61	31 632.08	588.23	31 043.85<挖方>
场地曲面	1.000	1.000	8 978.69	3 118.20	3 109.39	8.82<挖方>
合计（Total）	—	—	52 976.52	39 886.86	14 515.19	25 371.66<挖方>

结 语

数字时代的到来，不断涌现、发展的新技术与新工具被广泛地应用于设计行业，关于“设计科学”的研究促进了设计科学方法论的发展。在技术与理论发展的双重驱动下，当代风景园林规划设计的形式与内涵发生了重大的变革，数字技术与参数化对风景园林规划设计产生了深远影响。从 20 世纪 90 年代末期至今，以计算机技术为支撑的参数化设计方法在建筑行业中蓬勃发展，并已有着大量的实践成果。比较而言，针对风景园林学科参数化设计方法的研究却相对滞后，现有的研究大多借鉴了建筑学等相关学科的研究成果，虽同属于人居环境科学的组成部分，风景园林与建筑两者从研究对象、尺度、范畴却有着很大的差异，设计目的、方法也不尽相同。如何针对风景园林科学与艺术双重属性，通过定性与定量研究的结合，推进风景园林规划设计方法的进步？何为风景园林的参数化规划设计？参数化的方法为何能够于风景园林规划设计中使用？风景园林学科与建筑学科的参数化设计有何异同？以上是笔者于博士阶段一直思索的问题，尝试对上述问题加以研究与解答。本书的研究从设计的机制入手，旨在抓住参数化规划设计的本质与作用机理，立足于方法论的角度廓清参数化风景园林规划设计机制与方法。回顾全部研究与成文过程，整个研究从背景的把握、命题的切入、概念的界定、理论的阐述、体系的构建、模型的生成、实证的研究，初步形成了一个相对完整的研究逻辑体系与工作流程。

本书旨在针对风景园林规划设计的特质，从理论与实践两个层面相结合，探讨风景园林规划设计的过程与机制，基于此融入参数化的调控技术，经由量化方式实现风景园林规划设计的调控与优化，推动风景园林规划设计方法的进步。因此，本书的研究既不同于分析与归纳基础上的理论研究，也不是纯粹应用科学方法的实践研究。而是从理论研究出发，通过理论指导下的实践反馈，对理论建构加以实证与完善。笔者的研究从理论层面的阐述与实践层面的校验，层层深入地探讨了“参数化风景园林规划设计”，主要的创新点有：

（1）视角创新：基于耦合原理建构了参数化风景园林规划设计过程

“因地制宜”是人们对待自然的态度，也早已成为设计界的共识。何为“因地制宜”的内在机制，以及“因地制宜”的实现途径？“耦合”作为他学科概念被引申至风景园林学科，是从科学层面对“因地制宜”内涵的当代解读，目的在于阐释设计与场所之间的关联。面对风景园林规划设计的当代发展要求,笔者基于“耦合原理”的视角为实现风景园林规划设计的生态化、特色化、减量化与可持续寻求了一条可操作的途径。“耦合”是一种设计的智慧，也是一种倡导科学设计的理念。笔者的研究从风景园林规划设计的本体出发，剖析了“耦合”之于设计的价值与意义，以及实现途径。“耦合”讲求场所与设计的互适，阐明了风景园林场所与设计之间的关联，进而说明了风景园林规划设计系统形成的内在机制，也是参数化规划设计的生成基础。笔者的研究以“耦合原理”为引导，以崭新的视角审视了风景园林规划设计的过程，探讨了风景园林规划设计与场所之间的内在关联，从而打破设计的“灰箱”，清晰地勾勒出风景园林规划设计的过程，初步建构了参数化的风景园林规划设计途径。

（2）理论创新：在系统架构下阐明了参数化风景园林规划设计机制

系统论将事物视为若干要素以一定结构形式联结构成的、具有某种功能的有机整体，以逻辑与数学模型探讨系统要素组成的结构形式及其间的关联。在系统架构下，对风景园林规划设计进行研究的优势在于有助于将定量的、逻辑的、数学的方法引入研究之中，而这也正是参数化的前提所在。参数是一个变量，具有动态可变性，这与风景园林系统的动态性相契合，为参数化的实现奠定了基础。笔者从系统的角度出发，阐明了参数化风景园林规划设计机制的生成基础与动因，就风景园林规划设计的主要内容进行了系统的研究。

风景园林是一个涉及诸多要素的复杂系统，风景园林规划设计需要满足多重设计目标。风景园林的场所亦是复杂多样的，不仅蕴含了包括水体、地形地貌、气候条件、动植物及人文等诸多因素，而且每个场所拥有独特的性格。利用参数化的方法将场所分析与景园设计建立耦合关联是笔者研究的重点及难点之一。同时，作为一个动态的系统，如何将风景园林规划设计要素组成的复杂系统建立关联并对其进行参数化描述，具有一定的挑战性。采用参数与逻辑的方法对景园环境生命系统过程加以描述是景园参数化与建筑参数化的区别所在。笔者在系统论的架构下，以风景园林规划设计过程为逻辑基础与规则，构建了参数化规划设计体系。通过要素与要素之间、要素与系统之间关联性的描述，在系统认知的架构下，统合了单一、离散的风景园林规划设计要素，从而使风景园林规划设计更加符合客观实际。

参数化有助于参数调控下的多目标实现与系统最优。参数之间的关联体现了设计要素之间的联系，符合风景园林规划设计的内在规律与特点。笔者探讨了道路、水景、竖向、建设项目等风景园林规划设计基本构成要素的参数化实现途径，并将其置于同一系统之中加以考量。通过对风景园林规划设计内在运作机制的探讨，实现了多目标基础上的风景园林环境的整体同步优化。

（3）方法创新：结合定性与定量研究探索了参数化风景园林规划设计方法

科学研究是运用适当的方法，有目的、有计划对客观事物的内在本质与运动规律进行探索，从而认识客观世界的过程。科学研究具有严密的逻辑性，调查、实验与试制是常用的研究方法，客观真理而言作为研究的对象，具有检验的唯一标准。人文研究以人类的精神世界与文化为对象，常采用意义分析、解释学方法、实证研究方法。风景园林规划设计既有别于科学研究，亦与人文研究不同，决定了设计思维的独特性、设计研究的特殊性。风景园林是科学的艺术、艺术的科学，兼具科学与艺术双重属性，对其研究也必须有着适宜的方法。笔者的研究从风景园林内在属性出发，在传统定性研究的基础上引入了定量的方法，即利用定性与定量综合集成的方法开展研究，科学定量地解读、评价风景园林环境。定性与定量相结合的研究方法不仅是风景园林学科内在属性的需求，也是参数化规划设计方法的内核。景园环境中包含了水文、气候、动植物等在内的物质性要素，也包含了文化、社会等非物质性因素，存在着大量难以量化的部分。参数化设计的基本前提是系统中的要素转换为“数字”（量化指标），需要将复杂的信息转化为抽象的数值或数学关系输入计算机。因而，如何描述复杂要素以及将“定性”转化为“定量”是构建参数化设计需要解决的首要问题。对风景园林的构成要素建立起科学的评价模式和标准，由此得出的结果才具有合理性。风景园林规划设计的评价要素较为复杂和多样，如何将其纳入统一的评价体系中是评价模型研究的又一难点。作为一个多层级的复杂系统，对其进行评价与应当建立层级关系以及确立各评价层级间的权重关系，以确保评价体系科学和合理。

长期以来，风景园林设计主要有赖于感觉，缺少知觉的支撑；学科的研究中多采用定性的方法，感性有余而理性不足。笔者通过综合集成及科学评价方法开展研究，在风景园林系统的架构下，基本实现了定性与定量研究的结合，探索了实现参数化设计方法的途径，提升了风景园林规划设计的科学性、精准性及可操作性。

（4）成果创新：针对学科特征建构了风景园林参数化评价与规划设计模型

在参数化设计机制理论研究的基础上，笔者基于耦合原理指导下的参数化风景园林规划设计过程，初步构建了风景园林参数化评价与规划设计模型，其中包括了生态敏感性评价模型、土地利用适宜性评价模型、项目定位模型、道路选线模型、拟自然水景建构模型、竖向设计模型六个专项，基本涵盖了风景园林规划设计的主要专项设计内容。六个模型独立存在并相互关联，同属于风景园林参数化规划设计过程的逻辑架构之下。该模型作为机制研究的组成部分，构建了参数化的算法逻辑，并结合实践的运用与检验，为日后编程实现专项及系统软件平台的研究奠定了基础，做出了有方法及实践意义的尝试。

风景园林参数化评价与规划设计模型与实践紧密结合，从实践中来，到实践中去，实现了理论研究与实践校验的有机统一。笔者成果在求学阶段的研究与实践过程中逐渐形成，并不断优化，已获得实践的运用与检验，收到了良好的效果，得到了行业的肯定。参数化的规划设计方法利用先进的技术手段、通过定量化的途径，进行分析、归纳与设计，成为设计的辅助手段。参数化风景园林规划设计方法具有重要的现实意义：在实践领域，基于耦合原理的参数化风景园林规划设计方法有助于增强风景园林规划设计工作的精准性、合理性与科学性，避免了随意与或然，极大地提升了风景园林环境规划设计、建设及管养工作的效能；在教学方面，突破了传统风景园林规划设计教学过程模糊性的局限，增强了分析问题、解决问题的有效性，对于初学者而言，弱化了经验积累、时间积淀对学习风景园林规划设计的影响。将基于耦合原理的参数化风景园林规划设计方法应用于风景园林教学，对于增强风景园林一级学科的内核、完善与优化设计教学具有重要的意义；同时，也为风景园林专业的学生科学地掌握风景园林规划设计方法、把握规划设计的内在规律提供了更加便捷的通道与可能。

随着风景园林学科的进展与研究的不断深入，越来越多的研究者关注风景园林规划设计的方法与规律研究。本书研究聚焦于参数化的风景园林规划设计机制，构建了风景园林参数化评价与规划设计模型，是对风景园林参数化规划设计的初步探索，为下一阶段风景园林参数化专项研究及软件开发奠定了基础。书中所构建的模型本着“易用性、便捷性、可操作”的原则，采用了常用、成熟的技术与软件平台，如层次分析法、ArcGIS 软件平台、Civil 3D 软件平台等。此外，基于以上技术与软件平台对构建参数化设计平台与方法的可能性与可行性进行了分析与研究，为进一步研发专项软件奠定了基础。ArcGIS 软件提供的 ArcPy 算法工具，以及基于 Rhino 软件平台的 RhinoScript 工具等均可利用 Python 语言实现“编程设计”。此外，构筑于 Rhino 软件平台的 Grasshopper 软件，以及 ArcGIS 软件的图解模型工具提供了包含代码的工具包（运算器）。运算器能够根据具体设计问题的内在逻辑，通过组合解决专门的设计问题,实现特定的设计目标。基于编程工具与利用运算器相较而言，两者在本质上具有相同性,但是各具特点。编程工具有较强的针对性与灵活性，但是当下绝大多数风景园林设计者对编程语言较为陌生，也不易掌握，所以面向的群体较窄，普适性不强；此外，基于编程工具的设计有赖于语言的编写，严谨的逻辑语言编写容易使设计过程丧失原有的灵感激发，而趋于教条化、程序化。而利用运算器进行设计的方法相对易于学习与掌握，也具有一定的灵活性。但是 Rhino 软件平台的 Grasshopper 软件及 ArcGIS 软件的图解模型工具等软件工具有着通用性的特征，对于风景园林而言，针对性不强且易用性不佳。

无论是编程工具，还是运算器，程序语言均是其生成的基础，在参数化的设计中扮演了重要的角色，但是算法逻辑的生成才是最为关键的环节。程序语言具有极强的逻辑性，它客观地输出结果，不为人的意志所改变，只有根据设计目的合理地构建语言运算的算法逻辑，才能够生成满足目标的结果。同时，风景园林设计中“设计”永远是核心与主导，而“绘图”只起到辅助的作用，无论“绘图”的方式为何，其目的在于“设计”的完成。笔者对风景园林规划设计中各专项的逻辑模型加以研究，其目的在于为算法逻辑的生成奠定基础。书中的逻辑模型本着易用性的原则依托于现有的成熟软件平台，下一步工作重点在于进一步耦合各个设计环节，基于成熟软件平台开发参数化风景园林规划设计专项软件，抑或是探索新的实践操作平台，研发针对风景园林规划设计特点的参数化专门软件。专项或专门软件的开发工作需要风景园林学科的研究者从专业出发，构建算法及模型的逻辑，并与计算机软件、应用数学等多学科密切配合，发挥各专业所长，共同研发具有针对性的专门软件。

笔者基于耦合原理的指导，以参数化风景园林规划设计过程为主体，构建了参数化风景园林规划设计体系，其中包括了六个相互关联的专项模型，详细论述了参数化风景园林规划设计过程：从场所认知出发，在对场所充分调研和信息收集整理的基础上，分析获得的可量化要素利用分析算法，经软件计算转化后，形成变量与参数，精确地对各类环境因子进行描述，如实地反映了场所；根据类型、目标等各个设计的特点，选择适宜的设计专项模型，构建设计要素与场所条件的耦合关联，将以上生成的参数输入算法软件、辅助设计软件，并最终形成设计结果，这个结果以全数据模型的方式呈现；进入到设计评价阶段，可利用数字分析手段对数据模型进行分析与评价，分析的结果可反馈于设计，以便进一步地调整和优化。以上即为参数化风景园林设计系统模型（Parametric Landscape Design System Model，PLDSM）的初步构架。后续工作的重点在于将该模型能够与景观信息模型（LIM）相互配合、协作，提升风景园林规划设计的科学化与信息化。在 PLDSM 中数据反馈的过程是动态的，设计结果在计算机中以数据模型的方式进行生成与重构，使得风景园林规划设计更为快捷而精确。最终输出的数据模型既可以传递至设计媒介，进行表达和呈现，亦能够通过数控工具（如智能机器人、数控机床、激光切割机、三维机械控制系统等）直接控制建造过程，完成复杂的形态生成和精密的空间定位。同时，可与采用相似数字技术的建筑设计及城市规划设计成果相互对接，实现数据共享与一体化设计。

当下，人们能够很自然地使用图板、尺规、铅笔进行设计，也能借助电脑轻车熟路地使用 Photoshop、SketchUp、AutoCAD 等软件平台来开展设计。可以预见，人们同样能够熟练地使用各式的参数化软件、数字化工具进行风景园林规划设计活动。任何方法都会在时间的长河中不断完善与进步，设计方法亦是如此。作为辅助设计的工具与手段，参数化的发展带来了风景园林规划设计方法与设计方式的变革。随着科学技术的日益进步与认知体系的不断深入，参数化的设计工具将会持续改进，成为设计方法与途径变革的重要驱动力之一。

设计作为一种创造性的活动，离不开思维的支撑。就目前的研究而言，计算机难以完全取代人脑的思维活动，“人工智能”无法媲美“人脑智慧”，风景园林规划设计也不可能由逻辑的计算自动生成。我们充分肯定科学技术本身的价值，但也不可盲目迷信技术手段。既不跟风盲从，又不唯技术论，更不做工具的奴隶。科学化的工具并不是万能的，仅仅是为设计者更准确、更精确地认知世界提供了更高效、更便捷的途径。唯有电脑与人脑的密切配合，在尊重客观规律性的基础上充分发挥人的主观能动性，才是风景园林规划设计的必由之路。

参考文献

学术专著

[1] 吴良镛 . 人居环境科学导论 [M]. 北京：中国建筑工业出版社，2001

[2] 王建国 . 现代城市设计理论和方法 [M]. 南京：东南大学出版社，2001

[3] 成玉宁 . 现代景观设计理论与方法 [M]. 南京：东南大学出版社，2010

[4] 成玉宁 . 场所景观：成玉宁景园作品选 [M]. 北京：中国建筑工业出版社，2015

[5] 刘滨谊 . 风景景观工程体系化 [M]. 北京：中国建筑工业出版社，1990

[6] 陈寿恒，李书谊，乔希・洛贝尔，等 . 数字营造：建筑设计・运算逻辑・认知理论 [M]. 北京：中国建筑工业出版社，2009

[7] 李翔，郑建启 . 设计方法学 [M]. 北京：清华大学出版社，2006

[8] 邬建国 . 景观生态学：格局、过程、尺度与等级 [M]. 2 版 . 北京：高等教育出版社，2007

[9] 邱均平，文庭孝，等 . 评价学：理论・方法・实践 [M]. 北京：科学出版社，2010

[10] 陶谦坎，汪应洛 . 运筹学与系统分析 [M]. 北京：机械工业出版社，2001

[11] 吴今培，李学伟 . 系统科学发展概论 [M]. 北京：清华大学出版社，2010

[12] 杜栋，庞庆华，吴炎 . 现代综合评价方法与案例精选 [M]. 北京：清华大学出版社，2008

[13] 朱小雷 . 建成环境主观评价方法研究 [M]. 南京：东南大学出版社，2009

[14] 秦寿康，等 . 综合评价原理与应用 [M]. 北京：电子工业出版社，2003

[15] 马俊峰 . 评价活动论 [M]. 北京：中国人民大学出版社，1994

[16] 彭怒，支文军，戴春 . 现象学与建筑的对话 [M]. 上海：同济大学出版社，2009

[17] 王云才 . 景观生态规划原理 [M]. 北京：中国建筑工业出版社，2007

[18] 汤国安，杨昕 . 地理信息系统空间分析实验教程 [M]. 北京：科学出版社，2006

[19] 程胜高，张聪辰 . 环境影响评价与规划 [M]. 北京：中国环境科学出版社，1999

[20] 周启鸣，刘学军 . 数字地形分析 [M]. 北京：科学出版社，2006

[21] 肖笃宁，李秀珍，高峻，等 . 景观生态学 [M]. 2 版 . 北京：科学出版社，2010
[22] 黄广宇，陈勇 . 生态城市理论与规划设计方法 [M]. 北京：科学出版社，2003
[23] 骆天庆，王敏，戴代新 . 现代生态规划设计的基本理论与方法 [M]. 北京：中国建筑工业出版社，2008
[24] 刘康，李团胜 . 生态规划：理论、方法与应用 [M]. 北京：化学工业出版社，2004
[25] 杨志峰，徐琳瑜 . 城市生态规划学 [M]. 北京：北京师范大学出版社，2008
[26] 沈克宁 . 建筑现象学 [M]. 北京：中国建筑工业出版社，2008
[27] 周波 . 建筑设计原理 [M]. 成都：四川大学出版社，2007
[28] 窦鸿身，姜加虎 . 中国五大淡水湖 [M]. 合肥：中国科学技术大学出版社，2003
[29] 闫寒 . 建筑学场地设计 [M]. 3 版 . 北京：中国建筑工业出版社，2012
[30] 冯纪忠 . 意境与空间：论规划与设计 [M]. 上海：东方出版社，2010
[31] 吴家骅 . 景观形态学：景观美学比较研究 [M]. 北京：中国建筑工业出版社，1999
[32] 中国社会科学院语言研究所 . 现代汉语词典 [M]. 北京：商务印书馆，1999
[33] 陈超萃 . 设计认知：设计中的认知科学 [M]. 北京：中国建筑工业出版社，2008
[34] 车文博 . 当代西方心理学新词典 [M]. 长春：吉林人民出版社，2001
[35] 梁宁建 . 当代认知心理学 [M]. 上海：上海教育出版社，2003
[36] 庄惟敏 . 建筑策划导论 [M]. 北京：中国水利水电出版社，2000
[37] 潘谷西 . 江南理景艺术 [M]. 南京：东南大学出版社，2001
[38] 陈植 . 园冶注释 [M]. 北京：中国建筑工业出版社，1988
[39] 胡彩虹，王金星 . 流域产汇流模型及水文模型 [M]. 郑州：黄河水利出版社，2010
[40] 王殿武 . 现代水文水资源研究 [M]. 北京：中国水利水电出版社，2008
[41] 牛文无 . 现代应用地理 [M]. 北京：科学出版社，1987
[42] 王苏民，窦鸿身 . 中国湖泊志 [M]. 北京：科学出版社，1998
[43] 任耀，等 .Civil 3D 2013 应用宝典 [M]. 上海：同济大学出版社，2013
[44] 韦爽真 . 景观场地规划设计 [M]. 成都：西南师范大学出版社，2008
[45] 章俊华 . 规划设计学中的调查分析法与实践 [M]. 北京：中国建筑工业出版社，2005
[46] 谈庆明 . 量纲分析 [M]. 合肥：中国科学技术大学出版社，2005
[47] 刘钢 .《科学革命的结构》导读 [M]. 成都：四川教育出版社，2002
[48] 卢明森 . 钱学森思维科学思想 [M]. 北京：科学出版社，2012

[49] 沈祝华，米海妹 . 设计过程与方法 [M]. 济南：山东美术出版社，1995
[50] [美]I. L. 麦克哈格 . 设计结合自然 [M]. 芮经纬，译 . 北京：中国建筑工业出版社，1990
[51] [挪威] 克里斯蒂安・诺伯格 – 舒尔茨 . 建筑：存在、语言和场所 [M]. 刘念雄，吴梦珊，译 . 北京：中国建筑工业出版社，2013
[52] [英] 乔治娅・布蒂娜・沃森，伊恩・本特利 . 设计与场所认同 [M]. 魏羽力，杨志，译 . 北京：中国建筑工业出版社，2010
[53] [美] 克里斯托弗・亚历山大 . 形式综合论 [M]. 王蔚，曾引，译；张玉坤，校 . 武汉：华中科技大学出版社，2010
[54] [挪威] 诺伯格・舒尔茨 . 场所精神：迈向建筑现象学 [M]. 施植明，译 . 武汉：华中科技大学出版社，2010
[55] [美] 詹姆斯・科纳 . 论当代景观建筑学的复兴 [M]. 吴琨，韩晓晔，译 . 北京：中国建筑工业出版社，2008
[56] [荷] 亚历山大・楚尼斯，利亚纳・勒费夫尔 . 批判性地域主义：全球化世界中的建筑及其特性 [M]. 王丙辰，译 . 北京：中国建筑工业出版社，2007
[57] [美] 肯尼斯・弗兰姆普敦 . 现代建筑：一部批判的历史 [M]. 张钦楠，译 . 北京：生活・读书・新知三联书店，2004
[58] [意] 阿摩斯・拉普卜特 . 建成环境的意义：非言语表达方法 [M]. 黄兰谷，等译 . 北京：中国建筑工业出版社，2003
[59] [美] 安东内拉・胡贝尔 . 地域・场地・建筑 [M]. 焦怡雪，译 . 北京：中国建筑工业出版社，2004
[60] [英] 汤姆・特纳 . 景观规划与环境影响设计（原著第 2 版）[M]. 王珏，译；王方智，校 . 北京：中国建筑工业出版社，2006
[61] [美] 查尔斯・瓦尔德海姆 . 景观都市主义 [M]. 刘海龙，刘东云，孙璐，译 . 北京：中国建筑工业出版社，2011
[62] [美] 威廉・M. 培尼亚，史蒂文・A. 帕歇尔 . 建筑项目策划指导手册：问题探查 [M]. 王晓京，译 . 北京：中国建筑工业出版社，2010
[63] [美] 阿巴斯・塔沙克里，查尔斯・特德莱 . 混合方法论：定性方法和定量方法的结合 [M]. 唐海华，译 . 重庆：重庆大学出版社，2010
[64] [美] 威廉・M. 马什 . 景观规划的环境学途径 [M]. 朱强，黄丽玲，俞孔坚，等译 . 北京：中国建筑工业出版社，2006
[65] [以色列]Zav Naveh. 景观与恢复生态学：跨学科的挑战 [M]. 李秀珍，冷文芳，解伏菊，等译 . 北京：高等教育出版社，2010
[66] [美] 查尔斯・A・伯恩鲍姆，等 . 美国景观设计的先驱 [M]. 孟雅丹，俞孔坚，译 . 北京：中国建筑工业出版社，2003

[67] [美] 福斯特·恩杜比斯 . 生态规划：历史比较与分析 [M]. 陈蔚镇，王云才，译；刘滨谊，校 . 北京：中国建筑工业出版社，2013
[68] [美] 伊恩 · D. 怀特 . 16 世纪以来的景观与历史 [M]. 王思思，译 . 北京：中国建筑工业出版社，2011
[69] [美] 诺曼 · K. 布思 . 风景园林设计要素 [M]. 曹礼昆，曹德鲲，译 . 北京：中国林业出版社，1989
[70] [英] 彼得 · 霍尔 . 城市和区域规划 [M]. 邹德慈，等译 . 北京：中国建筑工业出版社，2008
[71] [美]A. N. 斯特拉勒，A. H. 斯特拉勒 . 环境科学导论 [M]. 北京：科学出版社，1983
[72] [美] 司马贺 . 人工科学：复杂性面面观 [M]. 武夷山，译 . 上海：上海科技教育出版社，2004
[73] [美] 卡伦·C. 汉娜，R. 布莱恩·卡尔佩珀 .GIS 在场地设计中的应用 [M]. 吴晓恩，熊伟，译 . 北京：机械工业出版社，2004
[74] [美] 托马斯 · 库恩 . 科学革命的结构 [M]. 金吾伦，胡新和，译 . 北京：北京大学出版社，2003
[75] Carl Steinitz A. Framework for Geodesign：Changing Geography by Design [M]. Environmental Systems Research Institute Inc.，2013
[76] Shannon McElvaney. Geodesign：Case Studies in Regional and Urban Planning[M]. Environmental Systems Research Institute Inc.，2012
[77] Peter Petscheck. Grading for Landscape Architects and Architects [M].Berlin：Birkhauser，2008
[78] Mohsen Mostafavi，Ciro Najle. Landscape Urbanism：a manual for the machinic landscape [M].Achitecture Association，London，2003
[79] Stephen M. Ervin，Hope H. Hasbrouck. Landscape Modeling：Digital Techniques for Landscape Visualization [M]. McGraw Hill Professional，2001
[80] Christian Norberg-Schulz. Architecture：meaning and place：selected essays [M]. Rizzoli International Publications，1988
[81] David W. Allen. Getting to Know ArcGIS Model Builder [M]. ESRI Press，2011
[82] Bishop，Lange E. Visualization in landscape and environmental planning technology and applications [M]. London and New York，Taylor & Francis applications，2005
[83] Buhmann E.，S. Ervin，M Pietsch（eds.）. In：Peer Reviewed Proceedings of Digital Landscape Architecture 2012 at Anhalt University of Applied Sciences. [M]. Wichmann，2012
[84] Buhmann E.，S. Ervin，M Pietsch（eds.）In：Peer Reviewed Proceedings of

Digital Landscape Architecture 2013 at Anhalt University of Applied Sciences. [M]. Wichmann，2013

[85] Frederick Steiner. The living landscape：an ecological approach to landscape planning [M]. McGraw-Hill Inc，1991

[86] Charles A. Birnbaum，Robin Karson. Pioneers of American Landscape Design[M]. McGraw-Hill Inc.，2000

[87] C. Sauer. The Morphology of Landscape [M]，in University of California Publications in Geography，1925

期刊论文

[1] 成玉宁，袁旸洋，成实 . 基于耦合法的风景园林减量设计策略 [J]. 中国园林，2013（8）

[2] 成玉宁 . 论风景园林学的发展趋势 [J]. 风景园林，2011（2）

[3] 成玉宁，袁旸洋 . 当代科学技术背景下的风景园林学 [J]. 风景园林，2015（7）

[4] 成玉宁，袁旸洋 . 山地环境中拟自然水景参数化设计研究 [J]. 中国园林，2015（7）

[5] 袁旸洋，成玉宁 . 过程、逻辑与模型：参数化风景园林规划设计解析 [J]. 中国园林，2018（10）

[6] 袁旸洋，朱辰昊，成玉宁 . 城市湖泊景观水体形态定量研究 [J]. 风景园林，2018（8）

[7] 袁旸洋，陈宇龙，成玉宁 . 基于逻辑构建与算法实现的拟自然水景参数化设计 [J]. 风景园林，2018（6）

[8] 袁旸洋，成玉宁，李哲 . 虚实相生：参数化风景园林规划设计教学研究 [J]. 中国园林，2017（10）

[9] 袁旸洋，成玉宁 . 参数化风景环境道路选线研究 [J]. 中国园林，2015（7）

[10] 吴良镛 . 关于建筑学、城市规划、风景园林同列为一级学科的思考 [J]. 中国园林，2011（5）

[11] 杨锐 . 论风景园林学发展脉络和特征：兼论 21 世纪初中国需要怎样的风景园林学 [J]. 中国园林，2013（6）

[12] 吴良镛，毛其智 . “数字城市”与人居环境建设 [J]. 城市规划，2002（1）

[13] 吴良镛 . 芒福德的学术思想及其对人居环境学建设的启示 [J]. 城市规划，1996（1）

[14] 吴良镛 . 人居环境科学与景观学的教育 [J]. 中国园林，2004（1）

[15] 陈建荣，陈雨，宋明亮 . 赫斯特 · 里特尔的设计方法学思想评述 [J]. 艺术与设计（理论），2011（2）

[16] 李媛,刘德明 . 建筑设计思维特征制约下的数字化设计方法解析 [J]. 建筑学报，2013（10）

[17] 张为平 . 参数化设计研究与实践 [J]. 城市建筑，2009（11）

[18] 刘延川 . 参数化设计：方法、思维和工作组织模式 [J]. 建筑技艺，2011（1）

[19] 黄蔚欣，徐卫国 . 参数化和生成式风景园林设计：以清华建筑学院研究生设计课程作业为例 [J]. 风景园林，2013（1）

[20] 徐卫国，徐丰 . 参数化设计在中国的建筑创作与思考：清华大学建筑学院徐卫国教授、徐丰先生访谈 [J]. 城市建筑，2010（6）

[21] 池志炜，谌洁，张德顺 . 参数化设计的应用进展及其对景观设计的启示 [J]. 中国园林，2012（10）

[22] 曹凯中，朱育帆 . 参数化图解对风景园林规划设计的启示 [J]. 风景园林，2013（1）

[23] 匡纬 . 风景园林“参数化”规划设计发展现状概述与思考 [J]. 风景园林，2013（1）

[24] 袁烽 . 从数字化编程到数字化建造 [J]. 时代建筑，2012（5）

[25] 赵明 . 复杂性理论的探索与实践：爱丽莎 · 安德罗塞克的数字生成实践与实验性教学 [J]. 世界建筑，2011（6）

[26] 王绍增 . 叠图法和简易科研法 [J]. 中国园林，2010（9）

[27] 魏力恺,张欣,许蓁,等 . 走出狭隘建筑数字技术的误区 [J]. 建筑学报,2012（9）

[28] 蔡凌豪 . 风景园林数字化规划设计概念谱系与流程图解 [J]. 风景园林,2013(1）

[29] 蔡凌豪 . 风景园林规划设计数字策略论 [J]. 中国园林，2012（1）

[30] 李雱 . 基于地理信息系统的三维景观可视化技术发展和前景 [J]. 建筑与文化，2010（9）

[31] 杨滔 . 数字城市与空间句法：一种数字化规划设计途径 [J]. 规划师，2012（4）

[32] 马劲武 .GeoDesign 导读 [J]. 中国园林，2010（4）

[33] 马劲武 . 地理设计简述：概念、框架及实例 [J]. 风景园林，2013（1）

[34] 唐艳红 . 地理设计：新思维与新手法 [J]. 中国园林，2010（4）

[35] 杨言生，李迪华 . 地理设计：概念、方法与实践 [J]. 国际城市规划，2013（1）

[36] 郭巍,侯晓蕾 .“土地的哲学家”：美国风景园林师曼宁 [J] . 中国园林,2010(3）

[37] 周曦 . 大型城市绿地内建设用地适宜性分析方法 [J]. 现代城市研究,2013（11）

[38] 陈璐璐，王怡 . 建筑朝向对自然通风的分析及确定 [J]. 山西建筑，2009（9）

[39] 董杨 . 川中丘陵区小流域雨水资源化潜力分析与计算 [J]. 人民长江，2013（9）

[40] 赵涛 . 风景园林计算机技术之展望：风景园林综合信息系统的构想（上）[J]. 中国园林，1995（11）

[41] 赵涛 . 风景园林计算机技术之展望：风景园林综合信息系统的构想（下）[J].

中国园林，1996（1）

[42] 包瑞清．计算机辅助风景园林规划设计策略探讨 [J]. 北京林业大学学报（社会科学版），2013（1）

[43] 卢明森．“从定性到定量综合集成法”的形成与发展：献给钱学森院士 93 寿辰 [J]. 中国工程科学，2005（1）

[44] 郭湧．当下设计研究的方法论概述 [J]. 风景园林，2011（4）

[45] 李新国，江南，王红娟，等．近 30 年来太湖流域湖泊岸线形态动态变化 [J]. 湖泊科学，2005（4）

[46] 刘颂．数字景观技术研究进展：国际数字景观大会发展概述 [J]. 中国园林，2015（2）

[47] 杨沛儒．国外生态城市的规划历程 1900—1990[J]. 现代城市研究，2005（Z1）

[48] 李世雁，曲跃厚．论过程哲学 [J]. 清华大学学报（哲学社会科学版），2004（2）

[49] 王向荣，林箐．自然的含义 [J]. 中国园林，2007（1）

[50] 赵珂，于立．定性与定量相结合：综合集成的数字城市规划 [J]. 城市发展研究，2014（2）

[51] 孙建国，程耀东，闫浩文．基于 GIS 的道路选线方法与趋势 [J]. 测绘与空间地理信息，2004（6）

[52] 潘文斌，黎道丰，唐涛，等．湖泊岸线分形特征及其生态学意义 [J]. 生态学报，2003（12）

[53] [美] 威廉・米勒．地理设计定义初探 [J]. 李乃聪，译．中国园林，2010（4）

[54] [美] 卡尔・斯坦尼兹．景观设计思想发展史：在北京大学的演讲（上）[J]. 黄国平，译．中国园林，2001（5）

[55] [美] 卡尔・斯坦尼兹．景观设计思想发展史：在北京大学的演讲（下）[J]. 黄国平，译．中国园林，2001（6）

[56] [瑞士] 彼得・派切克．智慧造景 [J]. 郭湧，译．风景园林，2013（1）

[57] [瑞士] 克里斯托弗・基洛特．桑塔基洛试验 [J]. 傅凡，译．中国园林，2009（5）

[58] [美] 麦克尔・弗莱克斯曼．地理设计基础 [J]. 迟晓毅，译．中国园林，2010（4）

[59] [美] 杰克・丹哲芒．地理信息系统：设计未来 [J]. 马劲武，译．中国园林，2010（4）

[60] [德] 歌诗儿・尤斯特．设计研究模式 [J]. 崔庆伟，译．中国园林，2014（7）

[61] Charles J.Nonlinear architecture：New science=New architecture? [J].Architectural Design，1997（129）

[62] Appleton K，Lovett A. GIS-based visualization of rural landscapes：Defining “sufficient” realism for environmental decision-making[J]. Landscape and Urban Planning，2003（65）

[63] Steven D E. Model-based approaches to managing concurrent engineering[J]. Journal

of Engineering Design，1991（3）

[64] Strahler A N. Quantitative analysis of watershed geomorphology[J]. Transactions of the American Geophysical Union，1957（6）

[65] Shreve R L. Statistical law of stream number[J]. Journal of Geology，1966，74

[66] George S，Robert M M. Applications of fractals in ecology[J]. Trends in Ecology & Evolution，1990（3）

会议论文

[1] 成玉宁，袁旸洋 . 基于场所认知的风景园林设计教学 [C] //2012 年风景园林教育大会论文集 . 南京：东南大学出版社，2012

[2] 袁旸洋，成玉宁 . 基于耦合法的风景园林规划设计项目选址研究 [C] // 数字景观：中国首届数字景观国际论坛 . 南京：东南大学出版社，2013

[3] 陆邵明 . 多学科视野下的人居空间的复杂性与逻辑性建构研究 [C] // 建筑数字流 . 上海：同济大学出版社，2010

[4] Margetts J，Barnett R，Popov N. Landscape system modeling：A disturbance ecology approach [C] //Shepherd J，Fielder K. Proceedings of the 13th annual Australia and New Zealand Systems Conference 2007，systematic development：Local solutions in a global environment.

[5] Steinitz C .Landscape architecture into the 21st century-methods for digital techniques[C]. Peer reviewed proceedings of digital landscape architecture. Wichmann，2010

[6] Flaxman M. Fundamentals of geodesign [C]. Peer reviewed proceedings of digital landscape architecture. Wichmann，2010

[7] Jack D. GeoDesign and GIS：Designing our futures [C]. Peer Reviewed Proceedings of Digital Landscape Architecture. Wichmann，2010

[8] Miller W R. Geo-based Design[C] //Specialist meeting on spatial concepts in GIS and design 2008. CA：University of California Santa Barbara，2008

[9] Ahmad M A，Abdullahi A A. The need for landscape information modelling（LIM）in landscape architecture[C] //Digital landscape architecture conference 2013. Bernburg，2012

[10] Andrew N. The place for information models in landscape architecture，or a place for landscape architects in information models [C] //Digital landscape architecture conference 2014. Bernburg，2013

学位论文

[1] 李美芳．三维参数化 CAD 技术在推土机终端传动中的应用 [D]：[硕士学位论文]．山东：山东科技大学，2005
[2] 李婷婷．自反性地域理论初探：对批判地域主义的理论延伸 [D]：[博士学位论文]．北京：清华大学，2012
[3] 艾乔．基于 GIS 的风景区生态敏感性分析评价研究 [D]：[硕士学位论文]．重庆：西南大学，2007
[4] 曾慧梅．基于生态敏感性分析与景源评价的风景区保护区划分探讨 [D]：[硕士学位论文]．重庆：西南大学，2013
[5] 张燕．基于权重敏感性分析的岳阳市君山区域镇建设用地生态适宜性评价 [D]：[硕士学位论文]．长沙：湖南大学，2012
[6] 吴威．园林的场所精神初探 [D]：[硕士学位论文]．武汉：华中农业大学，2005
[7] 朱斌．场所与景观比较性研究 [D]：[硕士学位论文]．大连：大连理工大学，2010
[8] 姚鹏．现代风景园林场所物质的表征及构建策略研究 [D]：[博士学位论文]．北京：北京林业大学，2011
[9] 袁旸洋．场所信息解读：探索景观特色营造之路 [D]：[硕士学位论文]．南京：东南大学，2012
[10] 李志刚．风景园林参数化竖向设计研究 [D]：[硕士学位论文]．南京：东南大学，2014
[11] 黄雄．基于 GIS 空间分析的道路选线技术研究 [D]：[硕士学位论文]．长沙：长沙理工大学，2006
[12] 陈元涛．基于 GIS 的道路智能化选线方法研究 [D]：[硕士学位论文]．重庆：重庆交通大学，2012

规范标准

[1] 风景名胜区条例 http://www.gov.cn/gongbao/content/2016/content_5139422.html
[2] 风景名胜区总体规划标准 http://www.mohurd.gov.cn/wjfb/201903/t20190320_239842.html
[3] 风景名胜区详细规划标准 http://www.mohurd.gov.cn/wjfb/202007/t20200707_246203.html
[4] 公园设计规范 http://www.mohurd.gov.cn/wjfb/201703/t20170301_230801.html
[5] 城市道路工程设计规范 http://www.mohurd.gov.cn/wjfb/201607/t20160712_228082.html

[6] 城乡建设用地竖向规划规范 http://www.mohurd.gov.cn/wjfb/201607/t20160722_228283.html

网络资源

[1] ESRI 公司网站 . http：//resources.arcgis.com/zh-CN/home/

[2] 中华人民共和国教育部网站 . http：//www.moe.gov.cn/publicfiles/business/htmlfiles/moe/moe_823/201002/xxgk_82699.html

[3] 中国气象局公共气象服务中心 . http：//www.weather.com.cn/static/html/knowledge/20080507/721.shtml

其他

[1] REMMEN A，JENSEN A A，FRYDENDAL J. Life cycle management：a business guide to sustainability [R]. 2007

[2] 关于申请以“风景园林”（Landscape Architecture）统一规范国内相关专业并作为工学类一级学科的报告 [R]. 中国风景园林学会教育分会，2006.01.16

[3] 住房城乡建设部关于印发《2011-2015 年建筑业信息化发展纲要》的通知 .2011.05.10

附录

附图一：生态敏感性评价模型——图纸部分

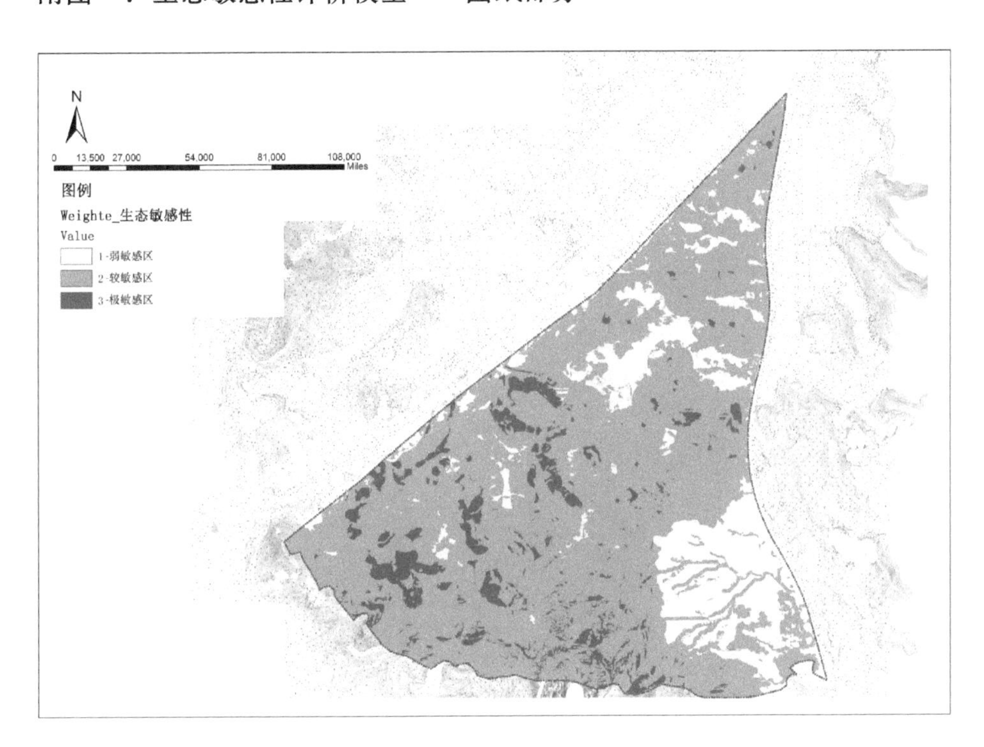

牛首山北部景区生态敏感性评价——生态敏感性分区

附图二：土地利用适宜性评价模型——图纸部分

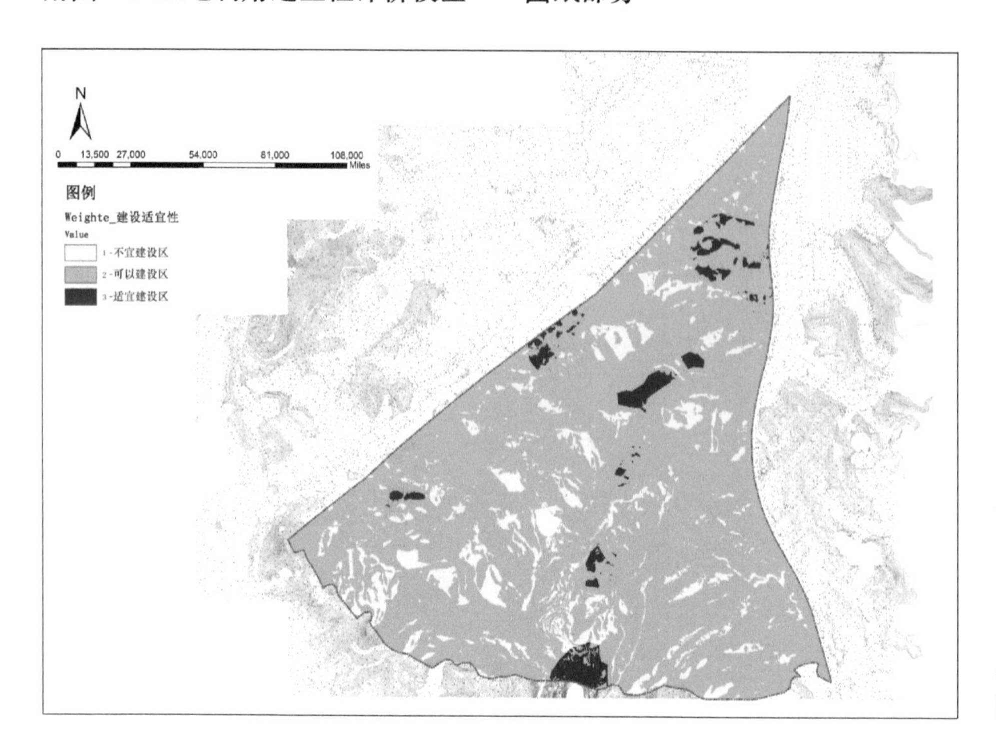

牛首山北部景区土地利用适宜性评价——土地利用适宜性分区

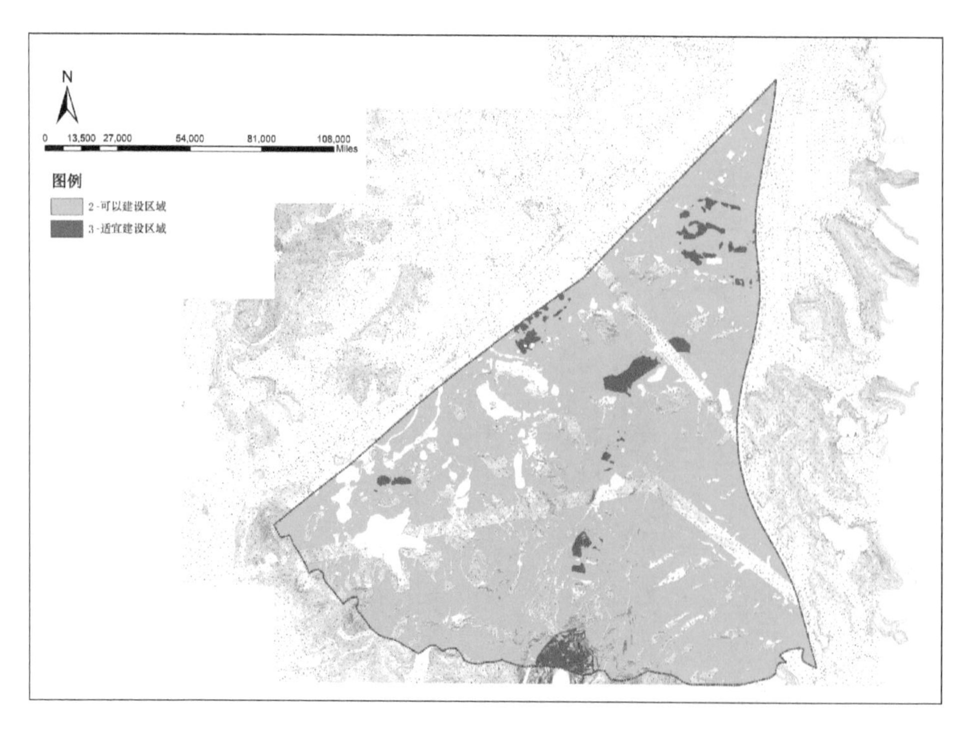

牛首山北部景区土地利用适宜性评价——可建设区域

附图三：项目选址模型——图纸部分

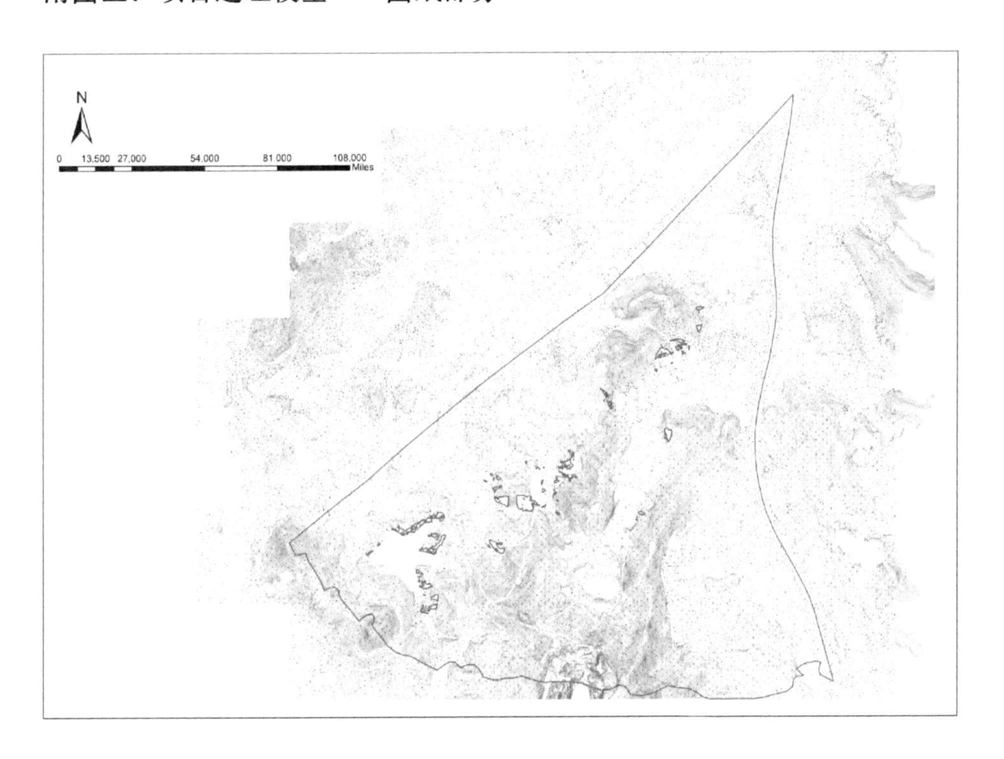

“静怡山房” 二次选址结果

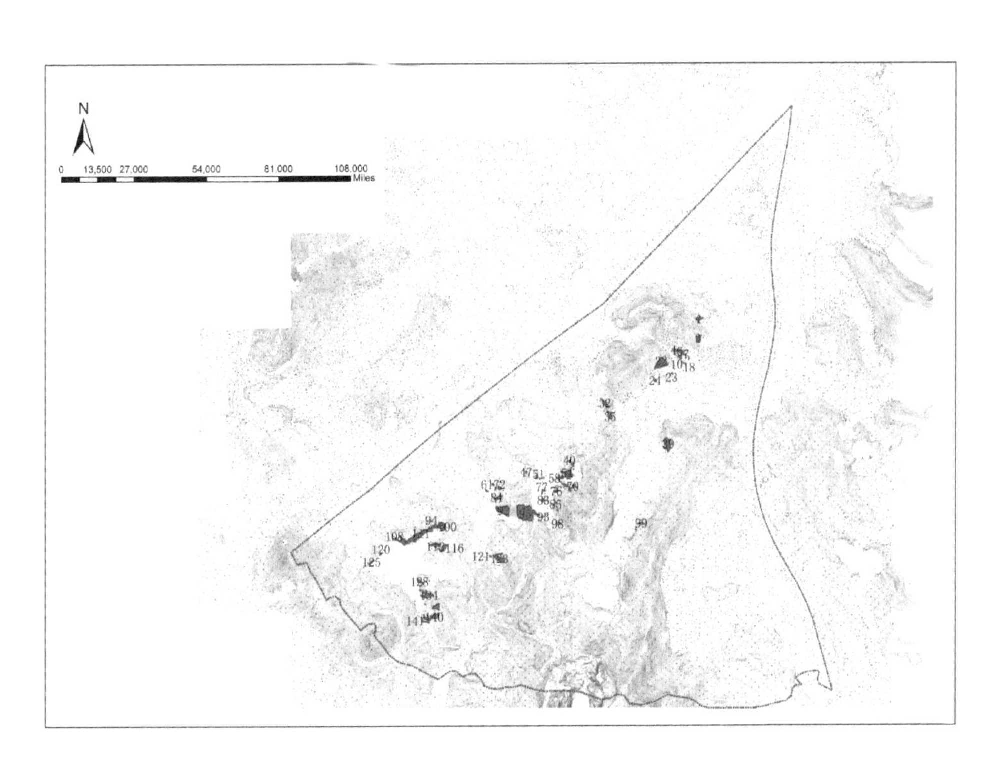

“静怡山房” 可选用地的生成

“静怡山房”用地筛选结果（面积 >1 500 m^2）

附图四：水景营造模型——图纸部分

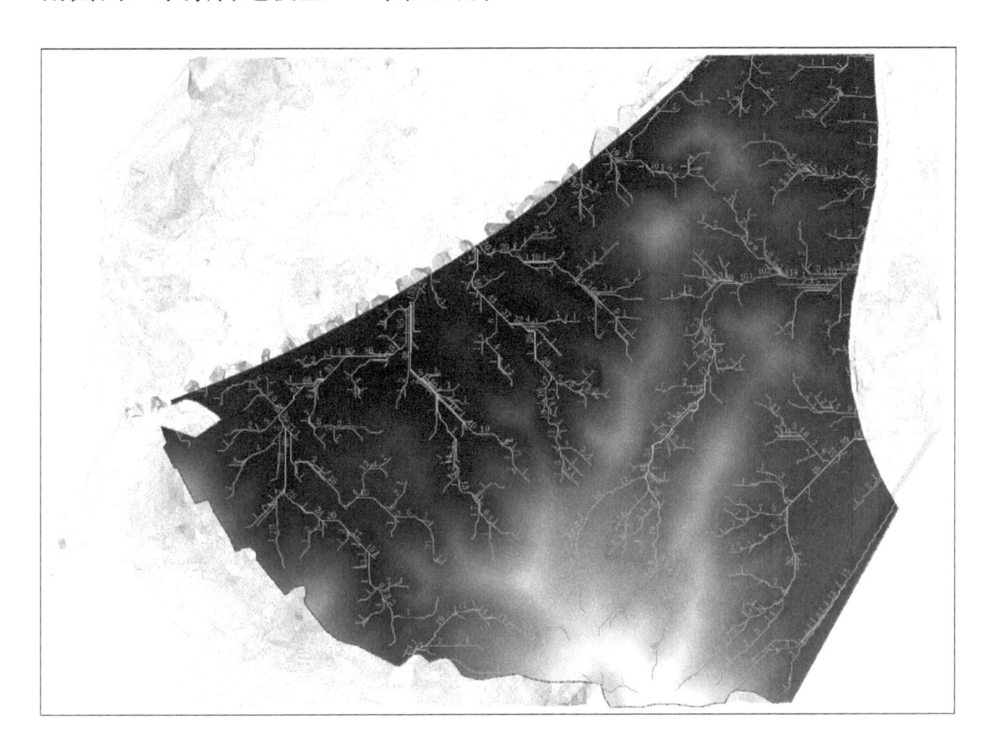

径流分级图

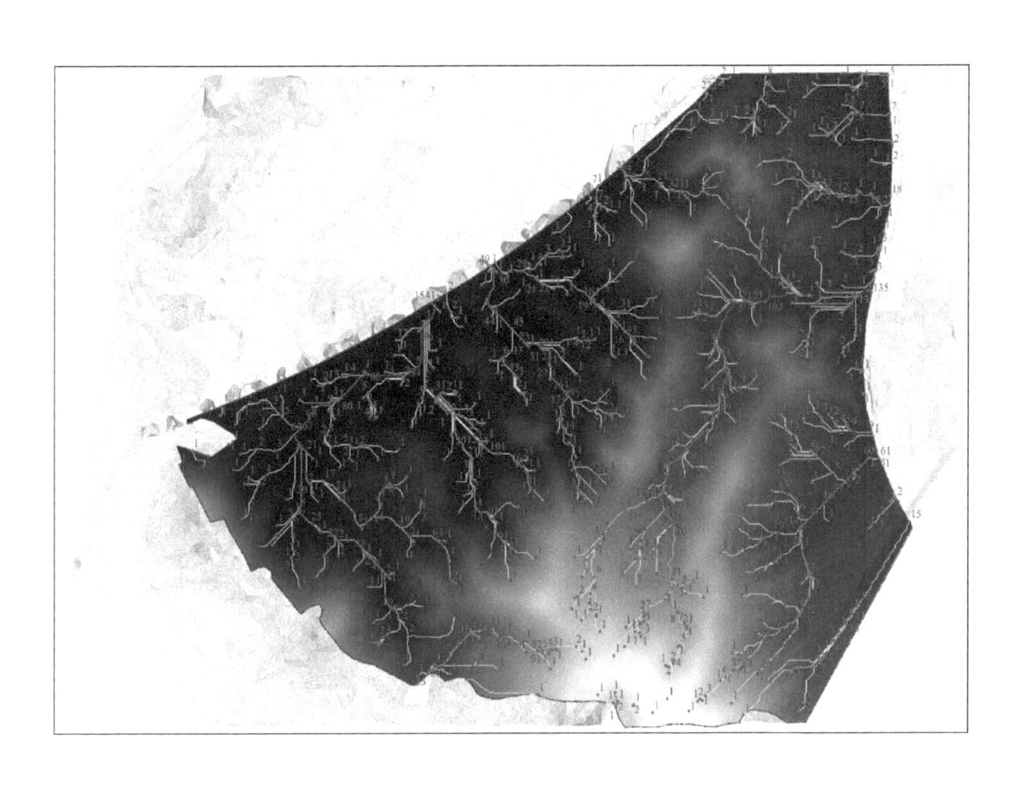

径流网络节点分析

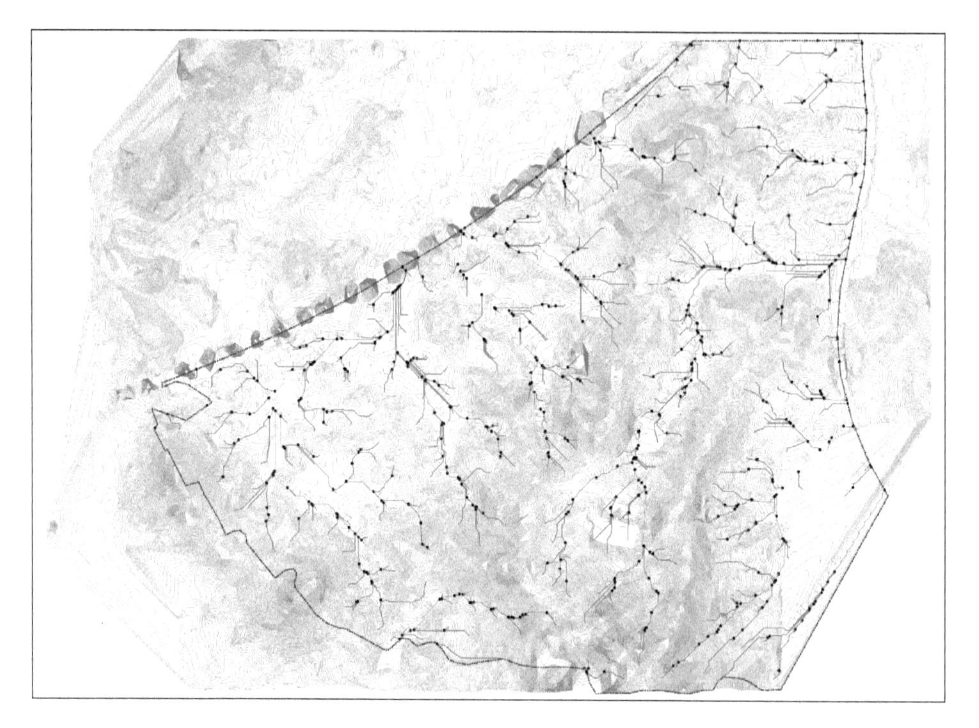

倾泻点分析

附图五：竖向优化模型——图纸部分

竖向设计数字模型

附表一："静怡山房"可选用地面积统计

ID	Gridcode	Shape_Leng	Shape_Area
1	10	126.84731000800	440.04905070900
2	10	19.95544772700	12.41075433090
3	10	107.58970954700	572.27325636900
4	10	28.16331209530	28.53875763060
5	10	8.72204340167	3.08760404587
6	10	122.80656127700	535.24890070100
7	10	82.66469180250	182.67120858300
8	10	21.77875915080	22.29521960580
9	10	23.74687842150	34.86455675210
10	10	83.49537655720	156.77491202300
11	10	3.77293209885	0.68468620628
12	10	3.77293209885	0.68468620628
13	10	10.40676307030	4.86050817743
14	10	6.00000000000	2.00000000000
15	10	4.00000000000	1.00000000000
16	10	4.00000000000	1.00000000000
17	10	3.77293209885	0.68468620628
18	10	18.44209931190	18.33593567830
19	10	3.77293209885	0.68468620628
20	10	33.62170937660	34.66422582980
21	10	3.77293209885	0.68468620628
22	10	348.93327290900	2027.20060802000
23	10	25.33427128460	21.54581979480
24	10	43.87946018670	86.83270218780
25	10	3.77293209885	0.68468620628
26	10	24.07713914850	16.49242276140
27	10	6.00000000000	2.00000000000
28	10	3.77293209885	0.68468620628
29	10	3.77293209885	0.68468620628
30	10	4.00000000000	1.00000000000
31	10	3.77293209885	0.68468620628
32	10	166.49975521900	353.54190214500
33	10	46.78156418690	105.20246430500
34	10	5.65885722219	1.36540561542
35	10	90.51480853110	220.66584483900
36	10	34.04794533110	49.23673728850
37	10	56.22654526340	114.69213130700
38	10	4.00000000000	1.00000000000

ID	Gridcode	Shape_Leng	Shape_Area
39	10	194.32297990200	1674.51898669000
40	10	41.00546467220	107.11404974000
41	10	36.29160316710	49.57325426490
42	10	8.17655938377	3.67598213255
43	10	64.62730680820	59.67532601580
44	10	7.62714463568	2.00429291651
45	10	16.30133935170	10.40867321940
46	10	3.77291876978	0.68468098342
47	10	27.95060700030	49.37002536650
48	10	8.55330943599	3.29239717126
49	10	11.92865161660	7.85728809610
50	10	13.59866799320	9.40256702155
51	10	31.91320134000	48.57003963370
52	10	3.77291876978	0.68468098342
53	10	5.67373926129	1.34985382110
54	10	388.24733228600	1710.68169177000
55	10	5.67373926129	1.34985382110
56	10	7.62714463568	2.00429291651
57	10	7.07259600390	2.34680255875
58	10	28.34988150030	31.04097937050
59	10	3.77289210907	0.68467053585
60	10	18.71738567860	15.02298569310
61	10	40.38183946050	100.27895081400
62	10	4.00000000000	1.00000000000
63	10	8.20307525278	3.02052089572
64	10	4.00000000000	1.00000000000
65	10	7.62714463568	2.00429291651
66	10	17.04283854360	9.69274799153
67	10	102.69165409700	165.02020038300
68	10	32.68161536930	35.85739359260
69	10	14.26635734100	10.32481461020
70	10	97.58544377300	210.74837131400
71	10	27.91066372100	26.96961929090
72	10	71.27980877220	284.07837177600
73	10	5.65883949370	1.36538864300
74	10	33.86494108530	61.02276023480
75	10	44.37870147530	81.58557749730
76	10	64.93719307780	203.86003909300
77	10	74.02877997230	92.08643055710
78	10	3.77291876978	0.68468098342
79	10	3.77291876978	0.68468098342
80	10	3.77289210907	0.68467053585
81	10	12.65735510580	6.90594174713
82	10	3.77291876978	0.68468098342

ID	Gridcode	Shape_Leng	Shape_Area
83	10	61.24823118470	204.79249689400
84	10	165.24541177200	500.47185273300
85	10	28.41314055870	44.65755956250
86	10	13.48130966580	9.25007481873
87	10	7.06399849434	2.31673082709
88	10	10.48944550440	6.58970465511
89	10	5.65897139651	1.36544527858
90	10	22.82343219360	28.22806672750
91	10	15.55313241590	10.73246503620
92	10	279.48312638400	2516.83282095000
93	10	47.74596247510	59.51155506820
94	10	11.49611555170	6.36024735495
95	10	548.35573322900	6342.33266278000
96	10	18.60318856580	18.21038393680
97	10	3.77291876978	0.68468098342
98	10	38.77700999650	60.97097333520
99	10	78.52977397260	238.11206945800
100	10	3.77291876978	0.68468098342
101	10	5.65897139651	1.36544527858
102	10	13.03132748720	5.37763203681
103	10	3.77294542898	0.68469142914
104	10	3.77294542898	0.68469142914
105	10	3.77291876978	0.68468098342
106	10	3.77293209885	0.68468620628
107	10	12.47082659820	5.41691998206
108	10	36.92372333730	68.38185234000
109	10	3.77293209885	0.68468620628
110	10	5.67365717991	1.34979403764
111	10	1142.43395376000	5439.58287053000
112	10	192.93716970300	680.56761865700
113	10	3.77291876978	0.68468098342
114	10	10.19627470030	5.40631569922
115	10	10.29773261210	6.51003295928
116	10	118.84671547300	605.34267500000
117	10	5.65896253214	1.36543679237
118	10	3.77291876978	0.68468098342
119	10	60.26349543510	93.05048081280
120	10	48.67756217250	76.93614140340
121	10	35.54748156820	48.15326631810
122	10	3.77291876978	0.68468098342
123	10	229.81537913500	1365.32717901000
124	10	7.58693980004	2.06416155398
125	10	80.59032570140	197.23139302100
126	10	6.98995563043	2.19129995257

ID	Gridcode	Shape_Leng	Shape_Area
127	10	5.65895366854	1.36542830616
128	10	94.74482273120	331.67655729500
129	10	11.92310508620	7.01674463972
130	10	16.39549788530	13.84911943040
131	10	8.17665039262	3.67609727383
132	10	31.46463904500	61.88251628730
133	10	23.19073874160	28.29501275720
134	10	222.37710920500	1189.31149707000
135	10	23.48904722330	29.13173634190
136	10	128.64321316100	803.17386758000
137	10	14.38642052560	10.74560452250
138	10	15.07482142540	10.92661144580
139	10	14.48133212530	8.94047208689
140	10	262.15062686300	1206.19024239000
141	10	42.58542498330	97.30330718310
142	10	65.21452172150	104.55011982100

附表二：径流分级统计表

分级	数量	分级	数量	分级	数量
1	25 677	36	4	86	149
2	5 721	37	49	88	2
3	2 644	38	1	89	196
4	1 787	41	25	93	5
5	1 522	43	94	94	27
6	701	44	13	95	149
7	792	45	12	96	2
8	581	46	26	98	29
9	464	47	173	101	38
10	431	48	357	102	116
11	435	49	3	104	11
12	326	52	11	115	6
13	451	53	52	117	9
14	327	54	8	118	28
15	535	55	80	119	183
16	170	57	46	132	15
17	217	58	82	135	39
18	68	59	103	149	4
19	574	60	58	150	1
20	435	61	7	151	4
21	49	62	47	152	3
22	187	65	35	153	54
23	20	67	89	154	14
24	135	68	81		
25	97	69	16		
26	197	70	5		
27	122	71	15		
28	73	72	68		
29	91	73	29		
30	35	79	3		
31	11	80	8		
32	50	81	89		
33	228	82	29		
34	26	84	28		
35	17	85	54		

附表三：径流节点统计表（编号：1-80）

编号 OBJECT ID	连接段数 Join_Count	节点等级 Grid_Code	起点径流 From_Node	终点径流 To_Node	编号 OBJECT ID	连接段数 Join_Count	节点等级 Grid_Code	起点径流 From_Node	终点径流 To_Node
1	1	1	675	676	41	1	1	905	904
2	1	1	675	676	42	3	62	599	582
3	1	1	677	638	43	3	5	643	619
4	1	1	677	638	44	1	1	805	796
5	1	1	542	514	45	3	59	619	599
6	1	1	542	514	46	3	7	796	793
7	1	1	618	610	47	3	8	793	790
8	1	1	618	610	48	3	33	790	623
9	1	1	689	632	49	1	1	493	487
10	1	1	575	632	50	1	1	968	918
11	1	1	645	632	51	3	54	623	619
12	1	1	816	802	52	3	67	554	582
13	1	1	524	515	53	3	21	642	623
14	1	1	723	712	54	3	20	718	642
15	3	2	515	520	55	3	3	721	718
16	1	1	810	802	56	3	2	724	721
17	3	2	802	705	57	1	1	438	443
18	1	1	710	712	58	1	1	657	642
19	3	2	632	637	59	1	1	517	513
20	1	1	586	539	60	3	25	829	790
21	3	2	712	705	61	1	1	751	724
22	1	1	887	817	62	1	1	953	912
23	1	1	522	520	63	1	1	777	724
24	3	4	705	643	64	3	68	513	492
25	1	1	884	820	65	1	1	448	443
26	3	3	515	520	66	1	1	846	829
27	1	1	639	637	67	3	17	716	718
28	3	3	632	637	68	1	1	913	912
29	1	1	833	793	69	1	1	616	601
30	3	4	520	539	70	3	2	912	855
31	1	1	476	554	71	3	2	607	605
32	3	5	539	554	72	3	7	605	601
33	1	1	768	643	73	3	2	443	442
34	1	1	920	918	74	1	1	441	442
35	3	2	918	904	75	3	8	601	516
36	1	1	882	880	76	1	1	526	516
37	3	5	820	817	77	3	9	516	497
38	3	6	817	796	78	1	1	626	607
39	3	4	880	820	79	1	1	484	481
40	3	3	904	880	80	3	3	441	442